纳米材料与纳米技术

杨维清　张海涛　邓维礼　编著

NANOMATERIALS & NANOTECHNOLOGY

化学工业出版社
·北京·

内容简介

《纳米材料与纳米技术》从“基础—性能—应用”链条出发，系统地介绍了纳米材料的基本结构、理论基础、物理性质和化学性质，概括了纳米材料的制备方法和先进分析表征手段，分析了纳米加工技术及器件的制备，着重总结了纳米材料和纳米技术在能源采集、存储与无线传感领域和在生物医学领域中的应用。

《纳米材料与纳米技术》可用作高等院校材料、能源类专业的教材，同时可作为凝聚态物理学，半导体材料与器件、环境科学、生物医学材料等多学科专业的教学和参考用书。

图书在版编目（CIP）数据

纳米材料与纳米技术/杨维清，张海涛，邓维礼编著.—北京：化学工业出版社，2022.12 （2024.7重印）

ISBN 978-7-122-42317-7

Ⅰ.①纳… Ⅱ.①杨… ②张… ③邓… Ⅲ.①纳米材料 Ⅳ.①TB383

中国版本图书馆CIP数据核字（2022）第184463号

责任编辑：陶艳玲　　文字编辑：孙亚彤
责任校对：边　涛　　装帧设计：史利平

出版发行：化学工业出版社（北京市东城区青年湖南街13号　邮政编码100011）
印　　装：河北延风印务有限公司
787mm×1092mm　1/16　印张16¾　字数389千字　　2024年7月北京第1版第4次印刷

购书咨询：010-64518888　　售后服务：010-64518899
网　　址：http://www.cip.com.cn
凡购买本书，如有缺损质量问题，本社销售中心负责调换。

定　　价：58.00元

前言

我国高等工程教育为应对全球形势、国内工程教育发展形势和服务国家战略，于 2017 年首次提出了“新工科”理念。 在高等工程教育改革方案中，改造升级传统工科、发展新工科专业和多学科交叉融合的新专业成为“新工科”的主要改革方向。 纳米材料与纳米技术知识体系丰富，可为凝聚态物理学、半导体材料与器件、功能材料、复合材料、能源与动力工程、环境科学、生物医学材料等多学科专业提供相关的材料与技术基础。 先进纳米材料与纳米技术支撑了电子信息、新能源、航空航天、仪器仪表、生物医药等高新技术中新材料、新产品以及新工艺技术的成功研制；纳米材料与纳米技术近年来的高速发展，推动了新能源材料与器件、智能科学与技术、光电信息科学与工程等新型领域的发展进程。

在从事教学的过程中，深感需要一本较多反映近年来纳米材料与纳米技术发展的教学用书或参考书，这是笔者编写本书的初衷。

与国内同类教材相比，本书具有三个方面的特色。

（1）重视基础、精选内容

编著者七年来一直从事本科生纳米材料与纳米技术专业课程的教学工作，不断改进和精讲该课程的教学内容、教学方法以及教学理念。 该教材是在编著者长期从事本科教学和科学研究的基础上总结出来的，具有良好的适用性，教学内容也得到了本科生的普遍认可和好评。

（2）教研相长、系统深入

采取“基础—性能—应用”的基本编写思路，首先系统详尽地阐述纳米材料的结构及其基本物理理论。 在此基础上，深入分析和总结纳米材料的理化性质，阐述纳米技术调控、纳米材料理化性质的基本思路、方法，并阐明纳米器件的通用性和独特性。 最后，结合近年来的研究成果，总结与分析纳米材料与纳米器件在电子、能源、传感领域中的适用性。

（3）注重新意、与时俱进

本书专门讨论了纳米材料与纳米技术在能源采集与存储、无线传感技术中的应用，填补了同类图书在此领域的空白，具有独特性；而且，本书系统地介绍了先进纳米加工技术的基础知识和应用领域，这些纳米加工技术在目前的研究和生产中广受关注。

在编写本书的过程中，黄海超、田果、熊达、徐忠、闫成、谢岩廷和储翔博士研究生为本书的内容选取搜集了大量资料，参与了本书部分章节的编写，并对本书内容的组织提出了许多宝贵意见，在此表示感谢。本书编写的过程中，西南交通大学刘妍副教授、李文和靳龙老师给出了许多建设性意见，在此表示感谢。

限于编著者水平，本书难免存在疏漏之处，希望得到相关专家和读者的批评指正。

编著者
2022 年 7 月

目录

第1章 纳米材料的结构单元

第2章 纳米材料的基本理论

第3章 纳米材料的物理特性

第6章 纳米材料的分析表征

第7章 先进纳米加工技术

第8章 纳米材料与纳米技术的应用

第1章

纳米材料的结构单元

纳米材料（nanomaterials）作为一种近年来快速发展的新型功能材料，其定义为：三维空间中至少一维处于纳米尺寸（1～100nm）或由其作为基本单元构成的材料。纳米材料的组成单元尺寸较小，界面占有率高，表现出异于常规大块宏观材料的诸多特殊性质，把人类对自然界的了解提高到了一个更深的层面。而纳米材料作为联系原子、分子和整个宏观体系的重要中间环节，对于研究从微观到宏观体系的过渡过程中微观结构的有序度变化和状态非平衡性质的转变具有重要意义，已成为国际材料科学的一大研究热点。纳米材料与纳米技术也促进体材料朝着“更轻、更高、更强”的方向发展，其应用涉及能源与环境、航空航天、医疗健康、纳米电子器件等多个领域，纳米材料被誉为“21世纪最有前途的材料”。

1.1 纳米材料的定义与分类

1.1.1 纳米材料的定义

纳米科技目前已成为全球科技界的瞩目焦点，正像钱学森院士所预测的：“纳米左右和纳米以下的结构将是下一阶段科技发展的特点，是一次技术革命，从而将是21世纪的又一次产业革命。”

纳米即十亿分之一米，是比微米更小的长度单位，相当于10个原子紧密排列的尺度。2011年10月，欧盟委员会重新定义了纳米材料：由基本颗粒构成的粉状或团块状的天然或人工材料，这一基本颗粒至少有一维的尺寸在1～100nm之间，且该基本颗粒总数超过材料全体颗粒总数的50％[1]。

在上述通过的纳米材料的定义中，为了明确标准，基本颗粒的尺寸限定在1～100nm间，这是因为已知的大多纳米材料，其基本组成颗粒尺寸都在该范围内，当然超过该范围的材料也可能具有纳米材料的特征。而要求基本颗粒总数超过材料全体颗粒总数的50％，是因为如果纳米颗粒所占比例过低，整体材料的纳米特性将会被掩盖。同时，相比于纳米颗粒的质量比例，利用数量比例来作为衡量纳米材料的标准能更好地体现纳米材料的特征。这是由于一些纳米材料的密度非常低，在质量比例很小时，它们已经能表现出明显的纳米材料特性。

纳米材料取决于尺寸。纳米材料是纳米技术快速发展的基础，但实际上它并不神秘，在人们的工作和生活中随处可见。自然产生的纳米材料也普遍存在于大自然中，如蛋白石（图 1-1）、陨石碎屑、哺乳动物牙齿、贝壳等，这些都是由纳米颗粒组成的。纳米材料的人工制造历史也有 1000 多年，我国在古代将油脂燃烧时产生的烟尘用作墨的原材料，就是最早的人工制备纳米材料的应用。例如，中国的徽墨，其颗粒非常细腻且均匀饱满，墨粒子实际就是纳米颗粒。更为有趣的是，我国古代铜镜的防锈层也是由 SnO 纳米粒子组成的薄膜。

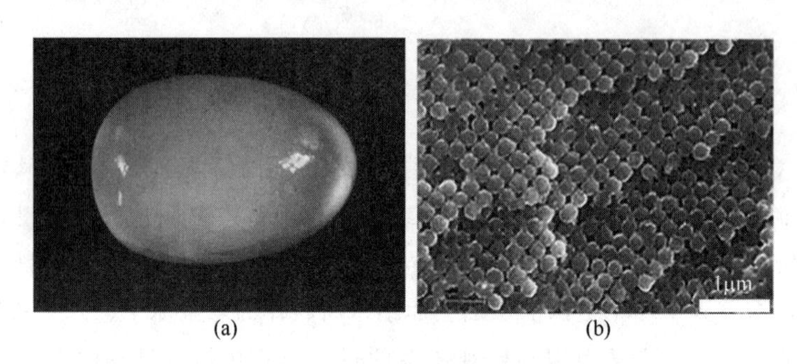

图 1-1　蛋白石的照片及纳米微观结构
（a）光学照片；（b）扫描电子显微镜图

1.1.2 纳米材料的分类

从不同的角度，纳米材料可以划分成以下几类。

① 按形态结构，纳米材料可以分成纳米颗粒（零维）、纳米纤维（一维）、纳米膜（二维）、纳米块体（三维）等。其中纳米颗粒的研究历时最长，工艺技术也最完善，是生产其他三种纳米材料的重要基础。

纳米颗粒也称为超微颗粒或超细颗粒，粒径通常小于 100nm，介于原子、分子与大块物质之间，处于中间物态，是典型的介观系统。纳米颗粒可以是无定形态或晶态（单晶或多晶），也可以由单一或多种化学元素组成（金属、陶瓷或聚合物），并呈现各种形状和形式。图 1-2（a）给出了一种典型的无孔钯纳米粒子，其颗粒大小均匀，尺寸约为 7nm。

纳米纤维是指具有纳米尺度的截面直径以及较大长度的线状材料，其种类颇多，如纳米管、纳米棒、纳米线等。典型代表包括银纳米线、聚氧乙烯纳米纤维等［图 1-2（b）和图 1-2（c）］。纳米纤维能够作为微导线、微光纤（未来量子/光子计算机组件）材料及新型激光材料等。

纳米膜可分成颗粒膜及致密膜。颗粒膜是将纳米颗粒黏合在一起的薄膜，中间有极细小的间隙。图 1-2（d）给出了石墨烯纳米膜的透射电镜照片。致密膜是指膜层致密且具有纳米级晶粒尺寸的薄膜。纳米膜可广泛应用于气体催化、过滤、光敏传感、平面显示及超导材料等领域。

纳米块体是从单个纳米形状开始，以规则形式组装而成的复杂纳米结构（三维纳米材料），主要通过纳米粉末高压成型或调控金属液相结晶获得，如类海胆氧化锌纳米线、氧化钨纳米线网络［图 1-2（e）和图 1-2（f）］。纳米块体可用于智能金属材料、超高强度材料等领域。

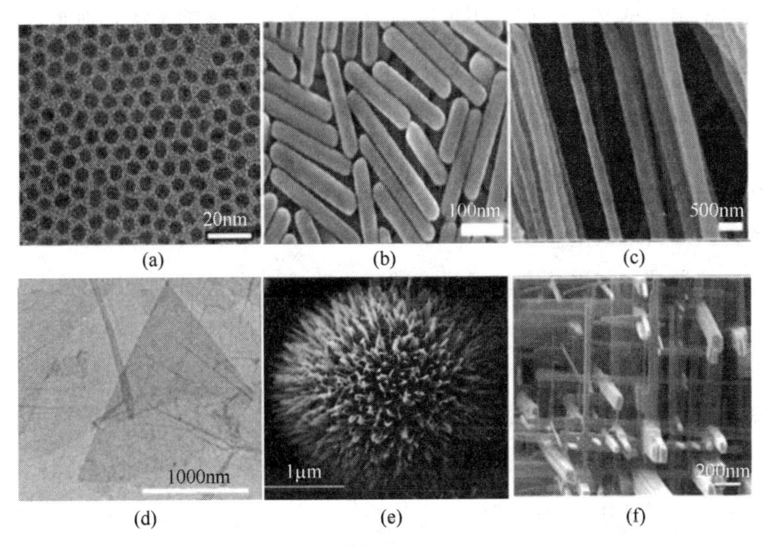

图 1-2　不同维度纳米材料[2]（经 Springer Nature 许可转载）

（a）无孔钯纳米粒子（零维）；（b）金属银纳米线（一维）；（c）聚氧乙烯纳米纤维（一维）；（d）石墨烯纳米膜（二维）；（e）类海胆氧化锌纳米线（三维）；（f）氧化钨纳米线网络（三维）

② 按化学组分，纳米材料可以分成纳米陶瓷、碳纳米材料、纳米金属材料、纳米玻璃材料、纳米晶体材料、纳米复合物等。

③ 按材料物性，纳米材料可以分成纳米光电材料、纳米热电材料、纳米磁性材料、纳米半导体、纳米超导材料等。

④ 按应用领域，纳米材料可以分成纳米储能材料、纳米催化材料、纳米电子材料、纳米器件材料、纳米敏感材料、纳米生物材料等。

⑤ 按材料有序程度，纳米材料可以分成结晶纳米材料和非晶纳米材料。纳米材料可以是单晶或多晶，也可以是准晶或非晶相（玻璃态）。

1.1.3 纳米材料的新特性

材料科学有一条基本法则，即材料结构决定材料性质。对于纳米材料，纳米尺度的结构引发了特定纳米效应，由此决定了特定纳米结构的特定功能。

大量的同类原子或者分子被约束在特定的空间，同时置于特定的条件下（如温度、压力），能以独立的原子或者分子形式分散存在，形成气态；或以相互聚集的流体形式存在，形成液态；或以固定于平衡位置相互稳定的固体形式存在，形成固态。在宏观情况下，对于这三种状态的物质，可以通过研究孤立的单个原子或者分子（即单粒子系统），或相互作用的宏观数量（无穷多）的原子或者分子来更好地认知。事实上，宏观物质各种性质的理论描述都是假设在无穷多的全同粒子的前提下，经过一定简化或近似，引入相应边界条件或者初始条件，通过特定的统计分布计算出的平均值。然而对于纳米尺度的物质，当空间尺度有限或粒子数有限，导致某种假设不再适用时，在这种近似下得到的物理定律或理论公式就不再适用，因而不能正确描述纳米尺度物质的性质，导致畸变行为或性能的出现。

本质上，纳米结构的纳米效应并不取决于其尺寸是否达到纳米级，而是取决于宏观体系的物理学在什么尺寸下不再适用。例如，电子隧穿的特征长度为1～10nm，事实上电子隧穿只在1nm的尺寸下才能有效发生。即使电极间距减小至几十纳米，发生电子隧穿的单电子学现象也是不可能的。因此，只有当纳米结构的尺寸小到相当于我们所关注的物理性质（如电子输运、电子态、光传输等）相对应的特征长度（如电子波长、电子平均自由程、光子波长等）时，才会出现纳米效应。

一般而言，纳米结构材料具有纳米尺度的三大物理效应：表面效应、小尺寸效应、量子效应。

随着结构单元尺寸的减小，表面/界面的原子数比例急剧增加，当粒径小于10nm时，纳米颗粒的总比表面积将大于$100m^2/g$。而比表面积增大，会使表面原子配位数降低，产生大量悬挂键及不饱和键，具有较高的表面能，因而可以获得较高的化学活性，引发纳米粒子的表面原子输运和构型变化，以及表面电子自旋构象和电子能谱的变化，同时大大提高了其催化和吸附性能。一个典型例子是金纳米颗粒的催化活性。众所周知，金具有很高的化学稳定性。表面科学研究和密度泛函理论计算表明：低于473 K时，H_2和O_2不可能在金的光洁表面上发生解离吸附，这证明金对于氢化/氧化反应是惰性的。然而，研究发现，即使在低温下，直径小于2nm的金纳米颗粒对于许多反应（如一氧化碳氧化反应和丙烯环氧化反应）也非常剧烈。因此，金纳米颗粒的催化特性与颗粒大小呈强关联性，小尺寸的金纳米颗粒可以获得最大的总比表面积或台阶数，从而增强了其催化性能。研究发现，尺寸2nm的金纳米颗粒对一氧化碳的氧化反应具有最佳催化效果，在一氧化碳氧化反应中已得到广泛应用。

纳米尺度的另一个重要效应是小尺寸效应，即当纳米结构的尺寸低于某一物理特征长度时，由于周期性边界条件被破坏，系统中粒子或准粒子的数量受到限制，由粒子协同效应支配的电学、磁学、光学、热力学等性质呈现出异于大块物质的纳米特性。例如，铁磁体纳米粒子具有超顺磁性和异常高的矫顽力；金属纳米粒子的熔点大幅度降低（直径为2nm的金纳米颗粒熔点的从大块金的1337K降低到600K）。这种效应直接使纳米颗粒粉末成型材料在新制备工艺中的烧结温度显著降低。

纳米材料的量子效应也是纳米超微器件的重要基础。对金属纳米粒子，量子效应表现为久保（Kubo）理论所阐述的“量子尺寸效应”。对宏观金属体系，总电子数N趋向于无穷大（约10^{24}），使得费米波矢k_F（Fermi wave vector）远超电子许可态在k空间中的间隔Δk，$\Delta k/k_F$约为10^{-8}，即块状金属的电子能谱$\varepsilon(k)$为准连续。根据自由电子模型，能级间隔σ与总电子数N成反比，即：

$$\sigma=\frac{4}{3}\left(\frac{E_F}{N}\right) \tag{1-1}$$

式中，σ为能级间隔；N为总电子数；E_F为费米势能。费米势量E_F与宏观体系尺寸无关。当金属纳米颗粒尺寸减小，使总电子数N受限时，能级间隔将会变宽，直接导致金属态向非金属态转变。而当能级间隔超过热能、磁能、静电能或超导态凝聚能时，就必须考虑量子尺寸效应，这将造成纳米结构材料与宏观材料物理性质之间的显著差异。

1.2 纳米材料的基本结构单元

1.2.1 零维单元

1.2.1.1 团簇

团簇来自英文单词“cluster”。原子团簇是指由有限数目的原子或分子（基元）通过相同大小的金属键、共价键、离子键、氢键或范德瓦耳斯键相结合所构成的集团，如图 1-3 所示。

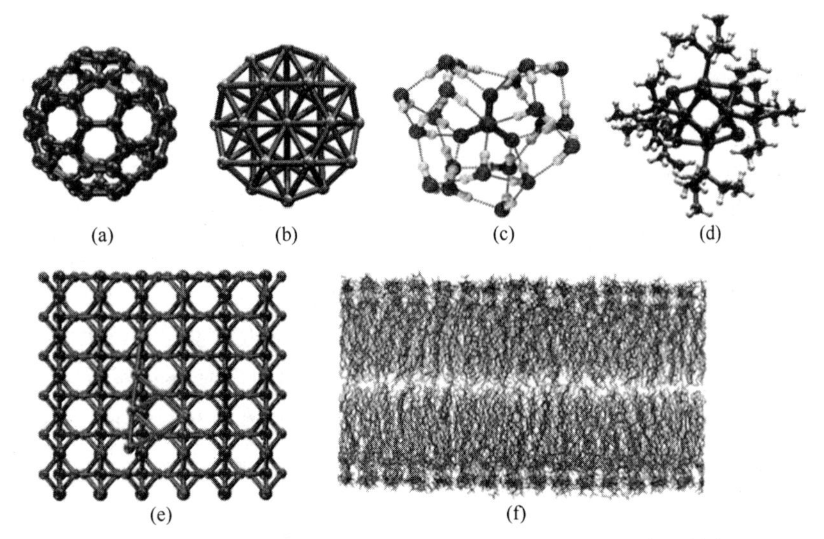

图 1-3 化学团簇的典型案例（经 John Wiley and Sons 许可转载）

（a）共价键合原子簇 C_{60}；（b）金属纳米粒子 $Ag_{32}Cu_6$；（c）微溶剂化 $SO_4^{2-}(H_2O)_{20}$；
（d）三乙基膦连接的簇合物 $Co_6Te_8(PEt_3)_6$；（e）Au_8 支撑的含氧缺陷金红石（110）表面；
（f）由 500 个 1-棕榈酰-2-油酰-甘油-3-磷酸胆碱（POPC）分子形成的反向双层结构

团簇中包含的原子或分子的数量可由几个至上亿个，其空间尺度也可由几埃（Å，1Å=0.1nm）到几纳米，可视为介于原子、分子和宏观块体之间物质结构的新层次，是各种物质由原子、分子向大块物质转变的过渡态。因此在尺度上，团簇大于典型无机分子却仍远小于宏观微粒或块体物质。这里的块体物质是指体系所包含的原子数足够多，其结构和性质与由无穷多原子所构成的体系相同的物质。

团簇能够以不同的状态存在。以自由束流方式存在的团簇构成了气相状态的团簇，成为研究团簇基本结构和性质的理想系统。一般而言，团簇束流中的团簇处于气相状态的寿命是极其有限的，它们最终将到达某个表面。团簇或附着在衬底表面上，构成支撑团簇（supported cluster），或悬浮于液体中，以胶体的方式存在，或嵌埋于固体介质中，成为嵌埋团簇（embedded cluster），以这些状态存在的团簇可以通过 X 射线衍射、高分辨率电子显微镜、扫描隧道显微镜等进行结构表征，但需要考虑衬底和介质对团簇结构的影响。因此，关于团簇基本性质的实验往往是以气相方式存在的团簇作为研究对象。借助自由喷射膨胀的束流技术，可以获得独立的团簇并进行尺寸选择，进行一系列高分辨的谱学测量分析其成分、尺寸与结构。

根据所包含的原子数，团簇可分为以下几类。

① 微簇（microclusters） 原子数从 3 个到 13 个。这类团簇中几乎全部原子都处于粒子表面。它们与常规的无机小分子具有相似的结构和性质，相应的理论以及实验的研究方法也通常从原子、分子物理延伸而来。

② 小团簇（smal clusters） 原子数从 14 个至 100 个。该尺寸范围内团簇的一个显著特点是对于一个给定尺寸，团簇存在大量具有相近能量的异构体结构。理论上来说，实验观察到的团簇结构应是其异构体中具有最大原子结合能的最稳定结构。然而，团簇可能具有的异构体结构的数目随原子数按指数增长。例如，团簇原子数为 6 时，其亚稳定构型大于 10 个；而原子数为 16 时，其亚稳定构型超过 1000 个。

③ 大团簇（large clusters） 原子数在 100 到 1000 个之间。其结构开始趋于稳定，性质逐渐向大块固体过渡。

④ 小粒子或纳米晶（small particles or nanocrystal） 含有 1000 个以上的原子。大块固体的某些性质已开始在该尺度区域体现。该尺度的团簇是否呈现大块固体的性质与相应性质的特征长度有关。当团簇的尺寸小于某种性质所对应的特征长度时，往往体现出异于大块固体的特性，即纳米效应。这种团簇往往被称为纳米粒子。

原子团簇不同于周期性很强的结晶、具有特定大小及形状的分子，也不同于靠分子间的弱相互作用结合的聚集体，其可能具有各种形状，包括线状、球状、洋葱状、骨架状、层状、管状等。除了惰性气体，原子团簇都是通过化学键紧密结合的。其中，最典型的代表为 C_{60}，又称富勒烯（fullerene），其原子结构示意图和透射电镜照片如图 1-4 所示。

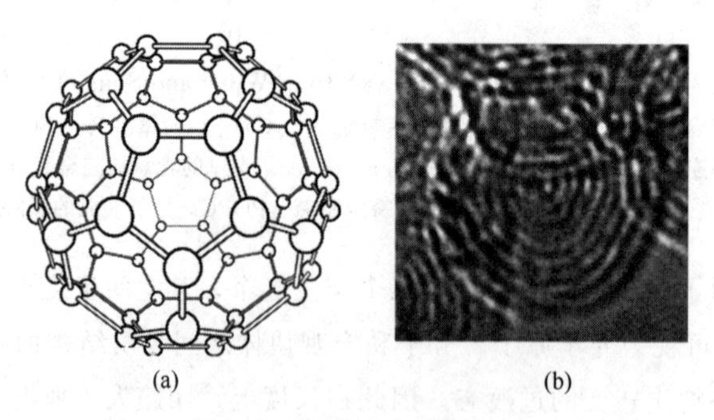

图 1-4 零维纳米材料 C_{60}

（a）结构示意图；（b）透射电镜照片

C_{60} 是一种典型的碳原子簇，由 60 个 C 原子构成空心球状纳米结构，包括 20 个六边形、12 个五边形，如图 1-4（a）所示，C_{60} 中的碳原子通过 sp^2 杂化相互连接。C_{60} 最早由美国休斯敦赖斯大学的史沫莱（R. E. Smalley）和英国的克罗脱（H. W. Kroto）等于 1985 年通过烟火法设计获得。他们利用高功率激光束轰击多层石墨使其气化，再用压强为 1 MPa 的氦气产生的超声波使气化的碳原子经由一个小喷嘴进行真空膨胀，并快速冷却生成新的碳分子，产物即 C_{60}。继 C_{60} 后，研究者们又发现 C_{20}、C_{28}、C_{32}、C_{50}、C_{70}、C_{84} 等衍生构造同样具有此类封闭笼式结构，这些材料被统称为富勒烯。从几何上看，富勒烯基本都是由五边形面与六边形面共同构成的凸多面体。富勒烯可以是单层或多层。除了不存在顶点为 22 个的富勒烯外，C_{2n}（n=12，13，14，…）的富勒烯都存在。最小的富勒烯是 C_{20}，构造为正十二面体。这些小富勒烯都存在着相邻五边形结构。C_{60} 是首个没有相邻五边形结构的富勒烯，下一个则是 C_{70}。对于更大的富勒烯，通常遵循孤立五边形的规则（isolated pentagon rule，IPR），即富勒烯分子中任意两个五边形之间都会被六边形隔开，这是因为两个碳五元环共边会产生较大的内应力，五元环之间倾向于相互分开。

富勒烯这一特殊的笼状结构被证明具有特殊的性质，包括在绝大部分溶剂中其具有低溶解度，这取决于它们很窄的基态与激发态；特殊的电学性质，如 C_{60} 本身不导电，但是在笼子内掺杂金属后，表现出超导电性。这种超导电性普遍被认为来源于 BCS 理论，即强电子相互作用和 Jahn-Teller 电子-声子耦合能产生电子对，从而得到较高的绝缘体-金属转变温度。

近年来，金属纳米团簇受到研究者的广泛关注，被誉为纳米材料的“明星”成员。金属纳米团簇通常小于 2nm，这一尺寸与电子的费米波长相当，从而导致离子的连续态密度分裂成离散的能级。图 1-5（a）和 1-5（b）分别给出了两种典型的金属金和银纳米团簇的结构图，图 1-5（c）表示金属由分子到纳米粒子时电子能级的结构演变。分析可知，分子态的轨道能级能很好地分开，其中最高占据分子轨道（highest occupied molecular orbital，HOMO）对应费米能级（E_F）的底部，即价带顶。

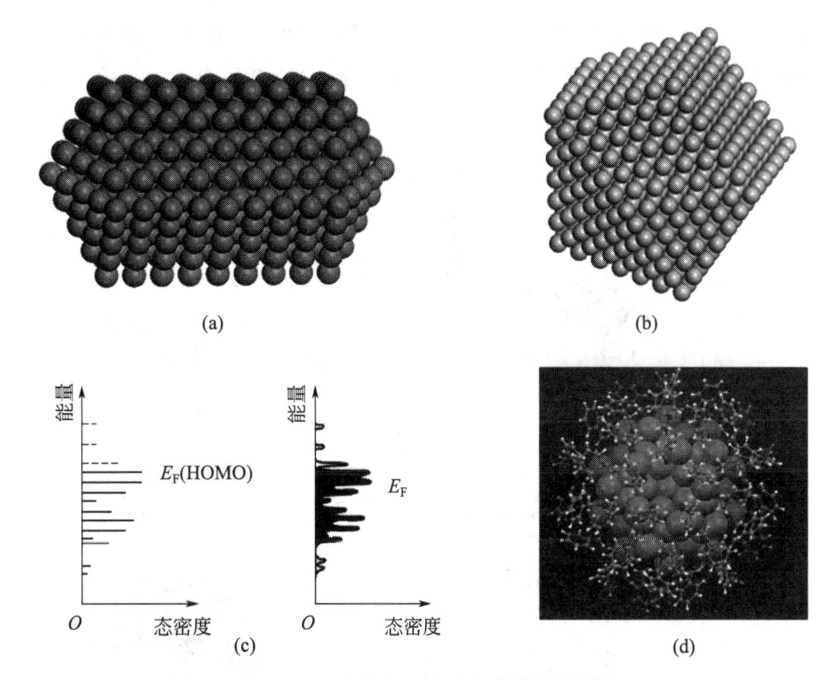

图 1-5　金属纳米团簇及离散化原子能级

（a）金属 Au 纳米团簇的结构示意图；（b）金属 Ag 纳米团簇的结构示意图；（c）金属由分子到纳米粒子的电子能级结构演变（左图为分子态，右图为纳米尺度粒子被展宽的能态）；（d）实验上制备的 Au_{144} 纳米团簇结构示意图

纳米粒子的电子态密度（density of states，DOS）随能量变化的特殊情况清晰地显示出从分子的分裂能级到固体能带结构变化的过渡结构。金属纳米团簇的能级呈现准连续状态，

但同时有部分出现能级分裂。这一物理特性赋予了金属纳米团簇有趣的光学和电学性能，如强大的量子尺寸效应（将在本书的第 2 章中重点论述）、HOMO-LUMO（lowest unoccupied molecular orbital，最低未占分子轨道）跃迁、光致发光、光学手性、磁性以及量子化充电等。因此，金属纳米团簇在手性非线性光学、光电器件、生物监测与成像、靶向药物运输、异源催化等领域都表现出良好的应用前景。

近二十年来，金属纳米团簇不管是在纳米团簇的可控制备、形成机理还是性质研究方面都取得了突破性进展。Au_{144} 即由 144 个金原子作为内核，这种结构早在 2008 年在理论上得到预测。然而，尽管有机配体保护的贵金属团簇发展迅猛，各类璀璨的结构也层出不穷，但是 Au_{144} 仍然是结构数据库中大家苦苦追寻数年而不得的结构。2018 年，中国科学院合肥物质科学研究所的伍志鲲研究员和金荣超教授课题组成功合成并表征了硫醇保护的 Au_{144} 单晶结构，是迄今为止获得的最大的金-硫醇盐纳米团簇结构。Au_{144} 的结构示意图如图 1-5（d）所示，其中 144 个金原子作为内核，外围被 60 个硫醇配体保护，这也是硫醇保护的 Au 纳米团簇领域首例具有空心 Au_{12} 二十面体内核的结构[3]。

尽管纳米团簇已经在实验室中研究了数十年，但是这个过程究竟是如何发生的仍是一个谜。“分裂和保护”理论和“超原子”理论被提出来解释一些团簇稳定而另一些则不然的原因。“分裂和保护”理论和“超原子”理论是基于不同的基本假设，而对于一些有几百个原子的团簇，它们不能预测所有可能稳定的纳米团簇。而且，纳米团簇的预测与实际合成存在差异性。2017 年，匹兹堡大学的研究人员 Taylor M G 和 Mpourmpakis G 认为[4]：金属纳米簇形成的关键取决于核心和壳体之间的能量平衡，研究结果如图 1-6 所示。

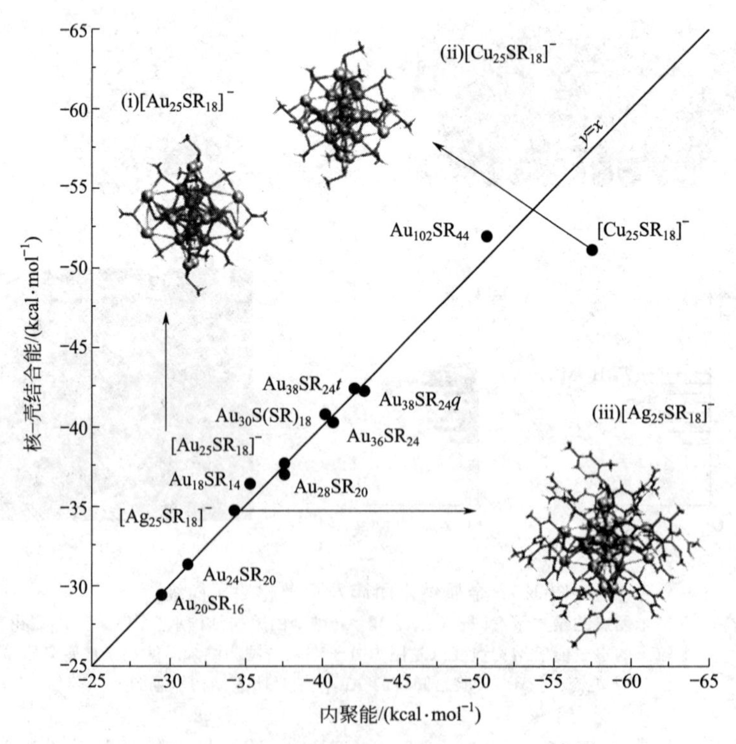

图 1-6　内聚能与核-壳结合能之间的关系[4]

“热力学稳定性”理论表明，如果核心的内聚能通过核-壳结合平衡，则纳米团簇将只能保持稳定，因此其可能被合成出来，从而为实验合成纳米团簇提供指导：纳米团簇金属芯的平均键强度必须和配体与金属芯的结合强度之间达到很好的平衡。该理论不仅可以预测哪些硫醇化的 Au 纳米团簇将是稳定的和实验上可实现的，而且可以预测其他金属-配体的组合。另外，由于模型是基于核和壳的能量，所以预测也可以与纳米团簇的大小和形状相关。

由此可见，胶体 Au 纳米团簇可以被合成为不同尺寸和形状，这也决定了它们的物理和化学性质。该过程依赖于将金属原子结合在一起形成核心的配体分子，同时该配体分子也提供外壳。从性质上来讲，只有某些尺寸的簇具有热稳定性，这些被称为“魔数”纳米簇。通常，纳米团簇的磁性要素与块体金属差异极大。从构成原子数（即纳米团簇大小）的磁性要素变化情况来看，尺寸较小区域的磁性要素变化很大，随着尺寸变大，其磁性要素变化量逐渐变小，最后收敛于块体金属具有的值。

通常，与原子、块体材料相比，纳米团簇具有完全不同的物理和化学特性，并且随着尺度的改变其特性会发生显著变化。这就意味着，只要控制纳米团簇的尺寸，就有机会发现它们的新功能。因此，近年来，纳米团簇作为一种具有新功能的材料在各个领域备受关注。

1.2.1.2 纳米粒子

纳米粒子是肉眼和普通光学显微镜无法观察到的微小粒子，一般指粒径尺寸在 1～100nm 的小颗粒物质，尺度一般在原子簇与通常的微米粒子之间。这类物质的尺寸只有人体红细胞的几分之一，小到需要使用高倍电子显微镜才能对其进行观察。根据组成物质的不同，纳米粒子可以分为无机纳米粒子（主要是金属或非金属）、有机纳米粒子（主要是高分子或纳米药物，如图 1-7 所示）两大类[5]。

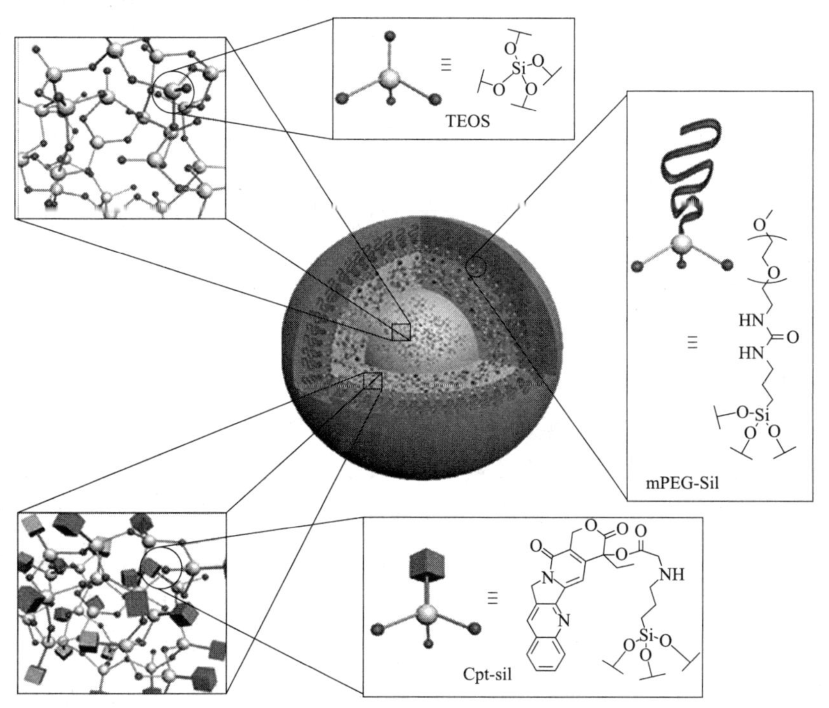

图 1-7 典型肿瘤靶向纳米药物结构[5]（经 Elsevier 许可转载）

诺贝尔奖获得者理查德·费曼（Richard Feynman）在1959年末首次提出了纳米的概念，但真正有效的研究始于20世纪60年代。1963年，Uyeda等通过气体冷凝法制备了金纳米颗粒子。1984年，德国科学家Gleiter首次通过惰性气体凝聚成功制备了铁纳米粒子，这标志着纳米科学技术的正式诞生。近三十年来，越来越多的科学家致力于纳米材料的研究，在纳米材料的制备、性能和应用等方面取得了丰硕的研究成果。

通常，当物质粒子尺寸达到1～100nm时，其所含原子数的范围为10^3～10^7个，其表面积比块体材料大得多，这就具备了纳米材料的基本效应，表现出诸多纳米材料特性，可以应用到航空航天、医疗、环保等领域。

粒子的结构特点对于物质的特性有很大的影响，很大程度上决定了物质的理化性质。纳米粒子的结构一般可以分为以下几种。

（1）晶体结构与纳米晶体超点阵结构

纳米粒子的几何尺寸对粒子的晶体结构具有决定性的影响，晶体的晶面生长速率也会对晶体结构有所影响。

超点阵结构就是利用胶体化学的方法将尺寸和形态可控的无机纳米粒子与有机物分子耦合在一起形成的。

（2）有机物纳米粒子的结构

有机物纳米粒子的结构根据形成方法的不同可以分为四类。

① 中空纳米球结构　脂质体具有特殊分子形态及双亲特性，能够在水性溶液中形成分子致密排列的中空球状双层结构。

② 树枝状聚合物纳米粒子　该物质的分子结构非常规整，具有三维结构的大分子物质在表面堆砌，形似树枝。树枝状聚合物纳米粒子的制备可以采用有机合成法、收敛法及扩散法。

③ 层状结构纳米粒子　层状结构纳米粒子主要采取逐层沉积（layer-by-layer deposition）的方法进行制备。可以形成层状结构的纳米粒子在静电的作用下吸附在物质表面，静电还可以继续吸附次外层的纳米粒子，如此循环往复即可形成多层结构的纳米粒子。

④ 复合结构　人们通过对原子或分子层级上纳米结构进行调整，已经获得了许多具有特殊结构和性质的纳米粒子。

1.2.1.3 人造原子

人造原子（artificial atom），也称为量子点（quantum dot），是20世纪末才出现的一个概念，是相当数量的实际原子组成的聚集体，其尺寸处于纳米级别。人造原子是准零维的纳米材料，由少量的原子构成。粗略地讲，由于在三个维度上人造原子的尺寸均在100nm以内，外形恰似一个极小的点状物，而其内电子在各个方向上的运动均受到了限制，使得量子局限效应尤为突出。当电子波函数的相干长度与人造原子尺度相当时，电子在人造原子中的运动规律不再满足经典物理定律，其波动极大，表现出十分显著的量子效应，这为利用量子效应制造器件提供一定的理论指导。目前，科学家们已探索出多种制造人造原子的方法，并预测了这种纳米材料将在21世纪的纳米电子学上具有极大的应用潜力。

1.2.2 一维纳米结构

（准）一维纳米材料是指在两个维度上是纳米尺寸，而其长度较大，甚至为宏观量级（如毫米级、厘米级）的新型纳米材料。根据具体形状分为管、棒、线、丝、环、螺旋等。（准）一维纳米材料可用于纳米器件的制造，例如，扫描隧道显微镜（scanning tunneling microscope，STM）或原子力显微镜（atomic force microscope，AFM）的针尖、光导纤维、微型钻头、超大面积集成电路的连接线复合材料增强剂等。其中，碳纳米管、纳米线以及同轴纳米电缆都是一维纳米结构的典型代表。

1.2.2.1 碳纳米管

碳纳米管（carbon nanotubes，CNTs）被认为是富勒烯的一种新形式，由 Sumio Iijima 于 1991 年发现。实际上，早在 Iijima 报道碳纳米管前，也曾有一些科学家观察到碳纳米管，但是忽略了这种材料的独特结构。作为研究者，我们应当细致入微，很多科学发现往往是在不经意间产生的。Lijima 在寻找电弧放电法所使用的阴极表面的新碳结构时发现了碳纳米管。碳纳米管通常被称为一维材料，因为它们具有高纵横比，直径只有几十个原子，而长度有数微米，可以看作是卷成无缝空心圆柱体的石墨片，其原子结构如图 1-8（a）所示。碳纳米管的层间距离基本保持固定，约为 0.34nm，直径为 2～20nm，图 1-8（b）给出的碳纳米管直径大约为 8nm。与平面石墨相比，碳纳米管的结构、拓扑和尺寸使其电子、电气和力学性能更具吸引力。经过持续 30 多年的研究，超细直径的碳纳米管、超长单根碳纳米管、螺旋状碳纳米管、手性碳纳米管以及基于碳纳米管的芯片晶圆相继研究成功；在碳纳米管受限尺寸发现了一些新型化学反应机理；随着对碳纳米管等纳米材料研究工作的深入进行，碳纳米管也进一步展现出了广阔的前景。

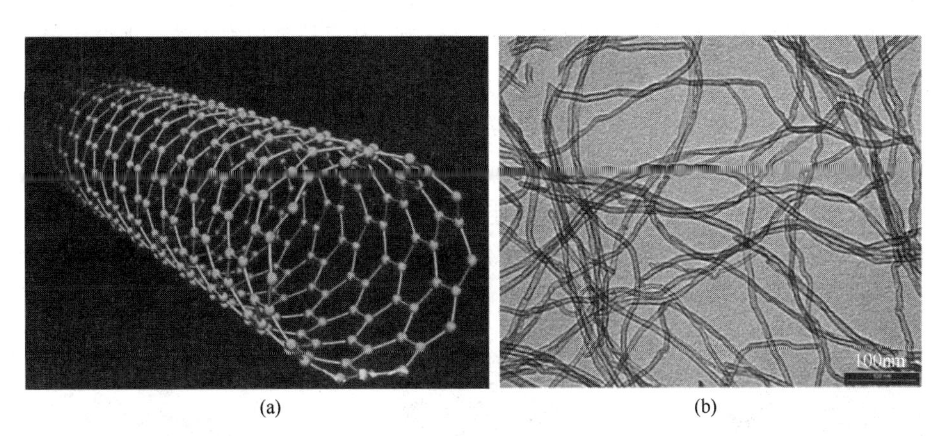

图 1-8 一维碳纳米管（CNTs）材料（经 RSC 许可转载）
（a）CNT 的原子结构；（b）CNT 的扫描电镜图

在蜂窝晶格中，每个碳原子通过 sp^2 键与三个相邻的碳原子共价键合。碳原子之间有两种类型的共价键：σ 键和 π 键。在石墨烯片中，碳原子有一个非杂化 π 轨道，负责通过纳米管传输 π 电子。这些 π 键（垂直于石墨烯片的平面）是非定域的，它们在整个碳纳米管上共享，是碳纳米管与一些具有共轭性能大分子以非共价键复合的化学基础。在轴向上，π 电子在整个纳米管结构中没有收缩运动，有时也被比作金属中的离域电子。另一方面，在径向上，电子受到石墨烯片单层厚度的限制。如果电子的波长不是纳米管周长的倍数，它就会与自身发生相消干涉，因此，只有纳米管周长的整数倍波长才可能存在。

由于碳纳米管周长上的量子限制效应，CNTs 通常被称为一维“量子线”。当石墨片被卷成圆柱体时，碳纳米管外部的 π 轨道变得更加离域，导致 σ 键稍微偏离平面。由于这种 σ-π 的再杂化，碳纳米管比石墨具有更强的机械强度、导电性和导热性。随着轨道离域的增加，CNTs 的电导率增加（与石墨片相比）。此外，σ-π 再杂化将导致碳纳米管的电子特性发生变化。碳纳米管的电子态分裂成一维子带，而不是单一的宽电子能带。

根据石墨烯片层层数，碳纳米管可以分为：单壁（或单层）碳纳米管（single-walled carbon nanotubes，SWCNTs）和多壁（或多层）碳纳米管（multi-walled carbon nanotubes，MWCNTs）。单壁碳纳米管的最小直径为 0.7nm，多壁碳纳米管的最小直径为 100nm。不同于多壁碳纳米管，单壁碳纳米管直径的分布范围较小，缺陷少，且均匀一致性高。而多壁碳纳米管在形成过程中，由于层间容易变成陷阱中心，会捕获到各种缺陷，其管壁通常布满了小洞状缺陷。通过对多壁碳纳米管的 X 射线光电子能谱（X-ray photoelectron spectroscopy，XPS）的研究，发现不论单壁碳纳米管还是多壁碳纳米管，其表面都结合有一定的官能团，而且不同制备方法获得的碳纳米管具有不同的表面结构。一般，单壁碳纳米管具有较高的化学惰性，且表面要更纯净一些；而多壁碳纳米管表面结合有大量表面基团，如羧基等，要活泼得多。此外，从碳纳米管的变角 XPS 表面检测来看，单壁碳纳米管表面化学结构较为单一，但随着管壁层数增加，其缺陷增多，化学反应活性增强，表面化学结构开始趋向复杂化。碳纳米管这种化学结构和物理结构的不均匀，使得大量表面碳原子表现出表面微环境的差异性以及能量的不均一性。

根据六边形轴向方位的不同，碳纳米管可以分为：扶手椅型碳纳米管、锯齿型碳纳米管和手性碳纳米管。其中扶手椅型和锯齿型的碳纳米管没有手性。碳纳米管的手性指数（n，m）习惯上用 $n \geqslant m$ 表示，与其螺旋度和电学性能等直接相关。当 $n=m$ 时，碳纳米管称为扶手椅型碳纳米管，手性角（螺旋角）为 30°；当 $n>m=0$ 时，碳纳米管称为锯齿型碳纳米管，手性角（螺旋角）为 0°；当 $n>m\neq 0$ 时，碳纳米管称为手性碳纳米管。

根据是否存在管壁缺陷，碳纳米管可以分为：含缺陷碳纳米管和完善碳纳米管。图 1-9 给出了含有杂质原子、碳空位以及杂质原子与空位的缺陷态单壁碳纳米管。

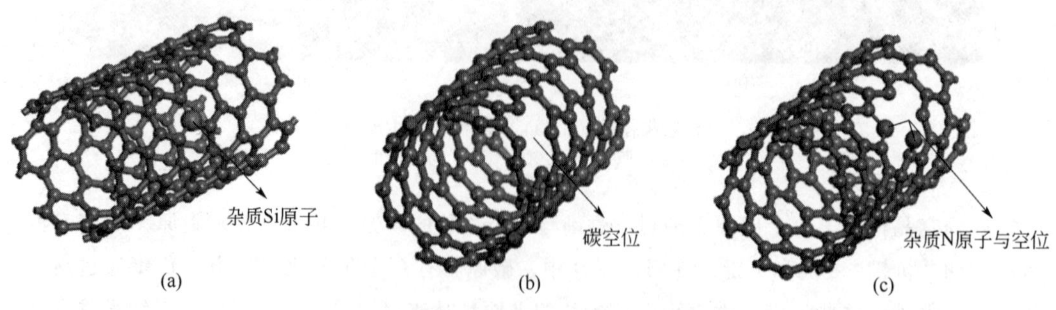

图 1-9　缺陷态单壁碳纳米管的结构示意图

（a）含有一个杂质硅原子；（b）含有一个碳原子空位；（c）含有空位和杂质氮原子

根据整体形态和外形均匀性，碳纳米管可以分为：直管型、Y型、蛇型、碳纳米管束等。

1.2.2.2 纳米线

纳米线（nanowire）是一种横向尺寸在100nm以内（纵向无限制）的一维结构，其纵横比往往在1000以上。

根据材料组成的不同，纳米线可以分为金属纳米线、绝缘体纳米线和半导体纳米线。纳米线的制备方法主要有沉积法、悬置法或元素合成法。悬置纳米线是指在高真空条件下末端固定的纳米线，它们不仅可以通过化学蚀刻粗导线获得，还可以通过用高能粒子（原子或分子）直接轰击粗导线获得。通常，实验室中生长的纳米线可分为两种类型：平行于衬底平面的纳米线和垂直于衬底平面的纳米线。

纳米线的形态多种多样。有时它们以无定形的顺序出现，如螺旋或五边形对称，电子将在螺旋或五边形管中弯曲前进。这种晶体有序性的缺乏主要是由于纳米管仅在一维（轴向）上具有周期性，但在其他维度它们可以根据能量定律形成任意次序。例如，在某些情况下，纳米线可以表现出五重对称性，这在自然界中是无法观察到的，但可以在由少量原子形成的团簇中找到。这种五重对称性相当于原子团簇的二十面体对称性：二十面体是原子团簇的低能态，但在晶体中没有观察到这种顺序，因为二十面体不能在所有方向无限重复并填充整个空间。

1.2.2.3 同轴纳米电缆

同轴纳米电缆是指直径为纳米级的电缆，它的核心通常是半导体或导体的纳米线，外层包覆有异质纳米壳体（导体、半导体或绝缘体），外壳与所述芯线同轴。这些材料往往具有独特的结构和性能，在未来的纳米结构器件中显示出广阔的应用前景和战略地位，近年来受到了科研工作者的关注。

同轴纳米电缆的提出始于1997年，法国科学家ColliexC等用石墨阴极和HfB阳极在氮气气氛中进行电弧放电，获得的主要产物为HfB颗粒（直径5～20nm），其外层为5～10nm的石墨层；此外，还有外径为4～12nm的管状结构。这些管状结构多是C-BN-C石墨结构，少数是外层为石墨、内部为BN的结构。这种在径向上形成的夹层结构（导体/绝缘体/导体）就被命名为同轴纳米电缆。与此同时，中国科学院固体物理研究所的孟国文等也用硅凝胶的高温碳热还原法合成出SiC/SiO同轴纳米电缆；以及用蜂蜜与Ta_2O在高温下反应合成TaC/C（石墨）的超导同轴电缆。其后，张跃刚等通过激光烧蚀法合成B-SiC/SiO/C（石墨）/BN-C（石墨）多层结构的同轴纳米电缆；香港大学Quan Li等则以碳粉和硫化锌为原料，利用碳热部分还原法获得了Zn/ZnS同轴纳米电缆。相比于普通导体，纳米电缆的电子传输速率更快，能耗更小，对下一代光导纤维的发展具有重要意义。目前，我国研究人员已成功制备出多种同轴纳米电缆，它们的内核包括半导体、导体和超导体，具有不同的特性，可以满足不同的需求，在世界同轴纳米电缆研究领域处于前沿位置。

1.2.3 二维纳米结构

二维纳米材料是指一个维度为纳米尺度的材料，包括层厚在纳米量级甚至原子量级的单层或多层薄膜，以及由纳米粒子或纳米线组装而成的薄膜。

纳米多层膜是由一种或多种材质（金属、合金、半导体材料等）在纳米尺度上交替堆叠而成的薄膜，且各层厚度均在纳米级，小于电子自由程和德拜长度，从而表现出显著的量子特性。其中比较典型的代表包括超晶格薄膜以及量子阱。1970 年，美国 IBM 实验室的江崎和朱兆祥首次提出超晶格的概念。超晶格薄膜是指两种或多种不同组元，以几纳米到几十纳米的薄层交替生长并保持严格周期性的多层膜，其特点是各层界面平直清晰，无明显界面非晶层及成分混合区的存在。

此外，量子阱是由两种不同半导体薄层以相间排列的方式构成，具有明显量子限制效应的电子或空穴的势阱。其基本特征为：阱壁宽度小于费米波长，具有很强的量子限制作用，使得载流子只在与阱壁平行的平面内具有二维自由度，而在垂直方向，导带和价带分裂成子带[6]。对于量子阱薄膜，如果势垒层很薄会引起相邻量子阱之间的强耦合。在各量子阱的分立能级上，局域电子波能够穿越势垒层，与邻近量子阱形成周期性结合，产生微能带。微能带的宽度和位置由量子阱的深度、宽度及势垒厚度所调制，这样的多层结构即称为超晶格，有时又称为耦合的多量子阱。量子阱中的电子态、声子态和其他元激发过程以及它们之间的相互作用，与三维体材料中的情况存在显著差异。因此，通过物质在纳米层次的超晶格组合，实现对能带的有效控制（包括能带隙和有效质量等），可以制造出人工能带结构。而如果势垒层很厚，以至于相邻量子阱内部载流子波函数间的耦合很小，那么多层结构将产生多个分离的量子阱，即称为多量子阱（multi-quantum wells）。典型 GaAl 基和 GaN 基单量子阱和多量子阱构成的发光二极管（light emitting diode，LED）的活性层，是 LED 发光的核心。

除上述两种纳米多层膜外，2004 年石墨烯（graphene）的发现，极大地推动了二维纳米材料的发展。石墨烯具有诸多奇特的物理性质，如室温量子霍尔效应、室温铁磁性、超快的电子迁移率 [$15000m^2/(V \cdot s)$]、优异的热导率 [约 $5300W/(m \cdot K)$]、高的透光率（$>98\%$）、高的比表面积（$2630m^2/g$）。石墨烯在电子器件、能量存储、生物传感、电磁场调控、光伏发电、环境净化等众多领域都具有广阔应用前景。实际上，关于二维晶体的研究早在 20 世纪就备受关注，并从统计物理学出发提出了 Mermin-Wagner 定理，这一定理认为：任何具有连续对称性的二维热力学系统，在非零温下，其连续对称性不可能发生自发破缺，即在室温条件下，二维晶体无法稳定存在。石墨烯的发现打破了这一传统认识，尽管独立存在的石墨烯的二维晶体具有结构起伏或涟漪。正是由于这些奇特的性质和理论创新，在发现石墨烯后短短六年的时间，其发现者 Andre Geim 和 Konstantin Novoselov 就获得了诺贝尔物理学奖。这也启示我们作为研究者，应当具有大胆创新的意识、不默守成规；要勇于挑战，不管面临多大的困难，才有可能在新的领域作出突出贡献。石墨烯的发现，也引领了研究者对于更多二维材料的探索，并取得了极大的成功。如图 1-10 所示，石墨、二硫化物等都是共价键结合原子层通过层间范德华力而构成，层间弱的作用力为机械剥离等方式剥离二维原子层材料提供了便利。例如，分层的氮化物、硅烯、锗烯和接近单原子层厚度的大量过渡金属硫化物等。这些二维材料表现出特殊的物理特性，包括各向异性的输运特性、超导现象、拓扑绝缘体、电荷密度波和室温铁磁性等。同时，二维纳米材料在光伏电池、电致变色显示、气体传感、固体润滑剂和催化剂等许多方面应用广泛。

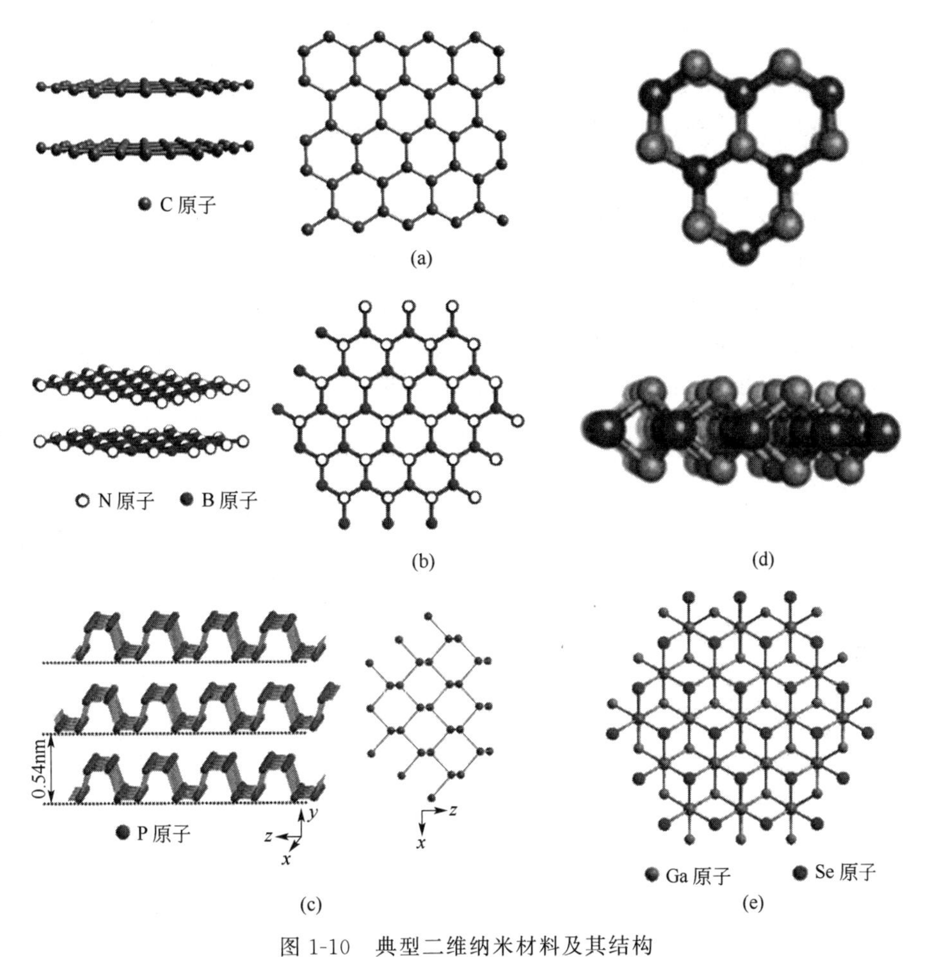

图 1-10　典型二维纳米材料及其结构

（a）石墨烯；（b）氮化硼（h-BN）；（c）磷化硼（BP）；（d）硫化钼（MoS_2）；（e）硒化镓（GaSe）

习　题

1. 简述纳米材料的定义和分类。
2. 纳米材料有哪些不同于常规块体材料的性质？
3. 与常规块体材料相比，纳米微粒的熔点、烧结温度发生变化的原因是什么？
4. 什么是团簇？谈谈它的分类。
5. 纳米材料的基本结构单元有哪些？

参考文献

[1] 张立德. 纳米材料和纳米结构 [J]. 中国科学院院刊，2001，16 (6)：444-445.

[2] Sannino D. Types and classification of nanomaterials [M]. Singapore：Springer

Singapore，2021.

[3] Yan N，Xia N，Liao L Y，et al. Unraveling the long-pursued Au_{144} structure by X-ray crystallography [J]. Science Advances，2018，4 (10)：eaat7259.

[4] Taylor M G，Mpourmpakis G. Thermodynamic stability of ligand-protected metal nanoclusters [J]. Nature Communications，2017，8：15988.

[5] Ding J，Chen J，Gao L，et al. Engineered nanomedicines with enhanced tumor penetration [J]. Nano Today，2019，29：100800.

[6] Hicks L D，Dresselhaus M S. Effect of quantum-well structures on the thermoelectric figure of merit [J]. Physical Review B，1993，47 (19)：12727-12731.

第 2 章

纳米材料的基本理论

本章中所介绍的内容是关于纳米材料的基本理论知识，主要涵盖纳米材料的各种效应及其对材料性质可能的影响。本章将要介绍的基本理论包括纳米材料的能带理论、表面与界面效应、小尺寸效应、量子尺寸效应、宏观量子隧道效应及其他效应，同时将结合部分案例阐述这些效应带来的纳米材料性能的变化。

2.1 纳米材料的能带理论

材料的特性与其内部电子的运动行为密切相关，为了描述电子在固体材料中的运动特点，研究者从量子力学解释金属电导行为出发进而提出了能带理论，主要用于阐述晶体内具有普遍性的电子运动特征。从能带理论的角度分析，可以阐述固体表现出导体、绝缘体以及半导体的特性，因此能带理论广泛应用于半导体材料和器件的研发领域。在纳米材料中，由于纳米粒子尺寸小，能带结构表现出了不同于传统材料的离散化特性，使得纳米材料的热力学性质与传统块体材料显著不同。而在后摩尔时代，随着集成电路尺寸的进一步缩小，当芯片尺寸达到纳米级时，电子的运动被局限在纳米尺度上，微纳尺度下电子运动行为的研究对于纳米器件的设计十分必要，因此阐明纳米材料的能带理论对于推动纳米材料及器件的发展具有重要意义。

2.1.1 固体能带理论简介

固体能带理论的研究应该从固体中电子运动状态的研究出发，构建所有粒子相互作用系统的薛定谔方程并求解。但实际材料中离子和电子的数目是近乎无穷多的，众多电子的运动也相互影响，因此通过构建薛定谔方程求解的思路是无法完成的，只能在合理的假设条件下采用近似的方法进行求解。对晶体材料而言，由于其具有周期性，其内部格点排列和离子实排列均具有周期性，因此可以假设认为电子在运动过程中所处的势场也是具有周期性的。

这里采用单电子近似的方法，假设固体中原子核位置固定，电子在固定核的势场和其他电子的平均势场中运动，将固体中多电子系统的运动问题转换为单电子系统来求解。对于电子所处的势场，可以表示为：

$$U(x+na)=U(x) \tag{2-1}$$

式中，U 表示电子所处的势场；x 表示电子所处空间位置坐标；a 是晶体的晶格常数；n 是整数，代表电子重复排列的周期数。以简单的一维晶体为例，其势能变化曲线如图 2-1 所示[1]。

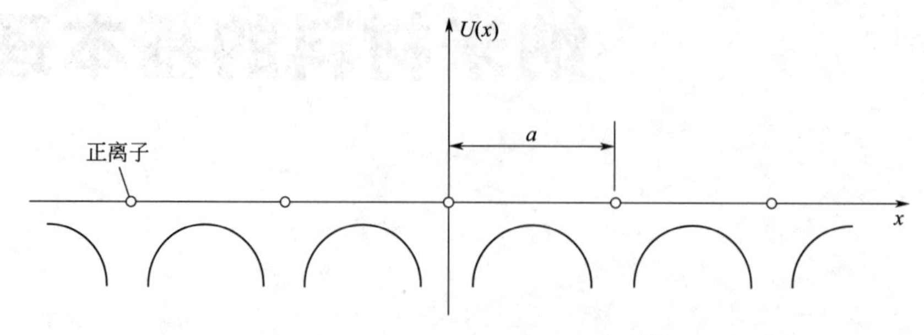

图 2-1　一维晶体的势能变化曲线[1]

为描述电子在晶体内的运动规律，需要求解电子运动的波函数，即求出 $U(x)$ 所对应的函数式，并将此函数式与薛定谔方程进行结合求解。另外，为使问题进一步简化，我们再进行如下假设：a. 晶体内部晶格是完整的，且晶体的尺寸为无穷大，同时不考虑晶体表面对电子运动行为的影响；b. 假设晶体体系内部离子的热运动不影响电子的运动行为；c. 运动的电子之间相互独立，且不存在相互作用；d. 假设周期性势场随空间位置的变化基本不变。在这些假设下，$U(x)$ 可表示为：

$$U(x)=U_0+\sum_n U_n \mathrm{e}^{\mathrm{i}\pi nx/a} \tag{2-2}$$

式中，U_0 和 U_n 分别表示电子处于初始态和 n 状态下的势能；a 为晶格常数。将其代入一维空间内电子运动的定态薛定谔方程：

$$\frac{\mathrm{d}^2\varphi}{\mathrm{d}x^2}+\frac{8\pi^2 m}{h^2}(E-U)\varphi=0 \tag{2-3}$$

式中，φ 为振幅函数；E 为电子的总能量；U 为电子的势能；m 为电子的质量；$h=2\pi\hbar$，$\hbar$ 为普朗克常数。

布洛赫（Bloch）证明了此方程的解具有如下形式：

$$\varphi(x)=\mathrm{e}^{\mathrm{i}kx}f(x) \tag{2-4}$$

式中，$f(x)$ 是电子空间坐标的周期函数；k 为周期数，其周期与晶格排列和势能分布相同。即：

$$f(x)=f(x+na) \tag{2-5}$$

此结论称为布洛赫定理，在近自由电子近似下，电子的运动满足薛定谔方程，即：

$$\left(-\frac{h}{2m}\nabla^2+V\right)\Psi(r)=E\Psi(r) \tag{2-6}$$

式中，∇ 为拉普拉斯算符；E 为外加电场强度；V 为对象的体积；$\Psi(r)$ 为自由电子的波函数，结合布洛赫定理，可以实现薛定谔方程的求解。

在近自由电子近似下，解出电子的能量和波矢（E-k）关系，如图 2-2 所示，结合自由电子的能量表达式，则有：

$$E=\frac{\hbar^2}{2m}k^2 \tag{2-7}$$

式中，E 和 k 分别代表电子的能量和波矢。

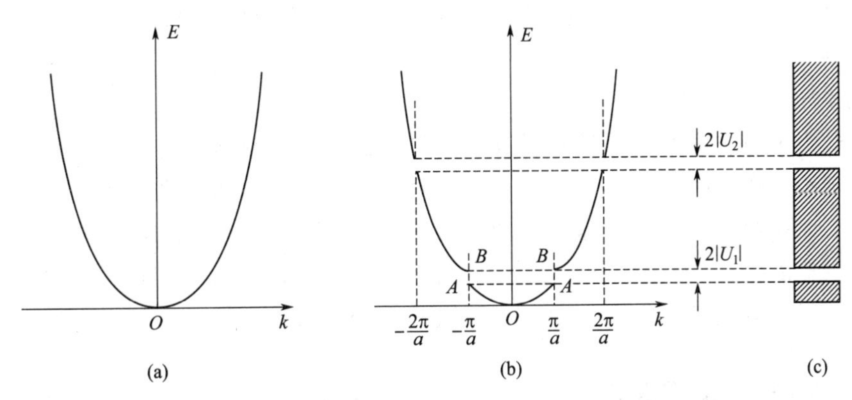

图 2-2　能量 E 与波矢 k 之间的关系

(a) 自由电子近似下的 E-k 关系；(b) 近自由电子近似下的 E-k 关系；(c) 近自由电子近似下的能带图

通过式（2-7）可以看出，在自由电子近似条件下的 E-k 关系为抛物线型。对于某些 k 值，这种抛物线关系仍然成立；但对于另外一些 k 值，能量 E 与这种抛物线关系相差较大，即在 $k=\pm\frac{n\pi}{a}$ 处能量不再是准连续的状态，电子占据满能量较低的 $E_n-|U_n|$ 能级后只能去占据高能量的 $E_n+|U_n|$ 能级，而这两个能级间则无法被电子占据，表现出禁止的特点[2]。

通常，我们将在近自由电子近似条件下电子能够占据的能量范围称为允带，而在允带中，弯曲被电子填充的较低能带被定义为价带（valence band），在价带之上，电子未能填充的具有更高能量的能带称为导带（conduction band）。在电子填充的价带顶部和未填充的导带底部之间，电子是无法进行填充的，这一能量区域定义为禁带。固体材料依据其能带结构的特点和带宽可以区分为导体、绝缘体以及半导体（能带结构如图 2-3 所示）。

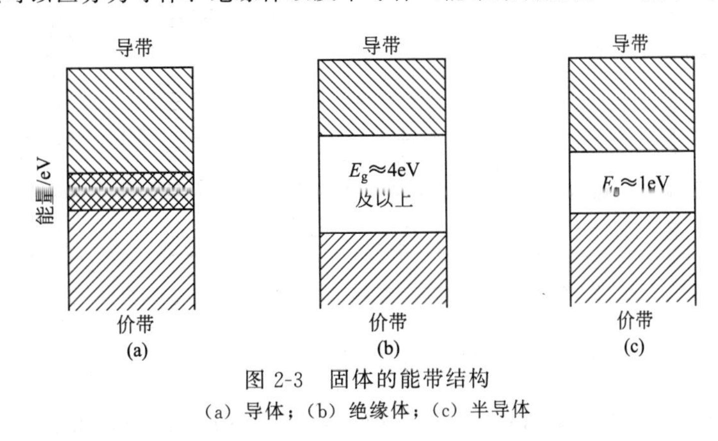

图 2-3　固体的能带结构

(a) 导体；(b) 绝缘体；(c) 半导体

① 对导体而言，其内部大量电子位于能够自由运动的导带，在外电场作用下电子发生定向移动形成电流。常见的金属材料通常都是导体。

② 对绝缘体而言，其能带中价带是完全填满的状态，而导带则表现为无电子占据的全空状态，同时，导带和价带间的宽度很大，在常温下仅仅依靠热激发的形式电子无法发生从价带到导带的跃迁。在完全理想的绝缘体材料内部，所有电子均被原子直接束缚，表现出难以移动的特性。常见的无机非金属材料及高分子材料通常是绝缘体。

③ 对半导体而言，其能带结构中电子完全填充满了价带，导带为全空，但其导带和价

带间的宽度较小，仅在低温下表现出绝缘特性，在高温下部分电子可以通过热激发的形式从价带迁移到导带，在一定的外场作用下同样可以形成电流。我们使用的电子设备之中往往包含大量的半导体材料及器件。

另外，为了描述固体材料能带内电子的分布状态，引入费米能级这一概念去描述这一特性。费米能级的物理意义是指半导体材料在绝对零度的条件下，电子能填满费米能级之下的所有能级，而在费米能级之上的能级，电子无法填充。费米面则是绝对零度条件下电子最高占据能级的等能面。在温度高于绝对零度的条件下，基于费米能级和温度可以求解电子的费米-狄拉克分布，因此费米能级可以完全刻画电子的分布状态。

2.1.2 纳米材料的能带理论

具有宏观尺度的晶体在高温下，其能带结构可视为完全连续的状态，随着材料尺寸的降低，其能带结构将从准连续能带演变为原子尺度下的离散能级，相应示意如图 2-4 所示。尤其是对纳米粒子系统而言，其内部可以运动的传导电子的数量是有限的，且电子的热激发能为 $k_B T$，其中 k_B 为玻尔兹曼常数，T 为温度，因此在温度较低时，自由电子气由热激发所波及的范围有限，纳米粒子的能带将会表现出显著的离散化特性，从而使得其物理特性与块体材料明显不同[3,4]。

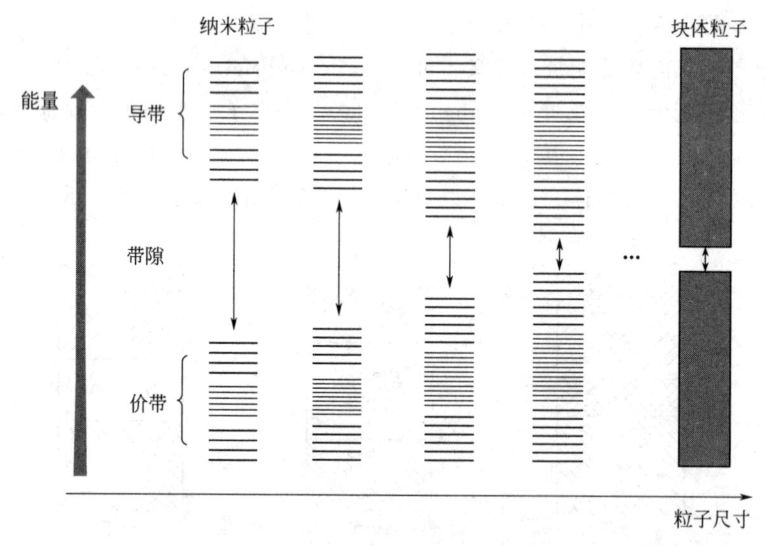

图 2-4 随尺寸变化纳米材料的离散能级转换为块体材料的准连续能带[3]

假设一个直径为 d 的金属纳米粒子作为研究对象，高温条件下，由于自由电子气的热激发，以比热容为例，纳米粒子与传统块体材料的差异性较小。但随着温度降低，材料的物理性质几乎完全由费米能级附近的几个能级决定。因此，等级间隔模型可以用来近似描述单个金属纳米粒子在低温条件下的物理特性，据此，可以将单个纳米粒子的比热容表示为：

$$C(T)=k_B \exp\left(-\frac{\delta}{k_B T}\right) \tag{2-8}$$

式中，C 为比热容；T 为纳米粒子所处的温度；δ 为能级间隔；k_B 为玻尔兹曼常数。

对纳米金属粒子而言，由于其能级具有离散化的特性，在低温条件下其热力学性质与传统材料相比表现出显著不同的特点。虽然通过等能级近似模型能够实现在低温条件下单个金属纳米粒子比热容的理论求解，但在实验上只能对纳米粒子的集合体进行表征，导致无法从实验上验证比热容求解的正确性。在纳米粒子组成的集合体中，粒子的晶粒尺寸存在差异性，导致能级间隔具有统计学分布的特性。

而在集合体中需要考虑因粒子尺寸差异而造成的能级间隔的统计学分布性质。久保理论将金属纳米颗粒构成的集合体作为对象，基于简并费米液体假设和纳米粒子电中性假设提出了对粒子集合体的电子能态求解。

其中，简并费米液体假设是将靠近费米面附近的电子状态视为由尺寸限制的简并电子气，并假设它们之间的能级为准粒子态下的非连续能级，同时假设准粒子间不存在相互交换。当电子的热激发能（k_BT）远远小于相邻两能级间平均能级间隔（δ）时，该体系中靠近费米面的电子能级分布服从泊松分布：

$$P_n(\Delta)=\frac{1}{n!\ \delta}\left(\frac{\Delta}{\delta}\right)^n\exp\left(-\frac{\Delta}{\delta}\right) \tag{2-9}$$

式中，Δ 为靠近费米面两能级之间的能态间隔；$P_n(\Delta)$ 为对应的概率密度；n 为两能态间的能级数。当 Δ 为相邻能级间隔时，$n=0$。久保模型改善了传统等能级间隔模型的局限性，能够更加准确地描述低温下超微粒子的物理性能。

纳米粒子电中性假设则是指通过热涨落从单个纳米粒子体系中提取或注入一个电子都是非常难实现的。为此，久保理论提出实现这一过程需克服库仑力所做功（W）：

$$k_BT \ll W=\frac{e^2}{4\pi\varepsilon_0 d}\approx\frac{e^2}{d}=\frac{1.5\times10^5 k_B}{d} \tag{2-10}$$

式中，d 为纳米粒子的直径；e 为电子电荷；ε_0 为真空介电常数。通过式（2-10）可以看出，随着粒子直径的减小，需要克服库仑力所做功增加，低温下仅仅依靠热涨落难以实现纳米粒子电中性的改变。

在温度足够低的条件下，当颗粒尺寸仅为 1nm 时，提取或注入一个电子克服库仑力所做功（W）比平均能级间隔（δ）小两个数量级，依据上述公式可知 $k_BT\ll\delta$，因而在低温条件下 1nm 尺寸的粒子中会表现出电子能级的离散性，这种离散化的特点使得纳米材料的性质明显不同于大块材料，关于其性质的具体讨论将在第 2.4 节中以导电性为例进一步展开。

20 世纪 70 至 80 年代，纳米粒子的制备和实验表征技术持续发展，方便了对纳米粒子物理特性的进一步研究，因此取得了与理论预测相关联的一系列进展。例如，基于纳米材料电子运动特性、磁共振特性和热力学性质的测试结果验证了纳米粒子中存在的能级离散化现象，为久保理论提供了实验上的支撑。不过，久保理论依然具有局限性，需要进一步进行修正。

2.2 表面与界面效应

在人类长期的科学研究过程中，研究者们逐渐意识到，表界面科学实际上研究的是材料或器件从微观到宏观多尺度下的相界面问题。在当下科学研究和实际工业应用中，表界面现象及其背后的关键科学原理均已有极其广泛的应用，涉及的材料或工业领域主要包括发光二极管器件、太阳能电池、电化学储能器件、工业上的吸附与脱附、电解催化、浸润等。如荷叶通常表现出难以浸润的超疏水特性，其原因就是荷叶表面具有复杂的纳米结构，改变了荷叶与水接触时的状态，基于这一原理可以设计自清洁服饰、自清洁太阳能电池等，北京航空航天大学江雷院士团队对此领域的发展做出了诸多开创性贡献[4]。

纳米材料作为一种蓬勃发展的前沿热点材料，由于其小尺寸的特性，无论是在材料制备还是器件构筑上都会引入较多表面与界面，对其进行进一步研究十分重要。同时，对纳米材料表面与界面效应的研究将促进相关领域的进一步发展。

2.2.1 纳米材料的表面原子

如图 2-5 所示，由于纳米材料尺寸极小，对纳米材料中的构成原子而言，其特点是处于表面状态的原子数占构成原子总数的大多数，部分条件下的统计结果如表 2-1 所示。从表中可以看出，以直径为 2nm 的粒子为例，其表面原子所占比例约为 80%；但当纳米粒子的尺寸进一步增加（10nm）时，表面原子比例急剧降低，降至约 20%；随着纳米粒子尺寸的进一步增加（100nm），表面原子在整个体系中的占比仅为 2%，此时表面原子对整个纳米粒子的影响几乎可以忽略。纳米粒子的尺寸及对应的表面与界面效应都是具有相应的上限的，当粒子的尺寸大于此上限时，已经不能将其称为纳米粒子了。

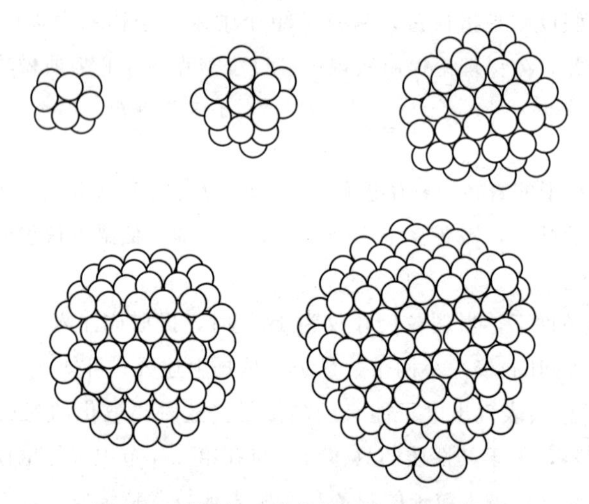

图 2-5　不同尺寸纳米粒子中的表面原子

表 2-1　纳米粒子尺寸与表面原子数占比的对应关系

纳米粒子直径/nm	单个纳米粒子包含总原子数	粒子表面原子所占比例
100	3000000	2%
10	30000	20%
4	4000	40%
2	250	80%
1	30	99%

纳米粒子的表面原子所占比例除了与粒子尺寸相关外，还受粒子晶型（或原子堆积方式）的影响。图 2-6 标定了部分晶型不同的纳米粒子中表面原子占比情况的理论结果（纳米

粒子直径在 5nm 以下)。如图 2-6 所示，当纳米粒子具有相同的尺寸时，其表面原子的占比是由粒子晶型决定的。

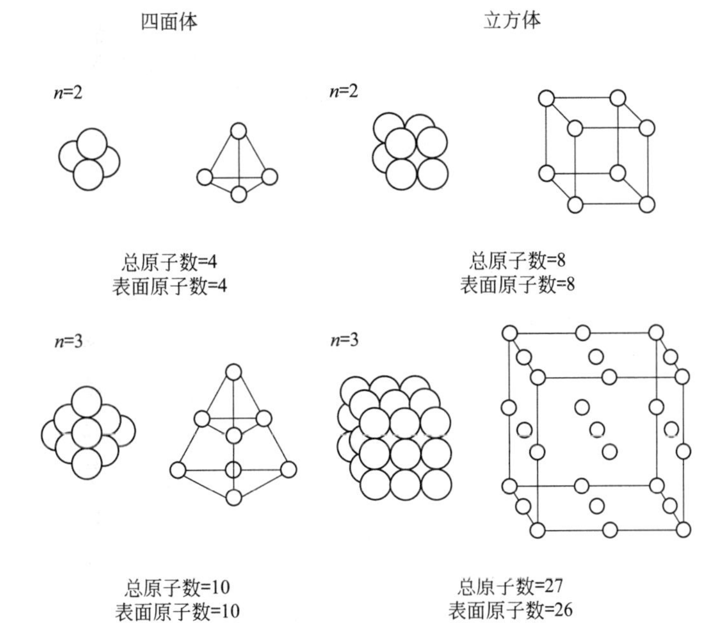

图 2-6 部分不同晶型纳米晶体表面原子数比例的计算实例

这里选用三角锥晶体和立方晶体进行简短说明，假设其均为原子密堆积结构，则粒子中的原子总数为：

$$N=\sum 10n^2+2 \tag{2-11}$$

式中，N 为构成纳米粒子的原子总数；n 为原子堆积的壳层数。

对三角锥晶体而言，当构成粒子的原子堆积层数仅为 2 和 3 时，原子均处于表面，其占比为 100%；当粒子的晶型转变为立方型，原子堆积层数为 2 时，表面原子占比仍为 100%，当层数扩展到 3 时，表面原子数则下降至 96.3%。

综合上述分析可以得知，纳米粒子中表面原子占比与其尺寸和晶型均相关，减小尺寸可以显著提升表面原子占比。同时，在尺寸相同的条件下，晶体结构也会影响表面原子的占比。基于上述结论，在材料研发中，当需要利用表面原子的某些特殊性质时，可以通过尺寸设计和晶型设计来提高表面原子的比例。例如在催化科学领域中，催化反应的发生往往与催化剂的表面结构密切相关，表面原子中含有更多的不饱和原子和悬挂键，具有大量活性位点可以加速化学反应的进行，通过对催化剂进行尺寸的纳米化和晶型设计可以提高其中表面原子的比例，进而显著提升催化效率。

2.2.2 纳米材料的表面能

表面能是指等温、等压、组成不变的情况下，可逆地增加物系表面积需对物质所做的非体积功。表面能是构建物质表面时对分子间化学键破坏能量的度量。材料的物理及化学性质受到表面能的限制和调控。表面能与物系的表面积正相关，对纳米粒子系统而言，由于其中较多的原子均处于表面上，颗粒的表面能较高，具有极高的物理及化学活性。

纳米粒子高表面能源自于纳米粒子的表面与界面效应。纳米粒子的尺寸越小，则其中所含有的表面原子占比越高［图 2-7（a）］，导致整个体系中对表面原子的完全配位难以实现。其原理如图 2-7（b）所示，表面原子与内部原子分别由实心圆和空心圆表示。显然，由于近邻配位的不完全性，表面原子处于非平衡的状态，具有不饱和性，极易迁移到其他位置与原子发生结合从而达到稳定的状态，表面原子表现出较高的化学活性[3]。

在制备纳米材料过程中，由于纳米粒子具有较大比例的表面原子和较高的表面能，纳米粒子倾向于发生团聚，从而降低其表面能，但这不利于材料性能的发挥，如在化妆品中添加某些纳米活性剂来改善性能，但由于纳米粒子的聚集，其会对化妆品质量产生进一步损害。因此，在实际制备纳米粒子的过程中，通常需要利用表面改性的方法降低纳米粒子表面能，从而达到抑制其聚集的目的，常用的改性方法有纳米粒子表面包覆、表面偶联等。另一方面，在制备无机纳米粒子与有机聚合物基体两相复合材料时，由于无机纳米粒子与聚合物的表面能相差较大，两相具有较差的亲和性，复合过程中往往容易因两相的相容性差而发生相分离的现象，因此也需要通过对无机纳米粒子进行表面改性以调控表面能来避免此现象的发生。因此，控制纳米粒子的表面能以及聚集形态是当下纳米材料领域研究热点之一。

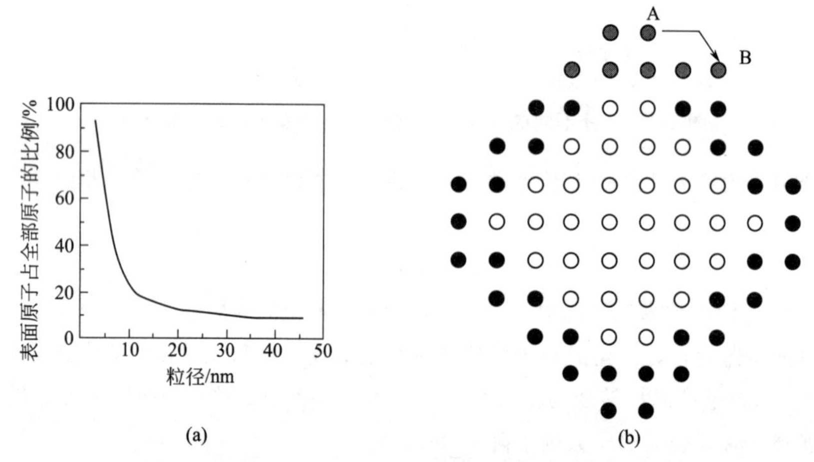

图 2-7　纳米材料表面原子与尺寸的关系

（a）纳米粒子表面原子所占比例和粒径之间的关系；（b）单一立方结构的晶粒二维平面图（A 原子极不稳定可能会迁移到 B 原子处[3]）

2.2.3 表面重构与表面态

表面原子的结构与纳米材料一系列的理化性质有着密切的联系，如纳米材料的表面电子状态、功函数、催化和氧化等。通过对诸多半导体材料表面的研究表明，表面原子的排列与原子层中的原子排列相比存在显著的不同。远离表面原子排列具有一定的周期性，可由二维的布拉维格子描述。如果体内原子层的对称性用基矢 $\boldsymbol{\tau}_1$ 和 $\boldsymbol{\tau}_2$ 描述，表面原子层则一般由 $n\boldsymbol{\tau}_1$ 和 $m\boldsymbol{\tau}_2$ 描述，可以记作（$n\times m$）。这种现象称为表面重构或表面再构。重构的表面应使系统的吉布斯自由能 G 具有最小值：

$$G=U-TS+pV \tag{2-12}$$

式中，U 为系统热力学能或内能；T 为温度；S 为熵；p 为压强；V 为体积。在真空

($p=0$) 条件下，通常结构变化引起的热力学能变化是主要的。因此，表面结构的变化应使系统的能量最低[5]。

下面介绍具有代表性的 GaAs (111) A 面的 (2×2) 和 Si (111) 表面的表面重构。1984 年 Tong 等提出的坎入-空位模型论证了 GaAs (111) A 面的 (2×2) 表面重构，这一模型与诸多的实验和理论计算相吻合。坎入-空位模型如图 2-8 (a) 和图 2-8 (b) 所示。按照这个模型，四分之三的 Ga 原子下移，坎入与之成键的三个 As 原子之间，大体上位于一个平面内，也就意味着 Ga 以 sp^2 杂化轨道和 As 成键。另外四分之一的 Ga 缺失，形成空位，以容纳三个 Ga 原子的坎入。而 As 原子则形成三个近 90°的 p 型键和一个 s 型轨道。表面的 Ga 原子和 As 原子的成键情形和附近的局部结构与 GaAs (110) 表面的情形是十分类似的。由此可见，表面 Ga 原子和 As 原子的上述电子结构和附近的几何位形在能量上是最有利的。

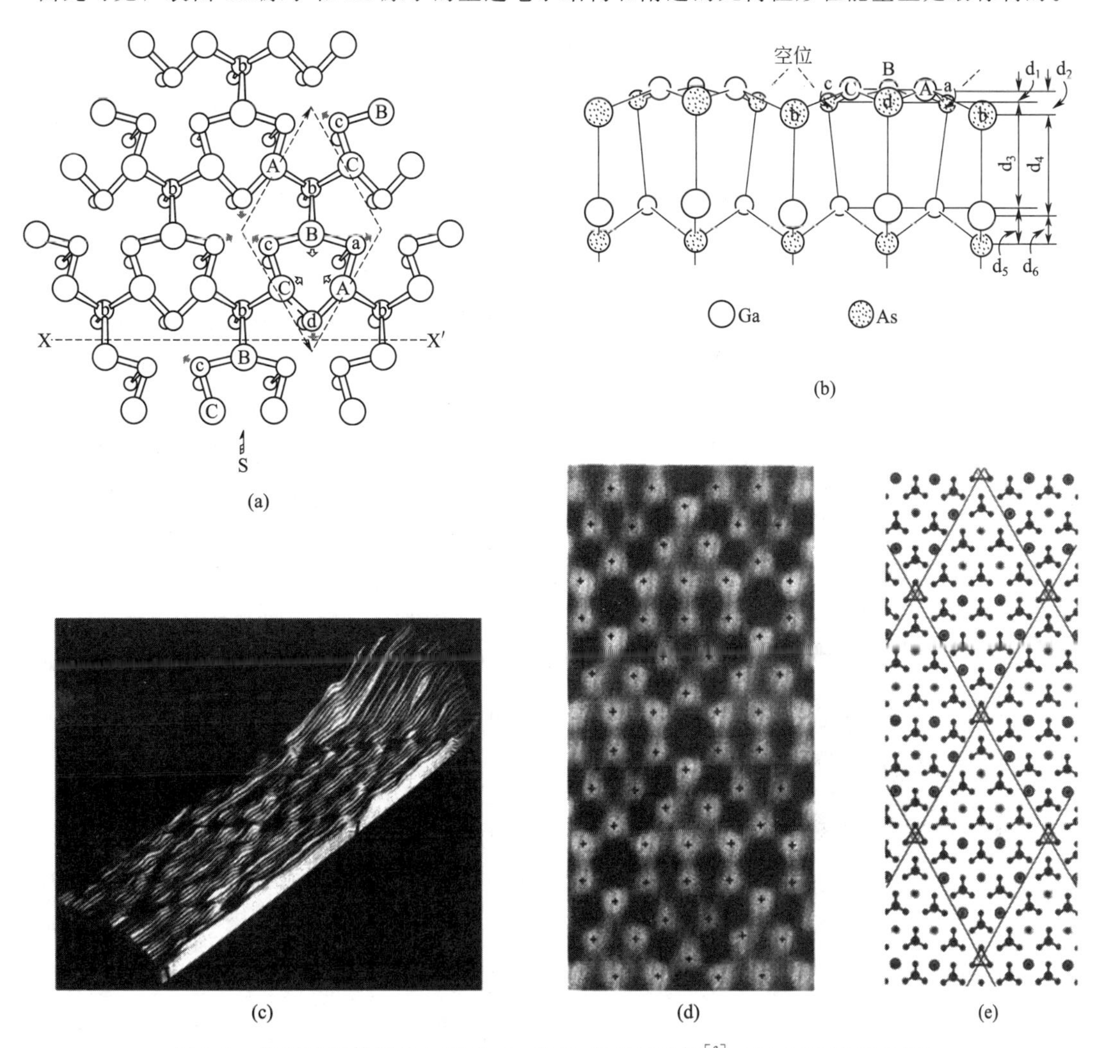

图 2-8 典型半导体纳米材料 GaAs 和 Si 的表面重构[6] (经 APS 许可转载)

(a) GaAs (111) 面 (2×2) 重构的坎入-空位模型上视图；(b) 图 (a) 的侧视图；(c) 扫描隧道显微镜测得的最早的 Si (111) (7×7) 表面重构图像；(d) 图 (c) 的上视图；(e) 修正的吸附原子模型 (底层的顶层原子位置用点表示，其余带有未满足悬空键的原子用带圈的圆表示，圆圈的厚度表示测量的深度，吸附原子由带有相应键臂的实心黑点表示，空的潜在吸附原子位置由带三角形的空圆表示)

Si (111) 表面具有多种表面重构。图 2-8 (c) 给出了由扫描隧道显微镜测得的 Si (111) (7×7) 表面重构图像，这也是人们早期认识到的最为复杂的表面结构之一。这种 (7×7) 表面重构结构的俯视图如图 2-8 (d) 所示，标注十字号的亮斑显示出了很好的六重旋转对称性。这种表面原子存在大量的悬挂键，因此需要吸附原子来降低悬挂键的不饱和效应。图 2-8 (e) 显示了修正的原子吸附模型[6]。

纳米材料具有非常高的表面原子占比。与形成晶体后原子能级形成三维能带一样，纳米材料表面某种类型的悬挂键或表面某种重构的键也会形成一个表面能带。在弛豫后的表面，原胞中有几种类型的悬挂键和重构键，相应地就会有几个表面能带。其中有的能带也可以是部分占据的，对应于不同的表面重构，表面能带应具有不同的结构。表面能带中的电子构成所谓二维电子气。带中电子的波函数同样可由二维的布洛赫方程描述，电子的群速度仍可写作：

$$v=\frac{1}{\hbar}\frac{\mathrm{d}E(k)}{\mathrm{d}k} \tag{2-13}$$

在某些情况下，表面能带的带底或带顶具有抛物线的 E-k 关系：

$$E=E_0+\frac{\hbar^2k^2}{2m} \tag{2-14}$$

式中，k 为沿表面方向的波矢；E_0 为带底或带顶的能量；m 为表面带的有效质量，它和体内的有效质量没有直接的联系。

纳米材料的表面能带决定了其导电性。存在未饱和悬挂键的表面可能会产生部分填充的表面能带和金属导电性。金属性的表面能带未必由吸附于表面的金属原子构成，反之，吸附于表面的金属原子未必会形成表面能带。

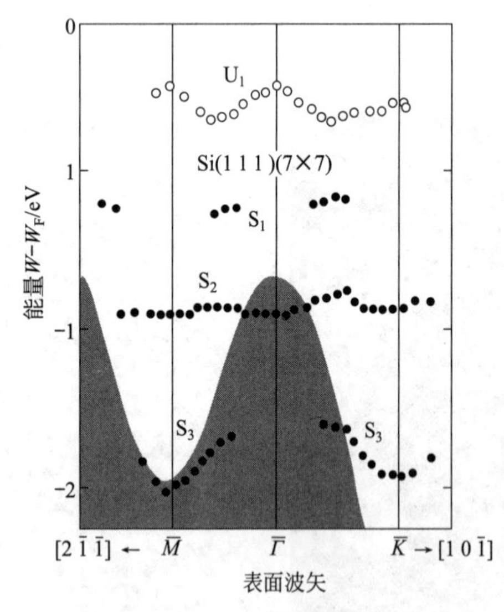

图 2-9 角分辨光电子发射技术测得的 Si (111) 面 (7×7) 重构表面的能带结构[7]

上述介绍的 Si (111) 面 (7×7) 重构中，每个原胞中具有 17 个未配对的悬挂键，因此这种表面应是金属性的。用角分辨光电子发射技术测得的表面能带结构如图 2-9 所示[7]。分析表面能带结构图可知，S_1 带和空带 U_1 来自添加原子的悬挂键，S_2 带来自其他原子的悬挂键，S_3 带则来自添加原子的背向键。由于这些悬挂键原来被部分占据，S_1 带应为部分填充的，因而表面呈现金属性。当然，Si (111) 面 (7×7) 重构表面的电导是十分微小的。因为 S_1 带的色散很不显著，即对应着很大的有效质量。考虑到 S_1 带对应于添加原子的悬挂键，而各 (7×7) 原胞中的添加原子之间有很大的空间间隔，在此能带中的电子带有很强的局域化性质。

2.3 小尺寸效应

由于纳米粒子具有极小的颗粒尺寸，当尺寸小于某一临界值时，量变将会引起质变，材料的宏观理化特性将表现出与传统块体材料显著不同的特点，这种效应称为小尺寸效应。小尺寸效应带来的材料性质变化包括声、光、热、电、磁、力等各个方面的物理以及相应的化学特性的变化。通过调控纳米粒子的尺寸并借助小尺寸效应能实现纳米材料理化性质的显著调控，进而实现具有特定功能的纳米材料的合成制备[8]。本节主要围绕小尺寸效应的基本原理及其对物理特性的影响进行简要介绍，关于调控物理特性的进一步讨论将在第3章中具体展开。

2.3.1 小尺寸效应定义

对极小尺寸的纳米粒子而言，当其尺寸缩减到与光波波长（100nm以下）、德布罗意波长（10～100nm）、激子玻尔半径（1～10nm）以及超导相干长度（几纳米以下）等物理特征尺寸相当或更小时，粒子内部晶体周期性的边界条件将被破坏，导致材料的理化性质发生显著变化，将其定义为小尺寸效应。

2.3.2 小尺寸效应对纳米材料性质的影响

小尺寸效应会对纳米材料的性质带来多方面的影响，在物理性质方面，这里以光、热、力、磁、电性质的变化为例进行简要说明。

2.3.2.1 特殊的光学性质

纳米材料相比于常规块体材料会表现出许多反常的光学特性，这些特性在民用及军事等领域均具有广阔的应用前景，如智能窗户、智能屋顶等，可以自动调节透光率，实现室内温度的自动调节。

这里以金属的光学性质为例，块状金属中由于它们对可见光各种波长的吸收和反射能力不同，会表现出不同的金属光泽。然而，当其尺寸由块状转变为纳米级时，金属粒子的尺寸小于光波波长，粒子会对光产生全吸收的行为，纳米粒子通常表现出黑色的特性，尺寸越小，黑色越深。例如银白色的铂金（Pt）在纳米化后其反射率降低至1%，变成铂黑；黄金（Au）在纳米化后其反射率也小于10%，同样表现为黑色。可利用纳米金属粒子的强吸收性研制高效的光电转换材料，提高将光能转换为热能或电能的效率。在光催化领域，也可通过催化剂的纳米化来提高催化效率。同时，强吸收特性一方面可以应用于红外线感测器材料，另一方面也可用于制备具有隐身功能的防护涂层，实现战斗机、坦克等军事装备的隐身，在军事领域具有广泛的应用。

纳米粒子除了表现出强吸收和低反射特性外，其在光谱的吸收和发射带上同时存在着明显的蓝移现象。以球形颗粒作为研究对象，一定频率的外场将会引起共振，导致表面等离子振荡，设系统单位体积内含有 N 个电子，电子相对于正电荷位移为 X，则电极化强度 P 可表示为：

$$P = NqX \tag{2-15}$$

式中，q 为电子的带电量。由于极化引起的反向电场为 $-P/\varepsilon$，故电子运动方程为：

$$m\frac{\mathrm{d}^2 X}{\mathrm{d}t^2} = -Nq^2 X/\varepsilon \tag{2-16}$$

式中，m 为球形粒子的等效质量；ε 为体系的介电常数。由此可得等离子共振频率

(w_p) 为：

$$w_p = [Nq^2/(cm)]^{1/2} \tag{2-17}$$

式中，c 为真空中的光速。通常，等离子共振频率位于可见光紫外或近紫外光频段，超微粒子中的电子能级间隔随尺寸减小而增加，会导致光吸收峰向短波方向位移，称之为蓝移。

如块体碳化硅（SiC）的红外吸收峰为 794cm^{-1}，但当其纳米化后，吸收峰到达 814cm^{-1}，发生了明显的蓝移。在发射光谱上，以 Y_2O_3 : Eu^{2+} 粉体为例，通过对比微米级和纳米级粉体的发射光谱（结果如图 2-10 所示），发射光谱同样表现出了显著的蓝移现象。研究纳米粒子的光学性质对研制高效率的光电转换材料、热电转换材料、吸波材料及光敏材料等具有重要意义。

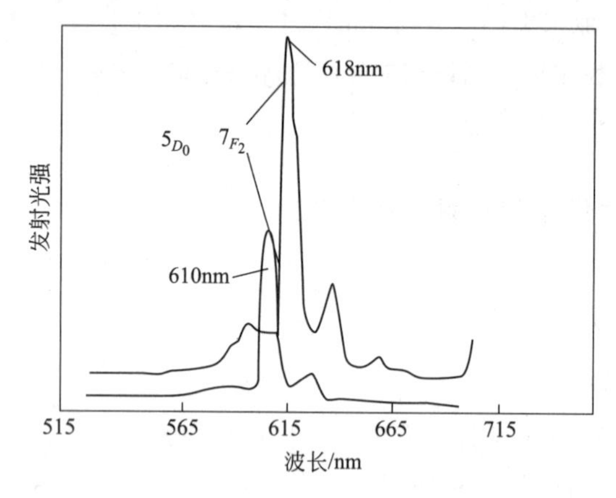

图 2-10　纳米粒子发射光谱的蓝移现象

光谱蓝移的原因是多方面的。一方面，随着颗粒尺寸的降低，分子轨道能级之间的宽度（能隙）增加，吸收光的特征谱带发生蓝移；另一方面，纳米颗粒的表面张力较大，晶格容易发生收缩畸变，键长减小，晶体内部键的共振频率增加，导致吸收带发生偏移。

2.3.2.2 特殊的热学性质

材料的热学性质由其原子、分子的运动行为控制，当材料尺寸与热载流子的特征尺寸相当时，其热学性质会表现出明显的尺寸依赖性。随着温度的进一步降低，热载流子将具有更长的平均自由程，热学性质更加依赖于材料的尺寸特性。

表 2-2 列出了部分材料在尺寸纳米化后对应熔点的变化情况。显然，材料在块体状态下的熔点明显高于其发生纳米化后的熔点，即熔点随着粒子尺寸减小而下降。以 Au 为例，当其尺寸降低到 2nm 时，其熔点约为块体状态下的 1/3，对其进一步的研究表明，Au 纳米粒子可以在多种晶体形态之间连续转变，这可能是纳米粒子热学行为与块体材料显著不同的原因。依据晶格振动特性和德拜假设，可以求解出晶体的内能 U，即：

$$U = 3\sum_k \frac{\hbar\Theta k}{\exp\left(\frac{\hbar\Theta k}{k_B T}\right) - 1} \tag{2-18}$$

式中，k 为波矢；T 为系统温度；$\hbar$ 是普朗克常数；Θ 是德拜温度；k_B 是玻尔兹曼常数。

表 2-2 金属粒子在块体状态及纳米化后的熔点比较

材料种类	块体材料正常熔点/℃	材料纳米化后的熔点/℃
Cu	1053	750 (40nm)
Ag	690	100
Au	1064	372 (2nm)

在常规的块体材料中，式（2-18）可以简化为：

$$u_{\text{bulk}}=9nk_{\text{B}}T\left(\frac{T}{\Theta}\right)^{3}\int_{0}^{x_{\text{D}}}\frac{x^{3}}{\exp(x)-1}\mathrm{d}x \tag{2-19}$$

式中，u_{bulk}为块状晶体材料单位容积的内能；n为单位容积内的原子数密度；x_{D}为与德拜温度对应的积分限。在传统块状材料中，由于材料的尺寸较大，在晶体的内能求解中可以忽略表面声子的贡献。式（2-19）中便只考虑了材料内部声子模的贡献。但在纳米材料中，由于材料在某些维度上的尺寸为纳米量级，其中所包含的原子数目降低，表面声子的贡献无法忽略，微小晶格内的内能需要重新考虑。而由于晶格具有尺寸效应，纳米材料的基本热学性质表现出明显的尺寸依赖性。

纳米粒子的热容和热膨胀系数的变化是相比于块体材料的另一特殊热学性质。对纳米材料而言，由于小尺寸效应，构成晶体的原子中很大部分均处在晶界上，这些原子与晶体内部的原子具有不同的原子构型，因而使得纳米材料的热力学性质不同于块体材料。理论计算表明，在纳米材料中由于界面原子的贡献，晶体的热容会随着尺寸的降低而增加。

例如，钯（Pd）纳米晶体（6nm）的热容比块状Pd晶体提高29％～53％，铜（Cu）纳米晶体的热容比块状Cu也有近一倍的提升。此外，对热膨胀系数而言，材料发生热膨胀实际上来源于内部晶格产生的非简谐振动，而晶体界面处的晶格往往具有更强烈的非简谐振动，因此晶体界面会显著提升材料的热膨胀系数。纳米材料具有较多的晶界，导致纳米化的晶体材料相比于传统块体材料具有更高的热膨胀系数。

2.3.2.3 特殊的力学性质

同样，由于小尺寸效应，纳米材料的力学性质也与传统块体材料显著不同。例如压电陶瓷材料通常具有很强的脆性，这使得其在作为驱动器使用时很难产生较大的驱动应变，限制了压电陶瓷的应用。然而，通过纳米粒子压制烧结的方法，可以制备得到能产生更大应变的压电陶瓷，其原因就在于陶瓷粒子纳米化后，纳米粒子界面处的原子处于无序的状态，在外场作用下更容易发生迁移，相较于传统陶瓷材料表现出更好的韧性和延展性。

另一个例子是在金属材料领域广泛应用的概念——细晶强化，细晶强化的核心在于通过晶粒间形成的晶界来阻碍晶体内部位错的滑移。对金属材料而言，其晶体结构是由众多微晶构成的多晶体。在发生细晶强化的金属中，当外力作用于细晶粒上时，晶粒产生的塑性变形由更多的细小晶粒共同分散，可以有效缓解金属的整体变形，应力集中的现象则更难发生。此外，随着晶粒尺寸的减小，晶界在体系内的比例增加，复杂的晶界导致材料在外力作用下内部裂纹难以扩展，因此通过缩小晶粒尺寸的方式可以显著提升材料强度。同时，关于细晶强化是否有极限尺寸的研究目前也十分火热，当晶粒尺寸细化到小于某个临界值时，即便其尺寸继续降低，强度也不再增加，甚至表现出下降的趋势，通常将这种现象归因于材料内部形变机制的转换。但目前仍然难以制备高质量且具有较大尺寸的纳米晶体，导致难以阐明其内在机制，利用细晶强化制备超高强度材料的方法仍需要进一步探索，中国科学院金属研究所卢柯院士团队围绕细晶强化在金属材料的增强增韧领域取得了一系列重大成果，引领了此领域的发展。

2.3.2.4 特殊的磁学性质

材料的磁性对材料粒子尺寸的依赖性也可以归因于小尺寸效应的影响。在磁性材料中，当构成材料的磁性粒子尺寸持续降低时，粒子内部结构将会由原本的多畴态转变为单畴态。这一转变使得磁化反转的机制发生转变，由原本存在于多畴态中的畴壁位移模式转化为磁畴转动模式，转变机制的改变使得磁化反转的矫顽力明显增大，这一规律被广泛应用于永磁微粉的制备中。由多畴转换为单畴的临界尺寸随材料不同而具有较大差异，例如在钡铁氧体中，单畴的临界尺寸约为 1μm，而在铁微颗粒中其临界尺寸仅为 17nm 左右。以铁为例，纯铁在块状条件下其矫顽力约为 80A/m，但当其尺寸减小至小于临界尺寸（16nm）后，其矫顽力可高达 80000A/m。由于磁性纳米粒子的单磁畴结构及矫顽力高的特性，磁性纳米粒子可以用做记录数据的器件，如录像磁带的磁体就是用磁性纳米材料制作而成的，它不仅记录信息量大，而且信噪比高、图像质量高。此外，纳米微晶磁材料还广泛应用于功率变压器、脉冲变压器、互感器、磁开关等器件中。

当磁性粒子的尺寸继续减小，磁各向异性能 K_v 与系统热能 kT 相当或者更小时，热扰动的存在会使得纳米粒子的矫顽力发生明显下降，此时，材料进入顺磁性状态，矫顽力下降，材料可以作为良好的软磁材料使用。例如当铁的粒子尺寸低于 4.5nm 时，矫顽力降低至 0，此时的铁具有超顺磁性。超顺磁性材料在生物医学方面具有广泛的应用，可通过外加磁场来控制超顺磁性粒子的磁能使之发生移动，从而实现某些药物的运输及靶向治疗，如肿瘤靶向治疗。

2.3.2.5 特殊的电学性质

材料的电学性质会因为小尺寸效应的存在发生转变。例如，在介电性能方面，由于纳米粒子的尺寸会影响其中电子运动的平均自由程，对一个假设直径为 d 的球形粒子而言，其内部电子的平均自由程可认为是 $d/2$，为此，可以得到电子由表面散射引起的弛豫时间为 $(d/2)v_F$，v_F 为费米速度。设散射时间为 τ_0，则对于纳米粒子而言，其弛豫时间 τ 满足如下公式：

$$\frac{1}{\tau}=\frac{1}{\tau_0}+\frac{2v_F}{d} \tag{2-20}$$

随着粒子尺寸减小，弛豫时间将随之降低，当粒子尺寸小于一定值后，式（2-20）则可简化为：

$$\frac{1}{\tau}=\frac{2v_F}{d} \tag{2-21}$$

纳米粒子的介电常数则可表述为：

$$\varepsilon(\omega)=\varepsilon_b(\omega)-\frac{\omega_p^2}{\omega\left(\omega+\frac{i}{\tau}\right)}=\varepsilon_1+i\varepsilon_2 \tag{2-22}$$

式中，ω_p 为块体材料的等离子体共振频率，ε_1 为材料的介电常数的实部。当 $\omega\tau \gg 1$ 时，$\varepsilon_2 \approx \frac{\omega_p^2}{\omega^2 \tau} = 2\omega_p^2 v_F/(\omega^2 d)$，即等离子共振频率将随粒子尺寸的减小而向低频方向移动，颗粒的介电损耗（ε_2）随尺寸的减小而增大。通过调控粒子的尺寸可以实现其介电行为的调控[9]。

另一方面，由于纳米粒子的小尺寸效应，材料的纳米化会明显增大其内部的界面原子数，导致电阻发生显著增加，当尺寸足够小时，材料甚至会表现出与原本块体材料完全不同的特性，例如由导体转变为绝缘体。也正因为如此，小尺寸效应给现代半导体器件的集成化带来了一定的阻碍，减缓了摩尔定律的进一步延续，而纳米材料的发展将有望突破当前晶体管发展的技术瓶颈。

除了上述几方面的影响外，小尺寸效应还可以引起纳米材料声学性质、化学性质以及超导电性等方面的改变。

2.4 量子尺寸效应

在经典物理概念中，系统内物理量可以是任意连续变化的；但从量子力学的角度来看，连续变化的状态被打破，其变化只能是按照确定的大小离散进行，这种大小由系统的状态所决定，将这种系统内物理量只能取特定离散值的特征定义为量子化。在金属块状材料中，其费米能级附近的电子能级可以认为是连续的，其状态的变化也可以认为是连续进行的；但当其尺寸由块状变化为纳米级时，其原本连续的电子能级逐渐衍生为离散化，且表现出能隙宽化的特点，这种现象被定义为量子尺寸效应（图 2-11）。由于量子尺寸效应的存在，纳米材料具有与传统材料不同的理化特性，进而在催化、量子点发光以及超导材料制备等领域均有广泛的应用。

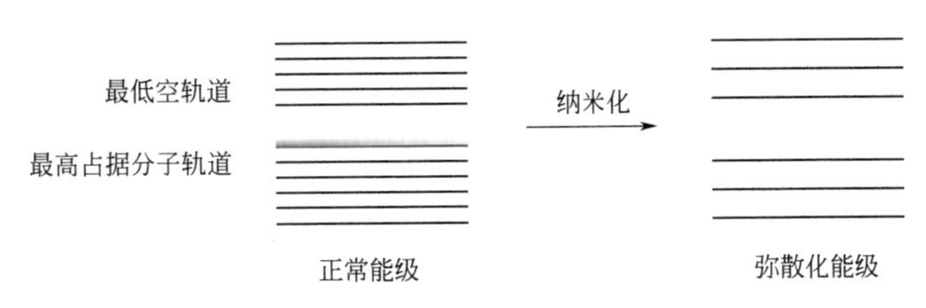

图 2-11　纳米化后粒子能级变化示意图

2.4.1 量子概念与能级

在量子力学理论中，物理量不再是经典力学中的连续化的状态，而是转换为量子化状态，能级是描述量子化的经典概念。以材料的导电性为例，通过分析材料能级间隔的大小可以定性和定量区分导体、半导体和绝缘体，定量区分则需要使用能隙的概念。材料电导的差异可以通过导带和价带之间的间隔来确定，此间隔通常称为禁带宽度，在纳米材料研究领域则称为能隙[10]。

能隙（energy gap，E_g）是在微观尺度上描述材料导电性能的理论参数，能隙是一个阈值，表示材料中电子在能带中由价带跃迁至导带的最小能量。依据材料的分子轨道理论，能隙表示的是LUMO与HOMO能级之间的差值。将材料中的能带结构表示为图2-12（a），则能隙可以被标定为跃迁1，除了这种跃迁之外，还存在其他的跃迁形式［图2-12（a）中的2、3］，其需要的能量大小为1＜2＜3，发生跃迁所吸收的能量可通过紫外-可见光谱测得，如图2-12（b）所示。同时能隙的大小可通过紫外-可见光谱图中的吸收曲线带边位置结合普朗克方程计算［图2-12（b）］。通常对能隙而言，当$E_g \leqslant 0.1eV$时，材料为导体，具有良好的导电性；当$E_g \geqslant 4eV$时，材料为绝缘体，导电性能较差；常见半导体材料的能隙介于1～2eV之间。

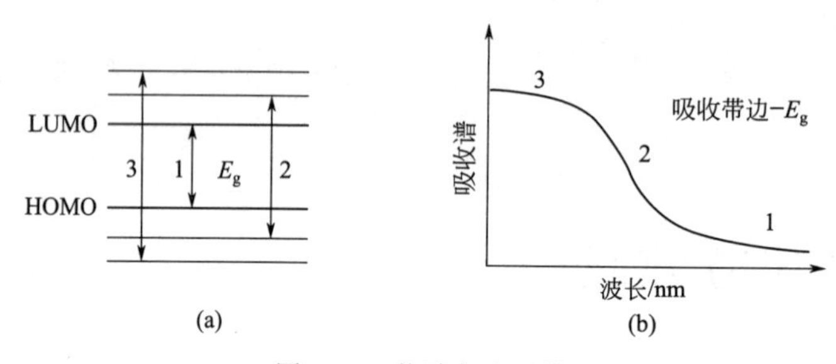

图2-12 能隙与光吸收

（a）能隙的概念及对应跃迁示意图；（b）E_g与紫外-可见光谱吸收曲线带边位置的关系

2.4.2 量子尺寸效应对纳米材料性质的影响

量子尺寸效应会导致材料的宏观物理特性发生显著的改变。由于材料在纳米尺度下其导电电子数目有限，低温下条件下纳米粒子能级则表现出离散化的特点。从定量的角度考虑，根据第2.1节中的自由电子气模型，金属的费米能级可表述为

$$E_F = \frac{\hbar^2}{2m}(3\pi^2 n)^{\frac{2}{3}} \tag{2-23}$$

式中，电子数密度$n=N/V$不随尺寸变化，N为体系中的电子总数，V为系统的体积，费米能级（E_F）将也不随纳米粒子尺寸变化。费米面附近态密度为：

$$g(E_F) = \frac{1}{2\pi}\left(\frac{2m}{\hbar^2}\right)^{\frac{3}{2}} E_F^{\frac{1}{2}} = \frac{3}{2} \times \frac{n}{E_F} \tag{2-24}$$

由于每个许可的能级上有两个不同的自旋态，费米面单位体积中的能级数目为$\frac{1}{2}g(E_F)$。因此，依据久保理论，能级间隔为：

$$\delta = \frac{4}{3} \times \frac{E_F}{N} \propto V^{-1} \tag{2-25}$$

式中，δ为能级间隔；E_F为费米能级的能量；N为纳米粒子中导电粒子的数目；V为纳米粒子的体积。

根据式（2-25）可以得出，对块体材料而言，其内部电子数目N趋于无穷多，可以推导出能级间距$\delta \to 0$，即对块体材料而言其能级为连续状态。相反，对纳米粒子体系而言，其尺寸足够小，内部电子数目是有限的，导致在纳米材料中能级会发生分裂。此外，对纳米材料而言，量子尺寸效应并不是在所有状态下都会影响材料性质，只有当材料的热能、静磁

能、静电能、光子能量或超导态的凝聚能小于能级间距时，其物理特性才会受到量子尺寸效应的影响，从而导致其表现出与宏观块体材料性质不同的特性。

一个经典的量子尺寸效应影响材料性能的案例是银（Ag）纳米粒子在小尺寸下的金属-绝缘态转变。具体发生转变的临界尺寸求解过程如下。

设温度在1K条件下，Ag的电子密度 $n=\frac{N}{V}=6.0\times10^{22}/cm^3$，依据久保公式（2-25）及费米能级能量计算公式（2-23）可得：

$$\delta/k_B=(1.45\times10^{-18})/V \tag{2-26}$$

当 $\delta/k_B=1$ 时，可求出 $V=1.45\times10^{-18}cm^3$，再根据球体的体积计算公式可得Ag纳米粒子的临界直径（d_0）为14nm。

依据久保理论，只有当 $\delta>k_BT$ 时能级才能产生分裂，即当Ag纳米粒子的尺寸小于临界尺寸时才会表现出量子尺寸效应。另外，考虑电子自身寿命的限制，需要满足电子寿命 $\tau>\hbar/\delta$ 的条件。综上，在温度为1K条件下，当Ag纳米粒子尺寸小于14nm时，其由导体转变为绝缘体。当温度高于1 K时，则需要Ag纳米粒子的尺寸更小其才可能转变为绝缘体。

结合上述理论推断，研究者设计了实验进行证明。结果表明纳米Ag的确表现出高电阻的绝缘体特性。充分利用量子尺寸效应，有望为材料的性能设计和器件的开发带来革命性的创新。

2.5 宏观量子隧道效应

2.5.1 宏观量子隧道效应的定义

隧道效应是指微观粒子贯穿势垒的现象。在经典力学中，运动的微观粒子在遇到高于粒子能量的势垒时，由于其具有的能量不足以支撑其克服势垒，该粒子无法越过。然而，在量子力学中，微观粒子的运动规律转变为由波函数描述，粒子具有透过势垒的波函数，表明粒子有概率穿过势垒，即发生了量子隧穿现象。量子隧道效应可以在宏观可测物理量中得以体现，如磁通量、电流强度等，称为宏观量子隧道效应。近年来，关于在微观尺度和宏观尺度的量子隧道效应直接观测的研究也吸引了众多研究者的兴趣，通过实验设计来观测和理解量子隧道效应对于推动其理论发展和实际应用具有重要意义。

2.5.2 弹道传输

经典的输运理论告诉我们，材料电导的本质是电子在晶格中的运动，其输运规律符合欧姆定律。例如，在一个三维长方形导体中，其电导与截面积 S 成正比，与长度 L 成反比：

$$G=\sigma\frac{S}{L} \tag{2-27}$$

式中，G 为材料的电导；σ 为电导率，在确定温度下，整个导体中电导率为常数。根据自由电子气模型，电子在晶格中的运动具有三个运动自由度，根据玻尔兹曼定理，每个电子的热能可表示为：

$$E_{T}=\frac{3}{2}k_{B}T \tag{2-28}$$

对于质量为 m，且无外加电场作用下，以平均速度 v 运动的电子而言，其总能量（动能）为 $mv^2/2$。因此，$mv^2/2=\frac{3}{2}k_{B}T$ 成立，可以得出电子的平均热速度为：

$$v_{T}=\sqrt{\frac{3k_{B}T}{m}} \tag{2-29}$$

而在纳米材料中，物质粒子的长度从宏观量级减小至纳米量级或原子量级时，其内部电子的传输特性将产生重大变化。如图 2-13 所示。当粒子长度为宏观尺度时，电子的传输特性符合扩散方程，电子在粒子内传输时会遇到各种障碍反复地发生散射，即电子在宏观系统中传输时，其从进入到离开系统具有“随机游动”特点。而当粒子长度缩小至纳米或更短时，电子器件的尺寸小于电子的散射长度（即平均自由程），此时电子从粒子的一端传输到另外一端的过程中不会产生散射问题，电子在这种条件下的运动则称为弹道传输[11]。传输规律为弹道传输的电子在通过短且窄的隧道时会有量子化的电导产生。这种电导的量子化效应存在于介观物理体系，也就是尺度在 0.01～1μm 量级。随着集成电路尺寸的不断降低，金属-氧化物-半导体器件尺寸迎来了极限，对这种介观尺度下的电子输运行为研究显得更为重要。电子在介观尺度下其运动受量子机制的支配，电子呈现以 $2q^2/h$ 为单位的量子化。研究与掌握弹道传输机制，未来将有望实现对电子器件和光学器件物理性质的更好调控。

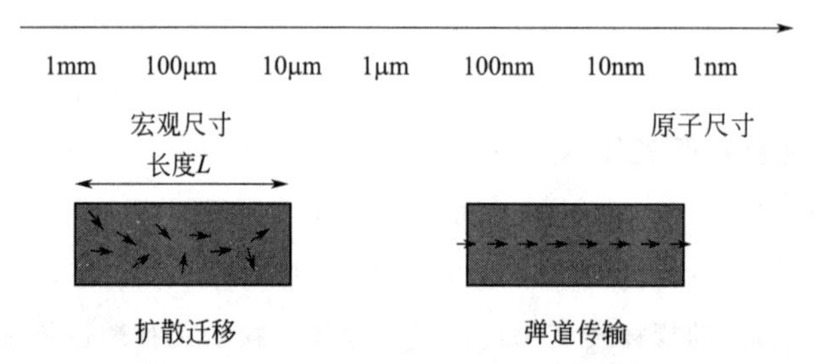

图 2-13　粒子的长度减小至纳米或原子尺度时电子传输属性的变化[11]

2.5.3 非弹性隧穿

与弹道传输相比，粒子的另一种隧穿形式为非弹性隧穿。在电子器件中，当源极与漏极的能级相差较多时，即两级能级不匹配程度非常高时，若电子想要以隧穿的形式通过势垒，电子的传输则表现为与弹性传输不同的另外一种模式——非弹性隧穿。在这个过程中，电子通过对声子的激发来释放多余的能量。当声子的能量正好等于不匹配的带隙能时，电子将会越过势垒发生隧穿，这便是非弹性隧穿。为了实现这一过程，通常需要借助第三种材料作为中间过渡层。研究者们在实验中发现，选用氧化物作为中间过渡层时，更有利于非弹性隧穿的发生。

宏观量子隧道效应的研究对纳米材料和器件发展的意义和影响是多方面的，在纳米材料研究领域，扫描隧道显微镜便是利用了这一效应。同时，宏观量子隧道效应在一定程度上决定了器件的集成极限，关于这一点将在后续章节中继续讨论。

2.6 纳米材料的其他效应

2.6.1 库仑堵塞效应

库仑堵塞效应是指体系尺寸介于微观与宏观之间时所表现出的一种物理现象。当系统尺寸缩小至纳米级时，体系中电荷的转移不再是连续发生的，而是形成了量子化现象。其中，单个电子注入所需能量（E_c）为 $e^2/(2C)$，e 为元电荷量，C 为系统的电容。根据此原理可得，当体系尺寸越小或体系电容越小时，电子的注入越困难，而将电子注入所需要的能量定义为库仑堵塞能。这个能量实际上描述的是电子在注入系统过程中后注入的电子受到前一个电子排斥力的量度。在纳米粒子的系统中存在库仑堵塞现象，导致对该系统进行电荷注入的过程中电子无法连续传输，而是以量子化的形式进行传输，库仑堵塞效应即指纳米系统中电子以量子化形式传输的现象[12]。

2.6.2 介电限域效应

介电限域效应是指纳米粒子分散在异质介质中由于粒子与基体界面相的存在而引起介电增强的现象，这种增强源于纳米粒子表面和介质内局域场的增强。当两相折射率差异较大时，在复合系统中微粒界面处会形成折射率边界，使得纳米粒子表面和内部的场强明显强于外界施加的入射场强，这种现象称为介电限域。通常，材料的光学性质对介电限域效应十分敏感。因此，在研究纳米系统光学行为时，尤其需要考虑介电限域效应带来的影响。下面依据布拉斯（Brus）公式分析介电限域效应对纳米材料体系光吸收带边移动的影响：

$$E(r)=E_g(r=\infty)+\frac{\hbar^2\pi^2}{2\mu r^2}-1.786\frac{e^2}{\varepsilon r}-0.248E_{Ry} \tag{2-30}$$

式中，$E(r)$ 为纳米微粒的吸收带隙；E_g（$r=\infty$）为体相的带隙；r 为粒子半径；$\hbar$ 为普朗克常数；μ 为粒子的折合质量 $\left[\mu=\left(\frac{1}{m_e}+\frac{1}{m_h}\right)^{-1}\right.$，其中 m_e、m_h 分别为电子和空穴的有效质量$]$；E_{Ry} 为有效的里德伯能量。

式（2-30）中的第一项代表的是大晶粒半导体的禁带宽度，第二项为量子尺寸效应产生的蓝移能，第三项为由介电限域效应引起的介电常数 ε 增加而导致的红移能增加，第四项为有效里德伯能量。

例如，在 SnO_2（$\varepsilon\approx13$）半导体纳米粒子表面修饰具有不同介电常数的表面活性剂分子，由于这些分子的介电常数远远小于 SnO_2 介电常数，会形成明显的介电限域。如图 2-14 所示，以硬脂酸（1）、琥珀酸-2-己脂磺酸钠（2）和十二烷基苯磺酸钠（3）包覆的样品为例（介电常数差异：1＞2＞3），当纳米粒子尺寸相同时，由于包覆层介电常数的差异性，材料吸收光谱带边发生不同程度的红移[13]。

2.6.3 量子限域效应

材料的电学性质在很大程度上取决于体系中的态密度，根据自由电子气模型，其能量可以表述为：

$$E_{(\vec{k})}=\hbar^2\vec{k}^2/(2m) \tag{2-31}$$

如果能量 E 有 $N(E)$ 个态，则单位能量范围内的能态数即态密度，定义为：

$$D(E)=\frac{\mathrm{d}N}{\mathrm{d}E}=\frac{\mathrm{d}N}{\mathrm{d}\vec{k}}\times\frac{\mathrm{d}\vec{k}}{\mathrm{d}E}=\frac{\mathrm{d}N}{\mathrm{d}\vec{k}}\times\frac{1}{\vec{k}} \tag{2-32}$$

由式（2-32）可知，材料的电学性能依赖于态密度的差异，而态密度的差异与材料的尺寸密切相关。

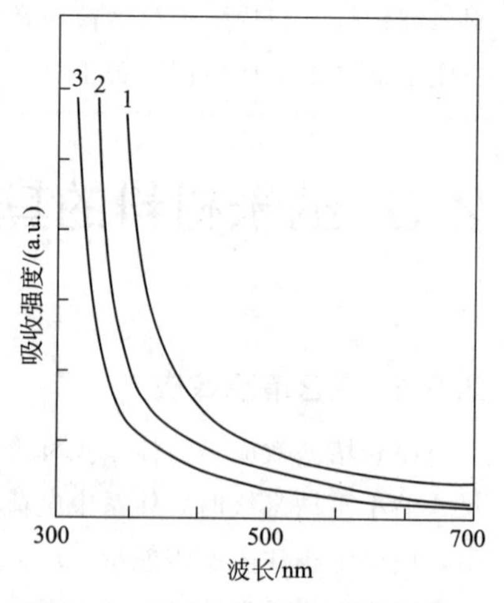

图 2-14 相同粒径不同包覆层 SnO_2 纳米粒子的吸收光谱

1—硬脂酸包覆；2—琥珀酸-2-己脂磺酸钠包覆；3—十二烷基苯磺酸钠包覆[13]

以半导体材料为例，当半导体材料尺寸降低至小于激子玻尔半径时，粒子的小尺寸导致电子被限制在很小范围内运动，此时容易与空穴复合形成激子。电子的运动受粒子尺寸控制，被局限在很小范围内，此时空穴很容易与电子复合形成激子，引起电子和空穴的波函数重叠，导致激子吸收带产生。随着粒子尺寸的进一步减小，重叠因子［在某处同时发现电子和空穴的概率 $|U(0)|^2$］增加，以半径为 r 的球形纳米为例，在忽略表面效应的条件下，激子的振子强度 f 可以表示为：

$$f=\frac{2m}{\hbar^2}\Delta E|\mu|^2|U(0)|^2 \tag{2-33}$$

式中，ΔE 为跃迁能；m 为电子质量；μ 为跃迁偶极矩；$|U(0)|$ 为重叠因子[14]。

当粒子半径小于激子玻尔半径时，重叠因子约为 $(\alpha_B/r)^3$，且随粒径减小而增加。吸收系数由粒子单位体积内的振子强度 $f_{粒子}/V$（V 为粒子体积）决定，粒子尺寸越小，重叠因子越大，$f_{粒子}/V$ 也将增大，即导致激子带吸收系数增加，发生蓝移，这一现象定义为量子限域效应。正是由于此效应的存在，纳米粒子表现出与传统半导体材料不同的光学特性。

习　题

1. 简述纳米材料的四大效应及其定义和内涵。

2. 解释纳米材料在热力学上不稳定的原因，尝试举例说明纳米材料独特的热力学性质的实际应用。

3. 思考纳米材料的电导行为与常规的块体材料电导行为相比有哪些特点。

4. 纳米材料往往具有特殊的光学性质，请分别从能带结构和晶体结构来阐述纳米材料发射光谱发生蓝移的现象。

5. 思考纳米材料与宏观块体材料不同的微观及宏观特性的本质原因。

6. 举例说明纳米材料在日常生活中的应用，并解释其背后的科学原理。

参考文献

[1] 李志林.材料物理［M].北京：化学工业出版社，2008.

[2] 吴代鸣.固体物理基础［M].北京：高等教育出版社，2015.

[3] 张耀军.纳米材料基础［M].北京：化学工业出版社，2011.

[4] Annelise K A. Technological applications of nanomaterials［M]. Gewerbestrasse: Springer，2022.

[5] Mönch W. Semiconductor surfaces and interfaces［M]. Berlin: Springer，1995.

[6] Tong S Y，Xu G，Mei W N. Vacancy-buckling model for the (2×2) GaAs (1 1 1) surface［J]. Physical Review Letters，1984，52 (19)：1693-1696.

[7] Binnig G，Rohrer H，Gerber C，et al. 7 × 7 Reconstruction on Si (1 1 1) resolved in real space［J]. Physical Review Letters，1983，50 (2)：120-123.

[8] 王玲，李林枝.纳米材料的制备与应用研究［M].北京：中国原子能出版社，2019.

[9] 李言荣，恽正中.材料物理学导论［M].北京：清华大学出版社，2001.

[10] 张联盟，黄学辉，宋晓岚.材料科学基础［M].武汉：武汉理工大学出版社，2008.

[11] 韩民，谢波.纳米结构材料科学基础［M].北京：科学出版社，2016.

[12] 林志东.纳米材料基础与应用［M].北京：北京大学出版社，2010.

[13] Yu B L，Wu X C，Zou B S，et al. The effects of dielectric confinement effects on the optical properties of SnO_2 nanometer particles［J]. Acta Physico-Chimica Sinica，1994，10 (2)：103-106.

[14] 曹茂盛.纳米材料导论［M].哈尔滨：哈尔滨工业大学出版社，2007.

第3章

纳米材料的物理特性

当材料的尺寸缩小到纳米量级时，纳米材料具有不同于块体材料的物理特性，纳米尺寸范围内原子与分子之间的相互作用严重影响物质的宏观性能。纳米材料的独特物理性能包括：力学、热学、光学、电学及磁学性能。我们将使用物理原理来讨论纳米材料的各种物理性能，其中纳米材料的理论基础是研究物理性能的一般规律，确定物理性能与组成、内部结构与外部因素之间的关系。物理基础是指从物理角度对纳米材料的新颖现象及特性给予多方面理解，为深入研究及应用纳米材料和纳米科技提供基础知识。

3.1 纳米材料的力学性能

力学性能是决定结构材料潜在应用的最重要因素，典型金属、非金属和复合材料的力学性能已经进行了广泛研究。材料的位错、变形及断裂等理论已经可以很好地描述实验结果，甚至可以被用来设计材料来达到特定的目标。对于传统金属多晶材料而言，晶粒尺寸是影响材料力学性能的重要因素。随着晶粒尺寸的减小，材料的强度和硬度增大。但当晶粒尺寸缩小至纳米量级时，材料的力学性能将发生怎样的变化？

通过前期对纳米材料力学性能的研究结果，我们可以了解到：

① 纳米材料的弹性模量比常规晶体材料低30%～50%。

② 10nm纯金属晶粒的强度和硬度比0.1mm金属晶粒高27倍。

③ 纳米尺度下，材料可以表现出负的Hall-Patch关系，即材料的强度和硬度随着晶粒尺寸的减小而减小。

④ 在较低温度下，纳米材料具有塑性或超塑性，表现出良好的韧性。

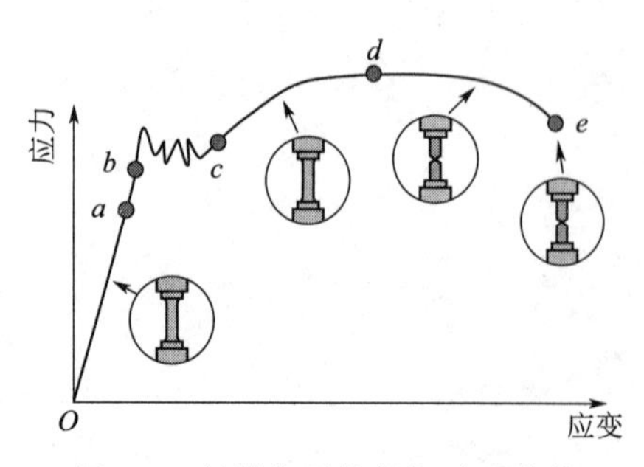

图3-1 材料典型的应力-应变曲线

在学习纳米材料力学性能之前，我们先来简单地学习与回顾下材料的应力-应变曲线。图3-1给出了材料典型的应力-应变曲线，图中的应变随外加应力的作用，可以分为四个阶段，分别为$O \rightarrow a \rightarrow b$（第一阶段）、$b \rightarrow c$（第二阶段）、$c \rightarrow d$（第三阶段）、$d \rightarrow e$（第四阶段）。其中，第一阶段为弹性阶段，应力$\sigma$与

应变 ε 服从胡克定律（Hook Law），呈现出线性关系：

$$\sigma=E\varepsilon \tag{3-1}$$

式中，E 为材料的弹性模量，它表示材料保持完全弹性变形的最大应力，一般钢材的弹性模量为 200GPa。在曲线 ab 段内虽然胡克定律不再成立，但是仍为弹性变形，在工程上并不专门区分 a 点和 b 点所对应的应力值。

第二阶段为屈服阶段，当应力超过 σ 达到某一数值后，应力与应变之间的直线关系被破坏，应变显著增加，而应力先是下降，然后微小波动，在曲线上出现接近水平线的小锯齿线段。如果卸载，试样的变形只能部分恢复，而保留一部分残余变形，即塑性变形。这说明材料变形进入弹塑性变形阶段。其中 c 点对应的应力称为材料的屈服强度或屈服点，用 σ_s 表示，是塑性材料一个重要指标。对于无明显屈服的金属材料，规定以产生 0.2％残余变形的应力值为其屈服极限。

第三阶段为强化阶段，当应力超过 σ_s 后，试样发生明显而均匀的塑性变形，若使试样的应变增大，则必须增加应力值，这种随着塑性变形的增大，塑性变形抗力不断增加的现象称为加工硬化或形变强化。d 点对应的应力为材料的强度极限或最大抗拉强度，即材料在拉伸破坏之前所能承受的最大应力。继续拉伸则材料发生局部变形直至断裂，为第四阶段。e 点对应的应力为材料的断裂强度，它表示材料抵抗塑性变形的极限。

下面我们来重点学习纳米材料的力学性质及其与传统块体材料的区别。

3.1.1 纳米材料的弹性

弹性表示材料抵抗弹性变形的能力，即刚度。材料的弹性模量是反映材料内原子、离子键合强度的重要参量。因此，测量和理解材料的弹性不仅有助于我们理解原子间的相互作用，而且对材料的应用也很重要。材料的弹性通常使用弹性常数 C_{ij}，下标 i 和 j 依赖于晶体的对称性，例如，在立方晶体中，只有 C_{11}、C_{12} 和 C_{44} 是独立的。除此之外，材料的杨氏模量 E、剪切模量 G、体模量 K 及泊松比 υ 同样重要。三种模量与泊松比之间的关系如下：

$$E=2(1+\upsilon)G \tag{3-2}$$

$$E=3(1-2\upsilon)K \tag{3-3}$$

测量弹性常数的方法很多，包括声速测试、拉伸测试和压痕测试。表 3-1 中列举了一些纳米材料的弹性常数。

表 3-1 各种纳米晶体材料弹性模量的实测值[1]

材料	合成方法	晶粒尺寸	弹性模量 E_n/GPa	块体弹性模量 E_0/GPa	(E_n/E_0) /％	相对孔隙率/％	测量方法
Cu	IGC	25，50	36～45	130	28～35	U	T
	IGC	36	84	130	65	5.7	T
	IGC	10～22	108～116	131	82～89	1.1～2.4	S
Ag	IGC	60	64	80	80	3	S

续表

材料	合成方法	晶粒尺寸	弹性模量 E_u/GPa	块体弹性模量 E_0/GPa	(E_n/E_0)/%	相对孔隙率/%	测量方法
Au	IGC	20～60	76.5～79.5	84	91～95	0.1	S
Pd	IGC	8	88	123	72	U	S，T
	IGC	5～15	21～66	120	18～55	4～17	T
	IGC	16～54	117～129	132	89～98	1.5～4.9	S
Mg	IGC	12	39	41	95	U	S，T
Fe	IGC	4～20	90～233	217	41～107	2～30	N
	MAC	17	205	211	97.2	1.5	S
	MAC	17	207	211	98	1.5	S
Ti	MAC	41	118	120	98.3	0.5	S
Fe-0.5%C	MAC	20	205.7	Fe：211		2	S
Fe-4.5%C	MAC	20	188	Fe：82		7.3	S
ZnO	IGC	24～140	35～100	123.5	28～81	10～15	N
TiO_2	/	12～243	40～240	284	14～85	10～25	N

注：IGC表示惰性气体冷凝；MAC表示机械合金化和固结；S表示声速测试；T表示拉伸测试；N表示压痕测试；U表示未测试；/表示未给出。晶粒的尺寸为单位nm。

首先，含孔材料的剪切模量和杨氏模量随着孔隙率的增加而逐渐降低，当孔隙率为1%左右时，纳米材料的模量约为常规材料的98%，表明纳米材料的弹性模量与常规材料相差不大，早期研究得到的纳米晶材料的弹性模量明显降低是早期制备的样品具有高的孔隙率，材料的密度偏低所导致的。

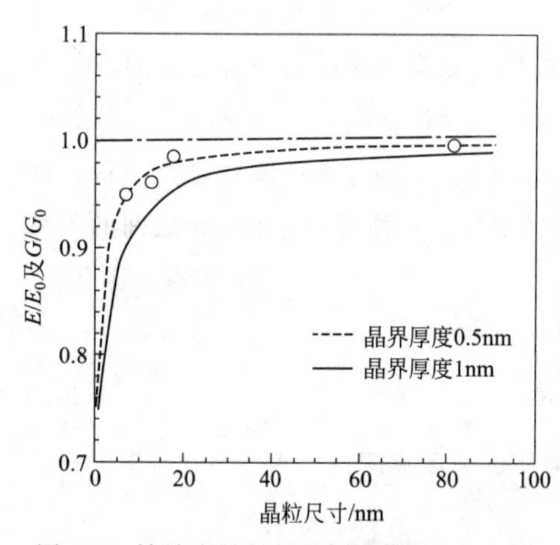

图3-2 铁纳米晶材料的杨氏模量（E）和剪切模量（G）与多晶材料（E_0和G_0表示）的比值及其随晶粒尺寸的变化关系（经Springer Nature许可转载）

其次，纳米材料的泊松比与传统材料近似。纳米材料的晶粒尺寸较小，内部存在大量的晶界，而晶界的原子结构和排列不同于晶粒内部，且原子间间距较大，键合强度较弱。因此，纳米材料的弹性模量要受晶粒大小的影响，晶粒越细，所受的影响越大，弹性模量的下降越大。对纳米Fe、Cu和Ni等纳米材料的测试结果显示，当晶粒尺寸大于10nm时，其弹性模量略小于常规多晶材料（约5%）。然而，当晶粒尺寸小于5nm时，材料的模量显著降低，这是由于材料内部晶界和三联点密度的增加，如图3-2所示。

3.1.2 纳米材料的强度与硬度

众所周知，材料晶粒尺寸的降低常常会导致材料强度的变化，纳米材料有趣的特点是其强度可以提高到非常高的水平，甚至接近于晶体材料的理论强度。对于一个大晶粒材料，当一个晶粒发生变形时，晶界处的应力集中逐渐增加，导致第二个晶粒发生变形，材料的强度随着晶粒尺寸的细化而逐渐增加，即最著名的 Hall-Petch 公式：

$$\sigma_y = \sigma_0 + kd^{-1/2} \tag{3-4}$$

式中，σ_y 是屈服应力；σ_0 是摩擦应力；k 是一个常数；d 是晶粒直径。材料硬度与晶粒尺寸之间存在相似的关系式：

$$H = H_0 + kd^{-1/2} \tag{3-5}$$

式中，H 为材料的硬度；H_0 为常数。

在一些实验研究中，这种晶粒强化的规律能够外延至粒径约为 10nm，然而在某些研究中观察到当粒径尺寸小于几十纳米时，材料的强化达到饱和状态甚至失去强化能力，通常被认为是材料缺陷导致。然而，当材料尺寸降低到几十纳米以下时，材料的各种变形机制相互作用，导致材料强度的变化。通过对比多种材料的硬度和晶粒尺寸之间的作用关系，通常有以下三种不同的规律。

（1）正 Hall-Petch 关系（$k>0$）

纳米材料的强化模型表明材料的硬度随着粒径尺寸的减小而增大。对蒸发凝聚、高压加压制备得到 TiO_2，高能球磨得到的纳米 Fe 和 Nb_3Sn_2，用金属 Al 水解法制备的 γ-Al_2O_3 和 α-Al_2O_3 纳米固体材料等试样进行硬度测试，结果均服从正 Hall-Petch 关系，即与常规多晶试样遵循相同的规律。

（2）负 Hall-Petch 关系（$k<0$）

对非晶晶化法制备的 Ni-P 和蒸发凝聚原位加压法制成的纳米 Pd 晶体进行硬度测试结果表明：纳米材料的硬度随粒径尺寸的减小而减小。这种负 Hall-Petch 关系从未在常规多晶材料中出现，对于纳米材料而言，纳米结构中的位错可能不是热力学稳定性的缺陷，较高的内部压应变和更少的空位浓度是纳米结构的特点，这些因素可能导致纳米材料的力学性能发生偏离，造成负 Hall-Petch 斜率关系。

（3）正-反混合 Hall-Petch 关系

利用惰性气体冷凝技术制备的纳米 Pd 和 Cu 进行硬度测试，结果如图 3-3 所示，材料硬度随着晶粒尺寸的减小呈现出先增大后降低的趋势。

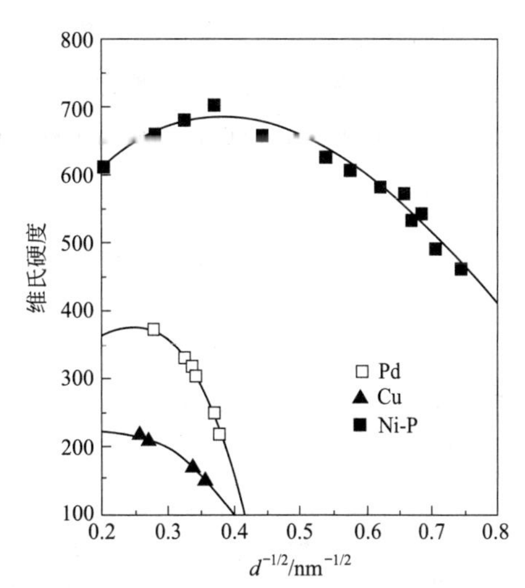

图 3-3　Pd、Cu 及 Ni-P 纳米晶的维氏硬度随晶粒尺寸的－1/2 次方（$d^{-1/2}$）变化的关系曲线[3]（经 Elsevier 许可转载）

纳米材料的硬度与晶粒尺寸之间的关系已经不能通过传统位错的理论来解释。原因在于纳米材料界面占有相当大的体积分数，几纳米小晶粒的尺寸与传统材料内部位错塞积时相邻位错间距 l_c 近似，同时小晶粒即使存在 Frank-Read 位错源也很难开动，不会出现位错大量增殖。因此，纳米晶粒中无法出现位错塞积，位错塞积理论无法圆满解释纳米材料的反常 Hall-Petch 关系，必须寻找新的理论模型。目前，对于纳米材料的反常 Hall-Petch 关系的解释有如下几种观点。

观点一：三叉晶界。纳米材料中三叉晶界体积分数高于传统多晶材料。随着晶粒尺寸的减小，三叉晶界的体积分数越高，研究表明，三叉晶界处原子扩散快、动性好，会导致界面区的软化，进而导致晶体材料的延展性增加。

观点二：界面。随着晶粒尺寸的降低，晶界密度逐渐增加，高密度晶界导致晶粒取向混乱，界面能量升高，界面原子动性大，增加了纳米材料的延展性，进而引起软化现象。

观点三：临界晶粒尺寸。Gleiter 等认为，在一定温度下，当纳米材料低于某一临界尺寸时界面黏滞性流动增强，引起材料的软化；反之当高于这一临界尺寸时界面黏滞性流动削弱，引起材料硬化。

虽然已经存在众多观点对纳米材料的反常 Hall-Petch 关系进行解释，但是仍然未形成系统的理论，对此仍需要进行大量的研究工作。

3.1.3 纳米材料的塑性

材料塑性是指材料在外力作用下，发生塑性变形而不断裂的能力。一般来说，材料的强度与塑性是一对矛盾关系。材料的强度越高，塑性一般越差；反之材料的塑性越好，强度越低。纳米材料庞大的体积分数使其塑性和韧性有较大的改善，基于此，晶粒细化被认为是能够同时提高材料强度和塑性的方法。研究者推断材料的晶粒尺寸缩小到纳米级别时，材料的塑性将得到较大程度的提升，这是因为纳米材料界面的各向异性及在界面附近难以存在位错塞积，从而大大减少了应力集中，抑制微裂纹的产生和扩展。这一点被 TiO_2 纳米晶体的低温塑性变形实验所证实。然而，对于绝大多数纳米材料，在拉应力作用下，纳米材料的塑性和韧性都大幅降低，如纳米 Cu 的拉伸伸长率由常规晶体的 20%降低为 6%。纳米材料的塑性与材料的成分、缺陷及加工过程有很大关系，导致材料塑性降低的主要原因有：

① 纳米材料的屈服强度大幅度提升拉伸应力情况下，材料的断裂应力小于屈服应力，导致材料在拉伸过程中来不及充分变形就发生断裂。

② 纳米材料的密度较低，内部含有较多的孔隙等缺陷，同时材料的屈服强度较大，在拉伸状态纳米材料对内部缺陷以及表面状态比较敏感。

③ 纳米材料中的杂质元素含量较高，从而降低了材料的塑性。

④ 纳米材料拉伸过程中缺乏可移动的位错，不能释放裂纹尖端的应力。

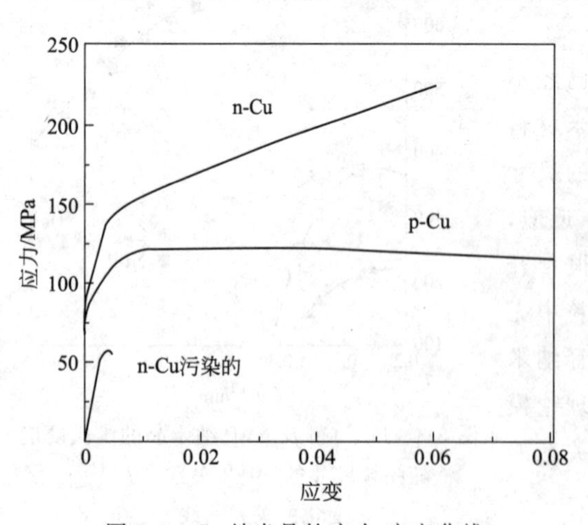

图 3-4 Cu 纳米晶的应力-应变曲线

基于此，在一定程度上控制杂质的含量，减少材料的孔隙度、缺陷并提高材料的密度，可以大幅度提升纳米材料的塑性。研究表明：全致密、无污染 Cu（图 3-4 中的 p-Cu）的拉伸伸长率可以达到 30%以上。

在压应力作用下，纳米材料表现出较高的塑性和韧性。例如，纳米 Cu（图 3-4 中的 n-Cu）在压应力作用下，材料的屈服强度为拉伸应力条件下的两倍，但仍然表现出较好的塑性。纳米 Pd 和 Fe 的屈服强度高达 GPa 水平，同时断裂应变可以高达 20%。其塑性提高的原因是在压应力条件下，纳米材料内部的缺陷能够得到修复，增大材料的密度；或者在压应力条件下，纳米材料对内部的缺陷和表面状态不敏感。

3.1.4 纳米材料的超塑性

超塑性是指材料在特定条件下可产生非常大的塑性变形而不断裂的特性。超塑性材料的伸长率通常可以超过 300%，有些材料甚至可以达到 2000%以上的伸长率。超塑性材料要求测试温度超过熔点的一半，并且材料在高温下不会明显生长细小等轴晶粒。材料超塑变形基本上是晶界在高温下滑移造成的，根据 Coble 晶界扩散蠕变模型，材料的形变速率 ε' 可表述为：

$$\varepsilon'=\frac{B\Omega\sigma\delta D_{\mathrm{gb}}}{d^3 k_{\mathrm{B}} T} \tag{3-6}$$

式中，σ 为拉伸应力；Ω 为原子体积；d 为平均晶粒尺寸；B 为常数；D_{gb} 为晶界扩散率；δ 为晶界厚度；k_{B} 为玻尔兹曼常数；T 为温度。

根据表达式可以看出，材料的晶粒尺寸越小，形变速率越大。若将晶粒尺寸从微米量级缩小至纳米量级，形变速率可以提高几个数量级，即可在低温条件下实现超塑性变形。但是至今只有少数纳米材料发现具有超塑性，下面将分别进行讨论。

（1）纯 Ni 和 Cu 纳米晶的超塑性

1999 年，McFadden 等[4] 研究发现，在 553K 温度条件下，20nm 的 Ni 纳米晶发生了从最小塑性变形到 200%的超塑性转变，这种现象在典型粗晶 Ni 中从未发现，这种转变可以通过晶界滑移、扩散的增加及易产生位错的综合效应来解释。然而结果表明，即使在低温条件下，这种转变会伴随着晶粒的生长，导致晶粒尺寸超过纳米尺度。Mohamed 等[5] 总结发现，当晶粒小于 100nm 时，受低温下晶粒生长的限制，超塑性不会发生。

之后，中国科学院金属研究所卢柯团队用电解沉积法制备了高纯度、高密度、平均微应力为 0.03%的纳米金属 Cu，在室温下轧制获得了高达 5100%的伸长率，如图 3-5 所示，在拉伸过程中，样品的宽度几乎保持不变，最后演变成一条光滑无裂纹的薄条[6]。样品中未出现明显的加工硬化现象，缺陷密度基本保持不变，证明材料的变形过程是由晶界行为主导的。

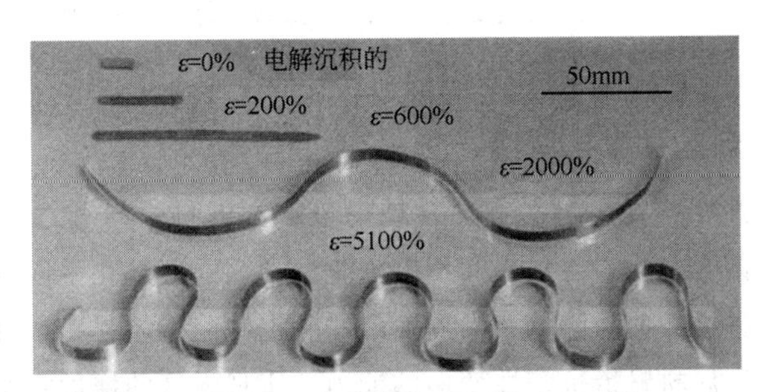

图 3-5　室温下电沉积纳米 Cu 样品不同变形量的宏观照片[6]（经 AAAS 许可转载）

（2）传统金属合金的超塑性

Valiev 团队[7] 研究了 Pb-62%Sn 和 Zn-22%Al 合金的超塑性。如图 3-6 所示，Pb-62% Sn 合金表现出非常规的室温超塑性，在初始应变速率为 4.8×10^{-4}/s 时，合金的室温伸长

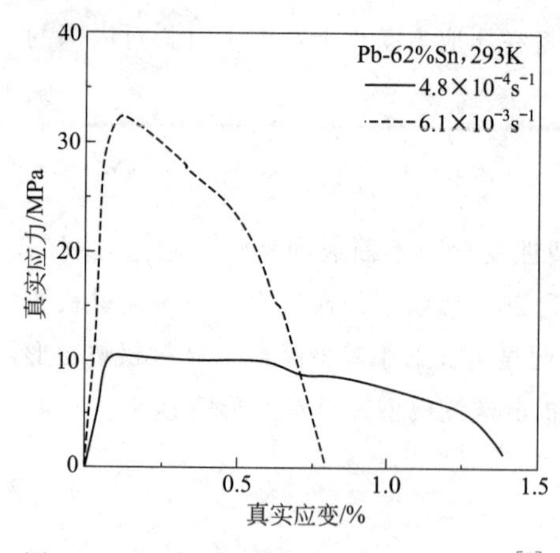

图 3-6 Pb-62%Sn 合金的应力应变曲线[7]
（经 Elsevier 许可转载）

率高达 300%，没有出现应变硬化效应。针对 Zn-22%Al 合金的研究显示，合金在 373K 时应变率为 1×10^{-4}/s 条件下表现出超塑性，而相同条件下的微晶 Zn-Al 合金没有发现类似现象。

（3）过渡族金属合金或中间合金相的超塑性

McFadden 等[4] 除了测量 Ni 纳米晶的超塑性外，还测量了 1420-Al 纳米晶（Al-5%Mg-2%Li-0.1Zr）和 Ni_3Al 纳米晶（Ni-8.5% Al-7.8% Cr-0.6% Zr-0.02B）合金在不同测试温度下的超塑性、拉伸超塑性应力-应变曲线。如图 3-7 所示，当应变速率超过 10^{-2}/s 时，1420-Al 表现出较高的应变相关超塑性。1420-Al 的晶粒长大率远低于 Ni。这种差异源于位错钉扎，它阻碍了 1420-Al 的晶粒长大。在 923K 时，Ni_3Al 的拉伸伸长率可达 350%，拉伸变形后晶粒尺寸可达 100nm。在这种情况下，Ni_3Al 的有序结构阻碍了晶粒的生长。在这两种合金中都看见了应变硬化。作者不能用晶粒长大来解释应变硬化效应，但他们认为应变硬化是由纳米晶和常规粗晶材料的超塑性差异驱动的。

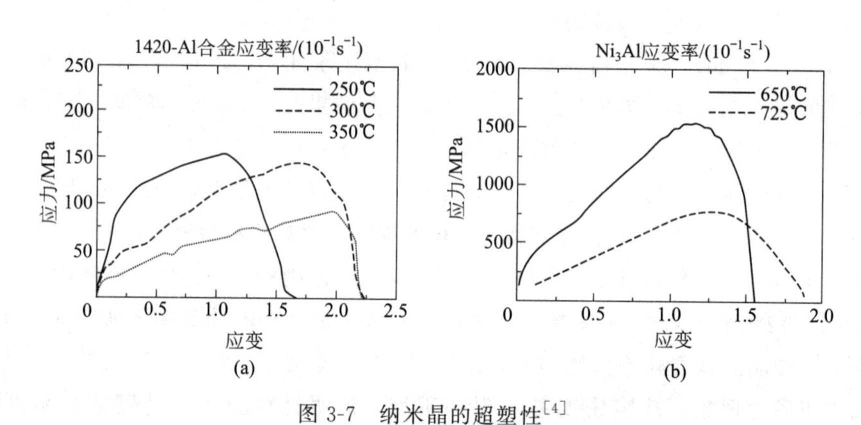

图 3-7 纳米晶的超塑性[4]
(a) 1420-Al 纳米晶在常数应变率和不同温度下的应力-应变曲线；
(b) Ni_3Al 纳米晶在常数应变率和不同温度下的应力-应变曲线

3.1.5 纳米金属材料的强度与塑性

提高金属材料的强度一直是材料物理领域中最核心的科学问题之一。金属材料常用的强度提高方法包括固溶合金化、冷加工和细晶强化。然而这些强化手段的根本思路是在金属材料的晶格中引入各种类型的缺陷，如晶界、位错、点缺陷与增强相，目的是阻碍晶粒中晶格位错的运动，提升金属材料抵抗塑性变形的能力，实现强度的增加。实际上，引入各种类型的晶格缺陷，在缺陷处会造成对电子的散射或者局部的微裂纹，进而大幅降低材料电导率或者塑性。如对于纯铜材料合金化以后，材料的强度能够提升 2～3 倍，而电导率降低 10%～40%。这就是材料领域长期无法解决的材料强度与塑性（或导电性）的对立关系。如何有效解决这一对立关系成为材料领域几十年来重大科学难题。

中国科学院金属研究所卢柯院士领衔的团队提出纳米孪晶材料和梯度纳米结构材料，为解决金属材料“强度-塑性”倒置关系这一矛盾问题提供了很好的理论和技术指导。卢柯团队发现，在金属铜中引入高密度纳米孪晶界面，可使纯铜的强度提高到 1068MPa，相比传统粗晶铜材料提高了一个数量级，同时保持了良好的拉伸塑性，其拉伸性能远远大于未经孪晶化处理的纳米铜材料，断裂伸长率高达 13.5%。更为重要的是，孪晶化纳米铜材料具有很高的电导率，与高纯无氧铜基本相当，电导率达到了后者的 96.9%±1.1%，从而获得了超高强度高导电性纳米孪晶铜，结果如图 3-8 所示。这一发现突破了强度-导电性倒置关系，同时开拓了纳米金属材料一个新的研究方向。纳米孪晶强化原理已经在多种金属、合金、化合物、半导体、陶瓷和金刚石中得到验证和应用，成为普适性的材料强化原理。

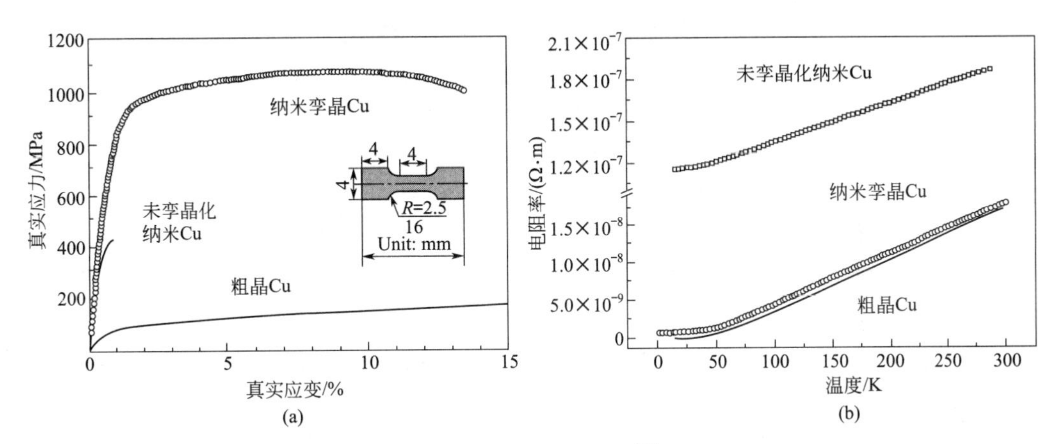

图 3-8　纳米孪晶铜的强度与电阻率变化情况[8]（经 AAAS 许可转载）

（a）典型的应力-应变曲线；（b）电阻率与温度的关系曲线

卢柯团队还发现了金属的梯度纳米结构及其独特的强化机制。顾名思义，梯度纳米结构是在材料表面到体内的不同位置构建不同的纳米结构，包括梯度纳米晶体结构、梯度纳米孪晶结构、梯度纳米层面结构和梯度纳米柱状结构，如图 3-9 所示。梯度纳米结构可有效抑制应变集中，实现应变非局域化，提升材料的力学性能，达到优于普通粗晶结构的拉伸塑性。具有梯度纳米结构的纯铜样品其强度较普通粗晶铜高一倍，同时拉伸塑性不变，也突破了传统强化机制的强度-塑性倒置关系，结果如图 3-10 所示。这种梯度纳米结构的设计，被证实对金属纳米材料的硬度、疲劳、原子扩散等方面的性能都有显著的提升作用。

(a) 梯度纳米晶体结构 (b) 梯度纳米孪晶结构 (c) 梯度纳米层片结构 (d) 梯度纳米柱状结构

图 3-9　四种梯度纳米结构示意图[9]

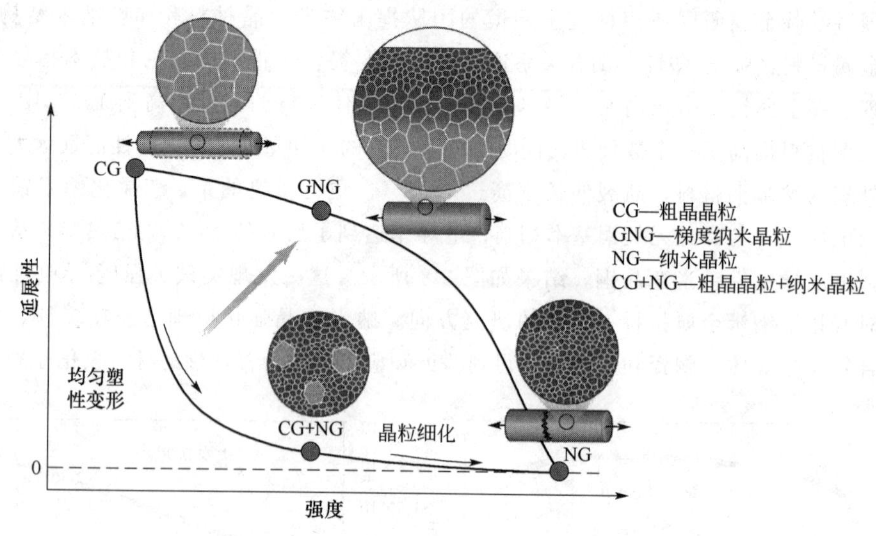

图 3-10 梯度纳米结构解锁塑性-强度倒置关系[10]（经 AAAS 许可转载）

纳米材料中存在大量晶界、三叉晶界及其他结构缺陷，它们既可以作为原子快速扩散的通道，也为化学反应提供了额外的驱动力（较高的界面过剩能），大量晶界往往能够作为化学反应的形核位点。因此，纳米材料中的原子扩散率和化学反应率都高于普通材料。利用纳米结构的这种特性，在金属材料表层制备出梯度纳米结构可以显著加速表面合金化动力学，降低合金化温度，缩短合金化处理时间，拓展了表面合金化的工业应用范围，在工业界取得了显著经济效益。

3.2 纳米材料的热学性能

了解纳米材料的热学性能对探索纳米材料的本质和发展纳米材料结构知识具有非常重要的意义。比如，材料熔点的研究可以帮助我们理解纳米粒子和高密度晶界之间的相互作用。热导率的研究可以解释界面和晶界声子的热阻和反射信息。这些研究有助于我们理解纳米材料，测量和研究纳米材料的热学性能除了具有基础和理论意义外，对纳米材料的应用也具有重要意义。纳米材料具有较低的导热性能，可以用作绝缘材料。纳米材料的热学性能也决定了它们能否用于热电转换。相对于纳米材料的其他性能，热学性能的研究较少。

材料的热学性能是材料最重要的物理性能之一。由于界面原子的振动焓、振动熵和组态焓、组态熵明显不同于点阵原子，纳米材料表现出一系列与常规多晶材料明显不同的热学性能，如比热容高、热膨胀系数大、熔点低等。

3.2.1 纳米材料的熔点

虽然纳米材料的热学性能研究不够多，但是针对熔点的研究还是相对较多的。对于给定材料而言，熔点是指材料由固态向液态转变的温度，当高于此温度时，固体中原有的晶体结构消失，取而代之的是液相中不规则的原子排列。1954 年，M. Takagi[11] 首次发现纳米粒子的熔点低于相应块体材料的熔点，众多实验也证实不同的纳米晶都具有类似的现象。Buffat[12] 通过计算Au粒径与熔点的关系得知Au纳米颗粒的熔点随着粒径的减小而逐渐降低，当粒径小于10nm时，熔点开始急剧下降，如图3-11所示。为什么晶粒尺寸变小时，材料的熔点会降低？可能的原因是纳米材料的尺寸小，表面能高且具有较多的表面原子，这些表面原子近邻配位不全，活性大，能够为原子运动提供足够的动力，降低纳米粒子熔化所需的内能，同时材料尺寸的降低能够显著增加晶界占比，晶体内部的结合能比晶界内的结合能弱，因此小颗粒制成的纳米材料容易熔化。然而，与此相关的机制进一步细节尚不清楚。粒径缩小导致的熔点降低有助于粉末冶金工业的快速发展。

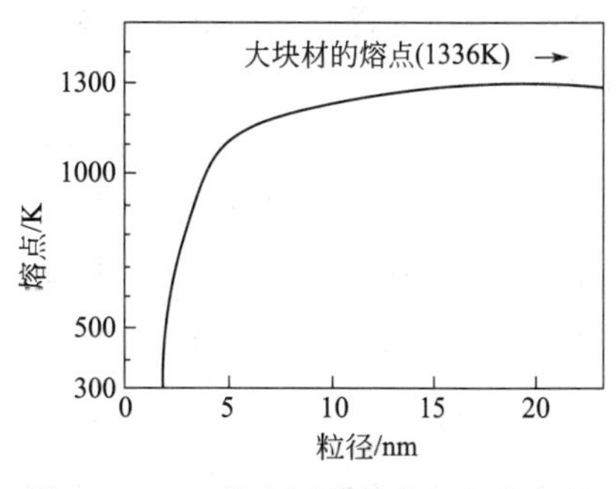

图3-11　Au纳米颗粒的粒径与熔点的关系[12]（经Elsevier许可转载）

然而纳米材料能否出现熔点随尺寸降低而上升的情况呢？2000年，Ho[13] 的团队采用Carr-Parrinello分子动力学模拟研究了包含高达13个原子Si、Ge、Sn原子团簇的熔点。结果表明：Sn原子团簇的熔点比块体材料的熔点高900 K，同时计算得到的Si和Ge原子团簇的熔点均高于原始块体材料，但是熔点差小于Sn原子团簇。随后Shvartsburg和Jarrold[14] 测量了Sn原子团簇（10～30个原子）的熔点，发现它们的熔点增加了，与体材料的差值约为50 K。为什么小原子团簇的熔点高于大原子团簇的熔点呢？作者采用离子活动性测量具有不同原子数的Sn原子团簇的熔化形状。他们发现具有15～30个原子的Sn原子团簇的扁平率增加了至少三倍，当原子团熔化时，它们趋向于保持球形。然而由于电子的影响，纳米级团簇的形状会发生扭曲，这种原子畸变很小，以至于很难通过离子活动性测量来检测，而如果Sn粒子从伸长到球形转变是很容易测量的，则表明研究人员测量的熔点是正确的。研究中描述的三重三角锥Sn原子团簇结构与纯Sn原子团簇的体心四方结构几乎没有共同之处。这种结构的重新配置是否是导致熔点升高的主要原因？重构团簇的结合能大于大块碎片的结合能，但是仍小于块体的结合能。因此熔点升高发生的机理尚不明确，但是具有潜在的应用，如在用高熔点材料制造的纳米器件中，这些才能在高温条件下保持结构稳定的功能。

3.2.2 纳米材料的热导率

材料的热导率是指温度垂直向下的梯度为1℃/m时，单位时间内通过单位水平截面积所传递的热量。许多纳米器件都是利用纳米材料和其他应用技术开发出来的，这些器件对制造它们的材料制定了严格的传热规范。例如，计算机处理器和半导体激光器需要获得有效的冷却，需要材料具有高的热导率。相比之下，冰箱和热电材料则需要热导率比较低的材料。因此，纳米材料的导热性能具有重要的基础研究和应用价值。

（1）纳米合金材料的热导率

Kim等[15] 测量了W-10%Cu、W-20%Cu、W-30%Cu三种材料的热导率。其中所有的样品直径为10mm、厚度为1mm且表面覆盖有C元素。样品的晶粒尺寸约为30～40nm，其微观结构包含有两种均质粉末，通过测量电导率计算得到的热导率如图3-12（a）所示。结果表明纯元素的热导率随着温度的升高而降低，而三种合金材料的热导率随着温度升高而增加。为了证明电导率测量得到热导率的准确性，研究人员使用激光闪光技术测量了它们从室温到1000℃的热导率，结果如图3-12（b）所示。结果表明500℃以下时，W-Cu材料的热导率随着温度的升高而增大，高于500℃时随着温度的升高而减小。500℃以下热导率的增加归因于增加的电子量、电子运动能力以及更多的电子传导路径。在500℃以上热导率的下降是受声子散射影响所致。

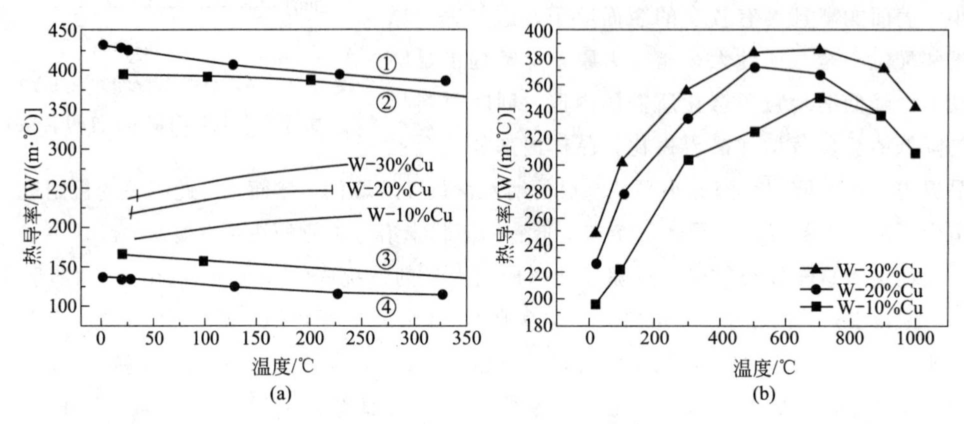

图3-12　W-Cu合金的热导率[15]

（a）三种W-Cu纳米晶及纯W和Cu的热导率随温度变化曲线；（b）三种W-Cu纳米晶的热导率随温度变化曲线
①—Cu电阻率的计算值；②—Cu电阻率的报道值；③—W电阻率的计算值；④—W电阻率的报道值

（2）一维纳米材料的热导率

2003年，Li等[16]针对一维单晶Si/SiGe超晶格纳米丝的热导率进行了测定，结果显示材料的热导率表现出明显的温度依赖性。同时，针对不同直径的Si纳米线热导率测试结果如图3-13所示，直径不同材料的热导率随温度变化关系有所差异，当温度低于130K时，热导率均随着温度升高而增加。但当温度超过130K时，热导率的趋势变化不同。进一步分析二维Si/SiGe超晶格薄膜热导率，测量结果显示，其与一维Si/SiGe超晶格纳米丝有类似的温度依赖关系。此外，针对多层结构纳米材料的热导率研究发现，随着界面密度的增加，材料热导率降低变快。这是由于高界面密度严重削弱了材料的热迁移能力，进而降低材料的热导率，表明不同材料间所产生的高界面密度能够实现材料的超低热导率，进而用作很好的热障材料。

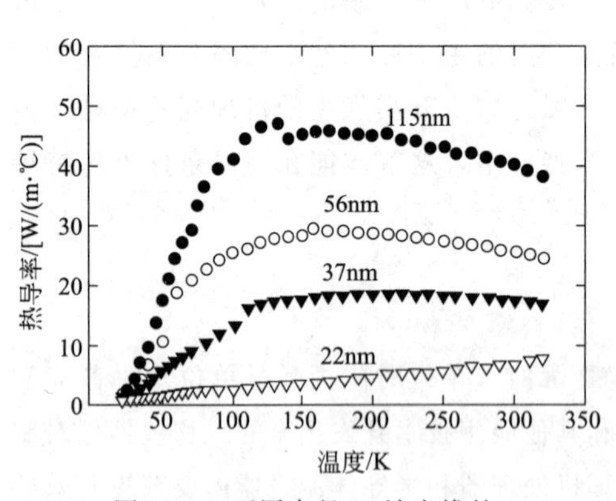

图3-13　不同直径Si纳米线的热导率[16]（经AIP许可转载）

3.2.3 纳米材料的比热容

材料的比热容是一个重要的材料热学性能，它与材料的原子结构密切相关，因此研究和测量纳米材料的比热容是至关重要的。通常来说，纳米颗粒比块体材料具有更高的比热容。

3.2.3.1 中高温度下的比热容

1987 年，Rupp 和 Birringer[17] 研究了高温下 Cu、Pd 和 $Pd_{72}Si_{18}Fe_{10}$ 合金粒子对比热容变化的影响。如图 3-14 所示，当在温度范围 150～300K 时，纳米晶体的比热容都要大于其多晶体的比热容，Cu 和 Pd 的比热容分别提高了 9%～11%和 29%～53%。非晶 $Pd_{72}Si_{18}Fe_{10}$ 比纳米 Pd 的比热容低 8%。非晶 $Pd_{72}Si_{18}Fe_{10}$ 晶化后，比热容相对于多晶 Pd 的增强率降低到 4%。这种减少源于非晶态和晶态原子结构之间的差异。另外 4%来自化学成分的差异。这是理解纳米晶体比多晶材料比热容大的关键。在考虑的温度范围内，由于 Cu 是反磁的，而 Pd 是顺磁的，所以电子和磁性贡献可以忽略。纳米 Pd、Cu 的比热容来源于原子振动和构型的熵，即晶格振动和平衡缺陷密度。温度对长程有序晶体材料、短程有序非晶材料和无短程有序纳米材料比热容的影响是不同的。

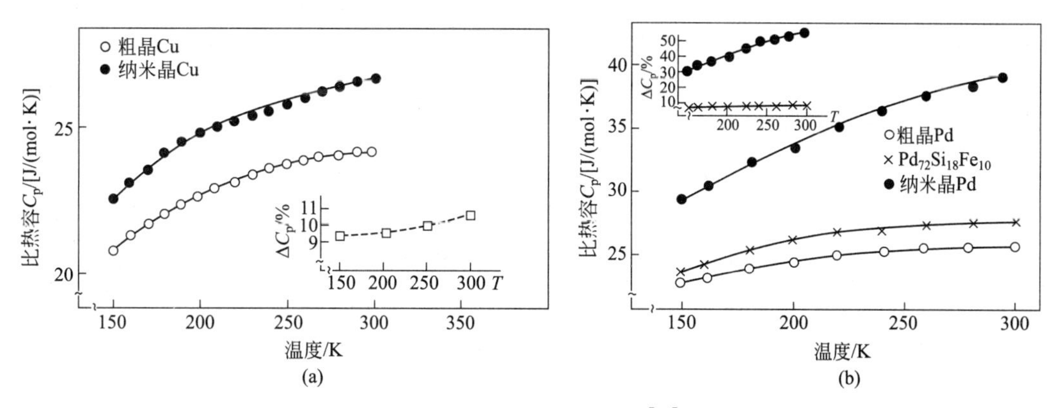

图 3-14 纳米晶 Cu 的热容[17]

(a) 纳米晶和粗晶 Cu 比热容随温度的变化；(b) 纳米晶和粗晶 Pd 及非晶 $Pd_{72}Si_{18}Fe_{10}$ 比热容随温度的变化

一般来说，纳米晶体与常规多晶材料相比，纳米晶体的比热容大于常规多晶材料。如表 3-2 所示，Se 和 Ni-P 合金纳米化后，材料的比热容仅提高了 1.7%和 0.9%，几乎可以忽略不计，仍然需要进一步研究来解释相应的现象。

表 3-2 各种纳米晶体对多晶材料比热容对比

材料	粒径/nm	温度/K	比热容①/[J/(mol·K)]	体材比热容/[J/(mol·K)]	参考文献
Pd	6	250	37 (48.0%)	25	[17]
Ru	15	250	28 (21.7%)	23	[18]
$Ni_{80}P_{20}$	6	250	23.4 (0.9%)	23.2	[19]
Se	10	245	24.5 (1.7%)	24.1	[19]
Fe	18±2	500	31.4 (22%)	25.9	[20]
Co	—	500	42 (53%)	27.3	[20]
Cr	—	500	38 (54%)	24.6	[20]

① 括号内数值为纳米晶相对多晶体材料的增长率。

3.2.3.2 低温下的比热容

随着低温液体火箭发动机、空间器件等众多领域的发展，低温条件下的比热容成为材料

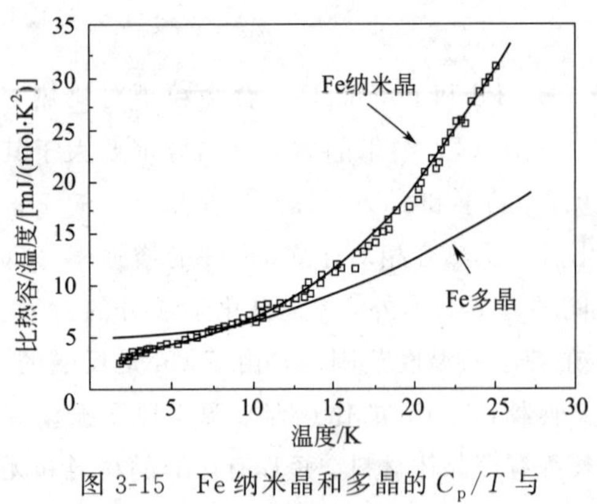

图 3-15 Fe 纳米晶和多晶的 C_p/T 与温度的关系[22]（经 AIP 许可转载）

十分重要的物性参数之一。1995 年，Chen 等[21] 对 0.7～20K 的低温条件下 Pd 纳米晶体的比热容进行了测试。结果表明，在温度 3.5K 以上时，纳米晶体与多晶材料相比，比热容随着温度增加较为显著。另外，中国科学院低温实验室 Yang 等[22] 测定了 1.8～26K 温度之间 40nm Fe 纳米晶体的比热容，结果如图 3-15 所示。当温度超过 10K 时，纳米晶体的比热容高于多晶材料。有趣的是，纳米晶体与常规多晶体的比热容曲线在 7～8K 之间相交。在交点以下，纳米晶体的比热容小于多晶体的比热容，并且几乎随着温度线性增加，这是以前没有观察到的现象。

3.2.4 纳米材料的热膨胀

当晶粒尺寸减小到纳米尺度时，晶界的比例显著增加，影响原子键能和平衡位置附近的振动，从而影响热膨胀。因此不难想象，纳米晶体的热膨胀与多晶材料的热膨胀是不同的。热膨胀是指在不加外部压力的条件下，材料的长度或体积随温度的升高而变大的现象。一般来讲，结构致密的材料比结构疏松材料的热膨胀系数大。然而，迄今为止，对纳米晶体材料的热膨胀行为研究较少。

（1）金属材料的热膨胀

1987 年，Rupp 和 Birringer[17] 测定了 Cu、Pd 和 $Pd_{72}Si_{18}Fe_{10}$ 合金粒子的热膨胀系数。结果显示：纳米 Cu 的热膨胀系数为 31×10^{-6}/K，而多晶 Cu 的热膨胀系数为 16×10^{-6}/K，纳米晶体的热膨胀系数约是多晶材料的 1.94 倍。类似地，Eastman 采用原位 X 射线衍射技术研究发现：当温度范围为 16～300K 时，Pd 纳米晶体的热膨胀系数与多晶体材料相比几乎无明显差异。

Turi 和 Erb 等[23] 对 20nm 晶粒无孔纳米 Ni 的热膨胀系数进行了测量，结果如图 3-16 所示。当温度范围为 140～205K 时，纳米晶体的热膨胀系数略高于块体材料；当温度升高到 205～500K 时，热膨胀系数降低；当 500K 时，最大的降低幅度达到 2.6%。这与测得纳米 Cu 热膨胀系数的结果存在明显差异。因此，我们可以得知金属材料的热膨胀系数与材料的制备方法和结构密切相关。

（2）合金材料的热膨胀

Sui 和 Lu 等[24] 测定了在 315～395K 温度下 $Ni_{80}P_{20}$ 纳米合金材料的线性热膨胀系数，合金的晶粒尺寸影响其线性热膨胀系数。当晶体尺寸从 127nm 降低到 7.5nm 时，材料的线性热膨胀系数从 $(15.5\pm1.0)\times10^{-6}$/K 升高到 $(20.7\pm1.5)\times10^{-6}$/K。其对应的多晶材料热膨胀系数为 13.7×10^{-6}/K，小于纳米晶体的热膨胀系数。

（3）一维纳米材料的热膨胀

2005 年，中国科学院固体物理研究所 Zhang 等[25] 对不同直径的一维 Bi 纳米线的热膨胀系数进行了测量。研究表明：不同直径一维纳米材料的热膨胀系数不同，直径为 10nm Bi

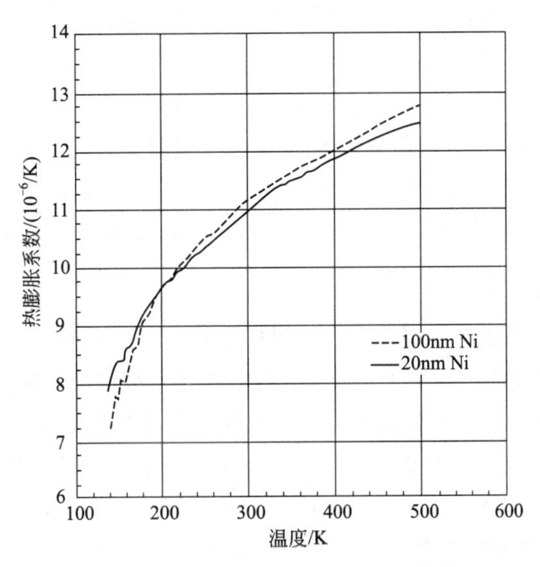

图 3-16 普通 Ni 及 Ni 纳米晶的热膨胀系数与温度的关系[23]（经 Elsevier 许可转载）

纳米线的热膨胀系数随温度升高而增大，但始终为负，而 20nm 纳米线的热膨胀系数随温度升高始终减小，并在临界温度 T_c 由正向负转变。直径为 40nm 和 60nm 纳米线的热膨胀系数随温度升高先增大后减小，而直径为 80nm 的纳米线的热膨胀系数始终为正，但是热膨胀系数很小。如何解释这一现象？研究者认为，在纳米线中，离散能级仅被几个 meV 隔开，即使在常温下，电子效应也会变得显著。因此，需要考虑价电子势对纳米线平衡晶格分离的影响。晶格的收缩在高温下引起能级的分裂。一方面，减少了占据激发态的电子数量，这是由费米-狄拉克因子决定的。另一方面，提高了激发态单个电子的热能。这两个因素竞争产生较低的能态，导致热膨胀系数从正向负的转变。当然，缺陷、表面应力和小尺寸点阵势的变化也会影响纳米线的热行为。

综上所述，虽然在纳米材料的热膨胀方面已经存在一定的研究，但是研究仍然处于初级阶段，且对现有实验结果的了解不够深入。研究人员仍在寻找纳米材料结构和性能之间的定量关系，这应该需要通过理论和实验结合研究来进行讨论。

3.3 纳米材料的光学性能

由于前面章节提到的纳米材料的量子效应、大的比表面积效应、界面原子排列和键组态的较大无规则性等特性对纳米材料光学性能具有比较大的影响，它们的光学特性（如反射、透射、吸收和光发射）很可能与块体材料不同。由于光学性能依赖于纳米材料的内部电子结构，研究纳米材料的光学性能可以使我们对其结构有更深入的了解。

3.3.1 纳米材料的光吸收

光的反射和吸收是研究电子能带结构的直接方法之一。对于绝缘体和半导体，材料光吸收和反射的研究可以传递出非常有价值的信息，但对于金属而言有效性较差。当低于等离子体频率时，带间吸收强度变得非常弱，无法揭示其能量结构的细节。究其原因，首先，外部电场降低了集体电子运动，反过来屏蔽外电场的作用，这些频率上的共振转变大大减弱。其次，布里渊区电子态之间所有可能的跃迁都是重叠的，导致了光谱中的弱吸收。这些带间吸收叠加在自由电子等离子体增强的特征吸收光谱上。此外，电子的强散射掩盖了上述的带间吸收和共振吸收，进一步拓宽了测量的吸收光谱。在非常薄的金属薄膜中，可能发生量子尺寸效应。

3.3.1.1 宽频带光吸收

块体金属具有不同颜色的金属光泽，说明材料对不同波长光的反射和吸收能力不同。但是当 Au 纳米颗粒的尺寸缩小到小于光波波长时，纳米颗粒慢慢呈现出黑色，说明金属超微颗粒对光的反射率很低，呈现出消光现象，导致粒子变黑。Taneja 和 Ayyub[26] 研究了银纳米薄膜的反射颜色与其粒径的关系，结果表明 50nm 银纳米颗粒的样品呈现银白色，35nm 银纳米颗粒的样品呈金黄色，暴露在空气中可以维持几个月。银纳米颗粒粒径保持在 20～35nm 之间，具有良好的颜色稳定性，随着平均粒子的不断减少，样品的颜色逐渐变灰，最后变成黑色。根据图 3-17 块体银和三种不同银纳米粒子的反射光谱解释其原因：首先，块体银反射可见光且反射率高达 90%，由于表面等离子体振荡，反射系数在 350nm 波长处突然下降，在 320nm 波长处达到最小的反射率，约为 4%。当波长进一步减小时，反射系数反弹到 20%左右，并稳定到 250nm。其次，随着纳米颗粒尺寸的减小，所有波长的反射系数均减小。第三，不同粒径的颗粒对反射的影响是波长的函数，波长越小，反射的影响越大。第四，反射光谱在波长为 360nm 处出现下降，图中标记为 SPR，随着颗粒尺寸变小，下降变得更明显。因此，块体银在可见光范围内呈现出白色。随着颗粒尺寸减小，反射光谱在蓝色区域减小较弱，红色区域内降低最微弱，大的 Ag 纳米颗粒呈现出金黄色，然而小的 Ag 纳米颗粒则表现为黑色。

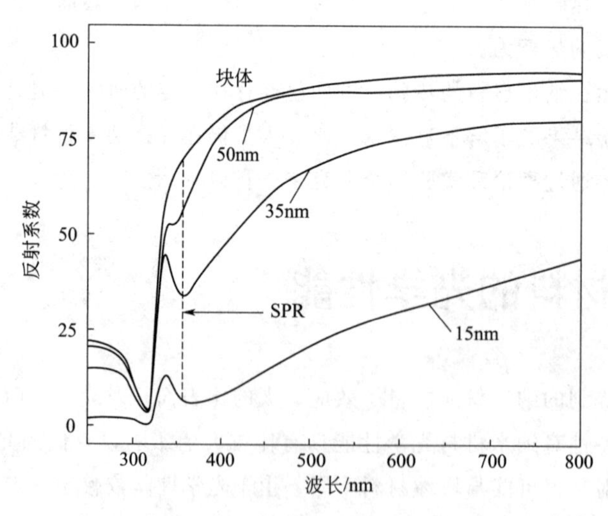

图 3-17　块体 Ag 和不同尺寸 Ag 纳米晶的反射光谱[26]

纳米氮化硅、碳化硅及氧化铝粉末对红外均有一个宽频带吸收谱，主要原因是不同粒径的材料表面张力存在一定的差异，导致材料晶格畸变程度不同，纳米材料的键长存在一个分布曲线，造成范围分布的带隙；其次，纳米材料没有单一的择优化学键振动模式，对红外吸收的频率存在一个较宽的范围，最终导致纳米材料红外吸收宽化。在实际应用中，可应用纳米颗粒的强光学吸收性质制作光学隐身材料，应用于隐身飞机涂层领域。纳米材料除了上述宽频谱吸收特性之外，有时会出现一些强于常规多晶材料或新的吸收带，这是由于纳米材料内部存在较大的界面浓度，界面中的缺陷（如空位、空位团及夹杂等）可能会导致高浓度色心的形成，从而带来一些新的或增强的光吸收带。纳米 Al_2O_3 是一个典型的例子，经过 1100℃热处理得到的 α-Al_2O_3 在波长 200～850nm 范围出现六个光吸收带，这与粗晶粒具有很大的差异。

3.3.1.2 蓝移和红移现象

贵金属材料的光吸收带已经被研究了很长时间，尽管存在一些矛盾的结果，但是大多数的实验结果都证实纳米晶体的粒径减小，光吸收普遍存在在“蓝移”现象，即吸收带向短波长方向移动。如 Si 纳米晶体与大块材料相比，其峰值红外吸收频率从 $814cm^{-1}$ 蓝移至 $794cm^{-1}$；Si_3N_4 纳米晶体与大块材料相比，其峰值红外吸收频率从 $949cm^{-1}$ 蓝移至 $935cm^{-1}$。纳米材料吸收带的蓝移现象可以通过量子尺寸效应和大的比表面来解释。首先，材料的带隙（占据及未占据分子轨道之间的宽度）随颗粒尺寸的减小而变宽，这是蓝移的根本原因。其次，纳米颗粒存在较大的表面张力，易造成晶格畸变，减小晶格常数，增大纳米键本征振动频率，进而使材料红外吸收带向短波方向移动。

除此之外，某些特定情况下，纳米材料的光学吸收带可能会呈现出“红移”现象，即吸收带向长波长方向移动。例如，单晶 NiO 在 200～1400nm 范围内出现八个光吸收带。相对而言，纳米 NiO 不存在 3.52eV 的吸收带，且后三个吸收带出现红移。其红移的原因可能是随着粒径的减小，量子尺寸效应会导致吸收带的蓝移，但是粒径减小的同时，颗粒内部的内应力会增加，进而导致能带结构的变化，加大电子波函数之间的重叠，导致带隙变窄，这就导致材料光吸收带和吸收边的红移。

3.3.2 纳米材料的颜色

纳米材料在可见光区域的吸收不同导致其呈现出与本体材料不同的颜色。Ung 等[27] 对 SiO_2 衬底上的 Au 纳米膜进行了测量，研究了 Au 纳米颗粒外壳和纳米颗粒膜的颜色变化。图 3-18 为金纳米颗粒膜的透射色变。图 3-18（a）到图 3-18（h）的样品如下：图 3-18（a）为溅射 Au 薄膜；图 3-18（b）为胶体金纳米颗粒，直径 13.2nm，涂有柠檬酸离子；图 3-18（c）为金纳米粒子首先被巯基丙酸钠离子包裹，然后被一层厚厚的 SiO_2 外壳包裹；图 3-18（d）为 1.5nm 金纳米膜；图 3-18（e）为 2.9nm 金纳米膜；图 3-18（f）为 7nm 金纳米膜；图 3-18（g）为 12.5nm 金纳米膜；图 3-18（h）为 17.5nm 金纳米膜。结果显示：薄膜的颜色取决于金纳米膜的材料和厚度。随着粒子间距的增大，颜色由蓝色变为红色。需要指出的是，这些金纳米薄膜是用红宝石作为基底，浸在含银溶液中制备的。柠檬酸稳定的胶体金纳米膜显示出与溅射膜相同的颜色，表明纳米颗粒相互接触。对于外层覆盖较厚的金纳米颗粒，随着外层厚度的增加，颜色逐渐转为红色。令人惊讶的是，被柠檬酸和硫醇覆盖的金纳米颗粒薄膜的透光色为粉红色，而不是蓝色，这表明金纳米颗粒薄膜在溶液中的初始浸没可能只被无机离子部分覆盖。前文提到，纳米材料超微粒子对可见光表现出低反射率及强吸收率，导致大部分材料随着离子尺寸的减小，色泽越黑。

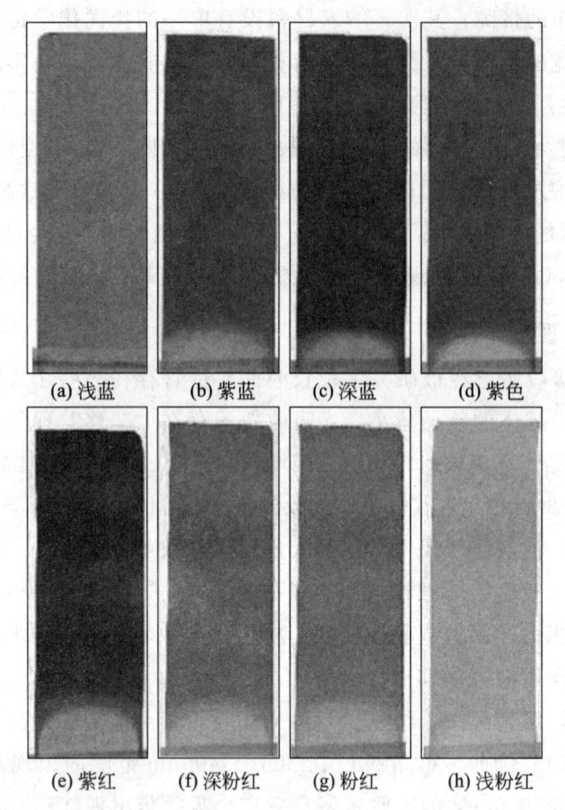

图 3-18　Au 纳米颗粒薄膜的透射颜色[27]（经 Elsevier 许可转载）

3.3.3 纳米材料的发光

光致发光是指光照条件下激发到高能级处于激发态的电子跃迁回低能级，被空穴俘获，多余的能量以光的形式释放，发射出光子的现象。研究表明：当粒子尺寸降低到一定程度时，原本不发光的材料，可以在近紫外光下出现发光现象。20 世纪 90 年代早期，Lehmann 等[28] 首先发现了多孔 p-Si 较强的光致发光现象。电致发光是通过对两电极加电压产生电场，被电场激发的电子碰击发光中心，引致电子在能级间的跃迁、变化、复合导致发光的一种物理现象。2004 年，Klimov 等[29] 发现半导体量子阱和纳米晶体量子点可能被应用于高效照明行业。

3.3.3.1 光致发光 (PL)

半导体纳米晶具有较高的量子产率，且具有优异的化学适应性及加工性能，是极好的光发射体候选材料。Dabbousi 等[30] 研究了室温条件下 CdSe、ZnS 包裹 CdSe 的复合物量子点的光致发光现象随晶粒尺寸的变化。研究表明 ZnS 涂层的引入明显提高了材料光致发光强度，且随着颗粒尺寸的增大，发光强度增强，CdSe、ZnS 包裹 CdSe 的复合物量子点的 PL 光谱均发生红移。研究者认为，当 CdSe 尺寸较小时，材料的比表面积比较高，三正辛基氧膦包裹量子点的光致发光强度以深陷阱位的强发射为主，ZnS 包覆钝化了晶体表面的绝大多数空穴和俘获位点，抑制深能级捕获发射，PL 峰依赖于沿能带边界的光子/电子复合。进一步研究表明：随着覆盖厚度的增加，材料的 PL 光谱也出现了明显的红移现象，且随着 ZnS 的厚度增加，PL 峰的宽度逐渐增加，PL 峰的强度随着 ZnS 厚度的增加而逐渐降低。

掺杂是指在基体材料中掺入少量化合物或者元素来改善材料的性能，可以使材料产生特定的电学、光学和磁学性能。从 20 世纪 90 年代中期到 2004 年，研究者对掺杂 ZnS 的光致发光光谱进行了一系列的研究。Karar 等[31] 研究了含有 0%～40%Mn 的 ZnS 室温光致发光特性。Mn 添加剂的引入没有引起 ZnS 晶体结构的变化。纯 ZnS 的 PL 光谱显示，在 464nm 和 585nm 处出现两个峰。相比而言，含有 10%Mn 的 ZnS 纳米晶出现了一个位于 460nm 的发光峰，可能是样品制备过程中引入杂质导致的。此外，他们还认为 640nm 和 680nm 左右的 PL 峰是由 Mn 掺杂导致的，且随着掺杂含量的增加，这两个峰的位置会发生红移。红移可能是由于表面态的高密度和强电声子耦合，也有可能与 Mn 掺杂引起 ZnS 能带结构变化或 Mn-Mn 之间相互作用有关。并且，PL 峰的强度随着 Mn 含量的增加而降低。相应地，研究者也针对 Ni、Cu 和 Eu 等元素掺杂的 ZnS 的 PL 性能进行了研究，相对于纯 ZnS 而言，掺杂的 ZnS 发射峰均发生了红移。

3.3.3.2 电致发光（EL）

纳米材料的电致发光是指通过施加电场将电能转化为光能而引发的一种光发射现象，电致发光纳米材料能够用来制作显示器件。这类器件能够实现高亮度和对比度、高分辨率，且具有更低的能量损耗、轻质和低成本等优势，因此受到了业界的广泛关注。与 PL 性能类似，人们针对材料的 EL 性能研究也大多集中于半导体及其器件研究，接下来对半导体的 EL 性能进行简要介绍。

贵金属量子点能够在水溶液中表现出强荧光发射或强电致发光强度。金作为其中一种典型的代表，可以通过控制其尺寸大小，将其发光峰从可见光波段调节到近红外波段，金的 EL 光谱如图 3-19 所示。其中曲线 1～3 代表单一纳米量子点的发光光谱，曲线 4 表示 Au 聚集体的 EL 光谱。显然，单一纳米量子点的发光光谱比较窄，当量子点包含有 18～22 个 Au 原子时，发光光谱覆盖 650～750nm 区域[32]。

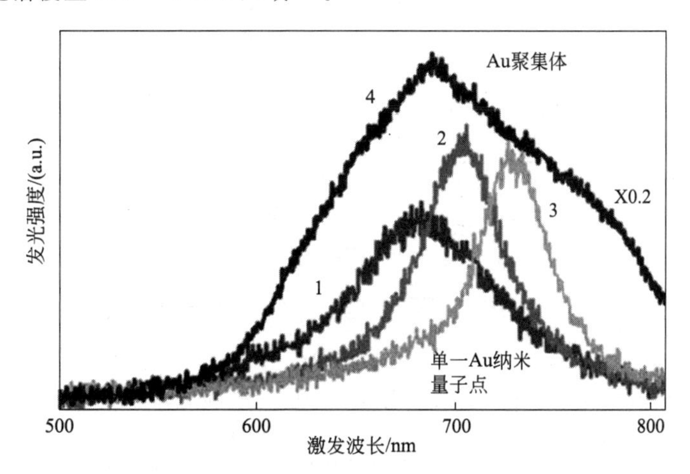

图 3-19　Au 量子点的电致发光光谱[32]

半导体硅间接带隙特点不利于光电子学器件的直接应用。为了与目前普遍使用的 Si 集成技术兼容，希望开发一种高效的硅发光二极管，为此，多孔 SiO_2 基质中的 Si 纳米晶及电致发光得到了广泛的研究。图 3-20 为多孔 Si 的 LED 器件图和可见光 EL 光谱。将单晶 p 型 Si 放置于质量分数为 20%的氢氟酸溶液中，阳极氧化 5～10min，所得产物多孔 Si 层的厚度约为 3～7μm，孔隙率为 50%～60%，在顶部沉积半透明的金或氧化铟锡薄膜后，完成器件的构筑。当正向电流密度为 370mA/cm² 时，宽谱峰出现在波长为 680nm 处，且 EL 光谱谱峰较宽，这可能是柱状多孔硅的不均匀性导致的。但是，器件的总量子效率很低，约为 10^{-5}%。稀土掺杂是改善硅光致发光效率非常有效的手段[33]。

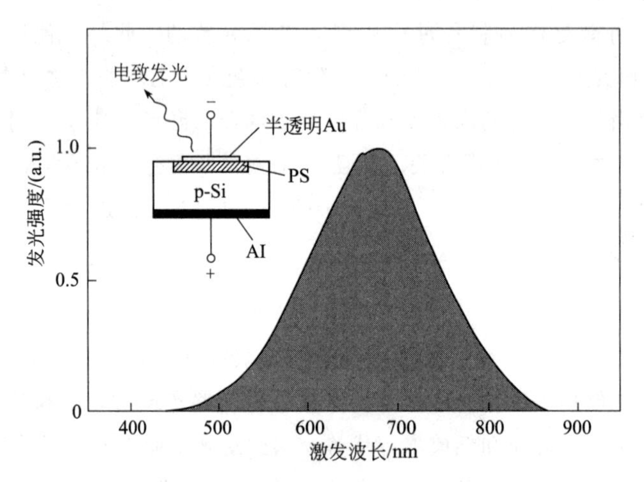

图 3-20　多孔 Si 的 LED 器件图及其电致发光光谱[33]（经 AIP 许可转载）

有机半导体表现出高的光致发光量子效率，基于纳米有机半导体器件的光致发光行为也到了广泛的研究。2004 年，Zhao 等[34] 研究了被各种有机配体包裹的 CdSe/ZnS 复合量子点的光致发光行为，结果如图 3-21 所示。LED 的发射层厚度约为 20nm。CdSe 量子点的

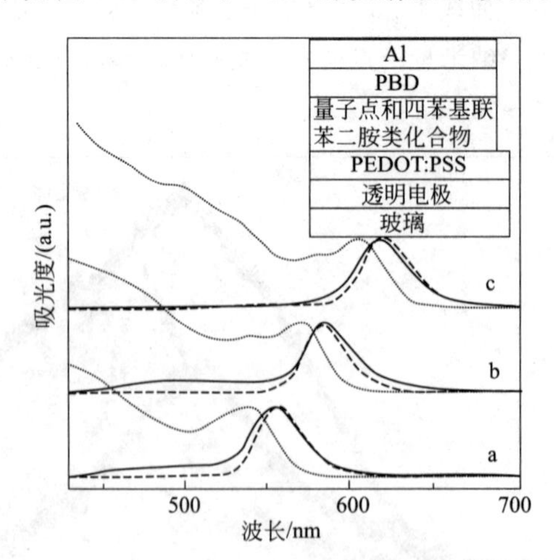

图 3-21　多层 CdSe/ZnS 量子点 LED 的 EL 光谱（实线）、PL 光谱（虚线）和吸收光谱（点线）[34]

图中标记 a、b、c 分别代表直径为 3.2nm、4.1nm、5.4nm 的 CdSe 量子点。施加电压和电流为：a. 5.5V 和 0.11mA；b. 5.0V 和 0.08mA；c. 4.0V 和 0.06mA。右上方的插图是多层 CdSe/ZnS 量子点 LED 原理图，其中 PEDOT：PSS 代表聚 3,4-乙烯二氧噻吩：聚苯乙烯烯丙基磺酸盐，PBD 是 2-(4-联苯)-5-(4-叔丁基苯基)-1,3,4-恶二唑（经 AIP 许可转载）

EL谱非常强，半宽峰位于30nm左右。随着量子点尺寸的减小，EL从红转变成绿，即发生蓝移。此外，与PL相比，EL的红移或蓝移相对较小（几纳米），红移和蓝移与量子点尺寸没有系统的联系。

3.3.4 纳米材料的磁光效应

磁光效应是指偏振光与磁性材料之间的相互作用，分为法拉第效应和克尔效应。1846年，Faraday发现在玻璃样品上施加磁场时，透射光的极化面发生旋转，这就是法拉第效应。在图3-22中，实线表示施加在材料上的磁场或磁化强度，虚线表示偏振光。当偏振光穿过磁化材料时，就会产生偏振光，该现象可以通过法拉第效应进行证明。其中磁场与光传播的方向相互平行。1877年，Kerr观察到磁性材料反射光的偏振和强度发生了变化，这被称为磁光克尔效应（MOKE），如图3-23所示。根据铁磁材料相对于表面法线和入射面磁化矢量方向进行分类，可以分为纵向MOKE、极性MOKE及横向MOKE。

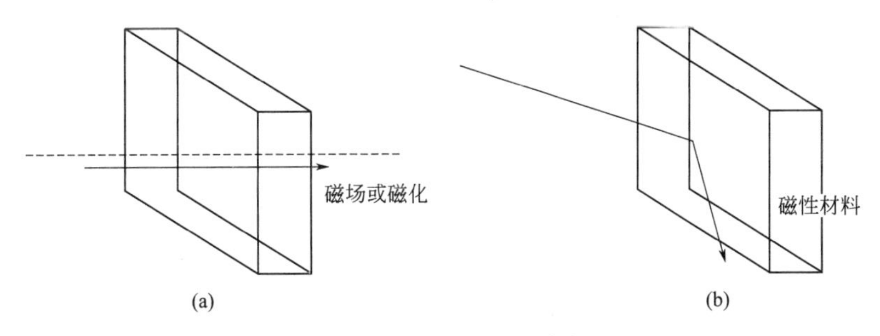

图3-22　不同的磁光效应
（a）法拉第效应；（b）克尔效应

如图3-23所示，当磁化矢量位于表面平面并平行于入射平面时，发生纵向MOKE。通常用s偏振或p偏振来表示光在垂直或平行于入射面方向上的偏振。纵向MOKE的入射光在s偏振面或者p偏振面，反射光转变为椭圆偏振光。椭圆轴绕主平面轻微旋转，称为克尔旋转。横向MOKE与纵向MOKE不同，其磁化强度垂直于外加磁场和入射平面，只有反射振幅的变化。极化MOKE与纵向MOKE类似，只在s偏振面或者p偏振面发生，在垂直入射方向可以观察到该效应。

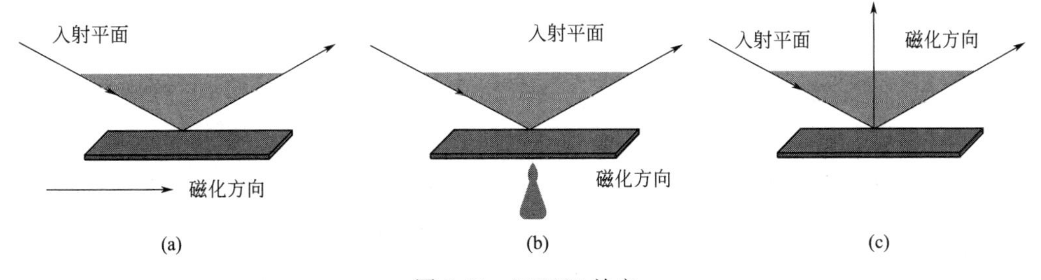

图3-23　MOKE效应
（a）纵向MOKE；（B）横向MOKE；（c）极化MOKE

3.3.4.1 金属纳米材料的磁光效应

Menéndez等[35]制备了Fe纳米粒子嵌入非晶Al_2O_3层的三种样品，粒径分别为

2.4nm、4nm 和 8nm，纳米颗粒的含量分别为 10%、30% 和 40%，Al_2O_3 层厚度分别为 17nm、18nm 和 18.5nm，测定它们的 MOKE。图 3-24 为这三个样品的旋转角或极性克尔椭圆率与能量关系的测量结果。最显著的特征是所有样品的旋转角和极性克尔椭圆率均在 4～4.5eV 处达到峰值。采用不同有效介质近似的广义方法来模拟实验结果表明：当平均粒径为 4nm 时，模拟结果与实测值吻合较好，但当粒径为 2nm 左右时，模拟结果与实测值存在偏差。这表明，当粒径小于 4nm 时，由于纳米粒子的电子结构，其磁光效应与块体材料存在显著的差异。

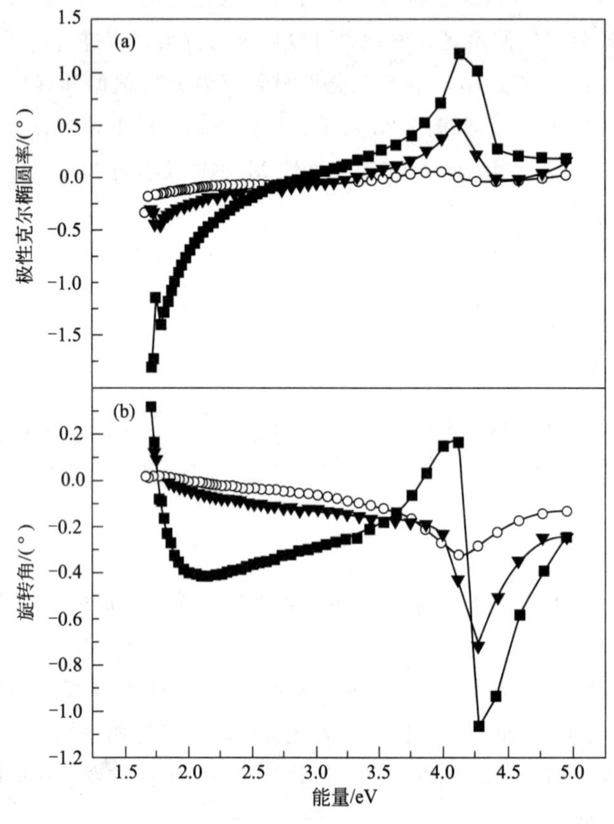

图 3-24　三种 Fe 纳米粒子样品的磁光效应[35]

(a) 极性克尔椭圆率；(b) 旋转角

3.3.4.2 氧化物的磁光效应

磁性纳米氧化物的磁光效应研究很少。2004 年，Kalska 等[36] 对磁性氧化物 $M_{0.5}Fe_{2.5}O_4$（M=Co、Mn 和 Ni）进行了研究。制备的纯 Fe_3O_4 和 $Mn_{0.5}Fe_{2.5}O_4$ 平均粒径分别为 12nm 和 10nm，含 Ni 或 Co 的氧化物的粒径介于两者之间，表明 Mn、Co 和 Ni 被 Fe 取代后，颗粒尺寸几乎保持不变。在图 3-25 中，沉积在 Al 上的 Fe_3O_4、$Co_{0.5}Fe_{2.5}O_4$ 和 $Ni_{0.5}Fe_{2.5}O_4$ 的极性克尔旋转角谱都在±0.04°以内。在此之前，Liu 等测量了 50nm 纯 Fe_3O_4 薄膜的 MOKE，发现其强度也很小。而锰（代替铁）氧化物的 MOKE 强度比 Fe_3O_4 高一个数量级。所有克尔旋转的符号都与大块材料的符号相反。除反号外，峰值位置也移到更高的能量位置。纯 Fe_3O_4 纳米粒子的光谱在光能为 2.0eV 时出现正峰，在光能为 2.7eV 时出现负旋转角。在 3.5eV 时，旋转角度为 0°。第二个最大值出现在 4.4eV 处。第二个最大值的形状随薄膜制备过程的变化而变化，但趋势总是相同的。

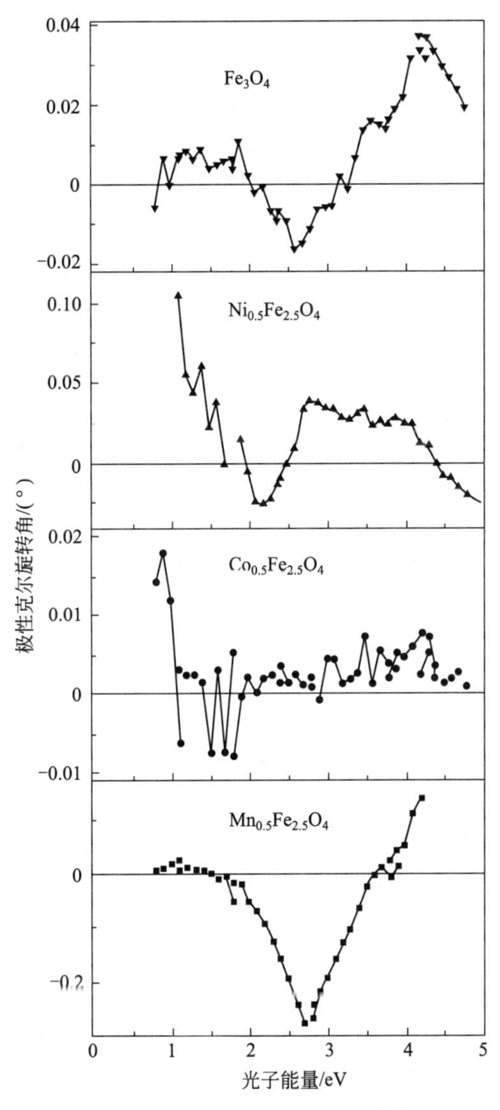

图 3-25 几种金属纳米氧化物的极性 MOKE 图[36]（经 AIP 许可转载）

3.3.4.3 非晶磁性纳米粒子复合结构的磁光效应

2004 年，Kalashnikova 等[37] 通过离子束溅射制备了两组复合纳米粒子样品。一组是非晶态 $Co_{41}Fe_{39}B_{20}$ 铁磁合金纳米颗粒，嵌在非晶态 SiO_2 介电膜中，分别采用 Ar 气体、Ar+N_2 气体及 Ar+O_2 气体制备了一组样品，标记为Ⅰ-1、Ⅰ-2、Ⅰ-3，磁性相的浓度为 34%～68%。另一组是非晶态 $Co_{45}Fe_{45}Zr_{10}$ 磁性合金纳米颗粒，嵌入在介质 Al_2O_3 薄膜中，这组样品分别用 Ar+O_2 或 Ar+O_2+磁场+强制水冷制得，标记为Ⅱ-1 和Ⅱ-2，磁性相浓度为 21%～54%。将厚度小于 1μm 的 CoFeB/SiO_2 纳米复合膜包覆在玻璃基板上。CoFeZr/Al_2O_3 纳米复合膜的厚度为 5～10μm，被涂覆在陶瓷基体上。铁磁纳米颗粒粒径为 2～7nm，随铁磁相含量的增加而增大。图3-26为Ⅰ组样品的克尔旋转角谱随铁磁相浓度的变化，测量是在15kOe的磁场下进行的，光能为1.96eV（实线）。氧或氮杂质对最大克尔旋转角的影响不大，Ⅰ-1、Ⅰ-2组为0.25°，Ⅰ-3组为0.3°。这些克尔值与前面讨论的其他各种纳米颗粒相当。三个样本的曲线形状几乎完全相同，分别在浓度为37%、40%和37.5%时出现峰值。由于这些铁磁纳米粒子的逾渗阈值约为46%，观察到的最大值与逾渗过程无关。极大值所处的浓度范围光学参数谱响应具有单调性，这种行为很可能是由干涉引起的。Ⅰ-3中的虚线为法拉第效应的测量结果，发现法拉第旋转是与浓度单调变化。这也佐证极大值的来源是干涉。研究者基于有效介质理论计算也支持上述解释。

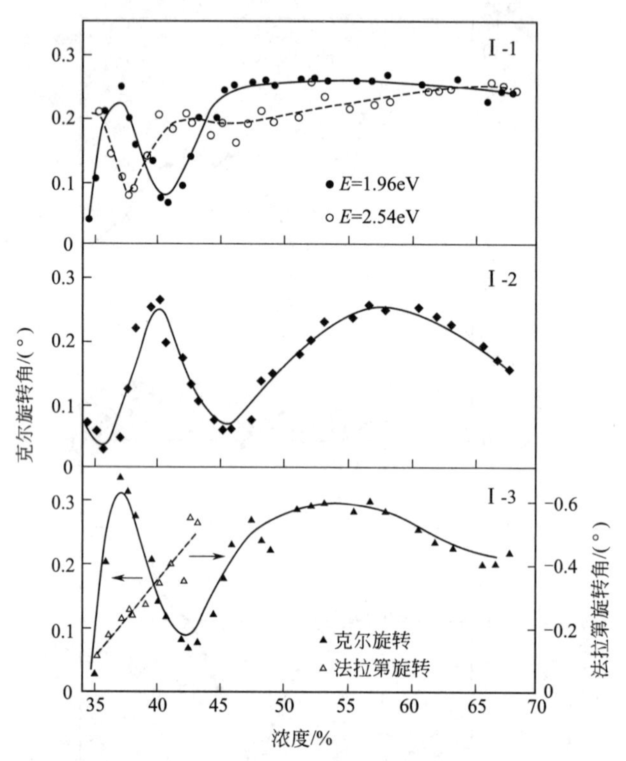

图3-26 $(CoFeB)/SiO_2$复合纳米膜的MOKE和法拉第旋转与磁性物质浓度的关系曲线[37]（经Springer Nature许可转载）

3.4 纳米材料的电学性能

只要材料的电学性能与载流子的迁移率有关，那么，材料的尺寸缩小到纳米范围时，必然会出现量子尺寸效应和量子限域效应。这些变化对材料的电学性能有什么影响？纳米材料的电学性能与块体材料的电学性能有什么不同？深入理解这些问题，是对自然的一种奇妙的追求。早在1938年，Fuchs研究了纳米颗粒尺寸对电阻的影响，针对松弛时间的概念提出了半经验理论，得到了电子在极小时间间隔内的碰撞概率，考虑了有限维度的材料外表面对电子的反射，并假设散射扩散系数与一个经验参数相关，最终推导出了薄膜的电阻率方程。

随后，Sondheimer将Fuchs的理论扩展到细线，建立了Fuchs-Sondheimer（FS）模型。后来，Mayadas和Shatzkes也揭示了晶界增加阻力，并引入了一个参数表示晶界的散射概率，即今天的MS模型。尽管这些理论取得了成功，但人们发现这些理论无法解释其他实验结果。2000年，Dannenberg和King利用量子力学对MS模型及其经验参数进行了改进，以解释电阻率的量子效应。

科学家探索纳米材料电学性能的另一个驱动力来自开发纳米大规模集成器件的微电子工业。为了增加晶体管密度，工业界已经从传统的单层平面结构转向多层器件。因此，该行业面临着在层与层之间建立电气连接的挑战。国际半导体发展路线图曾预测，在2015年或以后，连接器的最小宽度要求为30nm左右，高度要求小于57nm。为了实现这一目标，有一些基本问题需要解决。其中具有代表性的一个问题是超大规模集成电路的内部布线电阻可能产生对信号的寄生效应，这就是寄生电阻问题。

3.4.1 纳米材料的电阻率

材料的电阻率是用来表征材料电阻特性的物理量，它反应物质对电流阻碍的属性，受物质的种类、温度及尺寸等因素的影响。根据固体物理可知，在完整晶体中，电子的稳定状态是布洛赫波描述的状态；而对于不完整晶体而言，电子的周期性势场会被杂质、缺陷等结构不完整以及晶体原子热振动打破。这种周期性势场的偏离是电子阻力的主要来源，可用电阻率来表示。

3.4.1.1 金属纳米材料的电阻率

金属纳米材料的电阻率随着晶粒尺寸的减小而增大，主要归因于纳米材料中大量存在的晶界。Aus等[38]利用脉冲电镀技术制备了无孔隙率的等轴纳米晶镍。样品的厚度为0.25mm，粒径在11～500nm之间。用四探针技术测量了其在77K至室温下的电阻率，结果如图3-27所示。图3-27（a）绘制了所有样品对温度的电阻率，这是普通金属导体的特性。与块状材料不同，粒径为11nm样品的室温电阻率提高了3倍。除34nm样品外，其余样品的电阻率在195～298K温度范围内呈线性关系。可以看出，电阻率随晶粒尺寸的减小而增大。当晶粒尺寸小于电子的平均自由程时，晶界会导致电阻率的升高。引起电子散射的是晶界而不是杂质。图3-27（b）为77～298K的电阻率平均温度系数，随着粒径的减小电阻率平均温度系数减小。

3.4.1.2 合金纳米材料的电阻率

与纳米金属材料类似，Stoklosa等[39]采用熔融纺丝法制备了$FeCu_1XSi_{13}B_9$（X＝Zr，Cr）非晶合金。等时电阻率试验在0.5K/min加热速率下进行，结果如图3-28所示。可以看出，在结晶前，电阻率随温度升高而增大，这是金属合金的共同特征。一旦结晶开始，电阻率在升温的一个狭窄区域内下降。之后，电阻率又随着温度的升高而增加。在结晶的早期，研究人员测量了纳米晶体的晶粒尺寸，发现它们在10～30nm范围内，不同样品之间存在差异。这些分析支持纳米晶体的存在会降低电阻率。对于$Fe_{75}Cu_1Zr_2Si_{13}B_9$、$Fe_{74}Cu_1Zr_3Si_{13}B_9$和$Fe_{74}Cu_1Cr_1Zr_2Si_{13}B_9$等非晶合金，其电阻率下降并再次反弹。虽然研究人员没有测量二次结晶的晶粒尺寸，但可以肯定的是，添加1% Cu增加了形成纳米相的形核中心。结晶温度

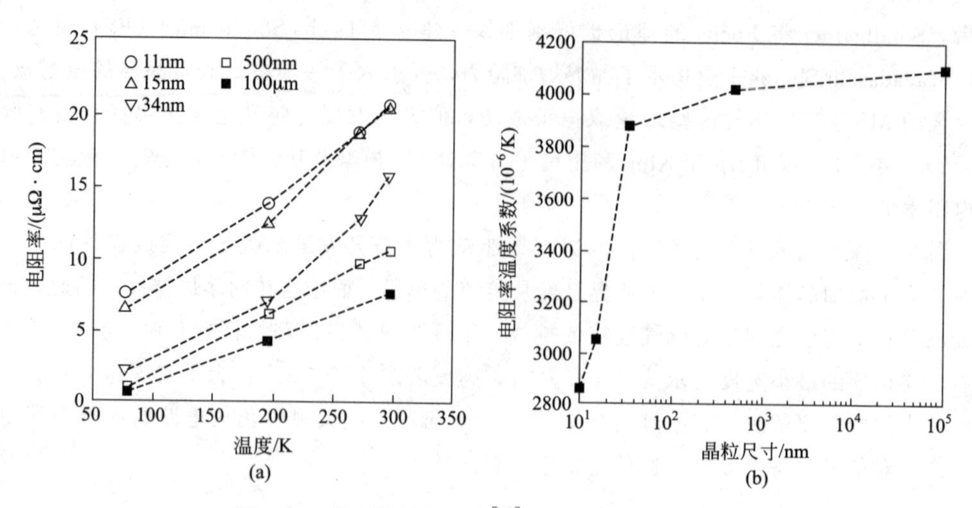

图 3-27　纳米晶的电阻率[38]（经 AIP 许可转载）

(a) Ni 纳米晶和块体电阻率与温度的关系；(b) 电阻率温度系数与晶粒尺寸的关系

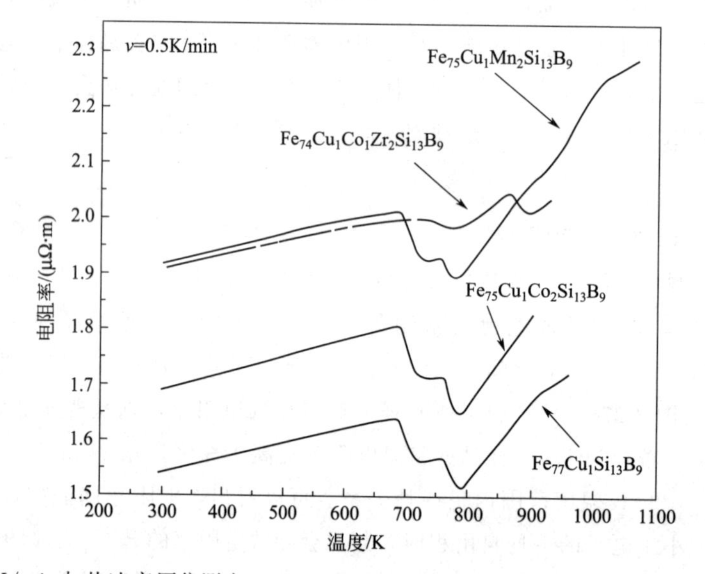

图 3-28　0.5K/min 加热速率原位测定 $FeCu_1XSi_{13}B_9$（X=Zr，Cr）合金电阻率与温度的关系[39]
（经 John Wiley and Sons 许可转载）

取决于原子半径最大的组分含量。更多大原子半径合金元素的加入导致结晶温度高，这是由于合金元素的原子半径较大，减少了无定形基质的扩散速度，减缓 α-Fe-Si 纳米晶体的增长。实验数据还表明，Zr 的加入有利于非晶基体中纳米晶的形核。

3.4.1.3 半导体纳米材料的电阻率

半导体纳米材料的电阻或电阻率都是随材料尺寸的减小而增加，与金属及合金类似。同样，产生这种现象的原因也是类似的，但是不同材料的变化值差别较大。图 3-29 为 CdSe 纳米膜分别在 373K、473K、573K 和 673K 退火后的电阻率随温度的变化曲线。所有样品的电阻率都随温度的升高而降低，这是典型的半导体电阻性质，纳米晶半导体的电阻随晶粒尺寸的减小而增大[40]。后来，Mane 等证实了 Bi_2S_3 纳米膜的电阻率和温度之间存在类似的关系，

也证明了纳米 Bi_2S_3 薄膜具有半导体性质。Kuwabara 等对 $ReSi_{1.75}$ 纳米膜的电阻率也报道了类似的情况。纳米晶 $ReSi_{1.75}$ 薄膜具有相同的半导体性质，研究者们还发现，薄膜的电阻率随着退火温度的降低而增加，这是由于晶粒尺寸的减小。可以看出，电阻率峰值通常出现在其晶化温度，这是非晶结构晶化产生纳米半导体材料的共同特征。通常，非晶材料的电阻率低于纳米晶体材料的电阻率。

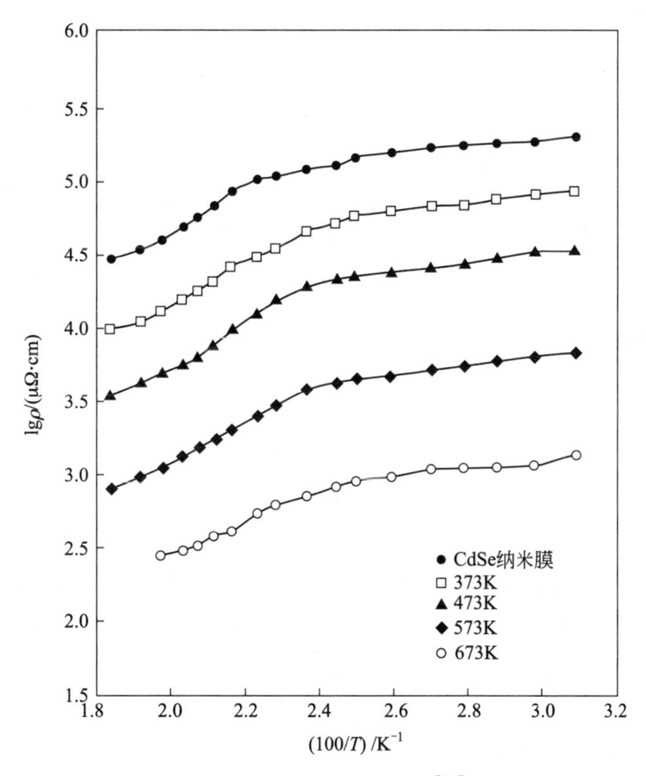

图 3-29 CdSe 纳米薄膜电阻率随温度的变化曲线[40]（经 Elsevier 许可转载）

3.4.1.4 氧化物纳米材料的电阻率

研究人员对 SiO_2、TiO_2、ITO（透明电极）、$La_{0.75}Sr_{0.125}MnO_3$、$La_{0.6}Y_{0.07}Ca_{0.33}MnO_3$、$Sr_2CrReO_6$、$Nd_{0.67}Sr_{0.33}MnO_3$ 等氧化物纳米材料的电阻率或电导率进行了广泛的研究。其中，ITO 具有半导体性质，类似于上述的半导体纳米材料。在本节中，我们将重点讨论它们的共同特征，而不是关注每一种纳米氧化物的细节。Tepper 和 Berger[41] 获得了平均粒径为 20nm 的无定形 SiO_2 粉末，并将其压成致密块，在不同温度下进行热处理。这些样品的电阻率测量表明，退火温度越高，电阻率越高。虽然在低于 600℃ 的温度下晶粒生长和结晶不明显，但作者认为 Si 悬挂键密度的降低是电阻率上升的主要原因。

Demetry 和 Shi[42] 采用湿化学方法制备了 SnO_2 掺杂 TiO_2 纳米粉体，在空气中将其置于铂片上，600℃加热 1h，得到的平均粒径为 25nm。热处理后的纳米粉体被压成一个小圆盘，在 600℃压力下烧结，理论密度超过 95%。其结构全为金红石，平均粒径为 40～50nm。750℃压力烧结盘的平均晶粒尺寸约为 260nm。研究发现，电导率随热压温度的升高或晶粒尺寸的增大而降低。因此，纳米氧化物的电阻率低于粗颗粒结构氧化物。换句话说，纳米相

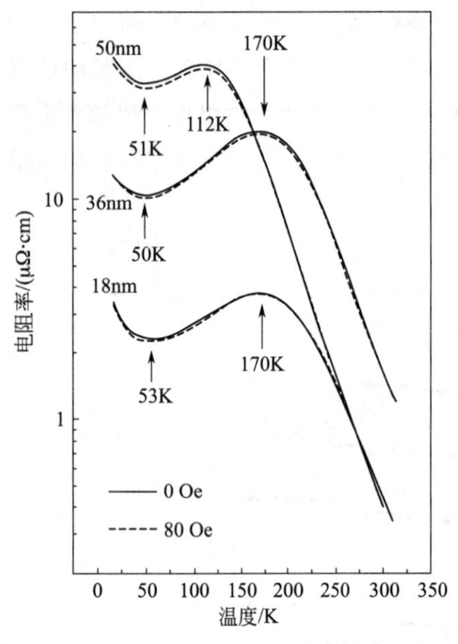

图 3-30 $La_{0.875}Sr_{0.125}MnO_3$ 纳米晶在 0Oe 和 80Oe 磁场下电阻率与温度的关系[43]

氧化物具有较低的电阻率或较高的电导率。这显然与金属的行为相反，但与半导体的行为相似。

Dutta 等[43] 测定了用溶胶凝胶法制备的 $La_{0.875}Sr_{0.125}MnO_3$ 纳米晶的电阻率，在不同温度下退火的样品晶粒尺寸分别为 18nm、36nm 和 50nm，结果如图 3-30 所示。可以看出，随着温度的变化，存在两种截然不同的转变。一种是从绝缘体转变为金属，定义为 T_{MI}；另一种是在约 51K 或更低温度下从金属到绝缘体的转变，其温度由 T_{CO} 确定。测量三个样品的居里温度分别为 268K、257K 和 253K。三种样品的 $T_{MI}-T_{CO}$ 分别为 98K、87K、141K，对应的晶粒尺寸分别为 18nm、36nm、50nm。我们发现三个样品的 T_{CO} 基本没有变化，表明不同晶粒尺寸下 Mn^{4+}/Mn^{3+} 比值基本不变，证明三个样品的成分未随晶粒尺寸改变而改变。相反，随着晶粒尺寸的减小，电阻率大大降低，这与 TiO_2 的情况类似。在 T_{CO} 和 T_{MI} 之间的温度范围内，电阻率随温度的升高而增大，这是属于金属的性质。这种特性也在其他纳米氧化物中观察到，如 $La_{1-x}Sr_xMnO_3$（$x\approx 1/8$）和 $La_{0.5}Sr_{0.5}MnO_3$。值得注意的是，在 $La_{0.5}Pb_{0.5}Mn_{1-x}Cr_xO_3$（$0<x<0.45$）氧化物中也观察到了绝缘体到金属和金属到绝缘体过渡的电阻率和温度关系。

3.4.2 纳米材料的热电性能

自 19 世纪 60 年代以来，美国的研究人员就开始研究热电转换材料，目的是生产高效、高可靠性、能够在空间探索和武器系统发展中可用的热电发电机。1821 年，德国物理学家塞贝克观察到，一个放置在两根不同金属线旁边的指南针指针发生了偏转。金属线被连接成两个温度不相等的结。罗盘指针的偏转表明电流正通过金属丝。这个电流是由两个结之间的电压差产生的。他们还发现，偏转的程度与两个结的温差成正比。这取决于金属的类型，而不是导体中的温度分布。这种现象后来被称为塞贝克效应，即众所周知的热电效应。将温度差与电压差联系起来的比例因子称为塞贝克系数。今天广泛使用的热电偶就是热电效应的一个例子。不同金属的电子密度是不同的，同时也受温度的影响。当两种不同的金属在两端形成结，并且将结置于不同的温度环境下，在结处的电子以不同的速度扩散。因此，电子可以积聚在一个结，而使另一端带等量的正电荷。这种电荷分离产生热能。

和金属一样，半导体也有塞贝克效应。如果 N 型半导体的一端温度为 T，另一端温度为 T_0，则建立温度梯度 dT/dx。在热端的电子扩散到冷端造成电子在冷端积累。同时，一个正电荷出现在热端，建立了热端到冷端之间的电场。同样，在 P 型半导体中建立了从冷端到热端的电场。利用塞贝克效应，可以产生一个发电机，即热电发电机。历史上，1834 年，法国科学家佩尔捷进行了第一次实验。将 Cu 线和 Bi 线连接成一个结，将 Bi 线连接到电池的一端，将 Cu 线连接到电池的另一端，形成一个闭合电路。结果发现铜铋结的温度比周围的温度存在差异。这种现象被称为佩尔捷效应，与塞贝克效应相反。然而，佩尔捷当时并没有解释他的发现。四年后，楞次提出了一个解释。当电流流过铜铋结时，热量被吸收而变冷。利用佩尔捷效应，可以生产出来一种冰箱，也被称为 Peltier 冷却器或 Peltier 冰箱。

对于纳米材料而言，材料的热导率随着晶粒尺寸的缩小而下降。在材料纳米化过程中，材料内部引入大量的晶界，增强材料内部的声子散射，进而降低材料的晶格热导率。近年来，理论和实验研究都表明，晶界和界面处的声子散射机制能够引起纳米尺寸的低维结构材料和块体纳米材料的热导率降低。Heremans 等[44] 针对嵌入多孔 SiO_2 或 Al_2O_3 中直径为 9nm 和 15nm 的 Bi 的热电性能进行了研究。结果表明：热电势有很大的增加，且发现这些纳米复合物的电阻与热电势和温度的关系呈现出半导体性质。

3.4.3 纳米材料的超导性能

块体材料中超导态是电子的一种集体状态，而 Copper 对占据了超导态中重要位置。当 Copper 对压缩到很小的尺寸之后，波函数会发生较大的变化，纳米材料的超导性能将如何变化？以下将分别对纳米粒子、纳米薄膜及纳米线的超导性进行相关讨论。

3.4.3.1 纳米粒子的超导性

Ralph 等[45] 用直径为几纳米到几十纳米的 Al 粒子制作了隧道结或隧道晶体管。通过测量 Al 粒子中分立电子状态能级的隧道产生的 I-V 曲线结果可知，当 Al 纳米粒子的能级隙大于超导能隙 Δ 时，超导性消失。Penttilä 等[46] 使用一个约瑟夫森结测量了金属纳米颗粒的超导性。约瑟夫森结可以用来确定散射转变。这种相变的物理原理是通过与散射量子力学环境的相互作用抑制宏观量子隧穿。众所周知，宏观的量子隧穿效应可以破坏结的超导性，抑制超导性可以恢复 Josephson 隧道电流。因此，散射相变也被称为超导-绝缘体转变。这就是为什么使用一个约瑟夫森结来检测散射相变。研究者发现当分流电阻 $R_s = R_q$ [$R_q = h/(4e^2)$ 是超导体的量子电阻] 时，发生了超导体向绝缘体的转变。

3.4.3.2 纳米薄膜的超导性

针对纳米薄膜的厚度对超导-绝缘体转变的调控，Marković 等[47] 测定了 Bi 纳米薄膜的超导性。结果表明：在临界厚度，电阻与温度无关，厚度的略微增加会导致膜电阻随温度的降低而急剧减小，出现超导性；相反，小于临界厚度的 Bi 无法出现超导现象，这明显区别于块体材料的超导性。

二维超导薄膜的关键问题是超导转变行为，这对高温超导体来说更加重要。科学家们一直在争论二维超导体跃迁的机理，首先就是提出 BKT 跃迁理论。根据这一理论，如果忽略二维超导薄膜间的层间耦合，各层内部对数作用的旋涡-反旋涡对的分解在一定温度下将导致超导转变。人们普遍认为，如果量子系统的基态受到无序、薄膜厚度、载流子浓度或磁场的干扰时，二维金属纳米膜中的超导体到绝缘体的转变发生在绝对零度。与有限温度下的相变热扰动作为关键因素不同，当 $T=0$K 时，相变纯粹是由量子起伏驱动的。在有限的温度下，正在进行的量子相变本身就表现出电阻标度行为，这受到适当的调制参数、温度和相干长度以及动力学的临界指数 v 和 z 的影响。一般来说，无序薄膜中 SIT 的各种理论模型可以分为两种：一类是有序度参量振幅起伏破坏的超导性，另一类是相变微扰。

3.4.3.3 纳米线的超导性

Yi 和 Schwarzacher[48] 使用脉冲电沉积的方式在纳米孔膜中制备了直径约 50nm 的超导 Pb 线。随着参数的变化，可以实现纳米线单晶和多晶的调节。针对单晶和多晶 Pb 纳米线的电阻随温度变化曲线进行测试可以得知，多晶纳米线的超导转变温度明显低于单晶，且单晶纳米线与体材相比基本没有变化。其原因在于多晶纳米线的晶界分开了晶粒，使其小于 Pb 的超导相干长度。另一个可能的原因是多晶纳米线的热导率较低。

如前所述，二维纳米膜波动主要是漩涡-反漩涡破坏。研究表明，一维纳米线的起伏是由所谓的量子相滑移引起的。这两种情况有一个重要的区别：涡旋和反涡旋是在 BKT 转变温度以下形成的束缚对，而相滑移和反相滑移在任何有限温度下都不形成束缚。因此，由于存在相滑移，一维纳米线在任何温度下的电阻都大于零。相滑移引起超导纳米线产生电阻。量子相滑移的产生有两个原因（即改变量子态）：一是热激活，二是量子隧穿。

3.4.4 纳米材料的介电性能

纳米材料与传统材料相比，结构存在较大的差别，导致其具有独特的介电性能，如其介电常数与介电损耗严重依赖于颗粒粒径大小，并且介电行为也与电场频率密切相关。

纳米材料的介电常数或相对介电常数随测试频率减小而增大。而相应传统材料的介电常数或相对介电常数较低，在低频范围的上升趋势远低于纳米材料。在低频范围，纳米材料的介电常数随粒径的变化而变化。即颗粒尺寸很小时，介电常数较低；随颗粒尺寸增大，介电常数先增加后降低。纳米 α-Al_2O_3 和纳米 TiO_2 试样分别在 84nm 及 17.8nm 粒径处出现介电常数最大值。

纳米材料的介电常数随电场频率的降低而升高，且高于传统粗晶材料。根据介电理论，高的介电性材料必须满足下面的条件：在电场作用下，电介质极化损耗小或没有损耗，极化的建立能够跟上电场的变化。随着电场频率的降低，纳米材料中介质的多种极化都能跟上外加电场的变化，介电常数增大，这可以通过几种极化机制进行解释。

① 空间电荷极化。在纳米材料的庞大界面中存在大量的悬挂键、空位及空洞等缺陷，引起电荷在界面中分布的变化。在电场的作用下，正负电荷分别向负极和正极移动，导致电荷聚集在界面缺陷处，形成电偶极矩，即呈现空间电荷极化。同时，具有较多晶格畸变和空位缺陷的颗粒内部也会产生空间电荷极化。空间电荷极化的特征是极化强度随温度上升而单调下降。纳米 Si 和纳米非晶氮化硅的介电常数随温度的变化趋势满足这一特征，表明空间电荷极化是导致介电性提高的主要因素之一。

② 转向极化。纳米颗粒内和庞大界面中存在数量相对较多的带正电的氧离子空位或氮离子空位，这种带正电的空位与带负电的氧离子或氮离子形成固有的电偶极矩，在外加电场作用下，电偶极矩方向改变形成转向极化。转向极化的特征是极化强度随温度上升出现极大值。纳米非晶氮化硅的介电常数温度谱上出现介电峰。因此，转向极化也是导致纳米材料介电性提高的重要因素之一。

③ 松弛极化。松弛极化包括电子松弛极化和离子松弛极化。电子松弛极化是在外加电场的作用下，弱束缚电子由一个阳离子结点向另一个阳离子结点转移而产生的。离子松弛极

化是在外加电场的作用下，弱束缚离子由一个平衡位置向另一个平衡位置转移而产生的。在庞大占比的界面组元中，离子松弛极化起主要作用；而在晶内电子松弛极化起主要作用。松弛极化的主要特征是介电损耗与频率、温度的关系曲线中均出现极大值。在低频范围，纳米材料介电常数增强效应与颗粒粒径有很大的关系，即随着粒径的增加，介电常数先增大后减小，在某一临界尺寸出现极大值。这是由于随粒径增加，晶内组元占比增加，导致电子松弛极化的贡献增加，而界面组元占比降低导致离子松弛极化的贡献降低，进而导致在某一临界尺寸出现介电常数极大值。

综上所述，一种纳米材料往往有几种极化机制同时作用，它们对介电均有较大的贡献，特别是空间电荷极化、转向极化和松弛极化这三种极化机制对介电常数的贡献比常规材料往往高很多。因此，纳米材料具有较高的介电常数。

3.4.5 纳米材料的压电性能

压电效应是指某些电介质材料受到外力作用时，在其两端出现符号相反的束缚电荷现象。压电效应的实质是由晶体介质的极化引起的。按照固体理论，在晶体的 32 种点群中，只有无对称中心的 20 种点群才可能存在压电效应。在外力作用条件下，电偶极矩的取向、分布等发生变化，宏观表现出电荷的累积，即呈现压电效应。

研究表明，常规非晶氮化硅材料没有压电效应，相比而言，未经退火和烧结的纳米非晶氮化硅块体具有强的压电效应。首先，常规非晶氮化硅的结构（图 3-31）中，Si 原子的键角为 109.8°，与正四面体的 109.47°很接近，N 原子的键角为 121°，也接近于平面三角形的 120°。这种中心对称较好的 Si 原子的正四面体结构无法产生压电性，无规则取向 N 原子的平面三角形结构同样不存在压电性。因此，常规非晶氮化硅不具有压电性。

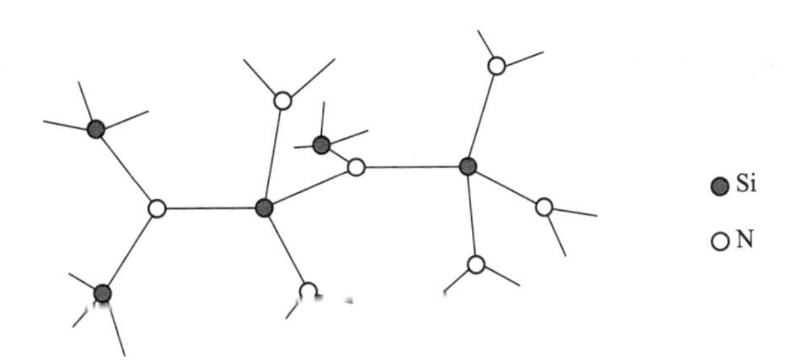

图 3-31　常规非晶氮化硅的短程结构

而对纳米非晶氮化硅的径向分布函数和电子自旋共振结构研究表明：Si 和 N 等悬键比常规非晶氮化硅多 2～3 个数量级。因此，纳米非晶氮化硅的短程结构偏离了常规非晶氮化硅四面体结构，主要原因是纳米材料的庞大界面。在未经退火和烧结的纳米非晶氮化硅界面中，悬键的存在导致界面中电荷分布的变化形成局域电偶极矩。在受到外加压力后，电偶极矩的取向、分布等发生变化，在宏观上产生电荷积累而呈现压电效应。纳米非晶氮化硅退火烧结后，高温加热使界面原子排列的有序度增加，内部空位、缺陷减少，导致缺陷电偶极矩减少，因此不具有压电效应。

压电效应是力学和电极化的耦合。当介质材料沿其不对称方向通过施加的力变形时，在相反的表面上产生正电荷和负电荷。在这种情况下，当施加的力被卸除后，介电材料回到初始状态。此外，电荷的极性也与作用力方向相关。最经典的压电材料是钙钛矿结构的锆钛酸铅陶瓷（PZT），它已成功应用于驱动器、应变传感器和能量收集设备。然而，PZT 的电阻太大，这种材料不适用于电子设备。传统上，压电材料和压电效应的研究主要局限于陶瓷材料领域。以 PZT 为代表的钙钛矿材料具有良好的压电性能和力学性能。当前电子学的基本器件（晶体管、二极管等）工作原理是基于载流子的运动和/或积累。大多数第一代和第二代半导体材料由于其对称晶体结构而不具有压电性能。然而，以 GaN 和 ZnO 为代表的第三代半导体，沿着 c 轴具有压电特性[49]。这些纤锌矿材料在六方晶体外沿 c 轴方向施加应力时，阴离子和阳离子的电荷中心分离，形成了一个偶极矩。当偶极矩叠加时，在宏观上形成沿应力方向的电位分布，产生压电电势。当施加外部机械变形时，材料中产生的压电电势可以驱动电子在外部电路负载中流动，这是纳米发电机的基本机理，将在下面章节进行详细介绍。

3.5 纳米材料的磁学性能

材料的磁学性能与其组分、结构和状态密切相关。与常规材料相比，纳米材料的磁学性能通常表现出某些独特性。常规材料的磁性结构由许多磁畴组成，而纳米晶体中不存在这种结构。当磁性材料的晶粒尺寸缩小到纳米级别时，其磁学性能表现出明显的尺寸效应。比如，纳米线的大长径比导致材料具有很强的形状各向异性，当直径小于某一临界尺寸时，在零磁场作用下，具有沿轴方向磁化的特性。此外，纳米磁性材料的磁矩、居里温度、矫顽力等磁学性能都与材料的晶粒尺寸相关。

3.5.1 纳米磁性材料的磁矩

现代科学认为物质的磁性来源于组成物质中原子的磁性，宏观物质磁性是构成物质原子磁矩的集中反映，由电子磁矩所决定。

三种最常见的铁磁性金属是铁、钴和镍，原因在于它们在原子水平上都有很高的固有磁矩。当这些金属被缩小到纳米尺度或几十个原子组成的小团簇时，磁矩是如何变化的？

Billas 等[50] 利用 SternGerlach 磁反射技术测量了三个铁磁元素的磁矩随原子数目的变化关系。其中，Fe 的测量温度为 120K，Co 和 Ni 的为 78K。实验结果表明：三种金属的磁矩均随原子数的增加而减小，且均接近块体材料各自的磁矩（Fe 为 2.2μB，Co 为 1.72μB，Ni 为 0.6μB)。原子团越小，磁矩越大。测定的最小团簇包含 25～30 个 Fe 原子、30～40 个 Co 原子和 20～30 个 Ni 原子，其磁矩分别对应为 3 μB、2.3 μB 和 1.72 μB。还可以看出，不同原子团磁矩随原子数目变化的趋势略有不同。对于 Co 和 Ni 团簇，磁矩随原子数的增加而减小，变化速度加快。当原子的数目达到 160～180 时，接近块体材料的磁矩值；当原子数量达到 300～400 个原子时，磁矩与块体材料相同。相反，当 Fe 原子团数量为 100～120 时仍保持较高的磁矩，直到原子数量增加到 500 才趋近于块体材料的磁矩。铁的反常行为可能与铁的复杂铁磁性有关。Fe 中有三种不同的相，即铁磁相、反铁磁相和非铁磁相，并且三种相具有相近的能量。因此，Fe 原子团很可能具有复杂的相结构，形成多相体系。随着原子数的增加和温度的升高，Fe将由体心立方结构逐渐转变为面心立方结构。

对于传导电子来说，当电子通过铁磁层时，自旋和局域磁矩的磁化方向一致。电子自旋不是单纯的电子自转，而是与磁矩相同时电子本身的特有属性。自旋电子学是一门考虑调控电子自旋的学科，它可以将自旋作为信息载体，能够通过电压或电流进行操纵，也可以将自旋或磁场作为电荷或电流信息调控的手段。其研究对象包括电子的自旋极化、自旋相关散射、自旋弛豫和与此相关的性质及应用等。

3.5.2 纳米磁性材料的居里温度

居里温度是指材料从铁磁性转变为顺磁性时的温度，不同材料具有不同的居里温度。例如，Fe的居里温度是769℃，Ni是358℃，而钴的居里温度为1131℃。一般说来，纳米材料通常具有较低的居里温度，如粒径为70nm的Ni纳米材料的居里温度比块体材料的居里温度低40℃，而粒径为85nm的Ni材料的居里温度仅比块体材料低8℃。居里温度降低被认为是纳米材料界面组元和晶粒组元共同作用的结果。

在各种含Mn纳米磁性材料中，$La_{1-x}Sr_xMnO_3$具有最高的居里温度，因此受到研究人员的广泛关注，其块体单晶的居里温度约为180K，而多晶约为190K。分别对粒径为18nm、36nm和50nm的$La_{0.875}Sr_{0.125}MnO_3$的居里温度进行测试，显然纳米晶材料的居里温度高于其单晶及块体材料，且随着晶粒尺寸的减小，居里温度逐渐增加，这与上述Ni及常见金属的测试结果相反。其原因是：当粒度从50nm缩小到18nm时，磁畴状态从多磁畴转变为多磁畴+单磁畴，最终变化为完全单磁畴状态，同时粒度的减小会导致Mn—O—Mn键角的增加，Mn—O键长的减小。研究表明：大Mn—O—Mn键角及短Mn—O键长会增强Mn粒子间的相互作用，进而导致居里温度的升高[43]。

3.5.3 纳米磁性材料的饱和磁化强度与矫顽力

磁化强度是磁性材料的基本参数之一，这对于深入了解磁性能及其应用具有重要意义。我们关注的焦点仍然是纳米尺度材料的磁性。首先讨论纳米颗粒的磁化强度，然后讨论纳米合金和纳米线的磁化强度。

(1) 纳米颗粒的磁化强度

材料的铁磁性与材料的原子间距相关。纳米晶Fe与常规非晶态Fe、粗晶多晶α-Fe都具有铁磁性，但是纳米晶Fe的饱和磁化强度比常规非晶态和粗晶多晶态都低。在4K时，其饱和磁化强度仅为常规粗晶的30%。

Fe的饱和磁化强度主要取决于短程结构。常规非晶态Fe和粗晶多晶α-Fe的结构相同，因此具有相同的饱和磁化强度。而纳米晶Fe界面的短程有序与它们有所差别，如原子间距较大等，这就是引起纳米晶Fe饱和磁化强度下降的原因。饱和磁化强度的下降说明界面不利于材料的磁化。

(2) 纳米合金的磁化强度

2002年，Ingvarsson等[48]测量了$Ni_{81}Fe_{19}$、$Co_{90}Fe_{10}$和$Ni_{65}Fe_{15}Co_{20}$合金的磁化强度。样品结构采用Si/SiO_2/5nm Ta/FM/4nm Ta，其中FM代表铁磁合金薄膜，厚度从1nm到10nm，Ta薄膜作为缓冲层和保护层。三种合金饱和磁化强度的厚度依赖性如图3-32所示。

当薄膜厚度大于 3nm 时，三种合金的磁化率均保持不变。当粒径为 2nm 时，CoFe 合金略有下降，而 NiFe 合金明显下降，NiFeCo 合金几乎没有变化。当厚度为 1.5nm 时，CoFe 合金薄膜的磁化强度约为厚膜的一半。研究人员定义了这三种合金的临界厚度，即 1.12nm、1.24nm 和 1.28nm。当薄膜比临界厚度薄时，它就变成非铁磁性的，既可以是顺磁性的，也可以是非磁性的。

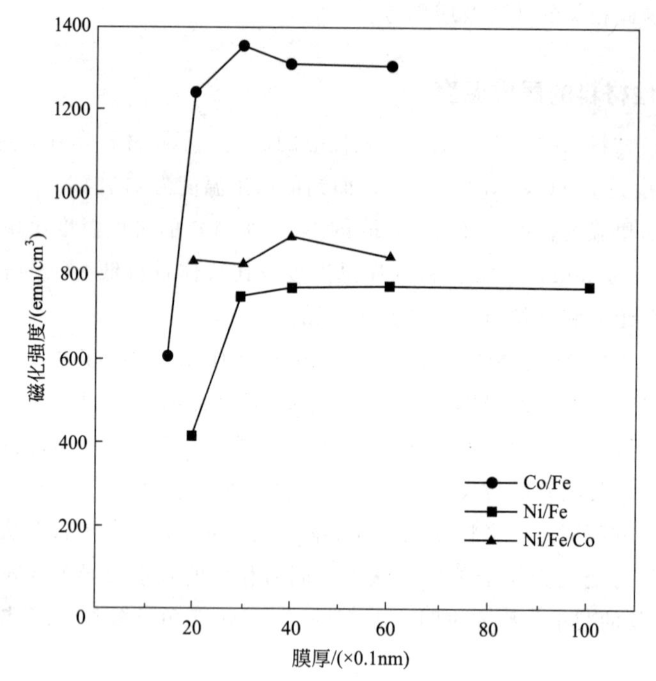

图 3-32 $Ni_{81}Fe_{19}$、$Co_{90}Fe_{10}$ 和 $Ni_{65}Fe_{15}Co_{20}$ 合金的磁化强度与膜厚之间的关系[51]（经 Elsevier 许可转载）

（3）纳米线的磁化强度

碳纳米管可以防止氧化和颗粒粗化。碳纳米管在磁记忆技术中的潜在应用，激发了人们对碳纳米管包覆 Fe、Co、Ni 纳米线磁性能研究的广泛兴趣。Zeng 等[49] 通过多孔阳极氧化铝模板电沉积的方法制备了 Fe、Co 和 Ni 纳米线阵列，纳米线直径为 5.5～27nm，测量结果显示，归一化饱和磁化强度随温度的升高而降低，且降低速度快于块体材料。与上述结果类似，三种纳米线的磁化强度 $M_s(T)$ 均随直径的减小而减小。这很容易理解，直径越小，表面效应越大。在直径相同的情况下，Ni 纳米线减少最多，Co 最少，Fe 介于两者之间。

磁性材料的矫顽力决定了磁滞回线的形状。它除了是一种基本性质外，还是衡量软硬磁性材料的重要指标。在磁学性能中，矫顽力的大小与晶粒尺寸之间的关系最密切。对于球形晶粒，矫顽力随晶粒尺寸的减小而增加，当超过某一临界尺寸时，材料的矫顽力反而随着晶粒尺寸的减小而下降。矫顽力极大值的晶粒尺寸相当于单畴的尺寸，对于不同的材料体系，尺寸大小有一定的变化，范围在十几纳米至几百纳米。当晶粒尺寸大于单畴尺寸时，矫顽力 H_c 与平均晶粒尺寸 D 的关系为：

$$H_c = C/D \tag{3-8}$$

式中，C 为与材料有关的常数。

可见，纳米材料的晶粒尺寸大于单畴尺寸时，矫顽力亦随晶粒尺寸 D 的减小而增加，符合式（3-8）。当纳米材料的晶粒尺寸小于某一尺寸后，矫顽力随晶粒尺寸的减小而急剧降低。此时，矫顽力与晶粒尺寸的关系为：

$$H_c=C'D^6 \tag{3-9}$$

式中，C'为与材料有关的常数。

矫顽力的尺寸效应可用图 3-33 来定性解释。图中横坐标上直径 D 有三个临界尺寸。当 $D>D_{crit}$ 时，粒子为多畴，其反磁化为畴壁位移过程，H_c 相对较小；当 $D<D_{crit}$ 时，粒子为单畴；但在 $d_{crit}<D<D_{crit}$ 时，出现非均匀转动，H_c 随 D 的减小而增大；当 $d_{th}<D<d_{crit}$ 时，为均匀转动，H_c 达到最大值；当 $D<d_{th}$ 时，H_c 随 D 的减小而急剧降低，这是由于热运动能 k_BT 大于磁化反转需要克服的势垒时，微粒的磁化方向做“磁布朗运动”，热激发导致超顺磁性[53]。

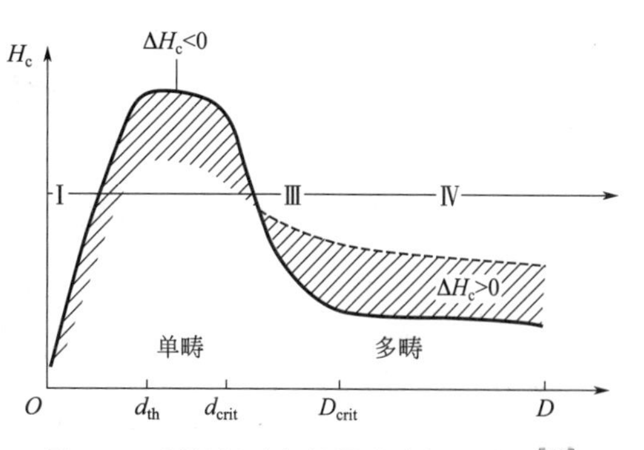

图 3-33　颗粒尺寸与矫顽力之间的关系[53]

3.5.4 纳米磁性材料的巨磁阻效应

由磁场引起材料电阻变化的现象称为磁电阻效应或磁阻效应，可以用磁场强度为 H 时的电阻和零磁场时的电阻之差与零磁场的电阻值或电阻率之比来描述。

普通材料的磁阻效应很小，工业中有使用价值的坡莫合金的各向异性磁阻效应最大值也没有超过 2.5%。1988 年，Baibich 等在由 Fe、Cr 交替沉积而成的纳米多层膜中发现了超过 50%的磁阻，且表现出各向同性，这种现象被称为巨磁阻效应。之后，巨磁阻效应的研究工作在短时间内取得了令人瞩目的成果。目前已发现具有巨磁阻效应的材料主要包括多层膜、自旋阀、纳米颗粒膜、非连续多层膜及氧化物超巨磁电阻薄膜等五类。2007 年，法国科学家阿尔贝·费尔和德国科学家彼得·格林贝格尔因独立发现巨磁阻效应而共同获得诺贝尔物理学奖。瑞典皇家科学院在评价这项成就时表示，用于读取硬盘数据的技术得益于这项技术，硬盘在近年来迅速变得越来越小。

（1）多层膜的巨磁阻效应

过渡族金属铁磁性元素或合金及 Cu、Cr、Ag、Au 等导体构成的金属超晶格多层膜具有巨磁阻效应需要满足三个条件：铁磁性导体/非铁磁性导体超晶格中，铁磁性导体层之间构成自发磁化矢量的反平行结构，相邻磁层磁矩的相对取向能够在外磁场作用下发生改变；金属超晶格的周期（每一重复的厚度，即调制波长）应比载流子的平均自由程短；自旋取向不同（向上和向下）的两种电子在磁性原子上的散射差别必须很大。

（2）纳米颗粒膜的巨磁阻效应

纳米颗粒膜是指纳米量级的铁磁性相与非铁磁性导体相非均匀析出构成的合金膜。在铁磁颗粒的尺寸及其间距小于电子平均自由程的条件下，颗粒膜就有可能出现巨磁阻效应。除粒子尺寸之外，巨磁阻效应还与颗粒形态有关，对合金进行退火处理可以促进相分离，进而影响巨磁阻。对于纳米颗粒膜而言，电子在磁性颗粒表面或界面的散射是产生巨磁阻效应的主要原因。它与颗粒直径成反比，即与颗粒的比表面积成正比。随着颗粒粒径的减小，界面引起的散射作用增强，巨磁阻效应越显著。

在巨磁阻效应出现后，一系列崭新的磁电子学器件使计算机外存储器的容量获得了突破性进展，并且广泛应用于家用电器、自动化技术和汽车工业领域。

习　题

1. 纳米材料的物理性能主要包括哪些？试总结纳米材料与传统材料相比哪些物理性质参数存在区别。

2. 哪些原因可能导致纳米材料的反常 Hall-Patch 关系？

3. 纳米材料的熔点与粒径之间的关系是什么？举例解释说明。

4. 纳米材料的吸收光谱发生红移和蓝移的原因分别有哪些？

5. 纳米材料的压电特性产生的本质是什么？试总结目前常见的纳米压电材料有哪些及它们的结构与特性。

6. 什么是巨磁阻效应？目前哪些材料或结构存在巨磁阻效应？

参考文献

[1] Zhang B. Physical fundamentals of nanomaterials [M]. Hunan: William Andrew, 2018.

[2] Shen T D, Koch C C, Tsui T Y, et al. On the elastic moduli of nanocrystalline Fe, Cu, Ni, and Cu-Ni alloys prepared by mechanical milling/alloying [J]. Journal of Materials Research, 1995, 10 (11): 2892-2896.

[3] Palumbo G, Erb U, Aust K T. Triple line disclination effects on the mechanical behaviour of materials [J]. Scripta Metallurgica et Materialia, 1990, 24 (12): 2347-2350.

[4] McFadden S X, Mishra R S, Valiev R Z, et al. Low-temperature superplasticity in nanostructured nickel and metal alloys [J]. Nature, 1999, 398 (6729): 684-686.

[5] Mohamed F A, Li Y. Creep and superplasticity in nanocrystalline materials: Current understanding and future prospects [J]. Materials Science and Engineering: A, 2001, 298 (1): 1-15.

[6] Lu L, Sui M L, Lu K. Superplastic extensibility of nanocrystalline copper at room temperature [J]. Science, 2000, 287 (5457): 1463-1466.

[7] Mishra R S, Valiev R Z, Mukherjee A K. The observation of tensile superplasticity in nanocrystalline materials [J]. Nanostructured Materials, 1997, 9 (1): 473-476.

[8] Lu L, Shen Y, Chen X, et al. Ultrahigh Strength and High Electrical Conductivity in Copper [J]. Science, 2004, 304 (5669): 422-6.

[9] Lu L. Gradient nanostructured materials [J]. Acta Metallurgica Sinica, 2015, 51 (1): 1-10.

[10] Lu K. Making strong nanomaterials ductile with gradients [J]. Sciecne, 2014, 345 (6203): 1455-6.

[11] Takagi M. Electron-diffraction study of liquid-solid transition of thin metal films [J]. Journal of the Physical Society of Japan, 1954, 9 (3): 359-363.

[12] Buffat P, Borel J P. Size effect on the melting temperature of gold particles [J]. Physical Review A, 1976, 13 (6): 2287-2298.

[13] Lu Z Y, Wang C Z, Ho K M. Structures and dynamical properties of C_n, Si_n, Ge_n, and Sn_n clusters with n up to 13 [J]. Physical Review B, 2000, 61 (3): 2329-2334.

[14] Shvartsburg A A, Jarrold M F. Solid clusters above the bulk melting point [J]. Physical Review Letters, 2000, 85 (12): 2530-2532.

[15] Kim Y D, Oh N L, Oh S T, et al. Thermal conductivity of W-Cu composites at various temperatures [J]. Materials Letters, 2001, 51 (5): 420-424.

[16] Li D, Wu Y, Fan R, et al. Thermal conductivity of Si/SiGe superlattice nanowires [J]. Applied Physics Letters, 2003, 83 (15): 3186-3188.

[17] Rupp J, Birringer R. Enhanced specific-heat-capacity (c_p) measurements (150-300K) of nanometer-sized crystalline materials [J]. Physcial Review B, 1987, 36 (15): 7888-7890.

[18] Hellstern E, Fecht H J, Fu Z, et al. Structural and thermodynamic properties of heavily mechanically deformed Ru and AlRu [J]. Journal of Applied Physics, 1989, 65 (1): 305-310.

[19] Sun N X, Lu K. Heat-capacity comparison among the nanocrystalline, amorphous, and coarsegrained polycrystalline states in element selenium [J]. Physical Review B, 1996, 54 (9): 6058-6061.

[20] Révész Á, Lendvai J. Thermal properties of ball-milled nanocrystalline Fe, Co and Cr powders [J]. Nanostructured Materials, 1998, 10 (1): 13-24.

[21] Chen Y Y, Yao Y D, Hsiao S S, et al. Specific-heat study of nanocrystalline palladium [J]. Physical Review B, 1995, 52 (13): 9364-9369.

[22] Bai H Y, Luo J L, Jin D, et al. Particle size and interfacial effect on the specific heat of nanocrystalline Fe [J]. Journal of Applied physics, 1996, 79 (1): 361-364.

[23] Turi T, Erb U. Thermal expansion and heat capacity of porosity-free nanocrystalline materials [J]. Materials Science and Engineering: A, 1995, 204 (1): 34-38.

[24] Sui M L, Lu K. Thermal expansion behavior of nanocrystalline Ni-P alloys of different grain sizes [J]. Nanostructured Materials, 1995, 6 (5): 651-654.

[25] Li L, Zhang Y, Yang Y W, et al. Diameter-depended thermal expansion properties of Bi nanowire arrays [J]. Applied Physics Letters, 2005, 87 (3): 031912.

[26] Taneja P, Ayyub P, Chandra R. Size dependence of the optical spectrum in

nanocrystalline silver [J]. Physical Review B, 2002, 65 (24): 245412.

[27] Ung T, Liz-Marzán L M, Mulvaney P. Gold nanoparticle thin films [J]. Colloids and Surfaces A: Physicochemical and Engineering Aspects, 2002, 202 (2): 119-126.

[28] Lehmann V, Gösele U. Porous silicon formation: A quantum wire effect [J]. Applied Physics Letters, 1991, 58 (8): 856-858.

[29] Achermann M, Petruska M A, Kos S, et al. Energy-transfer pumping of semiconductor nanocrystals using an epitaxial quantum well [J]. Nature, 2004, 429 (6992): 642-646.

[30] Dabbousi B O, Rodriguez-Viejo J, Mikulec F V, et al. (CdSe) ZnS core-shell quantum dots: Synthesis and characterization of a size series of highly luminescent nanocrystallites [J]. The Journal of Physical Chemistry B, 1997, 101 (46): 9463-9475.

[31] Karar N, Singh F, Mehta B R. Structure and photoluminescence studies on ZnS: Mn nanoparticles [J]. Journal of Applied Physics, 2003, 95 (2): 656-660.

[32] Gonzalez J I, Lee T H, Barnes M D, et al. Quantum mechanical single-gold-nanocluster electroluminescent light source at room temperature [J]. Physical Review Letters, 2004, 93 (14): 147402.

[33] Koshida N, Koyama H. Visible electroluminescence from porous silicon [J]. Applied Physics Letters, 1992, 60 (3): 347-349.

[34] Zhao J, Zhang J, Jiang C, et al. Electroluminescence from isolated CdSe/ZnS quantum dots in multilayered light-emitting diodes [J]. Journal of Applied Physics, 2004, 96 (6): 3206-3210.

[35] Menéndez J L, Bescós B, Armelles G, et al. Optical and magneto-optical properties of Fe nanoparticles [J]. Physical Review B, 2002, 65 (20): 205413.

[36] Kalska B, Paggel J J, Fumagalli P, et al. Magnetite particles studied by Mössbauer and magneto-optical Kerr effect [J]. Journal of Applied Physics, 2004, 95 (3): 1343-1350.

[37] Kalashnikova A M, Pavlov V V, Pisarev R V, et al. Optical and magnetooptical properties of CoFeB/SiO_2 and CoFeZr/Al_2O_3 granular magnetic nanostructures [J]. Physics of the Solid State, 2004, 46 (11): 2163-2170.

[38] Aus M J, Szpunar B, Erb U, et al. Electrical resistivity of bulk nanocrystalline nickel [J]. Journal of Applied Physics, 1994, 75 (7): 3632-3634.

[39] Badura G, Rasek J, Kwapuliń Ski P, et al. Crystallisation and optimisation of soft magnetic properties in amorphous $FeCuXSi_{13}B_9$ (X=Mn, Co, Zr) -type alloys [J]. Physica Status Solidi A, 2006, 203 (2): 349-357.

[40] Kale R B, Lokhande C D. Influence of air annealing on the structural, optical and electrical properties of chemically deposited CdSe nano-crystallites [J]. Applied Surface Science, 2004, 223 (4): 343-351.

[41] Tepper T, Berger S J N M. Correlation between microstructure, particle size, dielectric constant, and electrical resistivity of nano-size amorphous SiO_2 powder [J].

Nanostructured Materials, 1999, 11 (8): 1081-1089.

[42] Demetry C, Shi X J S S I. Grain size-dependent electrical properties of rutile (TiO_2) [J]. Nanostructured Materials, Solid State Ionics, 1999, 118 (3/4): 271-279.

[43] Dutta A, Gayathri N, Ranganathan R. Effect of particle size on the magnetic and transport properties of $La_{0.875}Sr_{0.125}MnO_3$ [J]. Physical Review B, 2003, 68 (5): 054432.

[44] Heremans J P, Thrush C M, Morelli D T, et al. Thermoelectric power of bismuth nanocomposites [J]. Physical Review Letters, 2002, 88 (21): 216801.

[45] Ralph D C, Black C T, Tinkham M. Spectroscopic measurements of discrete electronic states in single metal particles [J]. Physical Review Letters, 1995, 74 (16): 3241-3244.

[46] Penttilä J S, Parts Ü, Hakonen P J, et al. "Superconductor-insulator transition" in a single josephson junction [J]. Physical Review Letters, 1999, 82 (5): 1004-1007.

[47] Markovič N, Christiansen C, Mack A M, et al. Superconductor-insulator transition in two dimensions [J]. Physical Review B, 1999, 60 (6): 4320-4328.

[48] Yi G, Schwarzacher W. Single crystal superconductor nanowires by electrodeposition [J]. Applied Physics Letters, 1999, 74 (12): 1746-1748.

[49] Wang L, Wang Z L. Advances in piezotronic transistors and piezotronics [J]. Nano Today, 2021, 37: 101108.

[50] Billas I M, Châtelain A, de Heer W A. Magnetism of Fe, Co and Ni clusters in molecular beams [J]. Journal of Magnetism and Magnetic Materials, 1997, 168 (1/2): 64-84.

[51] Ingvarsson S, Xiao G, Parkin S S P, et al. Thickness-dependent magnetic properties of $Ni_{81}Fe_{19}$, $Co_{90}Fe_{10}$ and $Ni_{65}Fe_{15}Co_{20}$ thin films [J]. Journal of Magnetism and Magnetic Materials, 2002, 251 (2): 202-206.

[52] Zeng H, Skomski R, Menon L, et al. Structure and magnetic properties of ferromagnetic nanowires in self-assembled arrays [J]. Physical Review B, 2002, 65 (13): 134426.

[53] 林志东. 纳米材料基础与应用 [M]. 北京：北京大学出版社，2010.

第4章

纳米材料的化学特性

物理特性和化学特性就像一对孪生兄弟，共同决定了纳米材料的属性和应用领域及前景。在上一章学习完物理特性之后，我们接下来学习纳米材料的化学特性。纳米材料通常被认为是现有体相材料的一种重构，其化学特性也将随材料尺度的不同而发生可以预测的变化。各种合成方法可以实现对纳米材料严格的尺度、形状和表面性质的控制，而自组装技术可以把这些结构单元依照不同的需要组合成为具有特殊功能的构造，在本章中将具体讨论纳米材料的各项化学特性。

4.1 纳米材料的自组装

术语“自组装”（self-assembly）本身就表明了它的含义，是某些实体的集合或不受任何外部影响的合集。“自组装”这一术语在过去的3～4年中已经得到科学的认可，并且这种组装在生物学、化学或物理学中都已经得到认可，几个世纪前，一些哲学家，如卡纳德、德谟克利特和笛卡尔，曾设想世界上的一切，从我们周围的小物体到太阳能系统、星系和宇宙，都是微小的、不可分割的单位（或原子）。德谟克利特首先使用atomos这个词来表示这些微粒的不可切割性，在混乱的情况下，各种形式的物质仍遵循一些或某些有序的自然规律。今天我们知道原子其实是可以用非常高的能量进一步粉碎成更小的粒子，即电子、质子和中子。质子和中子也由基本粒子如夸克组成。然而，物质由原子或分子等微小单位组成的概念对于理解我们周围的大多数现象仍然非常有用。

人们可能倾向于认为“自组装”可用于任何原子或分子粘在一起的物质，比如固体。然而，这种情况并非如此。正如本节将要讨论的，自组装适用于自发形成的、可逆的、局部有序的、热力学稳定的组装。自组装非常敏感，可以转回无序状态。在无序状态下，一些形状和大小均一的“积木”或“基序”自发地通过一些弱相互作用组装成有序结构。“积木”本身是强相互作用粒子（原子或分子）的集合。

自组装最初在20世纪被认为仅限于生物界，孔雀羽毛、蝴蝶翅膀和许多鸟类或昆虫美丽色彩的起源，被理解为有序结构。显微镜的分析结果表明，这些通常涉及微米或纳米结构。自组装现象发生在许多长度尺度上，不仅限于微小的物体，恒星、行星、星系和整个宇宙等巨大的天体都被认为是一种自组装。在自然生物和非生物世界中，对自组装的观察使科学家们了解是什么因素导致了一些较小的实体、块、图案或单元的有序或随机组装。

我们知道无机固体中的主要键是离子键、共价键或金属键。它们具有相当大的形成（或解离）能量，通常从约 0.5eV 到几电子伏特。自组装是通过弱相互作用（如 π-π 相互作用力、范德瓦耳斯力、胶体力、电、光、剪切力或毛细力）自发形成的。在纳米技术中，自组装起着重要的作用。密密麻麻的有机分子和纳米颗粒的转化可用于新型器件。

认识到自组装的重要性及其起源后，科学家们有意尝试制造自组装的有机、无机或复合材料，以获得前所未有的电气、机械、磁性或光学等材料特性。Langmuir-Blodgett（L-B）薄膜、胶束、液晶、通过蘸笔光刻获得的复合层、在自组装球体的空隙中沉积材料以及具有有序孔的氧化铝模板的阳极氧化都能实现所需材料的自组装。此类结构可用于创建光子带隙材料、新型传感器、激光器、布拉格反射镜、电致发光器件、光伏太阳能电池等。此外，基于 DNA 双螺旋自组装结构的纳米制造技术也将在纳米电子学、纳米机械设备以及计算机中发挥潜在的作用[1]。

4.1.1 自组装特性

从最广义的角度看，纳米材料最典型的化学特性是利用合成化学手段来制备不同大小和形状、不同组成和表面结构、不同电荷和功能的纳米尺度的结构单元。如图 4-1 所示，这些结构单元或者纳米材料本身就有独立的应用，可以构筑具有精细功能以及特定用途的组装结构。这样的组装结构可以通过自发的或模板引导的自组装方法制备，或者用化学合成及印刷的方式得到。

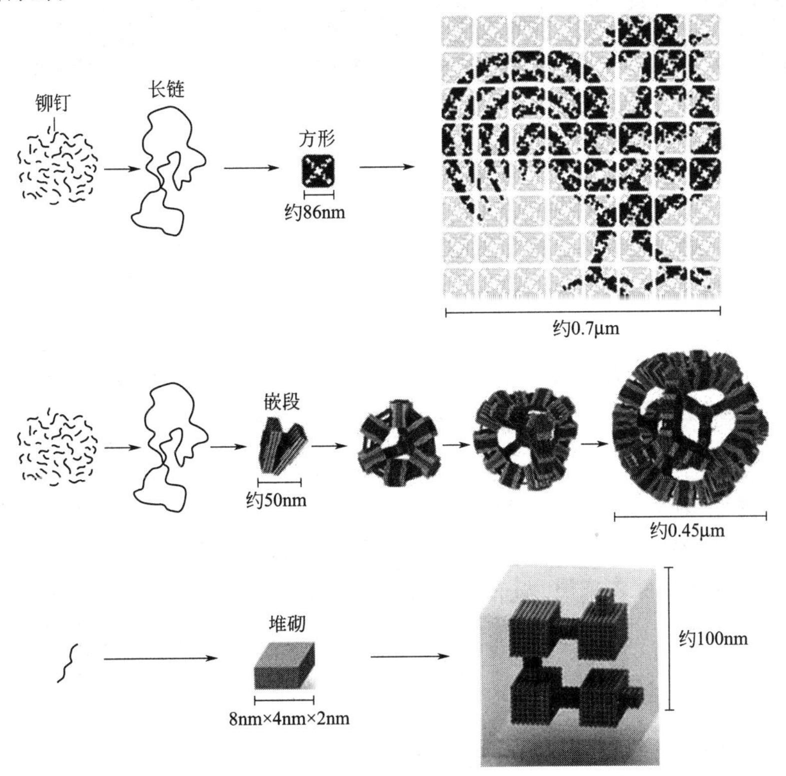

图 4-1 纳米材料自组装特性[2]（经 John Wiley and Sons 许可转载）

分子自组装的驱动力多种多样，可以是离子作用、共价作用、氢键作用、非共价作用或金属-配体键合作用，这些组装驱动力可能会促使分子形成在单种组分中观察不到的结构和性质。而纳米材料的自组装化学超越了分子组装。它是一种独特的固体材料化学，其结构单元及组装体不受尺度范围限制，也不仅仅局限于化学键作用。在“全”尺度上来看，材料的自组装主要涉及的是结构单元之间的、在不同尺度上的各种结合力。在比分子更大的尺度上驱动材料自组装的作用力包括毛细作用、范德瓦耳斯力、弹性力、静电作用力、磁作用力和剪切力。在一个由纳米晶体、纳米棒或纳米片材料作为构筑单元的自组装系统中，各个结构单元的尺度和形状以及它们之间的各种作用力，可以使其自发地形成特定的组装构型。这个组装系统会朝着更低自由能和更高结构稳定性的状态演变。

纳米材料自组装的另一个特点是组成多层级结构，初级结构单元组成更复杂的二级结构，并可以继续汇集为更高级的组装结构。组装过程持续下去直到形成更高层级的结构。如图 4-2 所示，这些多级结构可能显示出在单组分中观察不到的独特性质。多级结构是许多自组装生物结构的特性，也是具有多重尺度自组装材料的标志。

图 4-2　纳米材料的多级结构[3]（经 John Wiley and Sons 许可转载）

纳米材料的自组装也可以被模板所引导。在结构单元的引导组装中，除了结构单元本身，往往还使用一些分子和有机物作为结构导向组分，因此引导自组装与自发自组装有所区别。在结构单元自组装的过程中，模板可以用来填充空间、平衡电荷以及引导特定结构的形成。例如，微孔铝硅酸盐的合成中使用单个有机分子作为微孔的模板，而介孔二氧化硅的合成使用嵌段共聚物胶束或者表面活性剂形成的溶致液晶作为模板。从这个定义上来说，模板引导自组装与共组装意思相同，而不同于自发自组装。模板引导自组装可以在带有图案的平面或者曲面衬底上进行，衬底的图案则是通过软印刷或者其他方式得到。单元和衬底之间可以通过设计的亲水-疏水作用、静电作用、氢键作用、金属-配体作用或者酸碱作用来组装形成预设的构型。例如，用疏水的图案表面将非极性高分子组装成微透镜阵列。在衬底表面通过软印刷方式制备的浮雕图案可以用来引导结构单元的组装，比如在衬底表面的纳米孔中制备纳米棒阵列。组装过程也可以使用纳米尺度的图案化多孔模板，这类模板可以是聚合物、硅和氧化铝的纳米孔薄膜。

4.1.2 自组装机理

要想了解自组装的机理，最重要的是要认识到自组装涉及一个、两个或三个维度从弱到强的相互作用力以及从微观到宏观的结构演变。正如上节中提到的，自组装可能是非常弱的力的结果，如范德瓦耳斯相互作用、氢键、静电荷、磁相互作用等。自组装背后的驱动力已被证实是能量最低原则。系统进入有序低能量状态的能力取决于相同尺寸和形状单元的可用性。已经处于低能量状态的具有确定形状、原子数量和大小的分子是自组装的良好候选者。值得注意的是，这些分子中的原子或自组装的构建块本身是通过更强的力结合在一起的。

当“积木”（一种、两种或多种）可自组装时，可在无任何外力的情况下自发达到能量最小的状态。然而，自组装也可能会在存在外部驱动力（如温度、压力、磁场等）的情况下发生。这两种类型分别称为静态自组装和动态自组装（图 4-3）。只有系统达到最小能量状态并保持时，才能实现静态自组装。该状态只有系统受到强大的外力作用才能被破坏。另一方面，动态自组装涉及来自环境外力的持续影响。如果从环境中吸收能量停止，自组装可以离开有组织的结构状态并解体。从熔体形成有序晶体结构可以被认为是静态自组装的一个例子。通过 L-B 技术或蘸笔纳米光刻技术形成的薄膜也是静态自组装的例子。活的动物或植物是动态自组装的例子。一旦食物供应、适当的温度和气压中断，动植物就会分解。静态和动态自组装可以进一步分为分层自组装、定向自组装和协同自组装，如图 4-4 所示。

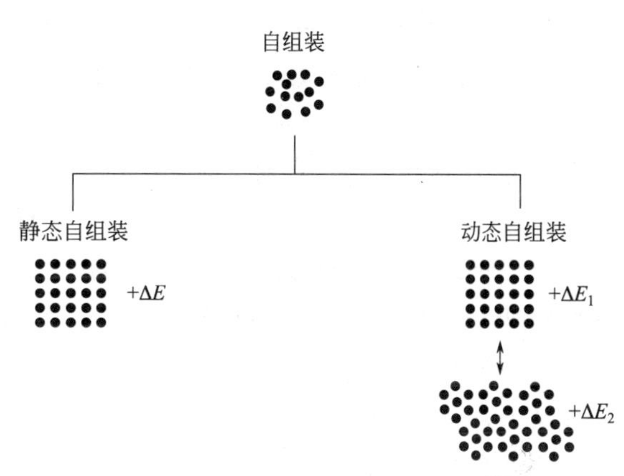

图 4-3　两种类型的自组装示意图[4]

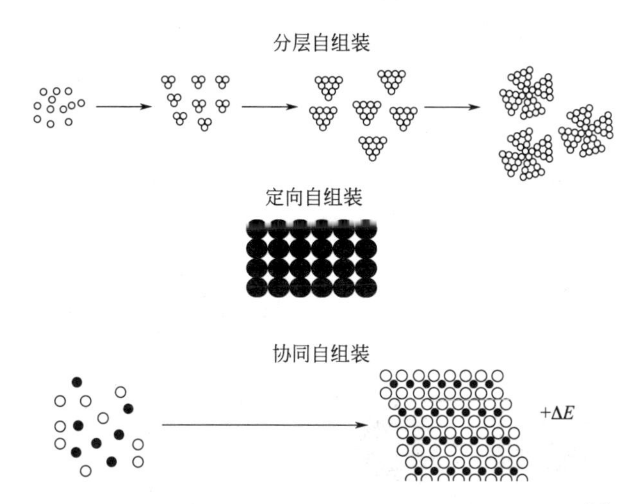

图 4-4　分层自组装、定向自组装和协同自组装示意图[4]

分层自组装的特征在于一种类型构建块在小范围、中范围甚至长范围内的相互作用。当构建块占据预先设计的位置（如光刻图案基板的某些部分、内存中的孔）时，就会发生定向自组装。协同自组装，顾名思义，可以由两种或多种类型的块形成，这些块可以相互配合。在大多数情况下，可以通过特定的键合将纳米粒子放置在聚合物链、有机分子或模板的某个确定位置。当使用结构良好的模板（如 DNA 或 S 层）时，纳米粒子的直接图案化变得可行。这些是无机物（纳米颗粒）、有机分子以及无机-生物分子组装体。当然，也可以是纯无机颗粒的集合体。此类组件的驱动力通常大不相同。下面我们将讨论各种自组装的实例。

4.1.3 自组装实例

化学中发展起来的一个非常重要的分支为“超分子化学”，它仅仅是自组装的表现形式。“超分子化学”一词是由诺贝尔奖获得者让-马里·莱恩创造的，意为超越分子的化学。它本质上是一种或几种类型的分子集合，通过非共价相互作用制造聚集体或更大的晶体。“分子识别”（如同锁和钥匙）有助于构建更大的组件，如两条相互缠绕的 DNA 链。这种分子组装的三维有序排列可以促使建立“超晶格”或自组装分子的大单晶。自组装、超分子结构等概念与超分子化学密切相关。超分子化学作为近代化学的重要分支，近几十年来发展迅速。与此同时，超分子化学与纳米材料研究相互结合，相互促进，共同发展。超分子化学促进纳米材料的软化学制备和纳米机器人的组装研究。不仅如此，单纯从审美的角度上看，一些纳米超分子结构也给人一种愉悦、深不可测的感觉。

20 世纪 60 年代中期，有机化学、配位化学等领域开始了对大环配合物的研究工作，这也被认为是超分子化学学科诞生的标志（图 4-5）。在随后的若干年里，超分子化学缓慢、平稳地向前发展着，并始终保持着与配位化学的密切联系，但矛盾性的问题也随之出现了。在一般配合物中，配体与金属离子之间的作用是近距离的，通常在 0.18～0.25nm 之间，这与共价键的键长大致相当；配体与金属离子之间的作用力较强，配体与金属配体中的 O、N、S、Cl 等原子的结合能通常在 139～517kJ·mol^{-1} 之间，在化学键能范围内。因此，从这种意义上讲，超分子化学的内涵应该包括真正意义上的超分子和内在分子两方面，如上述配合物中的配体与金属离子之间的作用力应属于同一分子内的作用力。

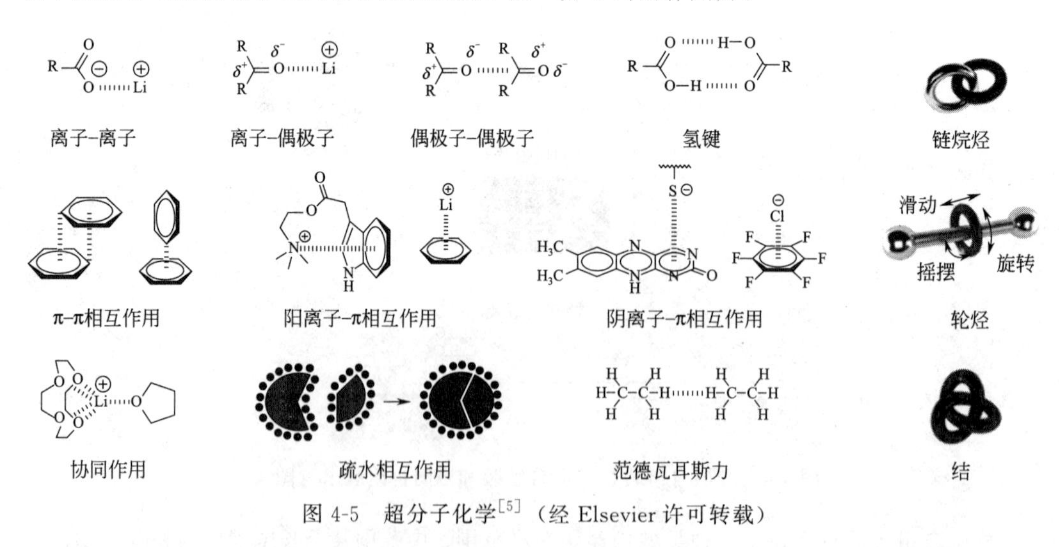

图 4-5　超分子化学[5]（经 Elsevier 许可转载）

科学领域的自组装概念是比较抽象的，科学中的自组装也是要考虑自身待组装构件相互之间的融合问题的，即也要考虑待组装单元的几何形状、相互作用等。科学中的自组装另一特点可通过图 4-6 体现出来。其组装过程涉及很多方面，如玩具积木的搭建、建筑施工等。因此，可将科学领域的自组装定义为：分子或纳米尺度上的基本单元（分子以及原子团簇等纳米结构）相互之间利用具有选择性或取向性的作用力（主要是超分子作用力）、自身的几何形状等因素，进行拼装、组合，并形成有序结构聚集体的过程。图 4-7 介绍了一种无机纳米粒子的自组装过程，它也与超晶格的概念有关，即最终获得组装产物属于超晶格结构。该自组装过程主要分为 3 个阶段：第一步，通过相关化学方法制备无机纳米粒子，由于在制备过程中加入了稳定剂，故能够得到分散性很好的纳米颗粒；第二步，借助于自组装过程形成超晶格结构，要求纳米粒子大小要十分均匀，故需对第一步中所得纳米粒子进行尺寸筛选，这是能否成功进行自组装的一个关键，筛选可使用二元混合溶剂，它可由极性溶剂（如醇类）和非极性溶剂（如烃类）混合而成，在混合型溶剂中，纳米粒子可产生选择性沉淀；第三步，通过蒸发溶剂实现自组装，最终生成较为理想的超晶格结构。

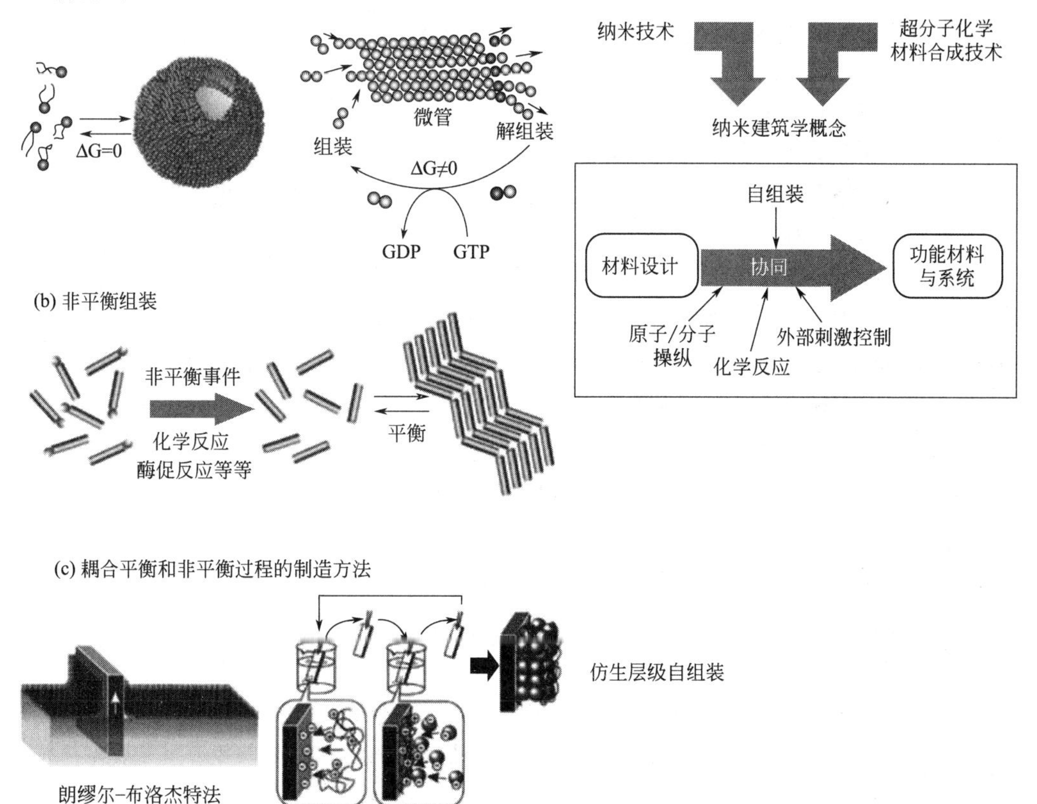

图 4-6　科学领域中的自组装[6]（John Wiley and Sons 许可转载）

Iler 等在 1966 年发现某些阳离子表面活性剂修饰的表面可以结合一层带负电的二氧化硅胶体或者是聚合物乳胶颗粒。这个带负电的颗粒层可以继续结合阳离子胶体，比如薄水铝石或者胶原。这样反复地浸没在带相反电荷的悬浮液中，每次吸附一个静电层，最后可以得到多层膜结构。Decher 则在 1991 年把这个特性延伸到可溶性聚电解质的层层生长方面。这个层层组装过程适用于所有带不同电荷的体系。首先，可以用氨基烷基的氯硅烷或者硅氧烷使一个表面带上电荷，它们可以锚接到硅或二氧化硅表面的羟基上，或者用氨基烷基硫醇直

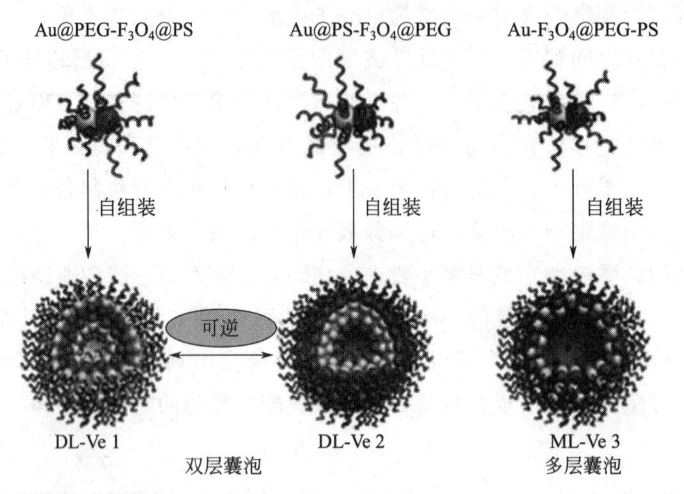

图 4-7 无机纳米粒子的自组装[7]（经 John Wiley and Sons 许可转载）

接化学吸附到金的表面上，形成紧密排列的自组装单层膜。在中性 pH 条件下，表面暴露的氨基官能团将被质子化，这样在水溶液中衬底的表面将带上正电荷。这个表面可以通过静电相互作用，与水溶性的阴离子聚电解质紧密地结合在一起。对于只带有少量电荷的分子，只能形成较弱的结合。静电吸附形成的聚电解质层会过度补偿第一层的烷基铵阳离子，形成剩余的表面负电荷。尽管聚电解质是一类高分子化合物，其部分重复单元所带的电荷就足以补偿之前一层的所有电荷，但仍然有一些带电荷的重复单元暴露在外面，于是沉积的过程就可以在带有阴阳离子的聚电解质中反复进行。其他一些因素也可以影响聚电解质的沉积性质，比如 pH 值、盐的浓度或者聚电解质的电荷密度[8]。

2021 年，研究者通过自组装和超分子策略可控合成了二维高聚物材料，结果如图 4-8 所示。

研究中，利用1,4-苯二硼酸和苯胺成功构建了二维纳米片状聚苯胺材料［图 4-8（b）和 4-8（c）］，1,4-苯二硼酸中的硼酸基团可以作为掺杂剂加入聚苯胺链中，而 1,4-苯二硼酸中硼酸基团的羟基与聚苯胺分子链上的氨基交联形成氢键。因此，1,4-苯二硼酸在乳液聚合过程中同时充当了交联剂与掺杂剂的作用，静电作用和氢键都可以使 1,4-苯二硼酸分子和聚苯胺链相互连接。这种强相互作用可以通过超分子作用将一维聚苯胺分子链交联到二维纳米薄片中［图 4-8（d）］。为了阐明其确切的自组装机理，研究者讨论了不同反应时间下的生长过程，得到了基于正向微乳液聚合和超分子协同作用的二维纳米片。当苯胺单体加入后，1,4-苯二硼酸迅速吸附在苯胺上。随着组装时间的增加，苯胺表面被 1,4-苯二硼酸覆盖，在溶液中形成以 1,4-苯二硼酸在外、苯胺在内的球状胶束。1,4-苯二硼酸亲/疏水效应的动态平衡导致表面张力逐渐降低。一旦 1,4-苯二硼酸与聚苯胺之间的相互作用力占主导地位，上述表面张力将被有效抑制。这一效应使得水-油界面被破坏，导致胶束破乳。由于苯胺单体和氧化剂的不断消耗，在形核区中心形成了一个完全消耗区，而游离的苯胺单体和引发剂不能及时补充进来，导致其沿一维方向逐渐生长为纳米纤维状。当反应时间不断延长，材料将进一步发生交联反应，氢键和 π-π 电子相互作用提供了自组装的驱动力，最终组装成二维纳米薄片。此外，通过控制反应条件，可以得到不同片层厚度的聚苯胺二维材料，如图 4-8（e）的原子力显微镜结果所示。

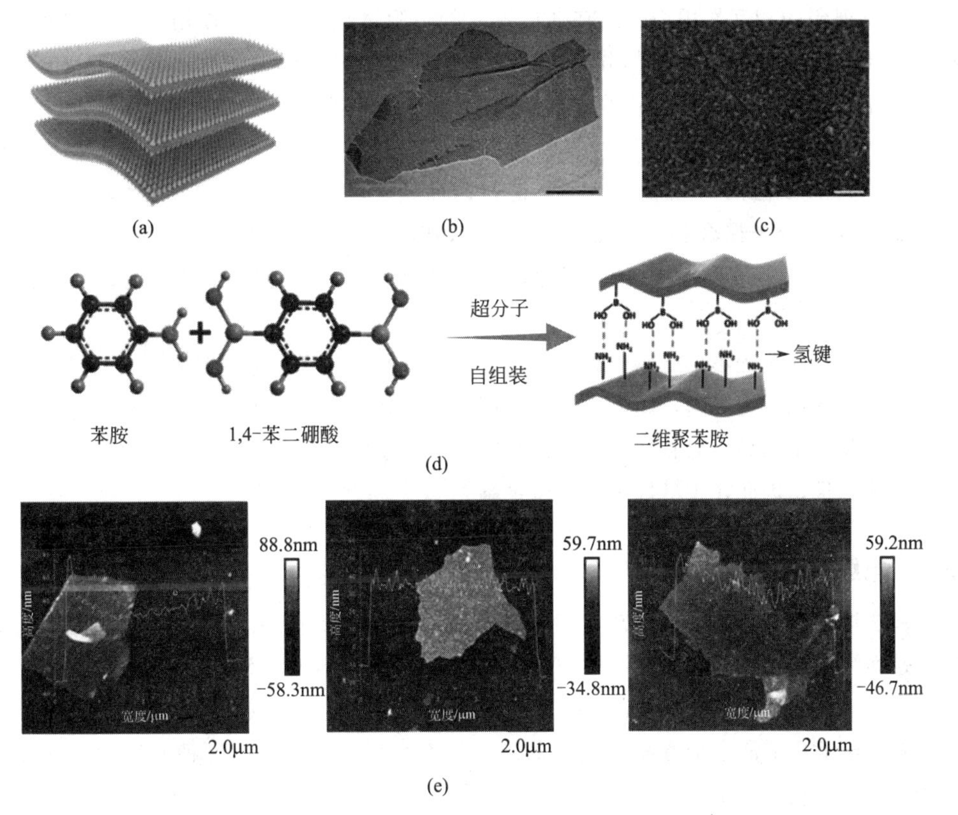

图 4-8　自组装和超分子策略合成的聚苯胺二维纳米片（经 Elsevier 许可转载）

(a) 聚苯胺二维纳米片的结构；(b) 聚苯胺二维纳米片的透射电镜照片；(c) 聚苯胺二维纳米片的高倍透射电镜照片；(d) 聚苯胺二维纳米片的超分子自组装策略；(e) 聚苯胺二维纳米片的原子力显微镜照片[9]

4.2 纳米材料的吸附特性

吸附是两种或多种物质相接触的过程中，不同相之间产生的结合现象。根据吸附力的大小不同，吸附可分为物理吸附和化学吸附两类。从机理上讲，当吸附剂与吸附相之间以范德瓦耳斯力（即弱的分子间作用力）引起吸附时，称为物理吸附；当吸附过程是伴随着电荷移动相互作用或者产生化学键力时，称为化学吸附。很显然，化学吸附的作用力远远大于物理吸附的范德瓦耳斯力。纳米材料相比于块体材料有大的比表面积，导致纳米材料表面原子配位不足，表现出比块体材料更强的吸附性。纳米材料表面的结构不完整，只有通过吸附其他物质才可以使材料稳定。例如，通过质谱仪表征证实，各类过渡金属的纳米颗粒都表现出良好的储氢能力，如利用纳米金属粉体可以在低压下储存氢气，大幅降低氢气爆炸的危险。纳米材料的吸附性能与被吸附物质的性质、溶剂以及溶液的性质有关。

4.2.1 非电解质吸附

电荷表现为电中性的分子统称为非电解质，这类分子吸附在粒子表面上的驱动力主要来自于一系列弱的相互作用力。而在非电解质的吸附过程中以氢键作用为主。例如，金属氧化物纳米粒子（如 SiO_2）对部分有机溶剂分子的吸附过程中，SiO_2 纳米粒子只有硅烷醇层同有机溶剂进行相互作用，硅烷醇层中的羟基将和有机溶剂中的氧原子或氮原子之间形成氢键作用，导致金属氧化物纳米粒子与这些有机溶剂产生吸附行为。但是，SiO_2 表面的羟基与醇分子之间只能形成一个氢键，因而结合力相对较弱，属于物理吸附，容易脱附。而对于高分子聚合物，例如聚乙烯醇（PVA）在 SiO_2 表面的吸附则是通过数量更多的氧原子与氢原子之间形成的氢键，因此这种化学吸附具有更强的吸附力，同时脱附更难。

非电解质吸附过程不仅受纳米颗粒表面性质的影响，同样也会受吸附相的性质影响。如果选择不同的溶剂进行吸附，即使是完全相同的吸附相，最终的吸附量也可能千差万别。例如，分别在苯和正己烷中对直链脂肪酸进行吸附，由于脂肪酸与正己烷形成的氢键数量远大于与苯形成的量，因此在正己烷中吸附量更高。

4.2.2 电解质吸附

电解质通常以离子的形式游离于溶液中，这些离子根据库仑力的不同表现出不同的吸附能力，而纳米微粒在电解质溶液中的吸附现象大多数属于物理吸附。一般来说，纳米颗粒由于具有更大的比表面积往往会产生一些不饱和键，正是这些不饱和键的存在，使得纳米颗粒表面对于电解质溶液中带有相反电荷的离子具有自发的吸引力，这种基于库仑交互作用导致的吸附可以通过图 4-9 来解释。

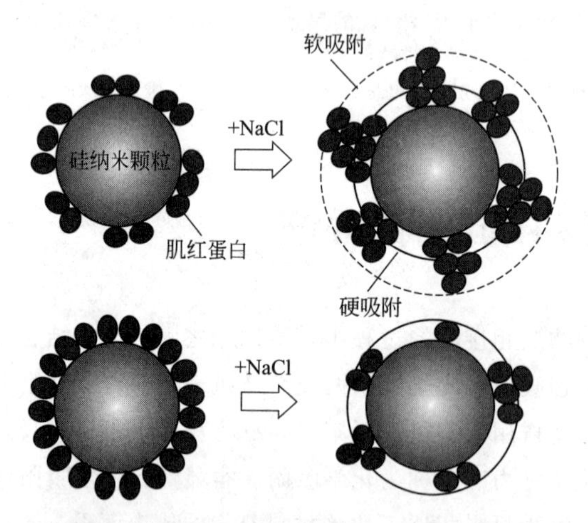

图 4-9　纳米材料的库仑交互作用导致的电解质吸附示意图[10]

例如，黏土纳米颗粒由于本身带负电荷，因此在碱金属电解液中容易把带正电荷的 Ca^{2+} 吸附到颗粒表面上。在这一吸附过程中，被吸附的电解液离子称为异电离子。同时，该物理吸附过程还具有一定的层次性。不同吸附层之间所表现出的电学性质也明显不同。一般来说，靠近纳米微粒表面的一层属于强物理吸附，称为紧密层，它的作用是平衡纳米颗粒表面的电性。离纳米颗粒表面稍远的电解液离子形成较弱的吸附层，称为分散层。紧密层会和分散层形成双电层吸附，具体表现为，一旦强吸附层内电位急骤下降，在弱吸附层中电位将缓慢减小，结果则会在整个吸附层中产生电位下降梯度[11]。

4.3 纳米材料的催化特性

在化学制造、工业合成等领域中催化剂都起着不可磨灭的作用。催化剂不仅可以控制反应时间，还能够显著提高反应速率和效率。然而，制备传统催化剂材料往往凭借经验进行，造成生产原料的巨大浪费，使经济效益难以提高的同时，还会对环境造成严重污染。纳米材料由于具有更高的比表面积和更多的表面活性中心等优势，为它代替传统催化剂提供了必要条件。一般来说，纳米催化剂材料相较于传统催化剂材料，催化效率可提升 10～15 倍。

4.3.1 纳米金属催化

纳米金属催化剂的研究与应用在纳米材料学科出现之前就已经开始了，金属是作为催化剂的活性组分，如铂黑电极的铂黑成分、工业上烯烃加氢用的多孔氧化铝负载金属钯催化剂等。本书以金属多相催化剂为例作简要介绍。金属催化剂性能主要由以下结构特点决定。

① 催化剂表面金属原子具有周期性排列的端点，存在一个或多个不饱和配位点（悬挂键），能够有效促进反应物分子的化学反应。

② 金属表面原子位置基本固定，在能量上处于亚稳态。这表明金属催化剂活化反应物分子的能力强，但选择性差。

③ 金属原子之间的化学键具有非定域性，金属表面原子之间存在凝聚作用。这要求金属催化剂具有十分严格的反应条件，往往是结构敏感性催化剂。

④ 金属原子显示催化活性时，总是以相当大的集团，即以“相”的形式表现。如金属单晶催化剂，不同晶面催化活性明显不同。但其适应性也易于预测。

4.3.1.1 纳米贵金属催化剂

贵金属催化剂是金属催化剂中性能最为优异的。目前，在选择性加氢反应中，研究人员已成功引入了纳米贵金属催化剂。例如，Rh 纳米微粒就是良好的烯烃选择性加氢催化剂，烯烃双键上往往连有尺寸较大的基团，致使双键很难打开。若使用纳米粒径的 Rh 颗粒，双键的打开会更加容易，加氢反应活性显著提高。目前，纳米贵金属催化剂的主要用途见表 4-1。

表 4-1 纳米贵金属催化剂及其应用

金属元素	应用
Ag	选择性加氢制备单烯烃；乙烯选择性氧化制备氧乙烷；芳烃的烷基化；甲醇选择性氧化制甲醛
Au	二氧化碳低温氧化；烃类的燃烧；烃类的选择性氧化
Pd	烃类的催化氧化；不饱和硝基化合物的选择性加氢；甲醇合成；环烷烃、环烯烃的脱氢反应；烯烃、芳烃、醛、酮的选择性加氢
Pt	烯烃、二烯烃、炔烃的选择性加氢；汽车尾气催化净化处理；环烷烃、环烯烃的脱氢；二氧化硅的催化氧化；烃类的深度氧化与燃烧；醛酮的脱羧基化处理
Rh	烯烃的选择性加氢反应；汽车尾气催化净化处理；加氢甲酰化反应
Ru	乙烯选择性氧化制环氧乙烷；有机羧酸选择性加氢；烃类催化重整反应；制醇

4.3.1.2 纳米过渡金属催化剂

基于过渡金属元素的催化剂在现代化工领域占有主要作用。例如，Fe 系催化剂应用在合成氨中、Ni 基催化剂用于轻烃造气、Co 系催化剂用于燃料油品加氢精制以及 Cu 系催化剂制备甲醇等。纳米材料制备技术的迅猛发展促进了对于传统过渡金属催化剂的迭代发展。然而，对于纳米过渡金属催化剂仍然存在结构规整差、性能指标不够、制备成本高等技术难题亟待解决。

在纳米过渡金属催化剂方面，如何解决其粒子的稳定性非常关键。Jairton DuPont 采用咪唑基离子液体来稳定 Ir 纳米颗粒催化剂，进行烯烃的选择性加氢反应，发现经过稳定化的 Ir 纳米颗粒催化剂表现出优越的烯烃加氢反应性能。除了 Ir 这类单组分的纳米过渡金属催化剂外，多组分纳米颗粒催化剂同样受到大量关注。这些多组分催化剂的纳米颗粒大多呈无定形态，因此其具有极高的比表面积，纳米颗粒表面原子还具有较高的不饱和配位度。同时，对于纳米化的催化剂颗粒，其多相表面结构的各向异性会向各向同性过渡。正是由于这些促进催化反应的结构特征存在，多组分过渡金属催化剂同样受到了研究者们的广泛关注[11]。

Ni-B、Ni-P 超细合金就是其中很有代表性的体系。Okamoto 发现金属镍组分 3d 电子密度会在另一组分 B 或 P 的诱导下发生变化，这正是其表现出优越的加氢性能的关键。而 Chen 则认为，将类金属组分 B 与 P 加入到 Ni 金属中形成合金后，Ni 组分与这类金属组分间将发生不同的电子转移，使其催化加氢性能表现出巨大差异。这时，如果能很好地控制 B/P 比，通过合成多组分纳米过渡金属催化剂就能实现最高的催化加氢效率，说明粒径分布较窄、表面积较高的纳米尺寸粒子将会是更加高效的合金催化剂。

4.3.2 半导体纳米颗粒的光催化

自半导体纳米颗粒的光催化效应被发现以来，其广泛应用于水质处理、废物降解等环境保护领域。光催化效应指的是：一旦材料受到光照激发，价带中的电子会跃迁到导带，跃迁电子在价带中留下的空穴能将材料周围的氧气分子和水分子激发成极具活性的自由基 OH 以及自由基 O^{2-}。这些自由基具有极强的氧化性，几乎可以氧化分解绝大部分有机无机的有害物质，完成对垃圾废物的高效降解。例如 TiO_2 光催化反应（图 4-10）。TiO_2、ZnO、Nb_2O_5、WO_3、SnO_3、ZrO_2 等氧化物及 CdS、ZnS 等硫化物都是一些典型的光催化剂，其中 TiO_2 因其氧化还原性突出、化学稳定性高且对人体和环境无毒，应用最为广泛。在实际使用过程中，只需将 TiO_2 加工成空心小球，置于含有有机废物的水面，无需其他步骤，受到太阳光照射即可完成对有机废物的降解。在一些发达国家，海上石油泄漏事故所造成的污染通常都是用这种方式进行处理。如果在陶瓷烧结过程中，将纳米 TiO_2 粉体添加到釉料中，还可以烧结得到具有保洁杀菌功能的器具。

纳米 TiO_2 还具有良好的屏蔽紫外线功能。在化妆品中如果添加一定量（质量分数 0.5%～1%）的纳米 TiO_2，能有效提高化妆品对紫外线的屏蔽能力。目前，已有一些添加 TiO_2 纳米粒子的化妆品上市。

紫外线不仅能氧化肉类食品使其色泽发生改变，而且会从内部破坏食品的维生素和芳香化合物，降低其营养价值。当在食品包装材料中添加质量分数为 0.1%～0.5%的 TiO_2 纳

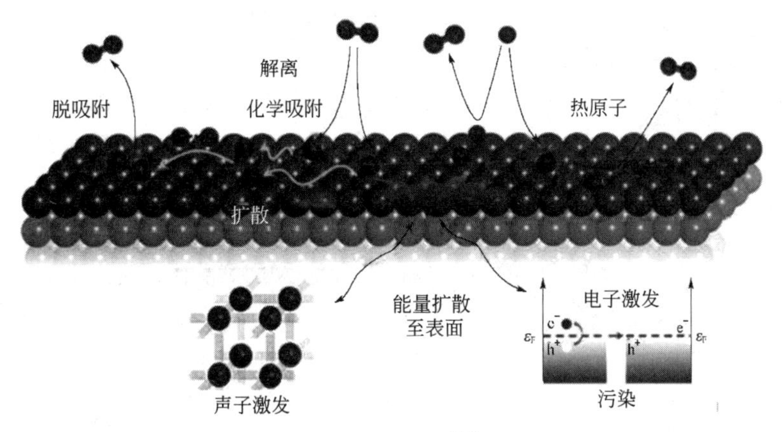

图 4-10　纳米材料光催化特性示意图[12]（经 AAAS 许可转载）

米粒子后，包装袋对紫外线的防护能力显著提高，能够有效提高食品的保质期。同时，如果在 TiO_2 纳米粒子表面进一步用铜离子、银离子等修饰，还能进一步提高材料对细菌的抑制能力，这类修饰后的材料已广泛应用于医疗器械、家用电器中。

4.3.3 纳米金属和半导体粒子的热催化

金属纳米颗粒化学性质较高，因此通常在燃料中充当助燃剂，如图 4-11 所示。为了进一步提高助燃效率，还可以将纳米金属和半导体颗粒共同掺杂到燃料中，提高燃烧的效率，这类增强助燃剂已应用在火箭助推器和燃煤中[8]。除了应用在燃料中，纳米金属颗粒还可以用作掺杂剂和引爆剂，提高炸药的爆炸效率。

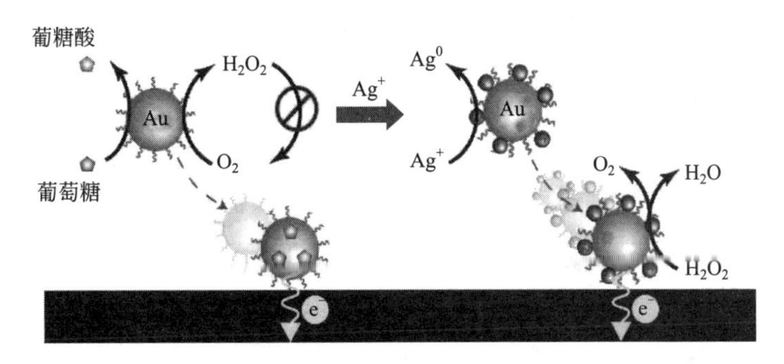

图 4-11　纳米颗粒的热催化特性

4.4 纳米材料的晶体特性

晶体学在纳米材料的研究中占有重要地位，这是因为很多纳米材料都具有一定的结晶性能。纳米材料晶体化学建立在普通晶体学基础之上。晶体缺陷是纳米材料结构中的一个重要问题，纳米材料的缺陷主要包括空位、吸附原子、齿状结构和位错等。本节将以 ZnO 六方晶体为例，展开介绍纳米材料晶体化学相关知识。

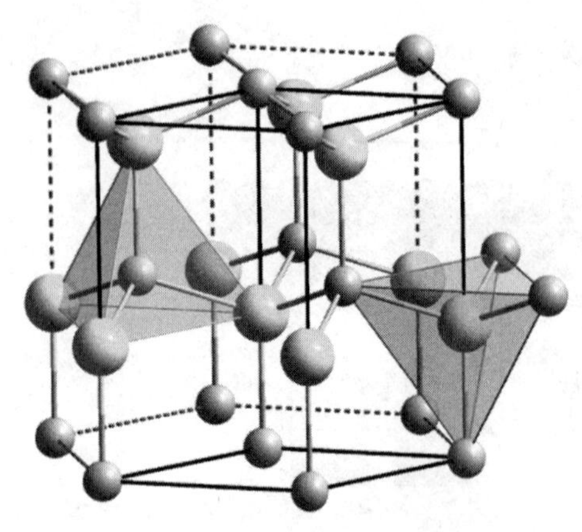

图 4-12　ZnO 的六方晶体结构

在纳米 ZnO 结构中，最常见的晶体结构为六方晶系纤锌矿结构。如图 4-12 所示，ZnO 的晶胞相当于六方晶型。六方晶型 ZnO 晶胞参数为 $a=0.325\text{nm}$、$c=0.521\text{nm}$。在晶体结构图中，a 轴和 b 轴位于正六边形平面上，c 轴垂直于该平面，ZnO 六方晶胞属于 $P63mc$ 空间群。除 ZnO 外，BeO、ZnS、AlN 等晶体也具有类似的结构。

晶体学认为，一些晶体（指单晶）可以存在极性的晶面。以 ZnO 为例，如果六方 ZnO 晶胞上表面为（001）面，则该晶胞对应的下表面必为（00$\bar{1}$）面。当（00$\bar{1}$）面作为表面时，该晶面实际上是由 O 原子构成的，但此时 O 原子与 Zn 原子配位已不同于晶体内部，在晶体内部，四面体结构由 4 个 Zn 原子和 1 个 O 原子配位形成。在（00$\bar{1}$）表面，只有 3 个 Zn 原子与 1 个 O 原子进行配位，形成配位空缺，导致 O 原子带有富余的负电荷；反之，在由 Zn 原子构成的（001）面作为表面时，Zn 原子的配位空缺将导致 Zn 原子带有富余的正电荷。由此可见，（001）和（00$\bar{1}$）两晶面作为表面时都具有极性，所带电荷相反，但绝对值相等，故整个晶体仍呈电中性。

在绝大多数情况下，许多纳米金属氧化物很容易形成表面羟基结构，这是纳米金属氧化物的重要特性。图 4-13 分析了相关机理和成因。

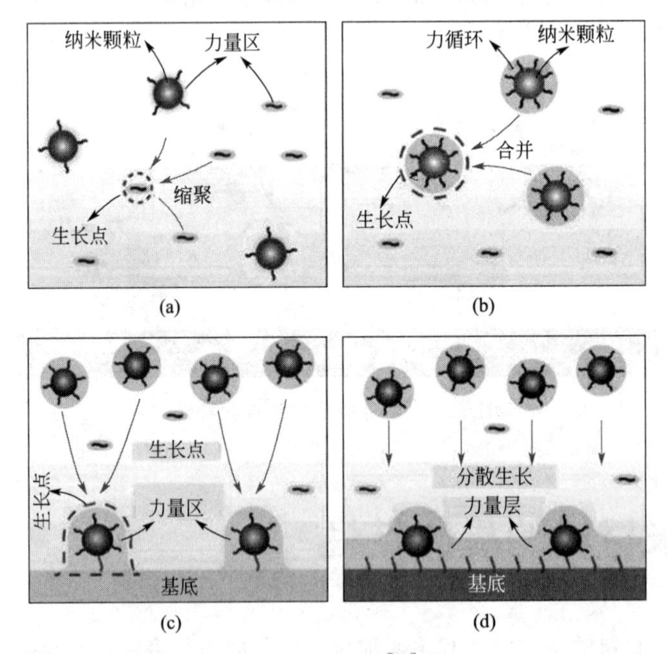

图 4-13　表面羟基结构的形成示意图[13]（经 Elsevier 许可转载）

从理论上分析，当 ZnO 晶体（00$\bar{1}$）作表面时，表面 O 原子与 H 原子的结合能力强，原因在于表面 O 原子富负电荷，倾向于同正电性的 H 原子（如 H^+）结合。同时，O 原子处于表面凸起位置，反应结合时的空间位阻小，反应阻力降低。作为对比，当（$\bar{1}00$）面作为表面时，这种 ZnO 晶体无表面缺陷时的反应是不具有特性的。研究人员已经证实，在同一块晶体的不同表面上，对某一具体的化学反应能够表现出不同的活性差异。

纳米材料晶体学除了在化学反应活性中的应用以外，对于纳米晶体生长也具有重要指导作用。图 4-14 给出了两种球形和棒状纳米 ZnO 的形貌图。从图中可以看到，两种 ZnO 纳米晶体的生长取向差异显著[8]。

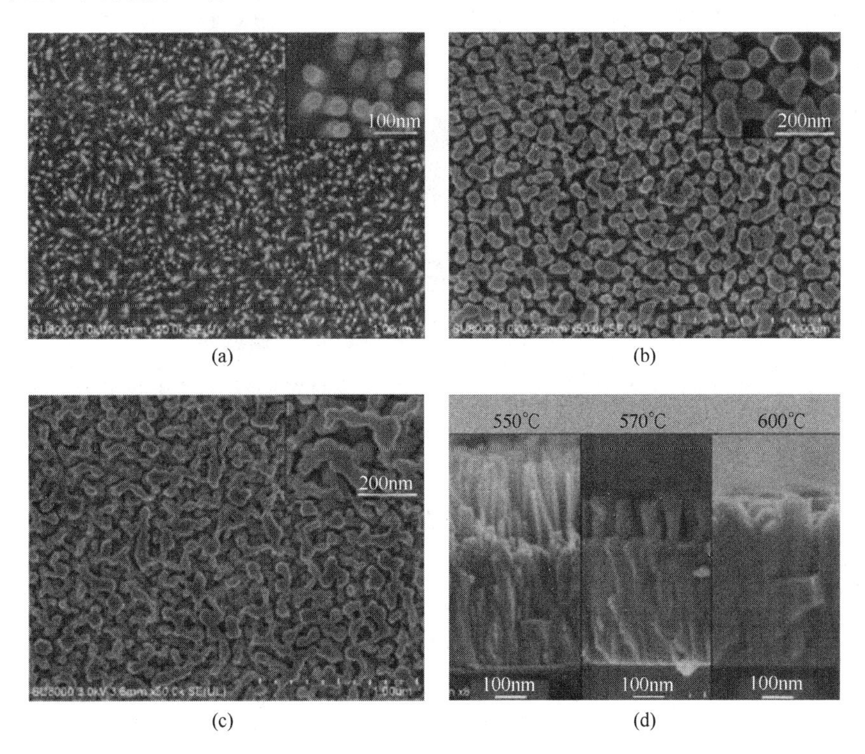

图 4-14　不同形貌的 ZnO 晶体

4.5 纳米材料的表面缺陷特性

在基础研究以及工业条件下使用纳米材料的一个主要问题是其聚集的倾向。纳米材料可以通过超声分散在溶剂中，但纳米材料之间较强的范德瓦耳斯力导致它们迅速沉淀。为了解决这个问题，出现了许多不同的方法对纳米材料进行化学修饰，使其分散于特定的基质中。例如，使用硝酸或者其他强酸氧化可以打开碳纳米管的末端并引入羧基，使其在极性溶剂中适度分散。通过某些分子和聚合物参与的化学反应，可以对纳米材料进行功能化修饰。然而这些化学反应通常会引起结构上的原子缺陷（图 4-15），对其电学和力学性能带来一定的影响。在尽量不影响性能的前提下使纳米材料功能化，非共价改性方法可能更有优势。例如，利用淀粉来处理碳纳米管，一方面淀粉是丰富的可再生自然资源，另一方面，当碳纳米管浸入淀粉溶液时，这种生物大分子通过协同范德瓦耳斯相互作用力包裹在碳纳米管周围，延长它们处于溶解状态的时间。溶解的碳纳米管再析出也非常容易，只需简单加入淀粉酶，分解淀粉以剥去纳米管的保护壳。

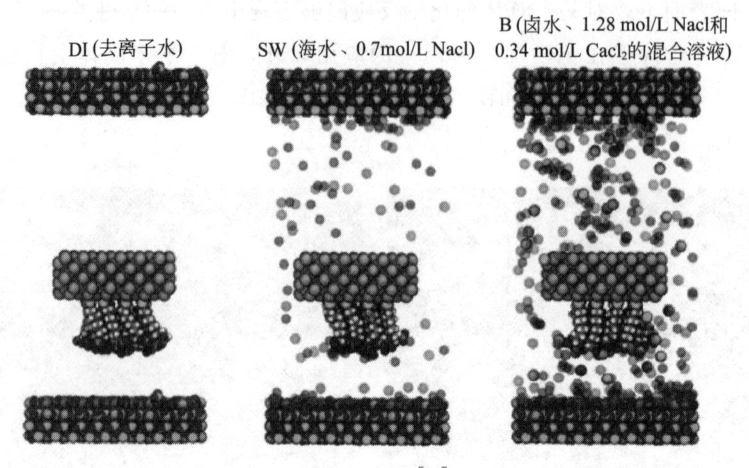

图 4-15　纳米材料表面缺陷特性[14]（经 ACS 许可转载）

借助碳纳米管的内部和外部结构，可以复制出其他材料的纳米线和纳米管，用于电子和光学领域。例如，带有羧酸盐或生物素末端功能化的开放末端碳纳米管，有利于进行位点选择性识别和分子分辨率的原子力显微镜成像。可以锚接在碳纳米管探针上的化学物质多种多样，为超高精度的化学力显微镜奠定了良好基础。

纳米材料的表面缺陷在很大程度上影响着材料的物理化学性质。这种影响包括有利和不利两方面因素。其原因可以归结为表面缺陷的形成改变了纳米材料的表面电子结构和表面化学环境。一方面表面缺陷的形成可以增加比表面积和表面能，这对于一些领域（如离子的吸附、化学与电化学行为、催化等）可能起到促进作用；另一方面，缺陷的形成会造成电子的散射和光子的复合等问题，这势必会对电子器件和光电器件的性质造成影响。除此之外，纳米材料本征的物理化学性质也对材料的电化学性能有很大的影响（在第 8 章中我们将会详细论述材料的电化学行为），如何对纳米材料表面结构和电子状态进行合理调控，将最终决定材料电化学性能的优劣。

对纳米材料进行缺陷构筑已被证实能够显著提升材料的相关性能。这些表面缺陷不仅能够作为反应的活性位点，促进催化性能，还能够提升比表面积，促进吸附。当然，对纳米材料进行缺陷构筑的过程中仍然存在严重的团聚问题，如果不能有效解决，表面缺陷增强效应将会被这一问题所掩蔽。目前，纳米金刚石、富勒烯、碳纳米管、石墨烯和碳量子点因其独特的电学、力学、光学、热学和化学性质受到越来越多的关注，这些独特的性质为能源、传感以及环境修复等领域的发展铺平了道路。其中，定制具有理想特性的不同尺寸的碳纳米材料对于现代科学技术的发展至关重要。分子剪切法不仅在分子水平上成功实现不同维度碳纳米材料的可控化构建，而且抑制了碳纳米材料的团聚特性。研究者提出的分子剪切法［图 4-16（a）］实现了不同维度碳纳米材料微缺陷和超结构的可控构筑，剪切得到的碳纳米材料具有高比表面积（1685m^2/g）和适宜的孔径分布。该技术不同于目前广泛研究的表面修饰技术，是利用金属蒸气和二氧化碳分子的活性剪切特性，作用于不同维度碳纳米材料的表界面，实现分子尺度上的裁剪。而且，通过调节分子剪刀的剪切活性作用于不同的碳材料，如碳纳米管和活性炭，成功实现了不同碳纳米材料的可控裁剪，结果如图 4-16（b）、图 4-16（c）、图 4-16（d）所示。进一步探究缺陷构建机制，锌蒸气和镁蒸气会进入碳材料的内部，一旦遇到二氧化碳，二者就会形成一把分子剪刀，进而实现碳纳米材料的可控裁剪。通过调控分子剪刀的活性温度和剪切时间，能够实现不同维度碳纳米材料的可控化构建。

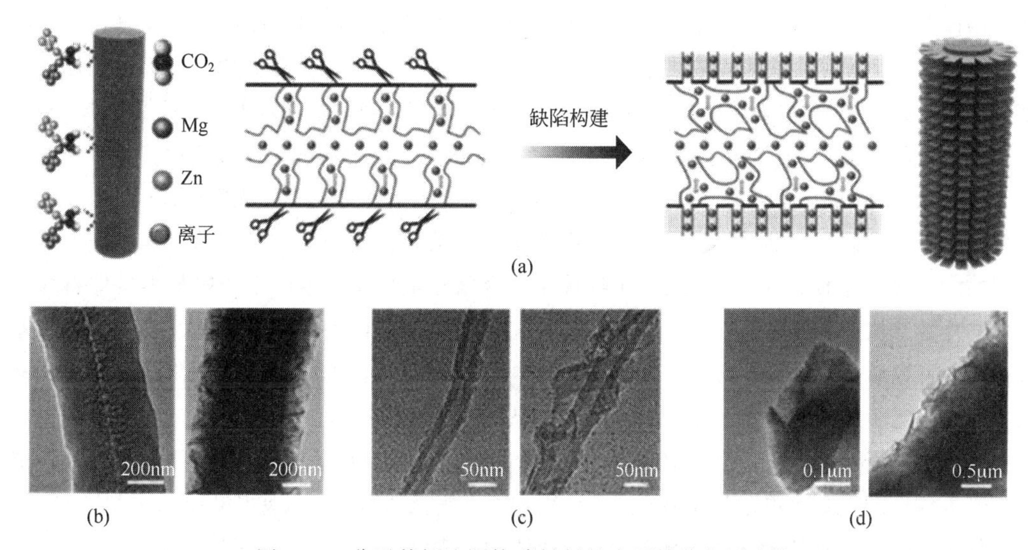

图 4-16　分子剪切法调控碳材料的表面缺陷与再生长

（a）金属 Mg、Zn 和 CO_2 分子充当分子剪刀裁剪碳材料表面的示意图；（b）对管状纳米结构碳裁剪前后的扫描电镜图；（c）对多壁纳米碳管裁剪前后的扫描电镜图；（d）对活性炭裁剪前后的扫描电镜图[15]

（经 Elsevier 许可转载）

众所周知，缺陷工程是一种调控碳纳米材料表界面特性的不可或缺的基础手段。实现丰富空位缺陷碳纳米材料的多尺度可控化构建对于离子传输速率的提升是至关重要的。分子预嵌技术和层级双空位缺陷构建平台有效调控了碳纳米材料的缺陷程度，实现了高度互联互通的三维多孔碳纤维的可控化制备。该技术不同于目前广泛研究的化学法制造缺陷，充分利用分子预嵌的技术将活性分子铆接在材料的内部。在高温反应的过程中，活性分子和二氧化碳分子内外协同作用形成大量空位缺陷。测试表明，双空位缺陷构建的三维多孔碳纤维不仅拥有适宜的孔径分布，而且有效解决了离子的存储空间和传输速率。综上所述，表面缺陷构筑不仅有望成为碳纳米材料领域的新风向标，而且为能量储存、传感与环境保护等领域提供了借鉴意义[16]。

另一方面，电子器件（如二极管和晶体管）应当尽量避免表面缺陷的形成。如近年来发展的二维材料基电子器件对于纳米材料表面缺陷的控制提出了新的要求。

最早在实验上发现能够在常温常压下存在的二维材料是石墨烯，它的发现打破了人们对于二维材料的认识。由于研究人员对石墨烯不断深入研究，石墨烯已经成为了一个涉及多领域、多维度的复杂研究领域。此外，它还在二维层状材料（2DLMs）领域发挥了巨大的作用。尽管石墨烯具有许多非凡的特性，使它成为一个独特的探索低维物理的平台，并可以用于构建原子级厚度的、速度和柔性完美结合的新一代电子器件，但是，它还有许多不足之处有待克服。其他 2DLMs 具有更广泛的属性，包含了导体、不同带隙半导体（如黑磷、MoS_2 和 WSe_2）以及绝缘体（如氮化硼）。具有可选材料性能的 2DLMs 库增加了原子尺度异质集成及创造具有新物理含义和独特功能的混合结构的可能性。

这种 2DLMs 之间依靠范德瓦耳斯力作用形成二维材料异质结，由于二维材料柔性低维的特性，材料之间的界面可以表现出紧密接触的最佳范德瓦耳斯力作用，因此相比刚性体材料，2DLMs 更适合于范德瓦耳斯集成。更为重要的是，二维材料的每层原子都是由共价键相互作用而形成，不存在我们前面讨论的材料表面存在大量悬挂键和表面再构的问题，也就是说二维材料表面不存在缺陷和陷阱态，从而不会诱发电子的散射和光子捕获湮灭的问题。范德瓦耳斯异质结具有轮廓鲜明的界面和零原子级的相互扩散，这在原子水平上开辟了一个工程上调控电子和光学性质的新维度。这使得制作一系列超薄、灵活透明的电子和光电子器件成为可能，包括隧道晶体管、垂直场效应晶体管、光电探测器、太阳能电池、发光二极管（LED）等。

实际上，在研制二维材料基光电器件中严格避免缺陷形成是十分必要的。这些光电器件中存在一个普适性的结构——金属与半导体结。金属与半导体结中由于金属与半导体材料功函数与能带结构的差异，会形成肖特基势垒（这将在本书的第 7 章中进行相关论述）。肖特基势垒对于调控载流子输运行为具有重要的影响，可以说它从根本上决定了电荷迁移效率，从而本质上决定了器件的性能。理论上，肖特基势垒服从肖特基-莫特法则，但是实验上测试的结果却严重偏离这一理想行为。实际上，半导体层与金属间的界面损失一直都是困扰高性能新型光电器件的重要问题，而常规的能带计算往往严重低估了界面肖特基势垒的不利影响。

缺陷控制一直被认为是最有效的降低界面损失、提高器件性能的手段。如图 4-17 所示，2018 年，美国加州大学洛杉矶分校和中国湖南大学研究者另辟蹊径，通过原子级转移金属

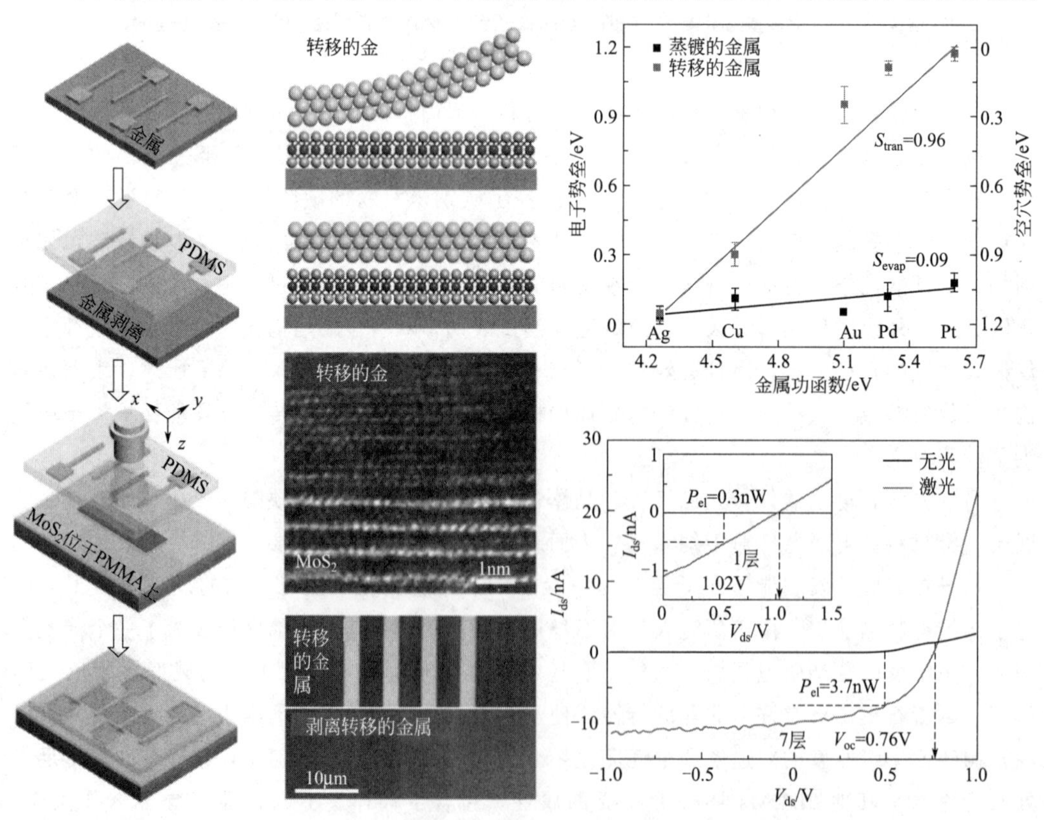

图 4-17 范德瓦耳斯金属与半导体结示意图及相关测试结果[17]（经 Springer Nature 许可转载）

电极的方法，避免化学紊乱、界面费米能级被钉住的现象，近乎完美地接近肖特基-莫特极限势垒极限高度，实现了金-二硫化钼这一金属与半导体结电学性能的大幅提升。与此截然不同的是，传统的蒸镀金属电极引入缺陷和悬挂键，极易让界面出现严重的费米能级被钉住的现象；而通过转移金属电极的方法，界面处肖特基势垒仅依赖相应的金属功函数，严格服从理论计算的肖特基-莫特规律。基于此，研究人员以二硫化钼作为研究体系，利用该方法制备了电子和光电器件，如室温下的电子、空穴迁移率高达 $260cm^2/Vs$ 和 $175cm^2/Vs$ 的场效应晶体管，以及开路电压高达 1.02V 的单层二硫化钼光电二极管。

近年来，半导体行业总是笼罩在摩尔定律难以为继的阴霾之下，这些新型材料、独特的器件开发与表面缺陷调控都为开辟未来先进电子和光电子应用的前进道路提供了更多可能性。

4.6 纳米材料的团聚特性

4.6.1 团聚特性简介

纳米材料的团聚是指在制备、分离、处理和储存过程中，原始纳米粉体颗粒相互连接形成较大颗粒的现象。纳米材料的团聚对其性能产生严重影响。团聚不仅降低了纳米粒子的化学活性，还会影响纳米粒子的其他性能。其次，纳米材料的团聚给纳米材料的混合、均质和包装带来极大的不便，在实际生产和应用中变得非常困难。

纳米材料的团聚从机理上直接受到纳米颗粒的表面效应和小尺寸效应的影响。具体来说，纳米粒子的团聚主要由以下四种原因引起：①纳米粒子表面的静电引力。在材料纳米晶化过程中，大量正负电荷聚集在新纳米粒子的表面，极不稳定。为了稳定，它们相互吸引，将粒子固定在一起。这个过程中主要受到静电库仑力的驱动。②纳米粒子的表面能高。在纳米化过程中，材料吸收了大量的机械能或热能，使新形成的纳米粒子的表面能相当高。为了降低表面能，粒子往往聚集在一起达到稳定状态，从而引起粒子团聚。③纳米粒子之间的范德瓦耳斯力。当材料纳米化到一定尺寸时，粒子之间的距离很短，粒子之间的范德瓦耳斯力远大于粒子本身的引力，粒子之间往往会相互吸引。④纳米粒子表面的氢键和其他化学键。氢纳米粒子表面的键、吸附湿桥等化学键容易导致粒子间的黏附和聚集。图 4-18 为溶胶-凝胶法制备的纳米材料示意图。

纳米粒子的团聚一般分为软团聚和硬团聚。图 4-19 显示了不同纳米粒子的团聚特性。软团聚主要是由粒子间的静电力和范德瓦耳斯力引起的，由于力较弱，可以通过化学作用或机械能消除。除静电力和范德瓦耳斯力外，强化学键作用力也存在。因此，硬团聚不容易破坏，需要一些特殊的方法来控制它。

如图 4-20 所示，液相中的颗粒存在范德瓦耳斯引力、双电层的交叠、液相桥和溶剂化层的交叠，固相中存在固相桥和烧结颈。颗粒之间的相互作用在液体介质中是非常复杂的。除了范德瓦耳斯力和库仑力，还有溶剂化力、毛细力、疏水力和流体力学，它们与液体介质有关，直接影响团聚的程度。液体介质中的颗粒由于吸引了一层极性物质，将形成溶剂化

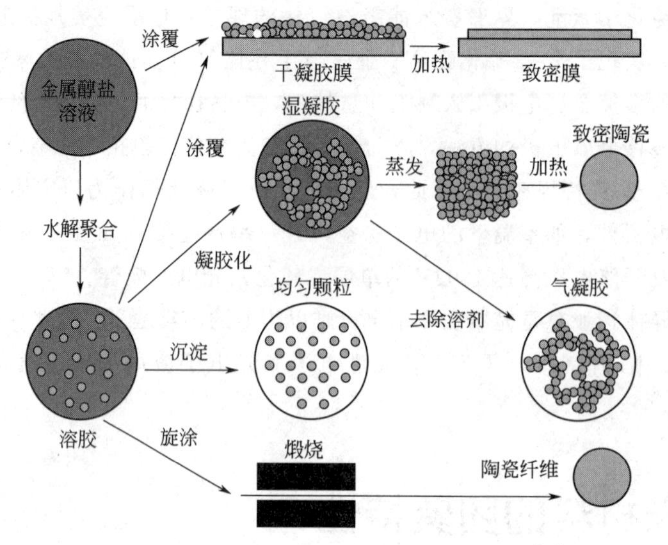

图 4-18 溶胶-凝胶法制备纳米材料示意图[18]

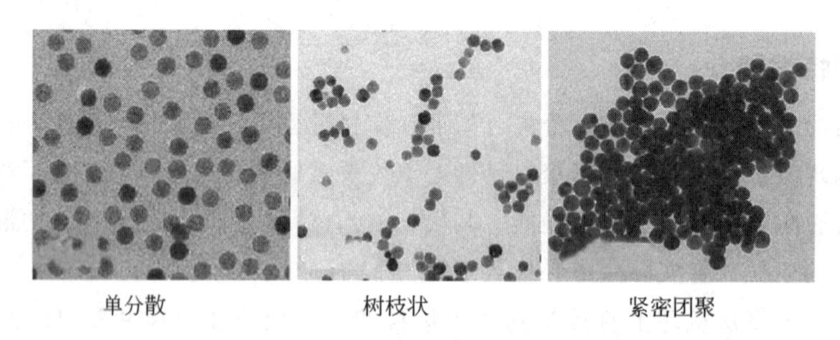

图 4-19 不同纳米颗粒的团聚特性

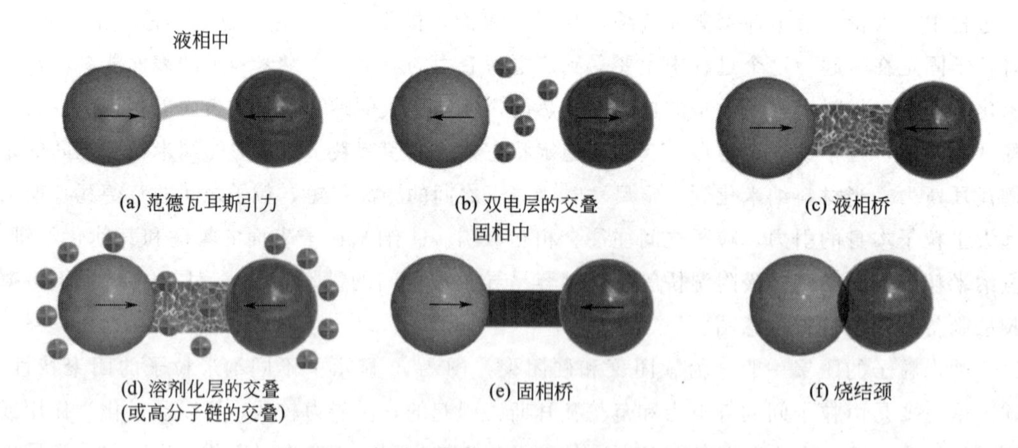

图 4-20 各种物相状态下颗粒间的相互作用力

层。当颗粒彼此靠近时，溶剂化层重叠并产生排斥力或溶剂化层力。如果显示颗粒被介质很好地润湿，并且两个颗粒靠得足够近，它们的颈部会形成液相桥。液相桥具有一定的压力差，使颗粒相互吸引，进而成为颗粒之间的毛细力。疏水力是一种比范德瓦耳斯力更强的远距离力，它与疏水颗粒在水中团聚的趋势有关。水动力一般存在于高固相的悬浮液中，当两个粒子相互靠近时，它会在液体和液体之间产生剪切应力，阻止粒子相互靠近；当两个粒子分离时，它起到吸引的作用，作用相当复杂。在固相中，团聚主要是由固相桥和烧结颈引起的。如果凝胶颗粒紧密接触，更容易形成硬团聚。

纳米粒子在液体介质中的团聚是吸附和排斥作用的结果。纳米粒子在液体介质中的吸附有以下几个方面：量子隧穿效应、电荷转移和界面原子耦合吸附；分子间力、氢键和静电吸附；纳米颗粒之间较大的比表面积加速了颗粒的生长速度，使颗粒之间容易吸附。在吸附的存在下，液体介质中的纳米颗粒之间也存在排斥作用，主要包括颗粒表面溶剂化膜的形成、双电层的静电效应和聚合物吸附层的空间保护作用。这些效应的总和趋向于分散纳米颗粒。如果吸附大于排斥，则纳米颗粒团聚；如果吸附小于排斥，则纳米颗粒分散。

关于液体介质中纳米颗粒的团聚机理目前还没有一个统一的说法。Deryagin 和 Landau、Verwey 和 Overbeek 分别提出了关于形态微粒之间的相互作用能与双电层排斥能的计算方法，称为 DLVO 理论，即 $V_t=V_a+V_r$，式中，V_t 表示总作用能；V_a 表示范德瓦耳斯作用能；V_r 表示双电层作用能。

该理论认为颗粒的团聚与分散取决于颗粒间的范德瓦耳斯作用能与双电层作用能的相对关系。当 $V_a>V_r$ 时，颗粒自发地相互接近最终形成团聚；当 $V_a<V_r$ 时，颗粒相互排斥形成分散状态。图 4-21 表示颗粒的存在状态与斥力势能和引力势能之间的关系。由于颗粒间除存在上述两种作用力外还存在其他作用，DLVO 理论并不能完整地解释颗粒间的团聚作用。考虑到颗粒间作用受环境介质性质、颗粒表面性质以颗粒表面吸附层的成分、覆盖率、吸附强度等因素的影响，颗粒间的总势能可以用下式表示：$V_t=V_a+V_b+V_s+V_{st}$。（V_a 为范德瓦耳斯作用能；V_b 为双电层作用能；V_s 为溶剂化作用能；V_{st} 为空间排斥作用能）

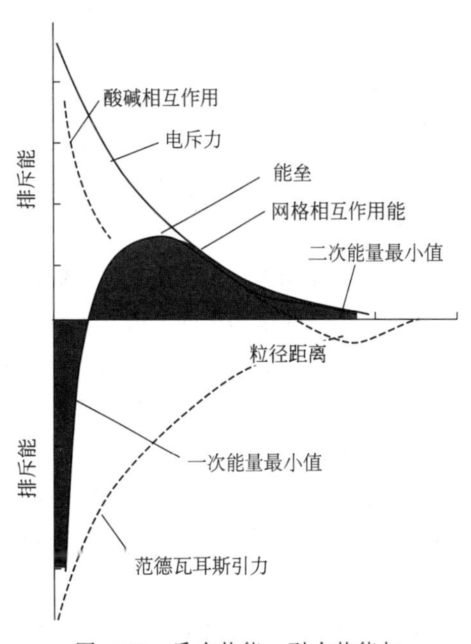

图 4-21　斥力势能、引力势能与总势能曲线[19]

纳米颗粒在气体中易结成团块，给粉体的加工和储存带来不便。纳米颗粒在气体中团聚的原因主要有以下几个方面：分子间力（范德瓦耳斯力）、颗粒间的静电力、湿气相中颗粒的黏附、颗粒表面的润湿性。正是上述作用的结果，导致纳米颗粒在气态介质中团聚。虽然范德瓦耳斯力的大小与分子间距的 7 次方成反比，由于纳米粒子之间的距离很小，它的引力还是很明显的，是纳米粒子团聚的根本原因。在空气中，大多数粒子是自然带电的，静电引力是不可避免的。这种力是纳米粒子团聚的重要因素。空气中颗粒物黏附的原因是当空气相对湿度过大时，水蒸气聚集在颗粒表面和颗粒之间，增加了颗粒之间的黏附力。颗粒表面的润湿性对颗粒之间的黏附有显著影响，从而对颗粒的团聚产生影响。

与洁净的表面相比，大气环境中的氧化物、金属、碳化物、氮化物等物质的表面有一层羟基结构（ROH），与内部成分、结构不再相同，这就是表面悬浮键与空气中的 O_2 和水发生反应的结果。因此，粉体的团聚和分散机理是相同的。新制备的多孔硅纳米颗粒在其表面具有完整的羟基（—OH）“钝化层”，对发光和催化性能有重要影响。

一方面，羟基碱的形成改变了表面结构，由于弛豫现象而降低了静电斥力，粉末变得有吸引力，团聚是不可避免的。随着羟基的密度、数量和活性的增加，团聚加剧。表面羟基活性与粉末结构、阳离子极化率、量子尺寸效应和电子结构有关。因为在羟基碱一端是高金属离子 Rn^{+}，另一端是低电荷氢离子，结构不平衡，表面过剩能仍然很大，使羟基以物理吸附的形式继续吸附水和其他极性物质。随着羟基的极化，吸附水的性质变得活跃（例如，H^{+} 和 OH^{-} 的浓度远高于游离水），这种作用有利于吸附水层的增厚。当吸附的水层达到一定的厚度时，纳米粉体表面就会形成水膜，从而产生另一个很大的吸引力，即水膜的表面张力。由于纳米粉体的曲率半径小，与水膜接触的毛细管表面力变得非常大（>100MPa），如此大的力必然会导致纳米粉体之间的聚集和凝结。极化和反极化会促进表面离子的解离或水合，形成新的物质——固相桥。活化能的进一步降低使粉体之间形成新的连接相成为可能，形成一次和二次团聚。团聚纳米粉体表面羟基碱（包括吸附层）之间由范德瓦耳斯力、氢键、毛细力引起的物理吸附粉体间的力小，称为软团聚；纳米粉体表面羟基碱之间的化学吸附或化学反应与粉体的混合力大，称为硬团聚。具有羟基结构的纳米粉体之间由范德瓦耳斯力（包括氢键）、毛细力和固相桥（硬聚集体之间的连接）组成。粉体之间的静电斥力大大降低，粉体之间的力大于 0，粉体自动团聚。表面高活性羟基结构是纳米粉体团聚的源头，导致形成氢键和毛细力，羟基结构之间的化学反应是源头和强大的纳米粉体团聚的驱动力。

为了消除纳米粉体的团聚，人们做了很多工作。通过强烈的搅拌使纳米粉体动态分散，因为纳米颗粒在溶剂中的分散不可避免地导致系统能量的增加，功通过搅拌在系统上完成，从而提供增加表面积所需的能量。纳米粒子的动能足以克服粒子之间的吸引力而不发生聚集。但当停止搅拌时，纳米粒子重新团聚。软团聚可以重新搅拌后重新分散，而硬团聚则难以重新分散。

对于气体介质中的纳米粉体，一般的化学或机械作用可以消除软团聚。大功率超声或球磨可以减弱硬团聚。一般来说，纳米粉体在气体中的分散方法可分为物理分散法和化学分散法（根据化学反应中是否存在异物来分）。物理分散有机械分散法、静电分散法、高真空法、惰性气体保护法等。化学分散法是改变结构，通过改性剂与纳米粒子表面的化学反应，改变纳米粒子表面的化学成分和电化学特性，从而达到表面改性的目的，促进纳米粒子的分散。

4.6.2 团聚动力学模型

胶体稳定性理论考虑了碰撞频率（β）与碰撞效率（α）。其中，碰撞效率已经被 Smoluchowski 等提出的理论所解决，而 Fuchs 则给出了评估碰撞效率的基础理论。要想使用 Fuchs 理论，就必须通过经典 DLVO 理论解决作为相互作用粒子之间距离函数的相互作用能。可以用 Von-Smoluchowski 的种群平衡方程来描述粒子的不可逆聚集动力学[20]：

$$\frac{dn_k}{dt}=\frac{1}{2}\sum_{i+k=k}\alpha(r_i,r_j)\beta(r_i,r_j)n_in_j-n_k\sum_{i=1}\alpha(r_i,r_j)\beta(r_i,r_j)n_i \tag{4-1}$$

式中，n_k 是由 k 组成的许多粒子团聚的数量；$\alpha(r_i,r_j)$ 与 $\beta(r_i,r_j)$ 分别表示 i 类与 j

类粒子的碰撞效率与碰撞频率函数；r 则表示粒子半径。进一步将范德瓦耳斯力和流体力学考虑其中，碰撞频率可以用如下公式表示：

$$\beta(i,i)=\frac{8kT}{3\mu}\left\{2\int_0^{\infty}\lambda(u)\frac{\exp[U_{\mathrm{iwi}}^{\mathrm{vwd}}(h)/(kT)]}{(2+u)^2}\mathrm{d}u\right\}^{-1} \tag{4-2}$$

式中，$U_{\mathrm{iwi}}^{\mathrm{vwd}}(h)$ 表示两个相互作用粒子之间的总能；$u=h/r$ 以及 $\lambda(u)$ 表示扩散效率的相关因子，其与距离之间的关系如下：

$$\lambda(u)=\frac{6u^2+13u+2}{6u^2+4u} \tag{4-3}$$

对于粒径为 d_i 和 d_j 的异分散颗粒的微尺度絮凝，碰撞频率也可以表示为：

$$\beta=\left(\frac{2k_{\mathrm{B}}T}{3\mu}\right)\left(\frac{1}{d_i}+\frac{1}{d_j}\right)(d_i+d_j) \tag{4-4}$$

式中，k_{B} 为反应速率常数。

当单分散的纳米颗粒具有相同的粒径时，上式可以化简为 $\beta=\dfrac{8k_{\mathrm{B}}T}{3\mu}$，式中，$\mu$ 表示溶液的黏度（1×10^{-3} Pa·s）。因此，绝对的团聚速率可以简化为下式：

$$\frac{\mathrm{d}n_k}{\mathrm{d}t}=-\frac{4}{3}\alpha\frac{k_{\mathrm{B}}T}{\mu}n_i^2 \tag{4-5}$$

早期聚集动力学可以通过双峰形成速率来描述，与其他高阶聚集体的形成相比，它显然占主导地位。团聚早期初级粒子的损失可以表示为二阶速率方程：

$$\left(\frac{\mathrm{d}n_1}{\mathrm{d}t}\right)_{t\to0}=-k_{11}n_0^2 \tag{4-6}$$

式中，n_1 是初始粒子浓度与时间的函数；k_{11} 是绝对团聚速率常数$\left(k_{11}=\dfrac{4}{3}\alpha\dfrac{k_{\mathrm{B}}T}{\mu}\right)$；$n_0$ 是粒子的初始浓度。在 Rayleigh-Gans-Debye（RGD）近似中，对于与入射波长相比相对较小的初级粒子有效，绝对聚集速率常数 k_{11} 可以通过在固定散射角进行的时间分辨 DLS 测量来确定：

$$\frac{1}{r_{\mathrm{H}}(0,q)}\left(\frac{\mathrm{d}r_{\mathrm{H}}(t,q)}{\mathrm{d}t}\right)_{t\to0}=k_{11}n_0\left[1+\frac{\sin(2aq)}{2aq}\right]\left(1-\frac{1}{\delta}\right) \tag{4-7}$$

式中，q 为由 $4\pi n/[\lambda\sin(\theta/2)]$ 所定义的散射向量，其中 n 为折射介质系数，λ 为入射光波长，θ 为散射角度；$r_{\mathrm{H}}(t,q)$ 表示流体动力半径的函数；δ 为二重态的相对流体半径，大约为 1.38；a 为粒子半径。通常 DLS 是在一个固定角度下运行的，式（4-7）唯一独立的变量是 t 随着 r_{H} 发生变化。为了获得其中 k_{11} 的值，Chen 等提出了一个线性最小二乘法来进行回归分析。分析纳米颗粒团聚初期的 k_{11} 值可以用下式表示：

$$\left[\frac{\mathrm{d}r_{\mathrm{H}}(t)}{\mathrm{d}t}\right]_{t\to0}\propto k_{11}n_0 \tag{4-8}$$

团聚吸附效率 α，也称为逆稳定性比，用于表示相对聚集率，也用于将聚集过程划分为前面提到的 DLCA（扩散限制凝聚模型）和 RLCA（反应限制集团凝聚模型）。通过在有利聚合条件下快速确定的扩散受限聚合速率常数 k_{11}，对测量的 k_{11} 进行归一化来计算团聚吸附效率：

$$\alpha=\frac{k_{11}}{(k_{11})_{\text{fast}}} \tag{4-9}$$

式中，fast 表示快速计算。

团聚吸附效率 α 为稳定性比 W 的倒数，可以用下式进行定义：

$$\alpha=1/W=\left\{\int_0^{\infty}\lambda(u)\frac{\exp[U_{\text{iwi}}^{\text{vdw}}(h)/(k_BT)]}{(2+u)^2}\mathrm{d}u\right\}\left\{\int_0^{\infty}\lambda(u)\frac{\exp[U_{\text{iwi}}^{\text{DLVO}}(h)/(k_BT)]}{(2+u)^2}\mathrm{d}u\right\}^{-1} \tag{4-10}$$

式中，$U_{\text{iwi}}^{\text{DLVO}}$ 表示两个相互作用粒子之间的总能量。式（4-10）已经被广泛应用于研究各种纳米粒子团聚的动力学体系。然而，根据经典 DLVO 理论计算得到的稳定性比与基于实验观察得到的值不一致，这也证明了经典 DLVO 理论有一定的局限性。尽管式（4-10）在胶体附着体系中广泛应用，但当应用于纳米团聚体系时，该式仍然存在一定的问题。例如，通过计算得到的稳定性比值相比于实验值更加不合理。这种差异可能来自于假设了范德瓦耳斯引力是粒子团聚的唯一驱动力，这一假设在胶体粒子中是可行的，但在纳米粒子体系可能就不太适用。因为对于小尺寸的纳米粒子来说，相互作用力将大打折扣，而随机动能将在运输过程中起到主导作用。相反，对于胶体粒子来说，界面相互作用起着主要作用，根据 Stokes-Einstein 方程，随机动力学（即扩散）大大低于纳米粒子的值。另一方面，$1/W$ 和实验得出 α 之间的良好拟合通常是通过改变 Hamaker 常数作为拟合参数来实现的。然而，Hamaker 常数（$A_{\text{H},123}$）反映了两个相互作用粒子的材料的固有特性，这体现出两个小体积材料之间长程相互吸引的强度。在这个意义上，Hamaker 常数应该是纳米粒子成对相互作用的固定值，或者至少不应该有显著变化。事实上，粒子之间的 Hamaker 常数（$A_{\text{H},123}$）可以通过 van Oss 方法计算出来。此外，根据对式（4-8）的推导所做的假设，这种实验方法应该仅用于早期聚集动力学（如聚集体的流体动力学尺寸小于初级纳米颗粒尺寸的 30%）中 k_{11} 或 α 的确定。因此，需要更多的实验和理论工作来明确阐明纳米级聚集动力学的基本机制[20]。

尽管胶体科学证实，具有不同性质和起源的几种相互作用力控制着粒子聚集的动力学和程度，但这些不同因素之间存在一定的相互作用，这些因素对胶体科学中的两个主要理论（DLVO 理论和 EDLVO 理论）提出了挑战。该挑战来自于纳米粒子形态（大小或形状）、表面特性（例如有机表面涂层）、组成或结晶度、溶液化学性质的特定作用。例如 pH、离子强度、电解质离子的价态和 NOM（天然有机质）以及环境参数（如温度和光照）均会对团聚动力学造成不同程度的影响。

习 题

一、名词解释

自组装、超分子、吸附、非电解质、光催化效应、晶体缺陷、表面缺陷、团聚。

二、简答题

1. 简述自组装的特点与作用机理。

2. 结合实际与阅读资料，简述一种自组装过程及其有关机理。

3. 简述纳米材料的吸附分类及其各自机理。

4. 简述五种纳米贵金属催化剂及其应用。

5. 简述纳米材料在光催化中的应用与机理。

6. 简述纳米金属氧化物表面形成羟基的原因。

7. 简述对碳纳米管进行功能化修饰的过程。

8. 简述一个纳米材料缺陷构筑的实例。

三、思考题

1. 为什么金属纳米材料颗粒在空气中可能会自燃?

2. 举例说明什么是晶体晶面的择优生长和取向生长。

3. 已知 C_{60} 晶体在常温下为立方面心晶胞，晶胞边长为 1.42nm，一个碳原子的质量为 2×10^{-23}g。求此 C_{60} 晶体的密度为多少。

4. 浅谈树枝状大分子与超分子化学之间的关系。

5. 根据纳米氮化硅的性质推测其潜在的用途。

6. 在过去的专业课学习过程中，是否有接触过与纳米材料化学特性有关的内容?

参考文献

[1] Ozin G A, Arsenault A. Nanochemistry: A chemical approach to nanomaterials [M]. Cambridge: Royal Society of Chemistry, 2015.

[2] Philp D, Stoddart J F. Self-assembly in natural and unnatural systems [J]. Angewandte Chemie International Edition, 1996, 35 (11): 1154-1196.

[3] Tao S, Li X, Wang X, et al. Facile synthesis of hierarchical nanosized single-crystal aluminophosphate molecular sieves from highly homogeneous and concentrated precursors [J]. Angewandte Chemie International Edition, 2020, 59 (9): 3455-3459.

[4] Zhao Y, Chen G, Chen G. Self-assembly of glycopolymers: from nano-objects to hydrogels [M]. Shanghai: Glycopolymer Code, 2015: 178-195.

[5] Kwon T W, Choi J W, Coskun A. Prospect for supramolecular chemistry in high-energy-density rechargeable batteries [J]. Joule, 2019, 3 (3): 662-682.

[6] Ariga K, Jia X, Song J, et al. Nanoarchitectonics beyond self-assembly: Challenges to create bio-like hierarchic organization [J]. Angewandte Chemie International Edition, 2020, 59 (36): 15424-15446.

[7] Song J, Wu B, Zhou Z, et al. Double-layered plasmonic-magnetic vesicles by self-assembly of Janus amphiphilic gold-iron (Ⅱ, Ⅲ) oxide nanoparticles [J]. Angewandte Chemie International Edition, 2017, 56 (28): 8110-8114.

[8] 汪信，刘孝恒. 纳米材料化学简明教程 [M]. 北京：化学工业出版社，2014.

[9] Wang Y, Chu X, Zhu Z, et al. Dynamically evolving 2D supramolecular polyaniline nanosheets for long-stability flexible supercapacitors [J]. Chemical Engineering Journal, 2021,

423：130203.

[10] Lee J G，Lannigan K，Shelton W A，et al. Adsorption of myoglobin and corona formation on silica nanoparticles [J]. Langmuir，2020，36（47）：14157-14165.

[11] 林志东. 纳米材料基础与应用 [M]. 北京：北京大学出版社，2010.

[12] Bonn M，Funk S，Hess C，et al. Phonon-versus electron-mediated desorption and oxidation of CO on Ru（0001）[J]. Science，1999，285（5430）：1042-1045.

[13] Deng S，Jia S，Deng X，et al. New insight into island-like structure driven from hydroxyl groups for high-performance superhydrophobic surfaces [J]. Chemical Engineering Journal，2021，416：129078.

[14] Chen H，Eichmann S L，Burnham N A. Specific ion effects at calcite surface defects impact nanomaterial adhesion [J]. The Journal of Physical Chemistry C，2020，124（32）：17648-17654.

[15] Wang Q，Zhou Y，Zhao X，et al. Tailoring carbon nanomaterials via a molecular scissor [J]. Nano Today，2021，36：101033.

[16] Wang Q，Liu F，Jin Z，et al. Hierarchically divacancy defect building dual-activated porous carbon fibers for high-performance energy-storage devices [J]. Advanced Functional Materials，2020，30（39）：2002580.

[17] Liu Y，Guo J，Zhu E，et al. Approaching the Schottky-Mott limit in van der Waals metal-semiconductor junctions [J]. Nature，2018，557（7707）：696-700.

[18] Taghizadeh F. Fabrication and investigation of the magnetic properties of Co and Co_3O_4 nanoparticles [J]. Optics and Photonics Journal，2016，6（8）：62-68.

[19] Zhang W. Nanoparticle aggregation：Principles and modeling [J]. Nanomaterial，2014：19-43.

[20] Mittemeijer E J. Fundamentals of materials science：the microstructure-property relationship using metals as model systems [M]. Stuttgart：Springer Science & Business Media，2010.

第5章

纳米材料的制备

纳米材料的结构繁多，理化性质各异，为得到所需求的结构和性能，学习与掌握纳米材料的制备方法和工艺必不可少。零维和一维纳米材料、二维纳米薄膜及纳米复合材料的制备方法各不相同。其中，零维纳米粒子的合成途径主要包括“自上而下”和“自下而上”两种，后者是更普遍的纳米材料合成途径。一维纳米结构包括纳米线和纳米棒、晶须、光纤或小纤维等，主要通过模板合成。二维纳米薄膜的生长方法通常分为气相沉积和基于液相的生长两类。通过化学与物理作用，在纳米水平上将纳米相与其他相进行复合，可制得核壳或者插层等结构，主要包括陶瓷基、金属基和聚合物基纳米复合材料。本章将逐级分类来系统介绍纳米材料制备的原理和方法，进而为纳米材料的制备及其应用产品的设计和生产提供指导。

5.1 零维纳米材料的制备

5.1.1 零维纳米材料制备概述

零维纳米材料（纳米粒子）制备方法主要包括“自上而下”和“自下而上”两种。顾名思义，“自上而下”指在外力作用下将较大尺寸的物质通过球磨或研磨、重复快淬、光刻蚀等方法使其变成小尺寸的纳米结构，多为物理机械控制制备。其优点在于不仅可制备奇异结构的纳米粒子，还可以制备多孔纳米材料。例如，通过研磨的方法可制得直径为几十到几百纳米的粒子，但很难设计控制并形成所期望的粒子大小和形状，制得的纳米粒子尺寸分布相对宽，形态均一性较差。同时，研磨也会造成材料的浪费，不能通过对原子或者离子间距离的控制来实现微观形貌的调控。光刻蚀是另一种制备小粒子的方法，其对图案的控制具有较大的优势。相较而言，“自下而上”的合成则更普遍，即通过弱相互作用将较小的结构单元组装成纳米尺度上更大的体系。通过在液相或气相中均匀形核或基体上非均匀形核来制备；也可以在渐变温度下热处理相关固态材料，经过相分离获得；在微胶束等小空间中，通过控制化学反应参数、形核和生长条件也可实现“自下而上”纳米粒子的制备，主要分为热力学合成和动力学合成两大类。在热力学合成中，纳米粒子的合成过程主要包括超饱和状态形成、形核、后续生长等。在动力学合成中，纳米粒子的形核与制备主要是通过限制生长的前驱物数量或限域空间来实现的。

在实际应用中，纳米粒子的合成除过小尺寸要求外，还需要控制工艺条件以使纳米粒子的尺寸分布均匀，形貌一致。此外，粒子间和单个粒子内应该具有一致的化学组成和晶体结构，单个粒子如果发生团聚，再分散也应该易于控制。

5.1.2 典型零维纳米材料的制备

5.1.2.1 氧化物纳米材料的制备

作为合成无机或有机-无机杂化胶态分散体的一种湿化学途径，溶胶-凝胶法在金属复合氧化物、温度敏感、热力学条件不适用或亚稳态材料的合成方面具有较大的优势，可以实现较低的处理温度和分子水平的均匀性。其典型的过程包括水解及前驱体缩合。前驱体可以是金属醇盐或无机和有机盐，有机或水溶剂可溶解前驱体，通常情况下，加入催化剂以促进反应的进行：

水解 $$\mathrm{M(OEt)_4 + \mathit{x}H_2O \longrightarrow M(OEt)_{4-\mathit{x}}(OH)_\mathit{x} + \mathit{x}EtOH} \quad (5\text{-}1)$$

缩合 $$\mathrm{M(OEt)_{4-\mathit{x}}(OH)_\mathit{x} + M(OEt)_{4-\mathit{x}}(OH)_\mathit{x} \longrightarrow (OEt)_{4-\mathit{x}}(OH)_{\mathit{x}-1}M—O—M(OEt)_{4-\mathit{x}}(OH)_{\mathit{x}-1} + H_2O} \quad (5\text{-}2)$$

水解和缩合反应分多步骤进行，相继独立发生而且之间可能是可逆的。有机基团附于缩合反应形成的金属氧化物或氢氧化物纳米尺度团簇中，团簇的大小、产物的最终形态可通过水解和缩合反应来控制。

对于多组元胶态分散体，需要确保不同化学活性前驱体之间异质缩合反应的进行。金属原子反应很大程度上依赖于电荷转移和增加配位数的能力。通过溶胶-凝胶过程把有机组分加入到氧化物系统，一种方法是将无机前驱体之间共聚合或共缩合，从而形成由无机组分和非水解有机基团构成的有机前驱体，这种有机-无机混合物是一个单相材料，其中有机和无机组分通过化学键连接在一起。另一种方法是将有机组分均匀分散在溶胶或将有机分子渗入到凝胶网络中。

溶胶-凝胶法合成单分散氧化物纳米粒子的关键在于瞬间形核的促进及随后的生长。粒子尺寸随前驱体浓度和熟化时间的变化而变化。金属氧化物胶体的生长通过生长物质的控制释放和低浓度等机制完成。

生成均匀尺寸胶态金属氧化物的最简单方法是基于金属盐溶液的强制水解。大多数多价金属阳离子很容易水解，温度的升高可极大加速配位水分子的去质子化，进而造成去质子化分子数目的增加。当水解产物（金属氧化物沉淀的中间体）浓度远超溶解度时，金属氧化物晶核将出现。因此，在高温条件下老化水解金属溶液就会形成陡增的过饱和度，从而确保形核过程的急剧发生，这样可产生大量的金属氧化物胶体小晶核并最终形成纳米粒子。

控制组成物的阴离子或阳离子释放对形核动力学和后续氧化物纳米粒子生长具有很大的影响。除了催化作用外，阴离子可能会吸附在粒子表面或进入纳米粒子结构当中，也会对纳米粒子的表面性能和界面能产生影响，进而影响粒子生长行为。此外，若通过静电稳定机制来稳定时，阴离子还会极大影响胶体分散系的稳定性。

水系溶胶-凝胶法在制备块状金属氧化物方面非常成功，但在制备纳米级金属氧化物时，由于金属氧化物前驱体的高反应性和水作为配体及溶剂的双重作用，在许多情况下，三种反应类型（水解、缩合和聚集）几乎同时发生，很难单独控制。实验条件的微小变化会导致粒子形态的改变，这会极大制约合成的可重复性。在不含水的有机溶剂中通过溶胶-凝胶法制备金属氧化物纳米颗粒已成为水系溶胶-凝胶法的通用替代方法[1]（图 5-1）。与复杂的水化学相比，非水化学过程提供了在分子水平上更好地理解和控制反应路径的可能性，使合成具有高结晶度和均匀粒子形态的纳米材料成为可能。

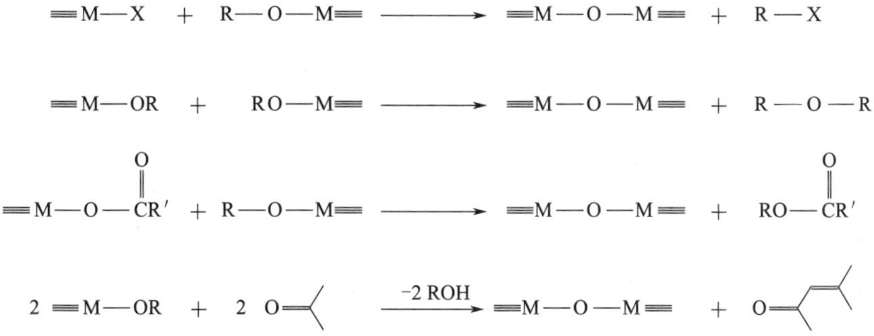

$$\equiv M—X \ + \ R—O—M\equiv \longrightarrow \ \equiv M—O—M\equiv \ + \ R—X$$

$$\equiv M—OR \ + \ RO—M\equiv \longrightarrow \ \equiv M—O—M\equiv \ + \ R—O—R$$

$$\equiv M—O—\overset{\overset{\large O}{\|}}{C}R' \ + \ R—O—M\equiv \longrightarrow \ \equiv M—O—M\equiv \ + \ RO—\overset{\overset{\large O}{\|}}{C}R'$$

$$2 \equiv M—OR \ + \ 2\ O\!=\!C(CH_3)_2 \xrightarrow{-2\,ROH} \ \equiv M—O—M\equiv \ + \ O\!=\!C(CH_3)CH\!=\!C(CH_3)_2$$

图 5-1　非水系溶胶-凝胶过程中生成 M—O—M 键的缩合步骤

（从上到下依次是烷基卤化物消除、醚消除、酯消除和醛类缩合）

以金属乙酰丙酮为前驱体，与 1,2-十六烷二醇、油酸和油胺进行非水解反应。粒径由前驱体的用量决定，也就是说，更高浓度的金属乙酰丙酮会导致更大的铁氧体纳米晶体。通过调节升温速率，可实现直径为 8nm 的球形 $CoFe_2O_4$ 粒子［图 5-2（a）］到边长为 10nm 的立方体状纳米晶体［图 5-2（b）］的转变。改变表面活性剂与乙酰丙酮铁的比例，得到了立方体［图 5-2（c）］或多面体［图 5-2（d）］结构的 $MnFe_2O_4$ 纳米粒子。

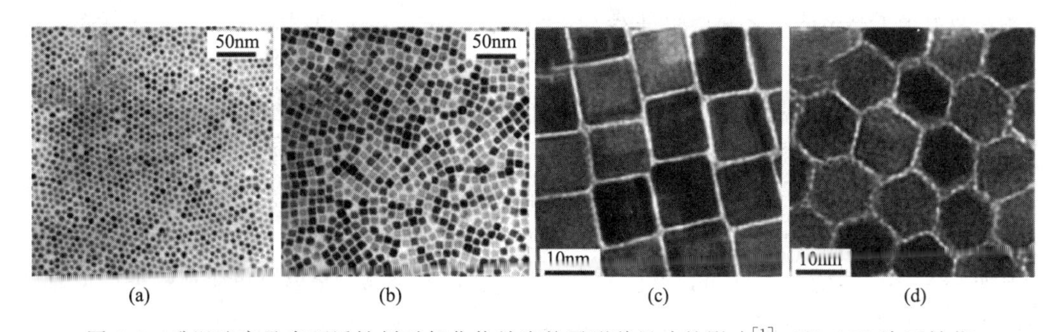

图 5-2　升温速率及表面活性剂对氧化物纳米粒子形貌尺寸的影响[1]（经 ACS 许可转载）

与添加表面活性剂合成金属氧化物相比，溶剂控制的方法要简单得多。初始反应混合物仅由两种组分组成：金属氧化物前体和常见的有机溶剂。合成温度通常在 50～200℃ 范围内，明显低于热注射法，但其主要优势在于产品纯度高。对溶剂控制过程中导致金属氧化物形成的化学反应机制的研究和分类，为开发无机纳米粒子的合理合成策略迈出了一大步。然而，只要缺少特定合成系统与最终粒子形态相关性的一般概念，这一进展就无法发挥其全部潜力。在有机溶剂中合成金属氧化物纳米颗粒，利用众所周知的碳-氧键化学，提供了将反应原理从有机化学应用于合成无机纳米材料的可能性。然而它们没有提供有关特定合成系统与颗粒形态之间关系的任何解决方案。尽管有机物强烈影响无机产品的结构、组成和形态特征，为定制粒度、形状、组成和表面特性提供了通用工具，但这只能在经验基础上进行。

纳米粒子也可以通过气相反应合成，一般情况下反应在高温和真空条件下进行。真空用于确保生长物的低浓度，以促进扩散控制的后续生长。生长的纳米粒子通常在气流下的相对低温非黏性基底上收集，只有一小部分纳米粒子沉积在基底表面（不代表实际的粒径分布）。但在合成过程中引入稳定机制来阻止纳米粒子的团聚是比较困难的，尽管挑战存在，但通过气相反应合成氧化物纳米粒子仍被证明是可行的。

5.1.2.2 半导体纳米材料的制备

非氧化物半导体纳米粒子通常是热解溶于脱水溶剂的有机金属原料，条件是变温、无空气环境和存在聚合物稳定剂或盖帽材料。在溶液形式下，它们非常稳定，可用于以溶液为基础的技术，包括喷墨打印、旋转涂布和辊对辊铸造等。由于仪器和前体的限制，其他的气相和固相方法可能不能得到合适的纳米晶体。1993 年，Murray 等[2] 报道了在熔融三辛基氧化膦（TOPO）中合成单分散 CdX（X＝S、Se、Te）纳米晶体的工作，为热注入法提供了基础。热注入法是在表面活性剂存在的情况下，将前驱体分子的室温溶液快速注入热溶剂中，注入前驱体后迅速发生形核和生长，这种方法可以获得尺寸分布窄的高质量晶粒，主要通过控制注入时的反应温度、反应时间、配体或活性剂、前驱体浓度、前驱体组分含量比例来实现对生长纳米晶的尺寸形貌和结构等的调控。表面活性剂一般由配位头基和长烷基链组成，防止合成过程中的团聚，在粒子生长过程中，表面活性剂分子在粒子表面的动态吸附和解吸有时结合对特定晶面的选择性，可以控制粒子的大小、尺寸分布和形态。此外，这些表面活性剂可以在合成后的步骤中与其他表面活性剂交换，从而使纳米粒子的表面性质得到化学改性。单分散半导体纳米晶通常由如下步骤形成：首先，通过注入方式快速提高反应物浓度，实现快速过饱和状态，形成瞬间离散形核。第二，在高温老化过程中，陈化以小粒子为代价促进大粒子的生长和窄尺寸分布。第三，尺寸选择沉积用于进一步提高尺寸的均匀性。

控制或获得纳米粒子直径小于激子玻尔半径的量子点是半导体纳米材料合成的重要研究方向。Protesescu 等[3] 最先使用热注入法，先合成油酸铯作为前驱体，再将其注入到包含 PbX_2 且温度为 140～200℃高沸点十八烯溶剂中合成 $CsPbX_3$ 钙钛矿，最终纳米晶的晶粒尺寸可以通过改变温度来调控，基于量子尺寸效应从而调节其发光峰位置。此外，通过简单地改变 PbX_2 中卤素的比例还可以合成混合卤素钙钛矿纳米晶，最终可以实现整个可见光光谱范围的全覆盖和精细调节。Yang 等[4] 报道了一种使用液氮冷却的超快热力学控制法代替传统的冰水冷却，使系统的反应热力学能量很快低于临界值，实现晶体生长的突然终止，避免了额外形核和晶体的继续长大，不仅提升了晶体质量，还提升了晶粒尺寸的均匀性（图 5-3），获得了具有优异蓝光的钙钛矿量子点。

配体辅助再沉淀法是另一种制备半导体纳米材料的方法。具体而言，当前驱体溶解在溶剂中时，随着溶解的进行，其浓度会随之增加至平衡浓度。通过对温度控制来蒸发掉部分溶剂或者在溶剂中加入溶解度低的其他溶剂都会使系统从平衡状态移动到过饱和的非平衡状态，溶液就会自发地沉淀和结晶，使系统重新恢复平衡状态。在化学合成中通常需要配体辅助来进一步控制结晶过程，使晶体的生长达到纳米级的调控。在室温下合成的钙钛矿量子点尺寸较大，发绿色光；当加入液氮来降低溶剂温度后，可实现小尺寸量子点的制备，并实现蓝光发射[5]，如图 5-4 所示。

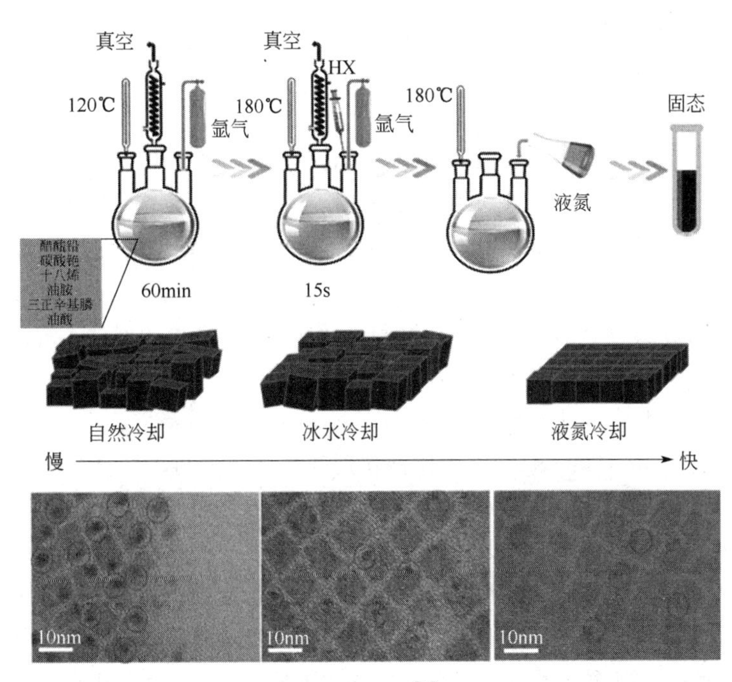

图 5-3　液氮冷却的热注入法制备钙钛矿纳米晶[4]（经 John Wiley and Sons 许可转载）

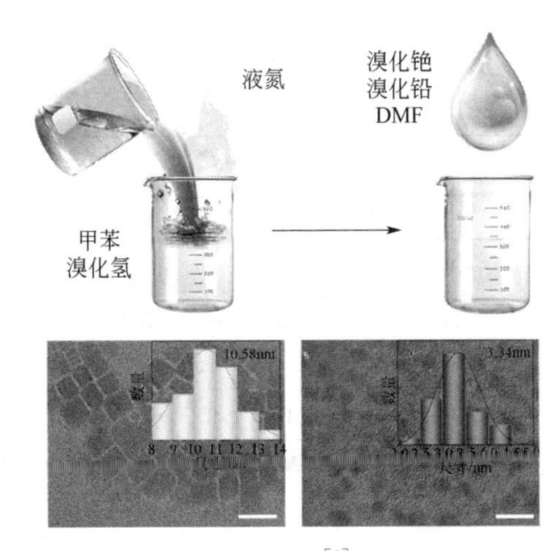

图 5-4　配体辅助再沉淀法制备钙钛矿纳米晶[5]（经 John Wiley and Sons 许可转载）

此外，半导体纳米粒子的合成方法还有脉冲激光烧蚀、机械球磨、机械化学合成、脉冲线放电、化学气相沉积、化学还原、超声化学、微波合成等，还有植物介导、微生物合成等生物绿色合成方法[6]。

5.1.2.3 金属纳米材料的制备

在制备克量级稳定金属纳米粒子时，化学合成是常用的选择。从还原带正电荷金属离子开始，它们充当溶液中络合物的中心，在形成团簇的过程中，通过限制配体分子的生长可以阻止大粒子的形成。盐还原是合成金属胶体粒子最常用的方法之一，除了还原阳离子至零价态外，热解有机金属化合物也可用于制备金属纳米粒子。无论采用何种合成方法，在制备过程中均可通过有机聚合物包覆来提高金属纳米材料的稳定性，如聚甲基乙醚、聚乙烯吡咯烷酮或聚乙烯醇，也可以采用强键合分子来保护粒子表面。以纳米铁、纳米钴、纳米铜、纳米银、纳米金的制备为例分别进行阐述。

纳米铁粉在粉末冶金、吸波、磁性、脱氯催化剂等方面有着广泛的应用前景。纳米铁粉采用粉末冶金方法可生产结构零件。纳米铁粉的制备主要有热等离子体法、高能球磨法、惰性气体冷凝法、溅射法、深度塑性变形法、微乳液法、固液相还原法、电沉积法、热解羰基铁法等。

磁性纳米钴由于其独特的电磁学、热学和光学性质，在单电子器件、超高密度信息存储和生物抗癌药物方面应用前景巨大。目前，纳米钴的制备主要通过气相沉积法、微乳液法、水合肼还原法和多元醇还原法等实现。

纳米铜尺寸小（10～100nm），可用作催化剂和高级润滑剂，它也是高导电、高强度纳米铜材不可缺少的基础原料。纳米铜粉的主要制备方法有气相蒸发法、等离子体法、化学还原法、γ射线辐照-水热结晶联合法、机械化学法等。

纳米银粉主要通过气相法、液相法和固相法制备。气相法投资大、能耗大、产率低，固相法制备得到的纳米银粒径大且分布宽。作为低成本小批量制备超细银粉的常用方法，液相化学还原法制得的纳米银粒度小、粒径分布窄、重现性好。其原理是用还原剂把银从它的盐或配合物水溶液或有机体系中以粉末形式沉积出来。表5-1展示了不同化学还原法制备纳米银的化学反应式。

表5-1　液相化学还原法制备超细银粉

还原方法	化学反应式
双氧水还原法	$2Ag^+ + 2NaOH \longrightarrow Ag_2O + 2Na^+ + H_2O$、$Ag_2O + H_2O_2 \longrightarrow 2Ag\downarrow + H_2O + O_2$
氢气还原法	$Ag^+ + NaOH \longrightarrow AgOH + Na^+$、$2AgOH + H_2 \longrightarrow 2Ag\downarrow + 2H_2O$
甲基磺酸钠还原法	$HOCH_2SO_2Na \cdot 2H_2O + HCHO + H_2O \longrightarrow HCOONa + HOCH_2SO_3HHCOONa +$ $Ag^+ + H_2O \longrightarrow Ag\downarrow + HCOOH + Na^+$
非水溶剂法	$Ag^+(alcohol) + I^-(alcohol) \longrightarrow AgI(alcohol) \longrightarrow Ag\downarrow(alcoho) + I(alcoho)$
抗坏血酸还原法	$KAg(CN)_2 + C_6H_6O_4(OH)_2 \longrightarrow Ag\downarrow + C_6H_6O_6 + KCN + HCN$
水合肼还原法	$2Ag^+ + 2N_2H_4 \cdot H_2O \longrightarrow 2Ag\downarrow + N_2\uparrow + 2NH^{4+} + 2H_2O$
甲酸铵还原法	$HCOONH_4 + Ag^+ \longrightarrow Ag\downarrow + NH^{4+} + H_2O + CO_2$

纳米金制备总体上可分为物理法和化学法。物理法中真空蒸镀是一种常见方法，但此法对粒径和形状的控制较难。在此基础上，可使金原子沉积在表面有一层氩气的冷基底上进行软着陆，这样获得的金纳米粒子一致性更好，更趋于球形。此外还可用激光消融法制备纳米金，表面活性剂的使用可以阻止金纳米粒子的重新聚集，制备出1～5nm的纳米金。在化学法中，用不同种类和剂量的还原剂（如白磷、抗坏血酸、柠檬酸钠等）还原氯金酸，可制备粒径不同的金纳米粒子。

5.1.2.4　生物纳米材料的制备

生物纳米材料研究不仅涉及基因与蛋白质的结构与功能，而且还涉及新技术工具的发展。图 5-5 展示了生物体内不同层次的生物过程，从基本生物系统、生物单元系统再到高级生命过程，都有望指导仿生合成[7]。生物纳米技术领域的一个变革性进步是智能应用多样性的发展。在这些生物材料中发现的可控的新颖设计特征，如分层结构和复合性质，以及借助于生物矿化和自组装等仿生制造过程，可以产生多功能、轻量化、良性和可回收的实验室制造材料。下一代具有工业潜力的生物纳米材料将拥有嵌入式智能，以更快速、可靠、稳健、经济和高效的方式为用户提供关键数据，并与应用程序无缝接口。带有生物与纳米特征的新材料主要包括仿生纳米材料、智能纳米凝胶、纳米药物载体材料等。如果纳米粒子是由天然存在的有机化合物（即碳水化合物、维生素、植物提取物、蛋白质、脂质、生物可降解聚合物和微生物）生物合成的，纳米生物技术可能带来的好处就会增加。上述许多原料将用于大规模生物合成，包括植物性材料，这将是最好的环保选择。此外，由于生物样品与不同的纳米材料具有较高的亲和力和相容性，所形成的杂化生物纳米材料具有较高自组装能力、物理化学稳定性和分子识别能力，在细胞标记、生物成像和生物传感器等方面具有广泛的应用前景。

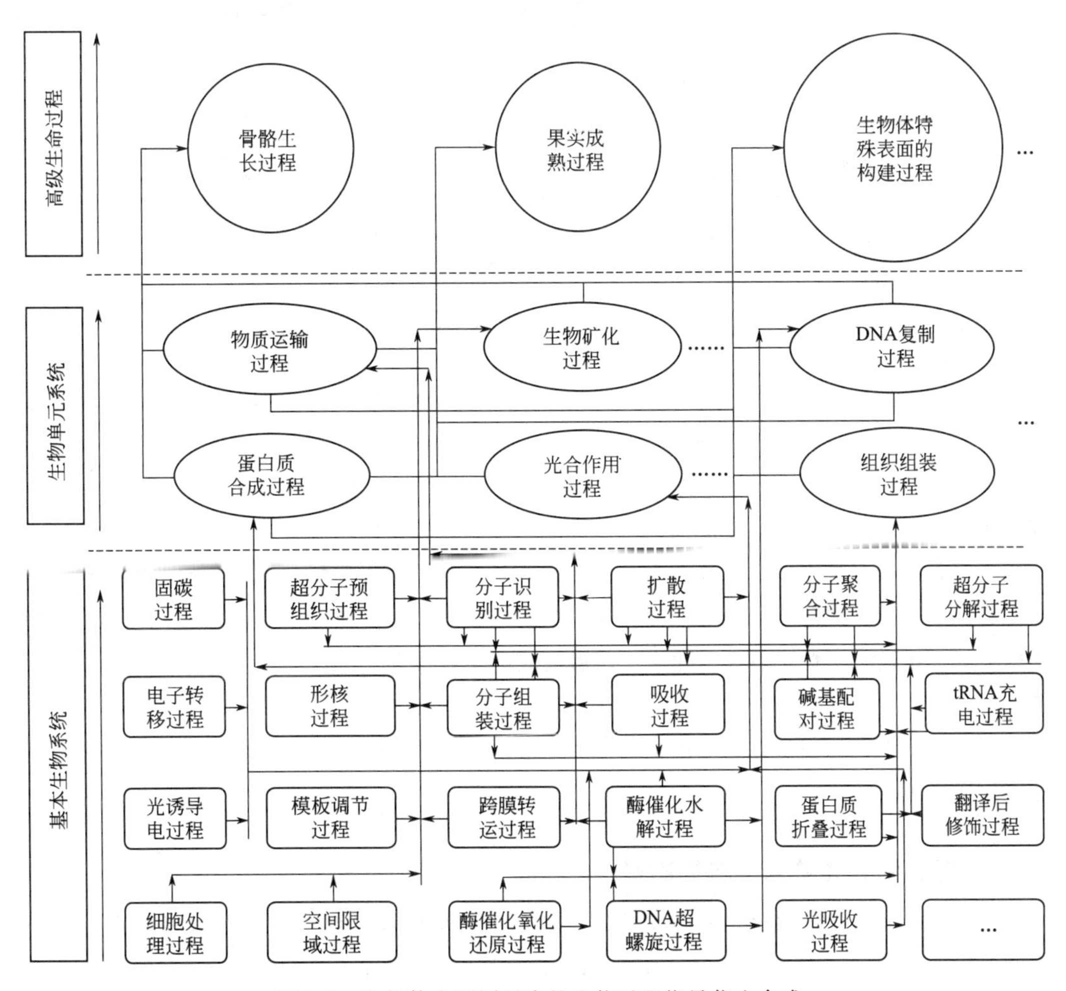

图 5-5　生物体内不同层次的生物过程指导仿生合成

自组装肽和蛋白质生物纳米材料已被用于将药物以特定的靶向作用进入人体系统，而生物矿化自组装纳米材料已显示出修复旧组织、作为天然结构和功能替代品的巨大潜力。采用有机分子在水溶液中形成的反胶束及表面活性剂囊泡等作为无机底物材料的空间受体和反应界面，使其合成空间限域，从而合成无机纳米材料（图 5-6）。生物分子（如蛋白质、肽、酶等），通过在液体、固体表面和空气-水界面的分子自组装形成分层和有序的一维、二维、三维纳米结构和纳米材料。贝壳珍珠层的纹层是由文石和生物聚合体相间排列构成的定向涂层，赋予了珍珠层高的强度、硬度和韧性。受珍珠层结构的启发，Sellinger 等先在甲醇-水溶液中制备可溶性硅酸盐、偶联剂、表面活性剂、有机单分子的均相溶液，在浸涂时，甲醇首先蒸发，沉积膜中非蒸发相浓度不断提高，当超过临界胶束浓度时胶束形成。连续蒸发使表面活性剂胶束协同组装成表面有机液体结晶相，与此同时，无机及有机前驱体有机化迅速形成纹层结构。纳米结构内产生伴随无机聚合的有机聚合作用，并将有机无机表面共价连接。

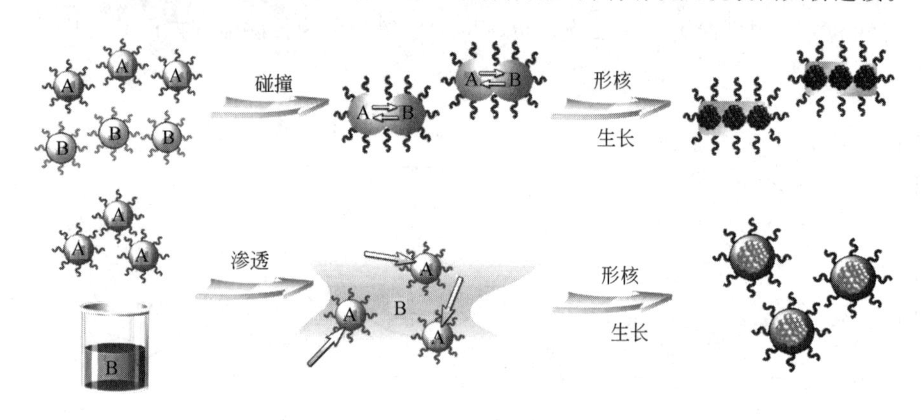

图 5-6　反胶束或微乳液仿生合成的机理（经 John Wiley and Sons 许可转载）

智能纳米凝胶的粒径不大于 100nm，是高分子微凝胶的一种，它能感应外界环境的变化，包括温度、离子强度、pH 值、溶剂种类以及光、电、磁、压强等，并伴随理化性质的改变而改变[8]。目前，高分子智能微凝胶在药物载体和基因工程治疗方面的应用已成为现代高分子科学发展的新方向。智能药物载体的单体主要按其作用机制来选择，而基因工程治疗应用的材料一般为带有一定电性的高分子微凝胶。高分子微凝胶的制备中，物理法的特点是预先合成或利用一定分子量的天然高分子，然后运用物理方法使粒子变小，这种方法得到的微球粒径分布较宽、粒径较大。化学法与微凝胶的关系很大，可以通过实验体系和合成条件实现对粒径的控制（图 5-7）。

聚合物纳米粒的制备方法应用最广泛的是溶剂挥发法，此外还有界面聚合法、喷雾干燥法和熔融法等。

5.1.3 微孔和介孔纳米材料的制备

根据国际纯粹与应用化学联合会（IUPAC）的分类，多孔固体依据其直径的大小可分为三类：小于 2nm 的是微孔材料，介于 2nm 和 50nm 之间的是介孔材料，大于 50nm 的为大孔材料。几乎所有的沸石及其衍生物都是微孔的，而表面活性剂为模板介孔材料，大多数干凝胶和气凝胶是介孔材料[9]。

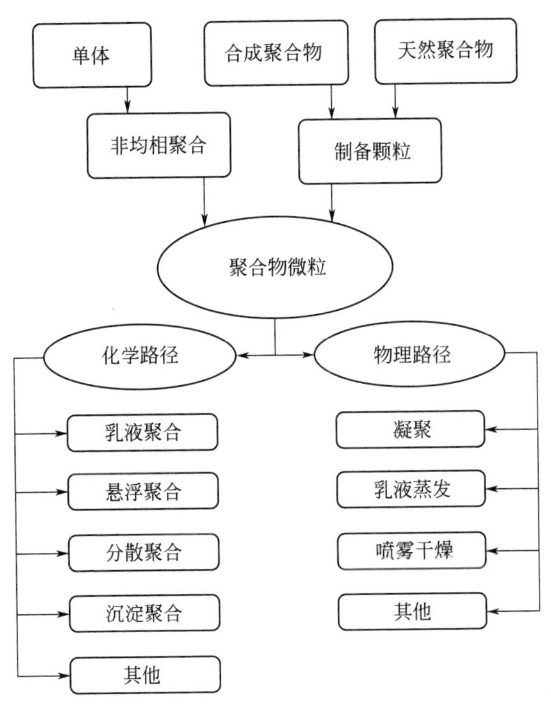

图 5-7　高分子微凝胶合成的化学和物理方法

5.1.3.1 有序介孔结构

介孔材料可以应用于载体、吸附剂、分子筛或纳米级化学反应器等，在其制备过程中，自组装表面活性剂作为模板，在其周围同步进行溶胶-凝胶过程。这种材料的微孔尺寸和形状均匀，直径在 3nm 到几十纳米之间，长度可达微米级。表面活性剂是有机分子，由两个具有不同极性的部分所组成，一部分是烃链（通常称为聚合物的尾部），它是无极性的，因此有疏水性和亲油性，而另一部分是极性和亲水性的（通常称为亲水首部）。由于这样的分子结构，表面活性剂往往在溶液表面或者水与碳氢化合物溶剂的界面处富集，使亲水首部可以转向水溶液中，从而减少表面能或界面能。这种浓度偏析是自发进行且热力学有利的。表面活性剂通常可划分为阴离子表面活性剂、阳离子表面活性剂、非离子表面活性剂和两性表面活性剂四类。胶束，特别是圆柱形、六角形或立方堆积形式的胶束经常被用作模板，通过溶胶-凝胶工艺来合成有序介孔材料。表面活性剂分子溶解到极性溶剂中，浓度超过临界胶束浓度（CMC），大部分情形在这种浓度时形成圆柱形胶束的六边形或立方形堆垛形式。与此同时，所需氧化物的前驱体以及其他必要的化学品（如催化剂）也溶解到相同的溶剂中。在溶液内部，几种过程同时进行，而在胶束周围同时进行氧化物前驱体的水解和缩合。

合成介孔材料的另一种简单而新颖的方法是蒸发-诱导自组装（EISA），这种 EISA 技术能够以薄膜、纤维或粉体等各种形式快速形成具有图案的多孔或纳米复合材料。自组装是在没有外部干预的情况下，通过非共价相互作用使材料自发组织的过程。由疏水和亲水部分构成的两性表面活性剂分子或聚合物能够经历这种过程，并组织成清晰的超级分子聚集体。当水溶液中的表面活性剂浓度超过 CMC 时，它们聚集成胶束。进一步提高表面活性剂浓度，将导致胶束自组织成为周期性的六角、立方或层状介观相。形成薄膜介观相的简单方法是溶胶-凝胶浸涂法。有些表面活性剂将充当催化剂以促进水解和缩合反应。溶液中相对较大表面活性剂分子和胶束的存在，将对扩散过程产生空间效果。虽然所有这些表面活性剂的影响存在于单一金属氧化物介孔材料的合成中，但是某一特定表面活性剂对不同前驱体具有不同程度的影响。

通常，胶束均匀形核并组装成介孔纳米材料。这种均匀的组装过程自然会导致“常规”结构，例如纳米球或其他对称结构。在胶束组装过程中引入纳米颗粒导致传统的核-壳结构，尽管结合了介孔壳和功能核，但仍然很简单。近年来，随着应用领域的不断扩大，对介孔纳米材料在结构、成分、表面性能、形貌、功能等方面的要求越来越高。因此，研究人员一直在寻求能更好地控制胶束组装过程的方法，寻求合成具有独特结构的介孔纳米材料。近年来，胶束组装过程中的“界面”效应引起了人们的广泛关注。界面的引入使胶束的均相组装转变为多相组装，改变了胶束的组装行为，从而形成具有独特结构的介孔纳米材料。通过对胶束界面组装行为的控制，可以开发一系列从对称到不对称结构的介孔纳米材料（图 5-8）[10]。

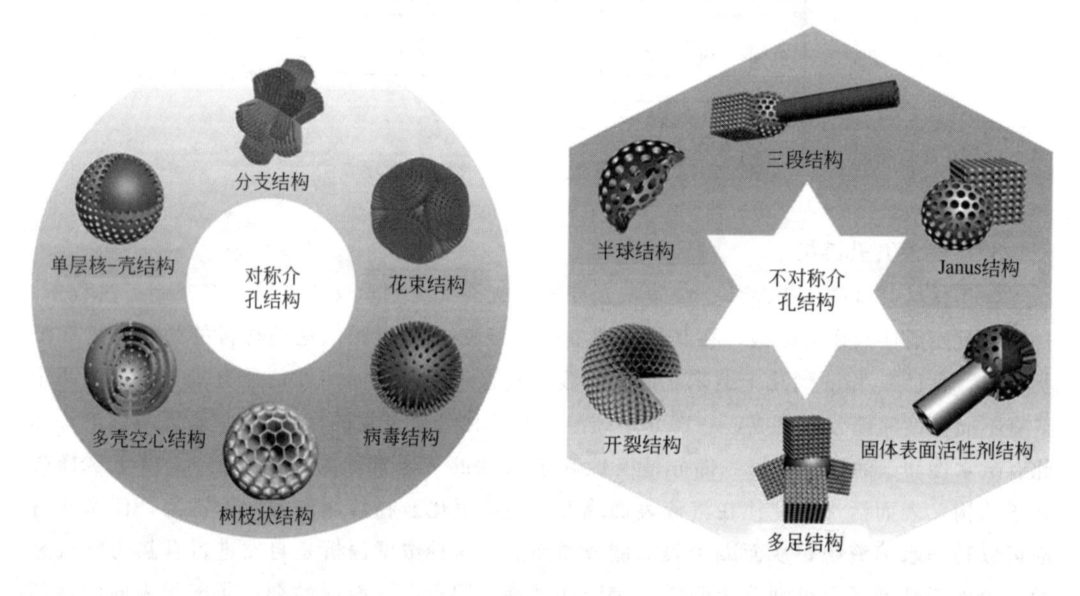

图 5-8　界面组装策略制备对称和不对称结构的介孔纳米材料[10]（经 ACS 许可转载）

5.1.3.2 无序介孔结构

介孔结构可以通过各种不同方法得到，其中包括滤取相分离玻璃、在酸性电解质中薄金属箔的阳极氧化、辐射径迹蚀刻和溶胶-凝胶工艺等。在本节中，将集中讨论溶胶-凝胶衍生介孔材料。根据干燥过程中去除溶剂的应用条件，可得到两种类型的介孔材料：一种是干凝胶，在室温条件下去除溶剂；另一种是气凝胶，是指具有非常高孔隙率和比表面积的介孔材料。凝胶网络通常在湿凝胶老化一段时间后得到增强，使溶剂的温度和压力在高压容器中达到超临界点以上，进而从凝胶网络中去除溶剂。在超临界点以上，固体和液体之间的差别消失，这样毛细力不再存在。其结果是，凝胶网络的高孔隙结构得以保留。这样制备的气凝胶的孔隙率可高达 99%，而比表面积超过 $1000m^2/g$。超临界干燥过程包括在温度和压力都高于溶剂临界点的压力容器中加热湿凝胶，以及在保持温度高于临界点的条件下通过减小压力而缓慢排除液相的过程。在溶胶-凝胶工艺中，经过水解和缩合反应，前驱体分子会形成纳米团簇。随着老化的进行，纳米团簇形成由溶剂和固体的三维渗透网络所构成的凝胶。干燥过程中溶剂被去除时网络的坍塌会降低孔隙率和比表面积。然而该过程一般不会导致致密结构的形成。这是因为凝胶网络的坍塌将促进表面凝结并造成凝胶网络的强化。当凝胶网络强度达到足以抵御毛细力的作用时，凝胶网络的坍塌将停止，孔隙将被保留下来。尽管在动力学和凝胶网络强度上存在明显差异，在溶胶经过老化变成凝胶以及凝胶化之前，溶剂蒸发形成膜时也会发生类似的过程。

所有利用溶胶-凝胶工艺合成为湿凝胶的材料，都可以通过超临界干燥形成气凝胶。为了降低超临界条件所需要的温度和压力，溶剂交换得到了广泛应用。高孔隙结构也可采用环境干燥得到。有两种方法可以防止凝胶网络原始孔隙结构的坍塌：①消除毛细力，这是利用超临界干燥的基本概念，已在前面讨论过；②控制凝胶网络的大毛细力和小机械强度之间的不平衡，这样可以在去除溶剂时使凝胶网络强大到足以抵抗毛细力。有机成分被纳入无机凝胶网络，以改变氧化硅凝胶网络的表面化学性质，从而最大限度地减少毛细力和防止凝胶网络的坍塌。有机成分可以通过与有机前驱体中的有机组元的共聚合作用被引入，或通过溶剂交换的自组装过程被引入。有机成分被纳入到氧化硅凝胶网络形成环境条件下的高孔隙氧化硅，其孔隙率为75%或更高，比表面积为1000m^2/g。

5.1.3.3 晶态微孔材料沸石

沸石是晶态硅酸铝，最早发现于1756年。现有34种天然沸石和近100种合成沸石。沸石具有孔隙分子尺度均匀的三维框架结构，典型孔径为0.3～1nm，孔体积在0.1～0.35cm^3/g范围。沸石具有广泛的应用，如用做催化剂、吸附剂和分子筛。沸石成分为$M_{2/n}O \cdot Al_2O_3 \cdot xSiO_2 \cdot yH_2O$（$n$为移动阳离子的价态，$M^{n+}$；$x \geqslant 2$），它们由$TO_4$四面体（T为四面体原子，即Si、Al）组成，每一个氧原子接触相邻的四面体，从而导致所有沸石框架内O/T比等于2。空间框架由4角连接TO_4四面体而构成。当沸石由无缺陷纯二氧化硅制得时，顶角处的每个氧原子由2个SiO_4四面体所共有，电荷保持平衡。当硅被铝取代时，碱金属离子（如K^+、Na^+）、碱土金属离子（如Ba^{2+}、Ca^{2+}）以及质子H^+通常被引入以保持电荷平衡。这样形成的框架相对开放，其特点是存在通道和腔体。孔隙尺寸和通道系统维度是由TO_4四面体的排列所决定的。更具体地说，孔隙大小取决于环的尺寸，环是连接不同数目的TO_4四面体或T原子组成的。一个8-环指定为由8个TO_4四面体所组成的环而且是小孔开口（直径为0.41nm），两个10-环为中等环（0.55nm），而一个12-环为大环（0.74nm），环可以自由弯曲。根据不同环的连接或排列，形成不同的结构或孔隙开口，如笼、通道、链和薄片等，用于笼的系统命名法也可用于描述通道、链和薄片。图5-9表示一些亚单元，它们中间每个交叉点代表一个TO_4四面体，不同框架的形成取决于各亚单元的堆积和/或积次序。

沸石通常采用水热合成技术来制备。典型的合成过程包括使用水、氧化硅源、氧化铝源、矿化剂和结构导向剂。氧化硅的来源很多，包括硅胶、烟雾硅胶、沉淀二氧化硅、硅醇盐等。常见的铝来源包括钠铝酸钠、一水软铝石、氢氧化铝、硝酸铝和矾土等。常见的矿化剂是羟基离子OH^-和氟离子F^-。结构导向剂是可溶性有机物（如季铵离子），它有助于形

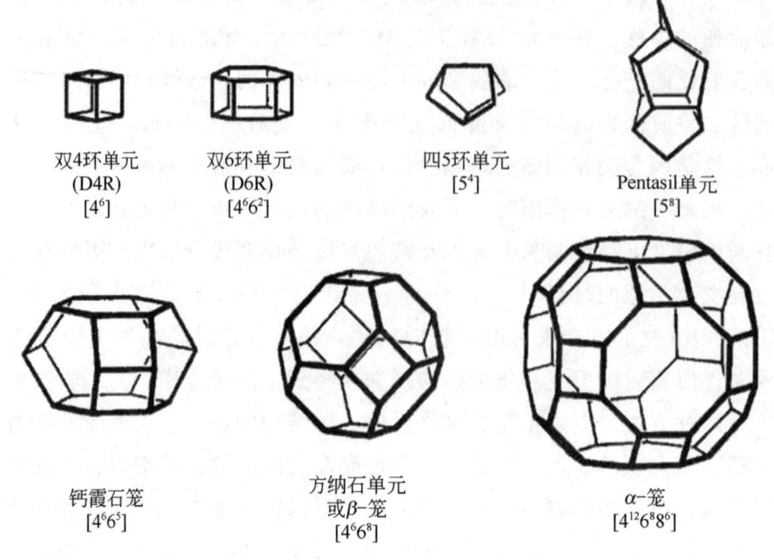

图 5-9 几种沸石框架类型中的亚单元和笼结构

成二氧化硅框架并最终驻留在晶内空隙中。碱金属离子也可以在结晶过程中发挥结构导向作用。合成物对试剂类型、添加顺序、结晶温度、混合程度、时间和成分等因素敏感。

5.2 一维纳米材料的制备

5.2.1 一维纳米材料概述

一维纳米结构有各种各样的名称，包括晶须、光纤或小纤维、纳米线和纳米棒。在许多情况下，纳米管也被认为是一维纳米结构。一维结构的不同术语可交替使用[9]。由于具有高纵横比，能够以少量材料构建导电渗透网络的同时保持高光电性能，一维纳米材料正被广泛用于设计新型可穿戴半导体器件、传感器和能源器件。同时，一维纳米结构比相应的块体材料或球状纳米粒子具有更好的机械弹性，这是设计电子皮肤材料、避免材料分层和/或开裂的关键要求。

5.2.2 典型一维碳纳米管的制备

碳纳米管发现于电弧法生产的碳纤维中，按照管子的层数不同，其分为单壁碳纳米管和多壁碳纳米管。独特的物理化学性质使得碳纳米管在场发射、分子电子器件、复合材料增强剂、催化剂载体等领域有着广泛的应用前景。碳纳米管的制备是对其开展研究与应用的前提。获得管径均匀、高纯度、结构完美的碳纳米管是研究其性能和应用的基础，而大批量、低成本的合成工艺是碳纳米管能否实现工业应用的保证[8]。常用的制备单壁碳纳米管的方法包括石墨电弧法、化学气相沉积法（又称催化裂解法）和激光蒸发法。制备多壁碳纳米管的方法和单壁碳纳米管相同。使用溶胶-凝胶技术和催化裂解碳氢化合物方法可以制备出超长

（可达 2mm）定向多壁碳纳米管。

高质量碳纳米管的均匀分散对于生产大面积、高导电性器件至关重要。通过在含氟共聚物基体中加入离子液体形成化学稳定的掺杂剂，可以获得均匀分散的碳纳米管糊。由于所得到的单壁碳纳米管橡胶复合材料的黏度增加，通过使用喷射铣削工艺可以对这些碳纳米管糊进行进一步改性，使其与直接打印技术兼容。在软基板上直接沉积随机分布的碳纳米管薄膜是一种实现可拉伸性的方法，可通过溶液处理技术或化学气相沉积技术来实现。水平排列的碳纳米管带可以直接从垂直生长的碳纳米管森林中提取，后者通常使用化学气相沉积（CVD）生长。单向带超薄（数十纳米）、极轻、透明且导电，具有使用卷对卷进行大面积制造的潜力。

为构建纳米集成系统，对纳米结构需要进行自由排列。使用化学气相沉积方法可以直接在 Si/SiO_2 基底上自组织生长具有预定取向的碳纳米管，形成规则的空间排列，碳纳米管优先垂直于基底，同时可按光刻形成的图案选择性形核生长，实现可控生长。基于可伸缩碳纳米管的电子器件可以通过将纳米管分散到聚合物基体中形成碳纳米管/弹性体复合材料，或者直接将碳纳米管薄膜沉积到可伸缩衬底上，通过排列碳纳米管可以进一步优化器件性能。

5.2.3 模板合成

基于模板合成可制备纳米棒和纳米线以及聚合物、金属、半导体和氧化物的纳米管。最常用和商业化的模板是阳极氧化铝膜和辐射径迹蚀刻聚合物膜。在硫酸、草酸或磷酸溶液中，阳极氧化铝的薄片可制得均匀和平行的多孔结构氧化铝膜。其他纳米通道阵列玻璃、辐射径迹蚀刻云母和介孔材料、电化学腐蚀硅晶圆得到的多孔硅、沸石和碳纳米管隔膜也可用作模板。

5.2.3.1 电化学沉积

电化学沉积即电解造成电极上固体物质的沉积，主要包括外场作用下带电生长物质在溶液中的定向扩散和带电生长物质在生长或沉积表面上的还原过程，这个表面也作为电极。电化学沉积制备金属、半导体和导电材料纳米线是一种自蔓延的生长过程。由于纳米线尖端和相反电极之间的距离比两个电极间的距离更短，因此电场和电流密度都很大，生长物质更有可能沉积到纳米线尖端，一旦小波动形成小棒，就会形成纳米线的连续生长。然而该方法很难控制生长，难以应用到实际纳米线的合成中，因此电化学沉积法纳米线的生长需要理想孔道的模板。通过表面活性剂模板化的蒸发诱导自组装过程可实现高度有序介孔结构二氧化硅纳米线的制备，然后使用电化学沉积将其他材料回填到介孔二氧化硅中的空隙空间，最后用选择性化学蚀刻从周围的氧化物基质中去除沉积材料。

电化学沉积广泛用于制备金属涂层，这个过程也被称为电镀。电化学沉积法也可制备中空金属纳米管。模板的孔壁首先需要化学衍生化，使金属优先沉积到孔壁而不是电极底部。这样的孔壁表面化学特性可以通过固定硅烷分子来实现。例如，阳极氧化铝模板的微孔表面用氰基硅烷覆盖，随后电化学沉积生长金纳米管。当沉积限于模板膜的微孔内部时，就产生了纳米复合材料；如果去除模板膜，则形成纳米棒或纳米线。

化学电解过程也用于制备纳米线或纳米棒。化学镀层实际上是一种化学沉积，利用化学试剂从周围相中镀一层材料到模板表面。电化学沉积和化学沉积最大的差异是，前者沉积始于电极底部，沉积材料必须导电，而后者并不要求导电的沉积材料，沉积从孔壁开始并向内进行。因此，一般来说电化学沉积导致导电材料形成实纳米棒或纳米线，而化学沉积往往生长出中空纤维或纳米管。纳米棒或纳米线的长度通过沉积时间来控制，而纳米管的长度则完全依赖于沉积孔道或微孔长度，往往与模板厚度相同。沉积时间的变化会导致不同的纳米管管壁厚度，沉积时间的增加产生厚壁纳米管，延长沉积时间可能形成实纳米棒。但是延长沉积时间并不能完全保证形成实纳米棒，例如即使延长聚合时间聚苯胺管也不能闭合。与实金属纳米棒或纳米线相比较，使用电化学沉积可形成一般聚合物纳米管[11]。在模板微孔内部聚合物的沉积或凝固始于表面并向内进行。

超声辅助模板电沉积法是一种合成单晶纳米棒阵列的有效方法。如使用的电解液为溶解于去离子水的 $Na_2S_2O_4$ 和 $CuSO_4$ 溶液。酒石酸用于保持溶液的 pH 值低于 2.5。液态 GaIn 作为工作电极，Pt 螺旋棒作为对电极。CuS 的电沉积在恒电压下进行，电化学沉积槽全部沉积在装有水的超声振荡器中，显著的高电流意味着电解液中物质传输过程的阻力低。利用这种方法合成了直径范围在 50～200nm、化学计量成分为 Cu∶S＝1∶1 的单晶 p 型半导体硫化铜纳米棒阵列。

5.2.3.2 电泳沉积

电泳沉积法已经得到了广泛研究，特别是在胶态分散体中陶瓷和有机陶瓷材料的阴极薄膜沉积。不同于电化学沉积的是，电泳沉积法沉积物不需要导电，小粒子周围的溶质进行扩散，大粒子周围的溶质将沉积［图 5-10（a）］。其次，胶态分散体中的纳米粒子通常由静电或静电-空间机制来稳定。在溶剂或溶液里，带电表面将通过静电引力吸引带有相反电荷的物质（通常称为抗衡离子）。静电力、布朗运动和渗透力的结合将导致双电层结构的形成，抗衡离子浓度随着与粒子表面距离的增大而逐渐减小，而正电荷离子浓度逐渐增加，电势随距离的增大而减小［图 5-10（b）］。对胶态体系或者溶胶施加外电场，带电纳米粒子或者纳米团簇响应电场而产生运动，而抗衡粒子向相反的方向运动，即电泳［图 5.10（c）］。Wang 等利用电泳沉积由胶体溶胶形成 ZnO 纳米棒。ZnO 胶体制备是利用 NaOH 水解乙酸锌酒精溶液并添加少量硝酸锌作为黏合剂。在 10～400V 的电压下，这种溶液沉积到阳极氧化铝模板的微孔中。在低电压形成致密的实心纳米棒，而较高电压导致空心管的形成。提出的机制为高电压引起阳极氧化铝介质击穿，使其成为和阴极一样的带电体。ZnO 纳米粒子和孔壁之间的静电吸引导致管的形成。

5.2.3.3 模板填充

直接填充法是合成纳米线和纳米管最简单通用的方法。常见的是将液态前驱体或前驱体混合物填充到微孔中。模板填充需要保证孔壁有良好润湿性，而且模板材料应当是化学惰性的。最后，凝固过程中需要控制收缩。若要形成中空纳米管，填充材料和孔壁之间的黏结力应较强或凝固始于界面并向里面进行。若要形成实心纳米棒，一般情况下黏结力应很弱或凝固始于中心，或从孔的末端均匀进行。模板填充主要包括胶态分散体填充、熔融和溶液填充、化学气相沉积、离心沉积四种。

胶态分散体填充是利用适当的溶胶-凝胶工艺制备胶态分散体，把模板在稳定的溶胶中放置一段时间。当模板微孔表面进行适当改性对溶胶有良好的润湿性时，毛细力驱动溶胶进

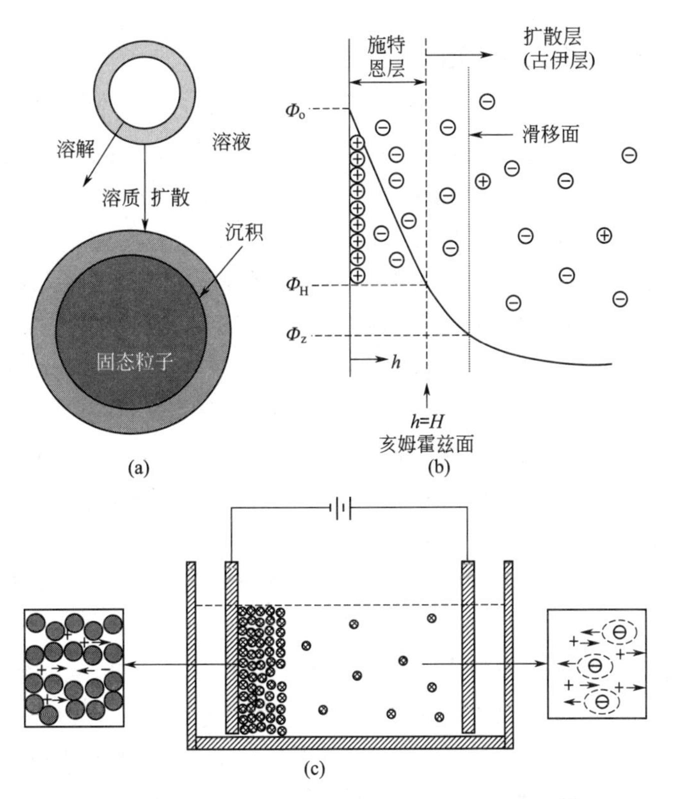

图 5-10 电泳沉积制备纳米材料的原理与过程[9]

（a）陈化过程；（b）固态表面双电层结构；（c）电泳示意图

入毛孔。在微孔充满溶胶后，从溶胶中抽出模板，在高温处理前进行干燥。熔融和溶液填充是指金属纳米线可以通过在模板中填充熔融金属来合成。一个例子是通过压力注射熔融的铋金属进入到阳极氧化铝模板的纳米孔道中来制备铋纳米线。利用化学气相沉积（CVD）可以合成纳米线，离心力辅助模板填充纳米团簇是另外一种廉价的大量生产纳米棒阵列的方法。此外，纳米棒或纳米线也可以使用可消耗的模板来合成。使用模板定向反应可以合成或制备化合物纳米线。首先制备出由组成元素构成的纳米线或纳米棒，然后与含有所需元素的化学药品反应，形成最终产品。

5.3 二维纳米薄膜的制备

5.3.1 二维纳米薄膜概述

薄膜沉积在近一个世纪以来成为广泛研究的主题，并且形成和改进了很多制备薄膜的方法。本节将对薄膜生长的基本原理和薄膜沉积的典型成熟方法进行简要介绍。薄膜生长方法通常分为气相沉积和基于液相的生长两类。薄膜沉积主要包括非均匀化学反应、蒸发、生长表面上的吸附和脱附、非均匀形核和表面生长，大多数是在真空条件下进行的[9]。

5.3.2 二维纳米薄膜生长的原理

薄膜生长包含基体和生长表面上的形核和长大过程，形核过程在很大程度上决定最终薄膜的结晶度和微观结构，纳米级厚度的薄膜沉积中，初始形核过程尤为重要。此外，薄膜与基体的相互作用在决定最初形核和薄膜生长中起到非常重要的作用。大量的实验观察发现存在三种基本的形核模式（图 5-11）：

① 岛状或福尔默-韦伯（Volmer-Weber）生长。岛状生长发生在生长物质彼此间的结合力大于其与基体间的结合力时。绝缘体如碱卤化物、石墨、云母基体上的许多金属体系，在薄膜初始沉积时就表现为这种类型，后续生长导致岛状薄膜合并形成连续薄膜。

② 层状或弗兰克-范德米为（Frank-van der Merwe）生长。层状生长与岛状生长相反，即生长物质与基体间的结合力远大于生长物质间的结合力。第一层完整的单层薄膜在第二层沉积之前就已形成。层状生长模式最重要的例子就是外延生长单晶薄膜，无论是均相外延生长还是非均相外延生长。均相外延生长是基体的简单延伸，这样实际上基体与沉积薄膜之间不存在界面，也没有形核过程。尽管沉积物与基体有不同的化学组成，但生长物质依然与基体完美地结合在一起。化学组成不同，沉积物与基体晶格常数也会不同，进而导致在沉积物中产生应力，而应力又是导致岛-层状生长的常见原因之一。

③ 岛-层状或斯特兰斯基-克拉斯托努夫（Stranski-Krastonov）生长。岛-层状生长是居于岛状和层状生长之间的一种生长模式。这种生长模式通常与原位应力相关，在晶核或薄膜形成时出现。最初的沉积可能按照层状生长模式进行。当沉积物与基体的晶格不匹配时，沉积产生弹性应变，同时形成应变能。随着沉积层数的增加，更多的应力和应变能产生。假定没有塑性弛豫的话，这种应变能与沉积物的量成比例。

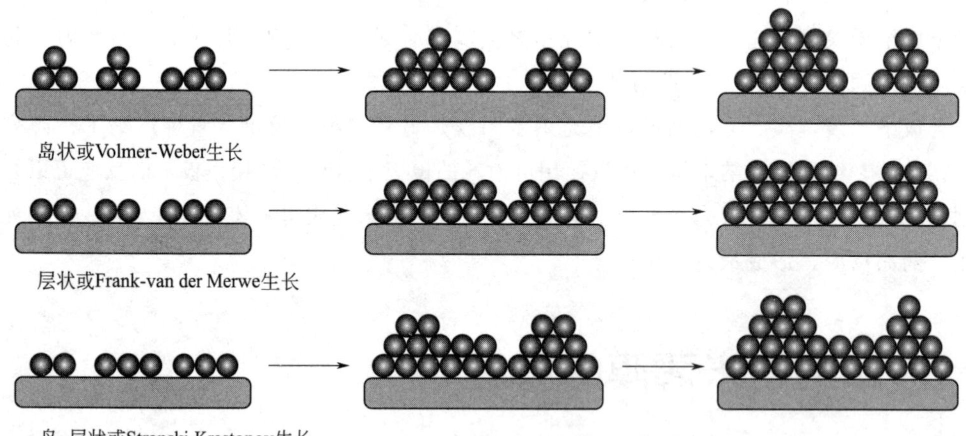

图 5-11　薄膜生长初期形核的三种基本模式

无论是单晶、多晶还是非晶的沉积，都取决于沉积条件和基体。沉积温度和生长物质的碰撞速率是两个最重要因素，归纳如下。

单晶薄膜的生长条件最为苛刻，首先是需要保证基体严格的晶格匹配，其次是基体的表面清洁，以防止二次形核。此外，为了确保生长物质具有足够的迁移率，生长温度需要足够高。若生长温度低，生长物质没有足够的表面迁移率，非晶薄膜沉积就会发生。多晶薄膜的生长条件介于非晶薄膜沉积和单晶生长之间。一般情况下沉积温度要适中，以确保沉积物质具有合理的表面迁移率及适当高的沉积物质的碰撞速率。

外延生长是单晶基体或种籽顶部单晶体的形成或生长。外延生长可以划分为均相外延和非均相外延。均相外延是在同种材料基体上生长薄膜，主要用于高质量薄膜的制备或者在生长薄膜中引入掺杂剂。非均相外延生长中，薄膜和基体材料不同。均相与非均相外延生长薄膜的最明显区别之一就是薄膜与基体之间的晶格匹配。均相外延生长时薄膜与基体间没有晶格失配。相反，非均相外延生长时薄膜与基体间会出现晶格失配。应变能随膜厚增加而增大。无论是在基体与薄膜间错配相对较小而产生应变，还是错配很大形成位错，都会有应变能产生。图 5-12 是晶格匹配的均相外延生长薄膜和基体，以及应变和弛豫非均相外延结构示意图。

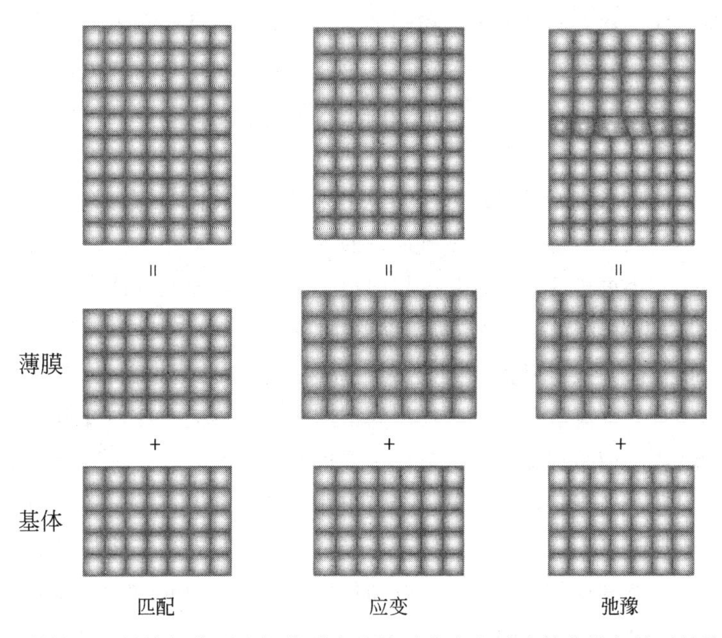

图 5-12　晶格匹配的均相外延生长薄膜和基体及应变和弛豫的非均相外延结构示意图

5.3.3 二维纳米薄膜的制备方法

5.3.3.1 物理气相沉积

物理气相沉积（physical vapor deposition，PVD）中，生长物质从源或靶材向基体转移并在基体沉积形成薄膜，该过程是原子的传递，通常没有化学反应的发生，沉积厚度可横跨零点几纳米到几毫米，通常可划为蒸发和溅射。在蒸发过程中，生长物质通过加热的方法从源中转移出去。在溅射过程中，原子或分子通过气态离子（等离子体）的轰击从固态靶材中转移出去。

蒸发是最简单的沉积方法，也被证实是最为实用的沉积简单薄膜的方法。通过简单加热原料使其温度升高，可以产生所期望的原材料蒸气压，气中的生长物浓度也可以通过改变源的温度和载气流量来控制。

分子束外延（molecular beam epitaxy，MBE）是在超高真空（10^{-10} Torr[1]）下控制多源蒸发，可视为单晶薄膜生长的一种特殊蒸发方法。除了超高真空系统以外，MBE 通常还有实时表征结构和化学性质的能力，包括反射高能电子衍射（reflection high energy electron diffraction，RHEED）、俄歇电子能谱（Auger electron spectroscopy）、X 射线光电子能谱（X-ray photoelectron spectroscopy）。其他分析设备也可以设置在沉积室或者独立的分析室中，生长的薄膜可以从生长室转移到分析室而不暴露到周围环境中。在 MBE 中，从单源或者多源中蒸发出来的原子或分子，在低气压下无法在气相中彼此间相互作用。大多数分子束由加热置于源容器的固态材料产生，这种容器称为泻流室或克努森容器，许多泻流室与基板呈放射状排布。源材料普遍通过电阻加热升温到所需要的温度。原子或分子的平均自由程（约 100 m）远远超过沉积室中蒸发源与基板间的距离（一般约为 30cm）。原子或分子撞击到单晶基体上导致薄膜的外延生长。极端清洁环境、缓慢生长速率和独立控制各源材料蒸发以确保在单原子层次上精确制备纳米结构和纳米材料。超高真空环境能够消除杂质和污染，更容易获得高纯薄膜。独立地控制各种源材料蒸发，使得在确定时间内精确控制沉积物的化学成分成为可能。缓慢的生长速率保障足够的表面扩散和弛豫，因此可以将任何晶体缺陷的形成保持在最低水平。

溅射是利用高能离子将原子（或分子）从靶材中轰击出来，然后将其沉积到基体表面上。尽管已经有不同的溅射技术，但溅射过程的基本原理基本相同。以直流放电为例，在一个典型的溅射室中作为电极的靶材和基体相向放置。将一种惰性气体（通常为氩气）以几毫托到 100mTorr 的气压引入到系统中，用于引发和维持放电过程。引入几千 V/cm 的电场或直流电压作用于电极时，在电极间引燃电弧并持续下去。匹配电路的自由电子将被电场加速，获得足够的能量并电离氩气原子。气体的密度或压力不能太低，否则电子不会与气相中的氩气原子发生碰撞，而是直接撞击到阳极上；也不能太高，否则电子就不会在撞击气态原子并使其电离的过程中获得足够的能量。在放电中形成的正离子 Ar^+ 轰击阴极（靶材），通过动量转移将中性靶原子喷射出来。这些原子经过放电沉积到生长薄膜的基体上。除生长物质之外，如中性原子、其他负电荷物质在电场作用下也会对基体和生长薄膜表面进行轰击。绝缘薄膜的沉积是在两个电极之间加一个交变电场产生等离子，常用的射频频率范围在 5～30MHz 之间（一般为 13.56MHz）。射频溅射的关键是靶材自偏压为负电位，与直流靶材的行为相似。这种负值靶材自偏压是电子比离子更易运动和难于伴随电场周期性变化的结果。为了防止同时溅射生长薄膜或基体，溅射靶材必须是绝缘体并且与射频发生器是电容性耦合，这种电容具有较低射频阻抗并允许在电极上形成一个直流偏压。

蒸发和溅射的主要区别有：①沉积时蒸发的气压低，其范围一般为 10^{-10}～10^{-3} Torr；而溅射需要相对高的气压，通常约为 100mTorr。在蒸发室里面，分子或者原子彼此间不发生碰撞，而溅射过程中分子或者原子在到达生长表面之前彼此间会发生碰撞。②蒸发可以用热力学平衡来描述，而溅射不能。③蒸发过程中生长表面没有活性，而溅射过程中因为生长表面持续不断地受到电子轰击，因而是高能量状态。④蒸发制备的薄膜由大晶粒组成，而溅射制得的薄膜由较小晶粒组成并与基板有较好的结合。

---

[1] 1Torr＝133.3224Pa。

5.3.3.2 化学气相沉积

化学气相沉积（chemical vapor deposition，CVD）中，沉积的挥发性化合物材料与其他气体进行化学反应，产生非挥发性的固体在平面基体上以原子层次进行沉积。典型的化学反应可以分为以下几类：热解、还原、氧化、化合物形成、歧化反应和可逆转化，归纳于表 5-2。它们取决于所使用的前驱体和沉积条件。

表 5-2 典型的化学反应

反应类型	化学反应
高温热解或者热分解	$SiH_4(g) \longrightarrow Si(s)+2H_2(g)$，650℃
	$Ni(CO)_4(g) \longrightarrow Ni(s)+4CO(g)$，180℃
还原反应	$SiCl_4(g)+2H_2(g) \longrightarrow Si(s)+4HCl(g)$，1200℃
	$WF_6(g)+3H_2(g) \longrightarrow W(s)+6HF(g)$，300℃
氧化反应	$SiH_4(g)+O_2(g) \longrightarrow SiO_2(s)+2H_2(g)$，450℃
	$4PH_3(g)+5O_2(g) \longrightarrow 2P_2O_5(s)+6H_2(g)$，450℃
化合物形成	$SiCl_4(g)+CH_4(g) \longrightarrow SiC(s)+4HCl(g)$，1400℃
	$TiCl_4(g)+CH_4(g) \longrightarrow TiC(s)+4HCl(g)$，1000℃
歧化反应	$2GeI_2(g) \longrightarrow Ge(s)+GeI_4(g)$，300℃
可逆转化	$As_4(g)+As_2(g)+6GaCl(g)+3H_2(g) \longrightarrow 6GaAs(s)+6HCl(g)$，750℃

由于使用的前驱体类型、沉积条件和为激活所需要的化学反应而引入系统的能量形式不同，出现了多种方法和反应器。例如：当有机金属化合物作为前驱体时，这个过程通常称为有机金属 CVD（即 MOCVD）；当等离子体用于促进化学反应时，称为等离子体增强 CVD（即 PECVD）。还有许多其他改进的 CVD 方法，如低压 CVD（LPCVD）、激光增强 CVD 或激光辅助 CVD 以及气溶胶辅助 CVD。反应器一般分为热壁和冷壁，加热过程由反应器周围的电阻元件完成。

此外还可以用气态前驱体在高度多孔的基体或者多孔介质内部沉积固相材料。两种最重要的沉积方法是电化学气相沉积（EVD）和化学气相渗透（CVI）。

EVD 是在多孔基体上制备致密固态电解质膜的方法。研究最多的体系是在多孔氧化铝基体上沉积钇稳定的二氧化锆薄膜，用于固态氧化物燃料电池以及作为致密膜。在生长固态氧化物电解质膜的 EVD 工艺中，多孔基体用来隔离金属前驱体和氧源。通常情况下氯化物用作金属前驱体，而水蒸气、氧气、空气或它们的混合物作为氧的来源。最初，在基体微孔中这两种反应物相互扩散，只有当它们彼此遇到时反应沉积成相应的固态氧化物。当适当控制沉积条件时，固态沉积物在朝向金属前驱体的那一面的微孔入口处形成，并堵塞微孔。固态沉积物的位置主要取决于微孔内反应物的扩散速率以及沉积室内反应物的浓度。在通常的沉积条件下，扩散速率与微孔内反应物分子的分子量的平方根成反比。氧前驱体扩散远快于金属前驱体，因此沉积通常发生在朝向金属前驱体的微毛入口处附近。如果沉积的固体是绝缘体，由于两种反应物之间不再有直接的反应，在微孔被沉积物堵塞时 CVD 沉积过程停止。对于固态电解质，尤其是离子-电子混合导体，沉积过程将会通过 EVD 继续进行，薄膜可以在表面上生长。

CVI涉及多孔介质上固态产物的沉积，CVI的首要关注点是填充多孔石墨和纤维网中的空隙，并制备为碳-碳复合材料。为了缩短沉积时间并实现均匀沉积，开发了以下各种CVI技术用于渗透多孔基体：等温和等压渗透、热梯度渗透、压力梯度渗透、强制流动渗透、脉冲渗透、等离子体增强渗透。各种碳氢化合物已经用作CVI的前驱体，常用的沉积温度在850～1100℃范围，由于较低的化学反应能力和气体扩散进入到多孔介质中，沉积时间比较长（10～70h）。此外，随着多孔基体内部固体沉积物的增多，气体扩散将逐步变慢。为了增强气体扩散，引入了多种技术，其中包括强迫流动、热梯度和压力梯度。等离子体用于提高反应活性，然而在表面附近优先沉积导致了不均匀填充。

5.3.3.3 LB薄膜

朗缪尔-布洛杰特（Langmuir-Blodgett，LB）膜是指两性分子（一端亲水，优先浸入水中；一端疏水，优先存在于空气或非极性溶剂中）从气-液界面转移到固体基体上形成的单层和多层膜，形成LB膜的这一过程称为LB技术。Langmuir首次系统地研究了在水-空气界面处的两性分子单层膜，第一个研究了长链羧酸在固体基体上沉积多层膜。两性分子一端亲水一端疏水的特性使其容易处于界面处，例如空气-水或水-油之间，也被称为表面活性剂。亲水端强度和烷基链长度的平衡决定了两性分子在水中的溶解度。亲水端强度太弱，则无法形成LB膜；强度太强的话两性分子就易溶于水而无法形成一个单分子层。当可溶性两性分子的浓度超过其临界胶束浓度时，可能会在水中形成胶束。

大多数LB膜的沉积需要在亲水基体上通过回缩模式转移单分子层，最常用的基体是具有二氧化硅表面的硅片，其他具有氧化表面的金属也可作为基体。基体表面的洁净度和有机两性分子的纯度是高品质LB膜获取的关键。

图5-13（a）展示了朗缪尔薄膜的形成，含有双性分子挥发性溶剂的溶液在水槽的水-空气界面上展开。通常用两种方法将单分子层从水-空气界面转移到固体基体上，更传统的方法是垂直沉积［图5-13（b）］。当基体穿过水-空气界面的单分子层时，单分子层在脱出（回缩或上升）或浸入（浸泡或下沉）过程中被转移。当亲水端与亲水性表面发生相互作用时，基体缩回时单分子层发生转移。如果基体表面为疏水性的，基体与疏水烷基链作用时单分子层的转移发生在基体浸入时。如果沉积过程发生在亲水性的基体上时，在第一次单分子层转移后它将变成疏水性，因此在基板浸入时会发生第二次单分子层的转移，重复这一过程就可以合成多层薄膜。

构造LB多层结构的另一种方法是水平提升，也称为谢弗（Schaefer）法［图5-13（c）］。首先在水-空气界面上形成扁平的单分子层，当水平放置基体于单层薄膜上，提起基体与水面分离时，单分子层的转移就会发生。这种水平提升的方法在沉积非常刚性的薄膜时效果较好。

5.3.3.4 自组装法

自组装是指分子或者小单元（如小颗粒）在受到化学反应、静电吸引和毛细力等外力的影响下自发发生的有序排列。自组装单分子膜是通过将适合的基体浸入到含有表面活性剂的有机溶液中制得的。通常情况下，邻近层的组装分子间、分子和基体表面间会形成化学键，此处使自组装过程进行的主要驱动力是总化学势的减少。自组装表面活性剂分子一般分

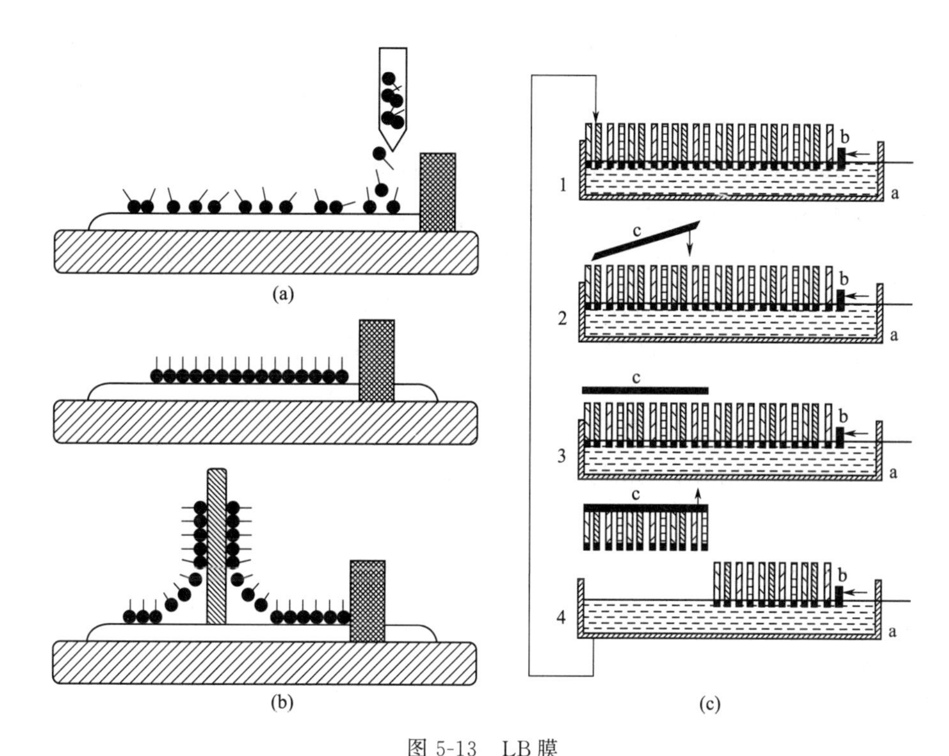

图 5-13　LB 膜

（a）朗缪尔薄膜形成示意图；（b）垂直沉积法在基体上形成 LB 膜；（c）谢弗法沉积非常刚性的薄膜

为三个部分（图 5-14）。第一部分首基，通过基体表面上的化学吸附提供了大部分放热过程。第二部分是烷基链，放出的热能与链间的范德瓦耳斯力、静电相互作用相关，比首基-基体间的化学吸附释放出的能量要小一个数量级。第三部分是链端官能团，在室温下是热无序的。自组装最重要的过程是化学吸附，相关能量为数十千卡每摩（例如金表面的硫醇盐的能量为约 40～45kcal/mol❶）。自组装的驱动力包括静电力、疏水性和亲水性、毛细力和化学吸附。

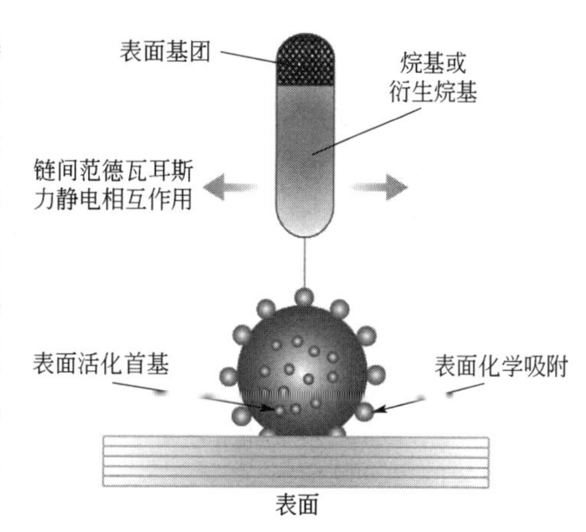

图 5-14　典型的自组装表面活性剂分子

自组装中一个被广泛研究的重要应用是在无机材料中引入各种所期望的官能团和表面化学。在合成和制备纳米结构和纳米材料中，特别是核-壳结构，自组装有机单分子膜广泛应用于将不同的材料连接在一起。

有机硅单分子层或硅烷衍生物通过硅烷衍生物与表面羟基化的基体（如 SiO_2、TiO_2）之间的反应，单分子层很容易形成。而能否形成一个完整单层取决于基体，或者是单层分子和基体表面之间的相互作用。具有一个以上氯或烷氧基的硅烷在表面聚合时通常会有意地增加水分，使相邻分子间形成 Si—O—Si 键。

❶　1kcal/mol＝4.1868×10^3J/mol。

使用自组装薄膜的一个最终目标是构造含有官能团的多层膜，使其在层-层生长时具有有益的物理性能。这些功能基团包括电子施主或电子受主基团、非线性光学载色体、未成对自旋的一部分。构造一个自组装多层膜时需要将单分子层表面改性为羟基化表面，从而通过表面凝结形成另一个自组装单层。这种羟基化表面可以通过化学反应和非极性端基转换为羟基来得到，如表面酯基团的还原、受保护表面羟基的水解、终端双键的硼氢化-氧化反应。氧等离子体刻蚀后，将其浸入到去离子水中也可以有效地使表面羟基化。按照相同的自组装程序，在活化的或者羟基化的单层上增加后续的单层，重复这个过程就可以构建多层膜。在构建多层膜的过程中，随着薄膜厚度的增加，自组装单层的质量可能会迅速下降。

硫化合物可以与金、银、铜和铂的表面形成强化学键。当一个新鲜、清洁、亲水的金基体浸入到溶于有机溶剂的有机硫化物的稀溶液中，将会形成密堆积及取向的单层膜。然而，对于烷基硫醇，浸泡时间可以从几分钟变化到几小时不等，对于硫化物和二硫化物的浸泡时间甚至长达数天。选择溶剂的一个重要考虑因素是烷基硫醇衍生物的溶解度，在形成烷基硫醇单分子层时溶剂的影响可以忽略，乙醇、四氢呋喃、乙腈等不具有可进入二维体系趋势的溶剂使用较多。

羧酸、胺、乙醇的单分子层，长链脂肪酸在氧化物和金属基体上的自发吸附和自排列是另一个广泛研究的自组装体系。最常用的基团包括—COOH、—OH 和—NH_2，它们首先在溶液中离子化，然后与基体形成离子键。除了链间的范德瓦耳斯力和静电相互作用外，烷基链可能会为首基基团的较好排列提供空间，在自组装过程中形成密堆自组装单层或限制堆积和有序化，这取决于烷基链的分子结构。自组装单分子层已经被研发用于表面化学改性、在表面上引入官能团、构造多层结构；也被用于提高界面处的黏附力，各种官能团也可以被纳入或部分取代表面活性剂分子中的烷基链；还被用于合成和制备硅烷基团连接氧化物和胺连接金属的核-壳型纳米结构。自组装是薄膜合成的一种湿化学路线，主要是有机或无机-有机混合薄膜。这种方法通常用于形成单分子层的表面改性，称为自组装单分子层（SAM）法。这种方法也被应用于组装纳米结构材料，如将纳米粒子组装成宏观尺度的有序结构（如阵列或光子带隙晶体）。可以说，所有材料形成中的自发生长过程都可视为自组装过程，按自组装更传统的定义来讲，生长物质通常为分子，然而纳米粒子甚至微米尺寸的粒子也可作为自组装的生长物质。

5.3.3.5 溶胶-凝胶法

前面已讨论了使用溶胶-凝胶工艺制备纳米粒子和纳米棒，对于生产二维薄膜而言，在溶胶-凝胶转变或凝胶化之前，溶胶是溶剂中高度稀释的纳米团簇悬浮体，溶胶-凝胶薄膜通常由溶胶涂覆到基体上而得到。将液体涂覆到基体上取决于溶液黏度、所需涂层厚度和涂覆速度。旋涂法和浸涂法是溶胶-凝胶法沉积薄膜中最常用的方法，此外还有喷涂法和超声喷雾法。在浸涂法中，基体浸入到溶液中并以恒定速度提拉。随着基体被向上提拉，溶液会被带走，黏滞曳力和重力共同决定了薄膜厚度。

溶胶-凝胶涂层的形成过程中，溶剂去除或涂层干燥与凝胶网络凝结和固化同时进行。竞争过程产生毛细管压力以及强制收缩诱导的应力，这些又带来多孔凝胶结构的坍塌，还可能带来最终薄膜中裂缝的形成。干燥速度在应力形成，尤其是在后期阶段裂缝形成中起着十分重要的作用，它取决于溶剂或挥发性成分扩散到涂层自由表面的速度和气体中水蒸气挥发出去的速度。还应当注意到，溶胶-凝胶涂层通常是多孔和无定形态的。对于很多的应用，要求后续热处理以达到完全致密化，并由无定形态转变为晶态。溶胶-凝胶涂层与基体热膨胀系数的不搭配是另一个重要的应力源，有机-无机混合物是一种新型材料，它在自然界中不存在，但可以通过溶胶-凝胶强制路线合成这些材料。在纳米尺度上有机和无机组元可以彼此相互渗透。具有新的光学或电学性能的混合物可以被调制出来。一些混合物展现出新的电化学反应以及特殊化学或生化反应性。孔隙度是溶胶-凝胶薄膜的另一个重要性质。虽然在许多应用中用高温热处理消除孔隙，但剩余孔隙使溶胶-凝胶薄膜有许多应用，如作为催化剂基体、有机或生物成分的探测材料、太阳能电池的电极。

5.4 纳米复合材料的制备

5.4.1 纳米复合材料概述

纳米复合材料是由两种或两种以上的固相至少在一个方向以纳米级（1～100nm）复合而成的材料，固相可以是非晶质、半晶质、晶质或者兼而有之，也可以是无机、有机或二者都有。纳米复合材料按用途不同可以分为结构型、功能型和智能型。结构纳米复合材料主要用作承力和次承力结构，因此要求质量轻、强度和刚度高、耐温性好。结构纳米复合材料大多由纳米级增强体和基体组成。功能纳米复合材料不仅要具备一定的力学性能，还应该具有电学、磁学、热学、光学和声学性能等物理性能。智能化纳米复合材料是指具有自检测、自判断、自恢复、自协调和执行功能的纳米复合材料。复合是使材料智能化的有效途径之一[13]。

5.4.2 核-壳结构材料的制备

“核”和“壳”的化学成分虽然不同，但它们的晶体结构和点阵常数是相似的。因此，在生长的纳米尺寸粒子（核）表面上的壳物质的形成是不同化学成分粒子生长的一种外延。本节介绍的核-壳结构中“核”和“壳”具有完全不同的晶体结构，如一个是单晶，另一个是非晶，两者中的物理性能通常也不同，一个可能是金属而另一个是绝缘体，“核”和“壳”的合成工艺也有较大的差异。

5.4.2.1 金属-氧化物结构

以金-二氧化硅核-壳结构为例来说明工艺路线。由于金在溶液中不能形成氧化物钝化层，金表面对于氧化硅没有足够的静电引力，因此氧化硅层不能在此表面上直接生长。此外，在金表面通常吸附有机分子层以防止粒子团聚。这些稳定剂还会使金表面出现疏玻性。多种硫代烷烃和氨基烷烃衍生物可用于稳定金纳米粒子。然而，对于核-壳结构的形成，稳定剂不仅要在表面形成一层膜以稳定金纳米粒子，还要能与氧化硅壳相互结合。一种途径是使用在两端具有两种功能的有机稳定剂，一端可以与金粒子连接，而另一端与氧化硅相连接。连接氧化硅最简单的方法是使用硅烷链。图 5-15 展示了形成金-氧化硅核-壳结构的主要步骤[12]。三个典型步骤如下：第一步是制备具有理想粒子尺寸和尺寸分布的金"核"；第二步是引入有机单层膜使金粒子表面从疏玻性变为亲玻性；第三步包括氧化物壳的沉积。

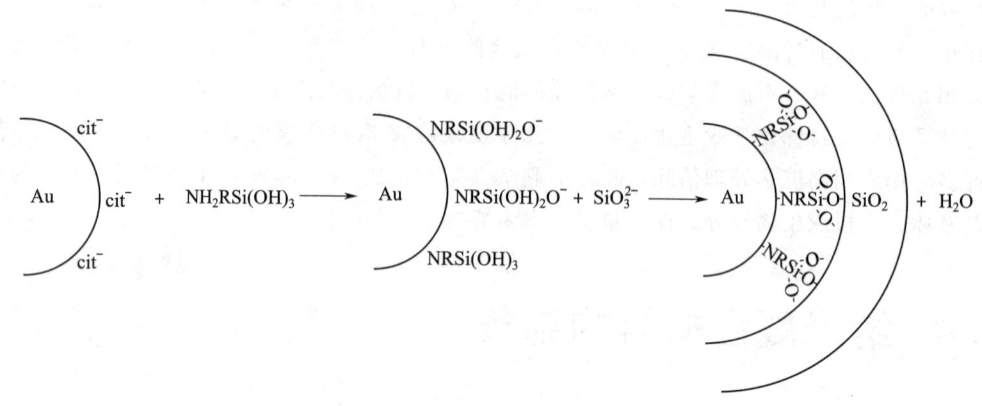

图 5-15　形成金-氧化硅核-壳结构的主要步骤[12]（经 ACS 许可转载）

5.4.2.2 金属-聚合物结构

乳化聚合反应是制备金属-聚合物核-壳结构广泛使用的一种方法。例如，银-聚苯乙烯/甲基丙烯酸酯核-壳结构通过油酸中苯乙烯/甲基丙烯酸的乳化聚合反应而制得。在这个体系中，银粒子由一层均匀、清晰可辨的壳层所包覆，其厚度在 2～10nm 之间，包覆层的厚度可通过改变单体浓度来控制。在高浓度氯化物溶液中的蚀刻测试表明，聚合物壳层具有较强的保护作用。基于隔膜的合成是制备金属-聚合物核-壳结构的另一种方法（图 5-16）。通过真空渗滤将金属粒子沉积并排列于隔膜的孔道中，紧接着在孔道内进行聚合反应。使用孔径为 200nm 的多孔氧化铝模板沉积金纳米粒子，$Fe(ClO_4)_3$ 用做聚合物引发剂并注入模板上方，在模板下方滴加几滴吡咯或者 *N*-甲基吡咯。单体分子以气态扩散至孔道中，与引发剂接触并形成聚合物。聚合物优先沉积在金纳米粒子表面，通过聚合时间可以控制聚合物壳层厚度，很容易做到在 5～100nm 范围内变化，然而过长的聚合时间容易导致核-壳结构的聚集。

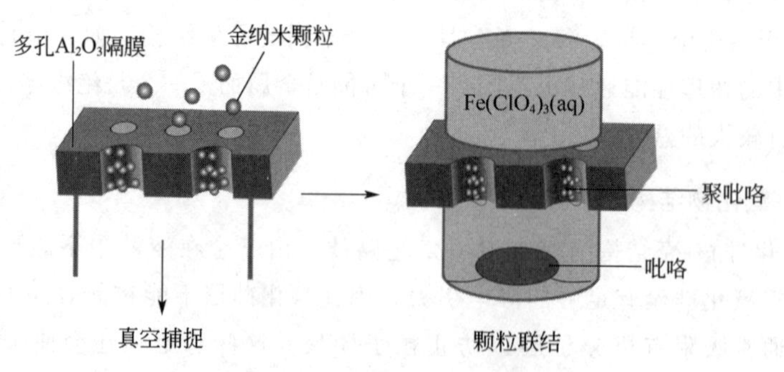

图 5-16　金属-聚合物核-壳结构制备示意图

5.4.2.3 氧化物-聚合物结构

聚合物包覆氧化物粒子的合成途径可划分为两种主要类型：在粒子表面发生聚合或吸

附到粒子表面。聚合的方法包括单体吸附到粒子表面、后续聚合以及乳液聚合。在单体的吸附及聚合过程中，可以通过加入引发剂或者氧化物自身来促进聚合反应。如可使用偶联剂4-乙烯基吡啶或1-乙烯基-2-吡咯烷酮预处理氧化硅粒子，随后混合二乙烯基苯和自由基聚合引发剂来制备聚二乙烯基苯（PDVB）包覆的铝水合氧化物改性二氧化硅粒子。类似的方法可以用于合成聚苯乙烯氯化物（PVBC）、共聚物PDVB-PVBC壳层以及PDVB和PVBC的双壳层。氧化物纳米粒子的表面也可以引发吸附单体的聚合。

5.4.3 插层纳米复合材料的制备

插层纳米复合材料是指将可移动客体（原子、分子或离子）可逆地插入到宿主晶体晶格中，这种晶格是具有适当尺寸点阵空位的相互连接的体系，同时完整地保留宿主晶格的结构完整性。插层反应通常在室温条件下发生。许多宿主晶格结构可以发生这种低温反应，但是层状宿主晶格及其插层反应被广泛研究的部分原因是其结构的适应性，以及通过自由调整层间距来适应嵌入客体的几何形状的能力。层间弱相互作用包括范德瓦耳斯力或者层间异号电荷间的静电引力。各种宿主点阵都可以与多种客体物质反应并形成插层。图5-17展示了客体物质插入后层状宿主晶格基体的主要几何变化，包括：①层间距的变化；②层与层之间堆垛方式的变化；③在低客体浓度时可能形成阶段中间相。插层纳米复合材料合成最常用和最简单的方法是客体物质与宿主晶格直接反应。

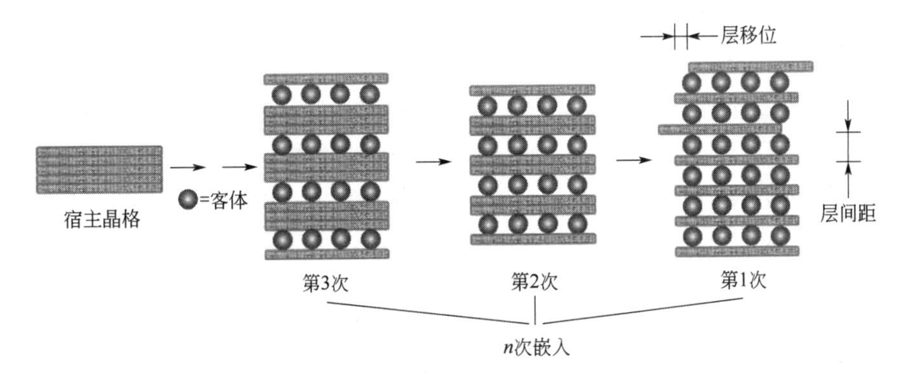

图5-17 客体物质插入后层状宿主晶格基体的主要几何变化

5.4.4 陶瓷基纳米复合材料的制备

无压烧结过程中，无团聚的纳米粉末在室温下模压成块状试样，然后在一定的温度下烧结使其致密化。尽管工艺简单、成本低，但在无压烧结过程中，晶粒容易快速长大，大孔洞也易出现，使得纳米陶瓷材料的质量降低。

热压烧结是将陶瓷粉体在一定温度和一定压力下进行烧结。热等静压也属于热压烧结的一种，它是用金属箔代替橡胶模具，用气体代替液体，使金属箔内的陶瓷基体和纳米增强体混合粉末均匀受压。通常所用气体为氦气、氩气等惰性气体，金属箔为低碳钢、镍、钼等，一般压力为100～300 MPa，温度从几百摄氏度至2000℃。也可先无压烧结后再进行热等静压烧结。此外，固相合成陶瓷基纳米复合材料还包括微波烧结、自蔓延高温合成法等方法[13]。

为了克服热压烧结中各材料组元，尤其是增强体为纳米晶须和纤维混合时不均匀的问题，可以采用浆体法制备陶瓷基纳米复合材料。该方法是把纳米级第二相弥散到基体陶瓷的浆体中，通过调整溶液的pH和超声波搅拌使各材料组元在浆体中呈弥散分布。弥散的混合浆体可直接注浆成型后烧结，也可以冷压烧结或热压烧结。直接注浆成型所制备的陶瓷基纳米复合材料力学性能较差，因为孔隙太多，因此一般不用于生产性能要求较高的陶瓷基纳米复合材料。对于纳米级的颗粒、晶须、纤维增强的陶瓷基纳米复合材料，采用湿法混料、热压烧结工艺，可制备纳米级第二相弥散分布的陶瓷基纳米复合材料。

液态浸渍法与液态高分子浸渍法和金属渗透法类似，所不同的是陶瓷熔体的温度要比高分子和金属高得多，而且陶瓷熔体的黏度通常很高，这使得浸渍预制件相当困难。采用液态浸渍法制备陶瓷基纳米复合材料时，化学反应性、熔体的黏度、熔体对增强材料的浸润性是首先要考虑的问题，这些因素直接影响陶瓷基纳米复合材料的性能。液态浸渍法已成功地制备出氧化铝纳米纤维增强金属间化合物（例如 Ni_3A1）纳米复合材料。液态浸渍法一般可获得密实的基体，但由于陶瓷的熔点较高，熔体与增强体材料之间极可能产生化学反应。陶瓷熔体的黏度比金属的高，对预制件的浸渍相对困难些。基体与增强体材料的热膨胀系数必须接近，才可以减少因收缩不同产生的开裂。

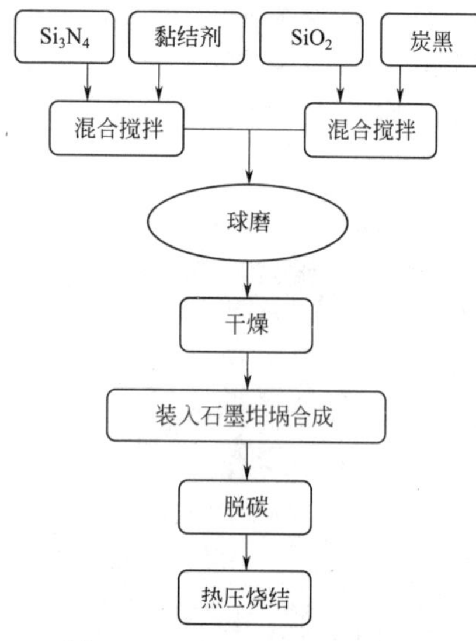

图 5-18　$SiCw/Si_3N_4$ 纳米复合材料制备工艺流程

此外也可以用聚合物热解工艺，即利用有机先驱体在高温下裂解而转化为无机陶瓷基体来制备陶瓷基纳米复合材料。

化学气相沉积法（CVD）是使反应物气体在加热的增强相预制体中生成沉积物的化学反应，从而形成陶瓷基复合材料。该法的优点是生成物基体的纯度高，颗粒尺寸容易控制，可获得优良的高温力学性能，特别适用于制备高熔点的氮化物、碳化物、硼化物系陶瓷基纳米复合材料。

原位复合法是在陶瓷基纳米复合材料的制备过程中，利用化学反应原位生成增强体组元的工艺过程，如采用该法可制备 $SiCw/Si_3N_4$ 纳米复合材料（图 5-18）。

5.4.5 金属基纳米复合材料的制备

固相法制备金属基纳米复合材料主要指的是粉末冶金法，首先将增强体材料与金属粉末混合均匀，然后进行封装、除气或采用冷等静压，再进行热等静压或无压烧结，以提高复合材料的致密性。经过热等静压或无压烧结后，一般还要经过热挤压、热轧等二次加工才能获得金属基纳米复合材料毛坯。将混合好的增强体材料与金属粉末压实封装于金属包套中，然后加热直接进行热挤压成型是另一种获得致密的金属基纳米复合材料的方法。

液相法也可称为压铸成型法，指在压力的作用下，将液态或半液态金属和纳米增强体混合，以一定速度充填压铸模型腔，在压力下快速凝固成型而制备金属基纳米复合材料的工艺方法。影响复合材料成型的工艺因素主要有熔融金属的温度、模具预热温度、使用的最大压力、加压速度等。

半固态复合铸造法是针对搅拌法的缺点而提出的改进工艺。半固态复合铸造的原理是将金属熔体的温度控制在液相线与固相线之间，通过搅拌使部分树枝晶破碎成固相颗粒。

沉积法有喷涂沉积和喷射沉积两种。喷涂沉积主要原理是以等离子体或电弧加热金属粉末和增强体粉末，通过喷涂气体沉积到基板上。采用低压等离子沉积工艺可以制备出含有不同体积分数的增强材料，以及两种基体不同分布相结合的复合材料。

喷射沉积工艺是一种将粉末冶金工艺中混合与凝固两个过程相结合的新工艺。该工艺与其他工艺相比，具有以下优越性：增强材料与金属液滴接触时间短，很少或没有界面反应；凝固速度快，金属晶粒细小，组织致密，消除了宏观偏析，合金成分均匀；致密度高，直接沉积的复合材料密度可达到理论密度的95%～98%；工序简单，喷射沉积效率高，有利于实现工业化生产；适用于多种金属材料基体，可直接形成接近零件实际形状的坯体。该工艺最大的缺点是雾化所使用的气体成本较高。

5.4.6 聚合物纳米复合材料的制备

5.4.6.1 传统成型方法

聚合物纳米复合材料由不同的纳米单元和有机高分子材料组成，聚合物纳米复合材料的纳米尺度效应、大的比表面积和高的原子活性使得大多数聚合物纳米复合材料具有许多特殊的性能，如催化性能、电化学性能、力学性能、磁性能、光学性能、生物性能等。这些聚合物纳米复合材料可以用作电极、催化剂、功能性纺织纤维、电解质、药物、生物医学材料等。其制备工艺因高分子种类不同而稍有不同。传统成型方法主要包括固相法和液相法，大概都包括原料准备、成型、固化、后处理和机械加工等过程，大体与各种高分子材料的生产工艺相同。

模压成型，又称为压缩成型，是先将纳米第二相与粉状、粒状或纤维状的塑料混合好后，放入成型温度下的模具中，然后闭模加压而使其成型固化的一种方法。模压成型可兼用于热固性和热塑性塑料基纳米复合材料。挤压成型，特别适用于热塑性塑料基纳米复合材料。按照塑料塑化方式不同，挤压工艺可分干法和湿法两种。干法塑化是靠加热将塑料变成熔体，而塑化和加压可在同一个设备内进行，其定型处理仅为简单的冷却。湿法塑化则是用溶剂将塑料充分软化，因此塑化和加压必须分为两个独立的过程，而且定型处理必须采用不易除去的溶剂进行脱除，同时还得考虑溶剂的回收。湿法挤压具有塑化均匀和能避免塑料过热等优点，但其应用范围仍然有限。

压延成型是将加热塑化的热塑性塑料和纳米第二相粒子通过两个以上相向旋转的辊筒间隙，使其成为规定尺寸的连续片材的成型方法。压延过程分两个阶段。压延成型具有如下优点：加工能力大、生产速度快、产品质量好、自动化程度高。但由于需要的设备庞大、投资较高、维修复杂等，因此压延成型在应用上受到一定的限制。

注射成型，又称注塑，是热塑性塑料基纳米复合材料成型的一种重要方法。注射成型的过程如下：将粉粒状塑料和纳米第二相粒子混合后，从注射机的料斗送进加热的料筒中，经加热熔化呈流动状态后，由柱塞或螺杆的推动而通过料筒并注入温度较低的闭合塑模中，充满塑模的混合料在受压的情况下，经冷却固化后即可保持塑模型腔所赋予的复合材料的形状。注射成型的主要控制参数是料筒温度、塑化时间、注射压力、模具温度、锁模力和保压冷却时间。注射成型具有成型周期短，能一次成型外形复杂、尺寸精确的复合材料制品，对成型各种塑料的适应性强，生产效率高，易于自动化等优点。

浇铸成型，又称铸塑成型，包括静态浇铸、离心浇铸、流延浇铸等。浇铸成型的过程如下：将已准备好的浇铸原料（通常是单体、经初步聚合的浆状物或聚合物与单体的溶液等）与纳米第二相粒子混合后，注入一定的模具中使其固化，从而得到与模具型腔相似的复合材料制品。浇铸成型具有对模具和设备的强度要求较低、投资较小、产品的内应力低、产品的尺寸限制较小、易于生产大型制品等优点。但是成型周期长，制品的尺寸准确性较差。

5.4.6.2 特殊成型方法

嵌入法是制备有机/无机纳米复合材料的一种重要方法。嵌入的主体材料从绝缘体、半导体到金属，嵌入的客体从小分子有机物到聚合物。嵌入法主要有单体嵌入聚合法、聚合物溶液嵌入法、聚合物熔融嵌入法三种。

辐射合成法在聚合物纳米复合材料的制备方面发展很快。在这种方法中，有机单体与金属盐在水相或乳液中以分子级别混合，当用γ射线辐照时，单体的聚合和金属离子的还原同时进行，使得分散相粒子分布均匀。又由于单体聚合速度比离子还原速度快，导致体系的黏度增加，限制了纳米粒子进一步聚集，从而使得分散相的粒径很小，只有几纳米。

用溶胶-凝胶法制备聚合物纳米复合材料可获得分子水平的聚合物纳米复合材料。用该方法合成的聚合物纳米复合材料通过共价键或氢键将片段、无机纳米单元和有机聚合物连接起来。金属纳米颗粒-聚合物纳米复合材料的合成通常采用一锅法，可以分为单相一锅法和界面聚合合成法两种。合成方法简单，只需无机金属盐、聚合物单体和水三种试剂。在单相一锅法中，一般在磁性搅拌条件下或在剧烈搅拌条件下快速搅拌，以加快反应速度。界面聚合合成法是在有机水界面上进行的一种特殊的一锅合成法。这种合成方法不需要搅拌，但要保持不受干扰。所合成的聚合物纳米复合材料在本质上是纯亲水的，沉积在反应介质的水馏分中。简单地说，金属纳米粒子和聚合物形成了一种紧密接触的杂化纳米复合材料，合成的材料具有很强的相选择性。在强氧化剂的存在下，无机纳米粒子和聚合物单体之间可进行氧化聚合，由于聚合反应的起始温度低于10℃，该方法不需要高温。使用适当的功能化聚合膜作为纳米反应器可进行基质间合成。

聚合物纳米复合材料也可以使用插层合成法。根据形式，可分为插层聚合、溶液插层和熔体插层。具有典型层状结构的无机化合物，如硅酸盐黏土、磷酸盐、石墨、金属氧化物、二硫化物、三磷硫化物络合物等，都可以嵌入到有机聚合物中。插层聚合首先将单体或插层剂嵌入到厚度为1nm的硅酸云母层状结构中，随后这些单体将被聚合成硅酸盐层之间的聚合物。在该过程中，单体被嵌入到硅酸盐层中，并且单体可以扩大层状硅酸盐之间的离解。因此，层状硅酸盐填料可以转化为纳米级，并分散在聚合物基体中，从而得到聚合物纳米复合材料。

催化链转移聚合合成是一种合成具有末端双键的相对低分子量聚合物链的有效方法。聚合物配体与纳米晶体之间的相互作用通过多个锚定基团和外双键官能团的存在而增加。由于纳米晶体的高表面积和表面能，纳米晶体倾向于聚集在聚合物基体中。因此，预先设计的聚合物配体可以有效地将纳米晶体与聚合物连接起来作为桥梁，防止纳米晶体的聚集，得到稳定的聚合物纳米复合材料。

除此之外，热诱导相分离合成、微波诱导合成、模板定向合成、乳液聚合（包括反相乳液聚合和种子乳液聚合）、光聚合合成、电化学合成等也被用于合成聚合物纳米复合材料[14]。

无机纳米粒子引入到聚合物基体里会引起复合材料视觉外观的改变，包括透明度的丧失，不同的实验参数，如纳米复合材料的厚度、纳米粒子的含量或聚合物和纳米粒子的化学性质，都会影响这种透明度水平，从而阻碍透明材料的应用。由于其高比表面积和表面相互作用往往涉及位于表面的极性基团，纳米颗粒有很强的聚集倾向，因此将分散良好的孤立粒子纳入聚合物基体，并改善基体和填料之间的界面相互作用是极大的挑战。这些现象可以通过用有机化合物修饰无机粒子的表面来克服。无机粒子的表面改性可以通过与有机离子的离子交换、物理吸附或与偶联剂等小分子的化学反应或聚合物接枝等方式进行，这使得聚合物基体和填料之间的界面能最小化，急剧增强无机粒子在聚合物基体中的弥散化。通过无机纳米颗粒存在下的原位聚合、预成型聚合物基体中的原位颗粒形成、同时原位形成粒子和聚合物基体、铸造负载核-壳纳米粒子的聚合物溶液等方法，并优化合成条件，可以制备出高透明的聚合物纳米复合材料[15]。

聚合物如环氧树脂、聚酰亚胺、聚甲基丙烯酸甲酯、聚二甲基硅氧烷等具有高的击穿强度和高能量密度，而填料，特别是陶瓷，具有高介电常数，由介电聚合物作为基体材料，无机/有机填料作为增强材料，利用两者制备出介电聚合物基纳米复合材料，其在光电子、脉冲电力系统、温度和气液传感、能量采集、晶体管和逆变器等领域的应用越来越广泛[16]。通过混合和热压、溶液铸造和淬火、熔体搅拌、注射成型等方法可以将导电或者非导电无机纳米填料加入到介电聚合物中形成介电渗滤通道，构筑高性能介电聚合物纳米复合材料。

习　题

1. 溶胶凝胶过程中，有哪些方法可以防止凝胶网络空隙结构的破坏？

2. 薄膜生长时的三种基本形核模式是什么？有什么特点？简述电化学沉积和电泳沉积的区别。

3. 简述蒸镀和溅射的定义及两者之间的区别。

4. 简述朗缪尔薄膜的形成过程。

5. 聚合物纳米复合材料制备的传统方法及特点有哪些？

参考文献

[1] Niederberger M. Nonaqueous sol-gel routes to metal oxide nanoparticles [J]. Accounts of Chemical Research, 2007, 40 (9): 793-800.

［2］ Murray C，Norris D J，Bawendi M G. Synthesis and characterization of nearly monodisperse CdE（E＝sulfur，selenium，tellurium）semiconductor nanocrystallites［J］. Journal of American Chemical Society，1993，115（19）：8706-8715.

［3］ Protesescu L，Yakunin S，Bodnarchuk M I，et al. Nanocrystals of cesium lead halide perovskites（$CsPbX_3$，X＝Cl，Br，and I）：Novel optoelectronic materials showing bright emission with wide color gamut［J］. Nano Letters，2015，15（6）：3692-3696.

［4］ Luo C，Yan C，Li W，et al. Ultrafast thermodynamic control for stable and efficient mixed halide perovskite nanocrystals［J］. Advanced Functional Materials，2020，30（19）：2000026.

［5］ Cao J，Yan C，Luo C，et al. Cryogenic-temperature thermodynamically suppressed and strongly confined $CsPbBr_3$ quantum dots for deeply blue light-emitting diodes［J］. Advanced Optical Materials，2021，9（17）：2100300.

［6］ Terna A D，Elemike E E，Mbonu J I，et al. The future of semiconductors nanoparticles：Synthesis，properties and applications［J］. Materials Science and Engineering：B，2021，272：115363.

［7］ Zan G，Wu Q. Biomimetic and bioinspired synthesis of nanomaterials/nanostructures［J］. Advanced Materials 2016，28（11）：2099-2147.

［8］ 李群. 纳米材料的制备与应用技术［M］. 北京：化学工业出版社，2008.

［9］ Cao G，Wang Y. 纳米结构和纳米材料：合成、性质及应用［M］. 2 版. 董星龙，译. 北京：高等教育出版社，2011.

［10］ Zhao T，Chen L，Lin R，et al. Interfacial assembly directed unique mesoporous architectures：From symmetric to asymmetric［J］. Accounts of Materials Research，2020，1：100-114.

［11］ Piraux L，Dubois S，Demoustier-Champagne S. Template synthesis of nanoscale materials using the membrane porosity［J］. Nuclear Instruments and Methods in Physics Research Section B：Beam Interactions with Materials and Atoms，1997，131（1）：357-363.

［12］ Liz-Marzán L M，Giersig M，Mulvaney P. Synthesis of nanosized gold-silica core-shell particles［J］. Langmuir，1996，12（18）：4329-4335.

［13］ 王玲，李林枝. 纳米材料的制备与应用研究［M］. 北京：中国原子能出版社，2011.

［14］ Luan J，Wang S，Hu Z，et al. Synthesis techniques，properties and applications of polymer nanocomposites［J］. Current Organic Synthesis，2012，9：114-136.

［15］ Loste J，Lopez-Cuesta J，Billon L et al. Transparent polymer nanocomposites：An overview on their synthesis and advanced properties［J］. Progress in Polymer Science，2019，89：133-158.

［16］ Prateek，Kumar Thakur V，Kumar Gupta R. Recent progress on ferroelectric polymer-based nanocomposites for high energy density capacitors：Synthesis，dielectric properties，and future aspects［J］. Chmical Reviews，2016，116：4260-4317.

第 6 章

纳米材料的分析表征

纳米材料的微观结构、结构与性能的构效关系评估、制备纳米材料的成功度评估都离不开纳米材料的分析表征技术。材料表征技术是现代材料科学研究及其应用的重要手段，是探索材料微观尺度性能的有效方法。凭借多种表征手段对材料的组织结构、化学组成、微观形貌与材料性能等进行有效表征，对材料的发展有着重要的推动作用。

纳米材料科学技术的发展需要对现有表征技术改进并发展新的分析方法，才能在纳米尺度和原子尺度进行表征，从而探究其结构与性能之间的关系。近年来，国家层面的战略布局和科学研究前沿规划使我国涌现了一批与纳米材料和纳米器件相关的大科学装置，如同步辐射光源和散裂中子源工程。我们国家现在的科研条件和实验平台已迈向国际先进化，这些大科学装置有力地推进了我们对微观世界的深层次认知。对纳米材料的分析表征通常包括：粒径大小及形貌和分布、体相及表界面成分分布、晶界及相界面的本质和形貌、晶间缺陷与晶体完整性、晶间缺陷性质及杂质剖析等。本章中将介绍纳米材料的结构、粒度、形貌、成分和表面电子结构的分析表征方法。

6.1 纳米材料的结构分析

材料的性质与微观结构有密切关系，纳米材料的这些特殊性质与其结构之间必然有着紧密的联系。因此，研究纳米材料的微观结构是非常有意义的。各种先进测试手段的出现，从深层次上为探索纳米材料的微观结构提供了有利条件。

6.1.1 纳米材料的有序度分析

有序度是衡量有序程度大小的单位，纳米材料中的有序主要是指原子或离子排列位置有序，即晶体中原子和离子占据确定的点阵位置。有序现象可分为长程有序和短程有序。而不同有序度的纳米材料将表现出不同的性能。因此对于纳米材料进行有序度分析是十分有必要的。而在纳米材料有序度的表征方法中，X-射线衍射（X-ray diffraction，XRD）与中子散射（neutron scattering）已成为备选的关键表征技术。

在第 2 章内容中我们已经学习过纳米材料的能带结构，获悉纳米材料中的粒子可能处于的能级分布也是分立的。当入射光子进入纳米材料表面或者晶格内部时，光子携带的能量会激发粒子的能量发生变化，产生不同的相互作用，如光的反射、透射、散射与吸收，如图 6-1 所示。其中，X-射线光子受到样品中电子的相干散射（仅改变运动方向，而不改变能量），样品中原子排列的性质（如周期对称性等）导致强度的调制，产生强度的极大或者其他分布。强度的分布反映了样品中原子位置的信息，通过一定的处理方法可以获得这些信息，使得 X 射线衍射成为材料结构分析最重要的工具之一。

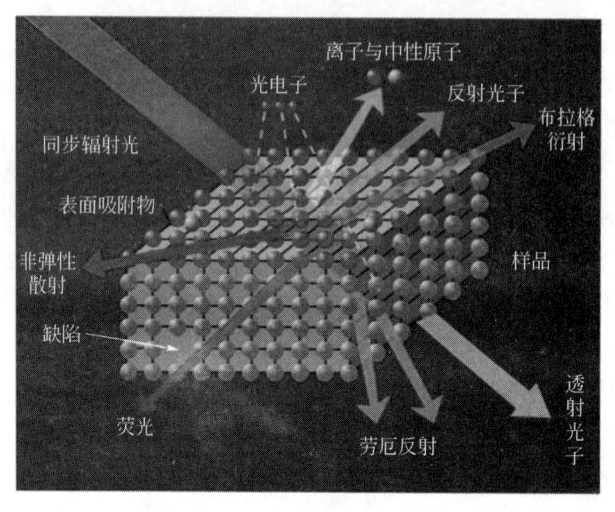

图 6-1　光与物质的相互作用

近年来，同步辐射（synchrotron radiation）光源的快速发展极大地推动了材料结构的快速精细表征。我国是世界上为数不多具有同步辐射大科学装置的国家之一，目前已经在北京、合肥和上海建成三个同步辐射光源（图 6-2）。作为国家重大科技基础设施“十三五”规划重点建设的项目之一，我国于 2019 年 6 月在北京怀柔启动了第四代同步辐射光源的建设，预计于 2025 年正式完工，建成后的 X 射线重点覆盖高能区，将达到 300keV。

图 6-2　上海同步辐射光源航拍图

基于同步辐射装置 X 射线具有更高的能量（高达 300keV）。用高能量（或短波长）的 X 射线进行 X 射线衍射实验显著优势在于：常规下（$\lambda=1.54$Å[❶]）需要 120°衍射角才能收集的衍射角，在高能下 10°以内就可以收集到。这使得常规非常耗时（小时量级）的步进扫描方式，可用面探测器在极短时间（秒量级）内完成[1]。而且，同步辐射光源具有更高的能量分辨率，其能量分辨率是决定 X 射线衍射实验误差的主要因素之一。双晶单色器能量分辨率（$\Delta E/E$）一般为 2×10^{-4} 左右，对应的 X 射线波长带宽约为 0.0003Å，晶面间距的误差也在相同量级。如果在光束线上使用多组单色化晶体或使用多组狭缝进一步限制光束的大小及发散度，所获得的能量分辨率还

❶　1Å=0.1nm。

可以进一步提高。一般情况下，X光机所得到的单色X射线强度小于10^8cps[1]，而同步辐射光束线所得到的单色X射线强度一般都大于10^9cps，第三代同步辐射装置可达10^{11}cps以上。在不损伤样品的前提下，X射线的强度越高，所得数据的信噪比越好。此外，同步辐射X射线还具有极小的发散度和极小的光斑尺寸。因此，采用同步辐射XRD技术可以在极短的测试时间内获取高信噪比、高精度的实验数据，实现更准确的定量分析，并能做微区分析。

利用同步辐射X射线全散射（X-ray full scattering）和对分布函数（pair-distribution function，PDF）的分析，可以得到纳米材料更为精细的微观结构。XRD只能分析长程有序材料的结构，对于像玻璃、液体等没有结构周期性的材料则不能进行有效的分析。而对于平均晶体结构并未发生变化的纳米材料，PDF方法也可以分析其微观结构的变化情况，如原子的相对位置。原子的相对位置通常用一系列原子间距离（$r_{v\mu}$）表示，其中v和μ代表两个不同位置的原子。如果所研究体系在宏观上是各向同性的，则原子间的距离分布可用式(6-1)表示：

$$\rho(r)=\rho_0 g(r)=\frac{1}{4\pi N r^2}\sum_v \sum_\mu \delta(r-r_{v\mu}) \tag{6-1}$$

式中，ρ_0是原子的数密度；N为原子数；r为原子半径；δ是Dirac-delta方程；$\rho(r)$是原子配对态函数；$g(r)$是原子配对分布函数，也称对分布函数，即PDF。在实验上，PDF曲线可以通过X射线、中子或电子衍射实验来获得。PDF分析反映的是实空间中原子间距的分布，可以通过傅里叶变换，转换成衍射实验倒易空间中衍射强度随波矢的变化，因此，PDF仅仅是XRD的另一种表现形式。

图6-3给出了一则PDF方法分析纳米金颗粒微观结构的实例。由谱图可知，干粉和湿粉G6-$(Au)_{147}$样品的PDF峰均发生展宽现象，且在10～15Å逐渐消失，这主要与其纳米尺寸有关。这也表明用体相Au的结构去拟合纳米Au是不可行的。通过DFT计算得到纳米Au的结构，并对PDF数据进行拟合，可知纳米Au主要由Au原子非周期性堆叠形成。

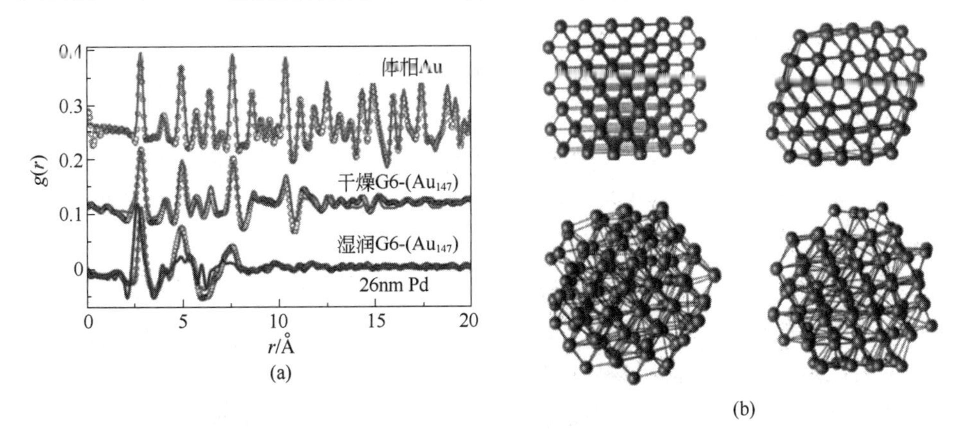

图6-3 纳米金颗粒的微观结构分析

(a) PDF全散射谱图；(b) 1.6nm金不同有序度的结构示意图

---

[1] cps即每秒计数，为放射性单位。

此外，PDF对于纳米材料非周期性结构缺陷、无序结构、液体或非晶的分析，都能得到有用的材料微观结构数据。

中子散射技术利用中子散射的方法研究物质的静态结构和微观动力学性质。散射效应属于第三类效应，X射线散射体是原子核外电子，通过电子的电荷与入射的X射线交互作用而产生散射波。中子与物质的交互作用过程非常复杂，中子本身不带电，穿过物质时主要与原子核作用产生核散射，也与原子磁矩作用产生磁散射[2]。

中子与原子核的作用形式与中子能量和核的情况有关，一般有势弹性散射、形成复合核和直接交互作用三类方式。势弹性散射是指入射的中子靠近原子核时，受核力作用在势阱边缘反射，不引起核内部分状态变化，对于重核和低能中子，这种效应显著，是一种弹性散射。中子不受原子内部库仑电场的影响，当中子能量等于或高于核的共振能量时，会被原子核吸收形成复合核，此时核处于激发态，若核再通过辐射中子回到基态，这一过程称为共振弹性散射；若放出中子后，剩余核仍处于激发态，这一过程称为非弹性散射。有时复合核释放出α、β等带电粒子，改变核的组成，引起核反应。复合核也可能发射γ射线而衰变，这称为辐射俘获，对于重核，如激发态非常高时，甚至会发生裂变。当中子能量甚高时，还会和核直接作用，与靶核中粒子碰撞，击出该粒子，中子留在核内。

以上这些交互作用可概括如下：

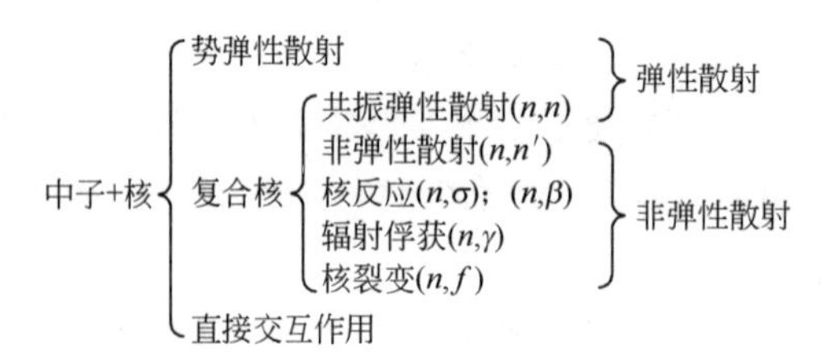

只有弹性散射中子束才能用于晶体衍射研究，非弹性散射中子能量损失较多，波长变化很大，甚至可以和入射中子波波长达同量级。换言之，被中子射线照射的物质会发出与入射线波长相同的次级中子射线，并向各个方向传播。如果散射体是理想无序分布的原子或分子，由于向各个方向传播的次级射线没有确定的相差，则无法探测到衍射射线。如果原子或分子排列具有长程周期性或短程周期性，则会发生相互加强的干涉现象，产生相干散射波，产生线衍射现象。如果散射体是短程有序的或散射体存在某些杂质原子或缺陷，那么相干散射的射线强度很弱并叠加在背景上，这种相干散射称为漫散射。如果散射体中原子按长程有序排列，就会在许多特定方向产生极大加强的衍射束，这就是劳厄布拉格衍射现象，同时，可根据这一现象确定纳米材料的有序度。

中子散射与同步辐射X射线衍射在材料结构研究中相互补充，堪称强大的结构解析工具。中子具有探针的特性，可以探测轻元素（如H、Li）、同位素和元素周期表中的近邻元素；中子具有磁矩特性，被称为材料磁结构和磁涨落的独特分析工具；中子具有强穿透性，可以对大型部件无损测量，有利于加载高温高压及强场等极端条件的设备。正是由于中子散射技术的这些独特优势，中子散射技术这一国之重器在中国、美国、英国、日本、瑞士等一些国家都得以建设和应用，图6-4给出了中子源的发展趋势。

2013年，中科院物理所与美国莱斯大学、田纳西大学的研究人员合作，利用非弹性中子散射（具体为飞行时间中子散射技术），详细对比研究了122铁基超导家族中空穴型最佳

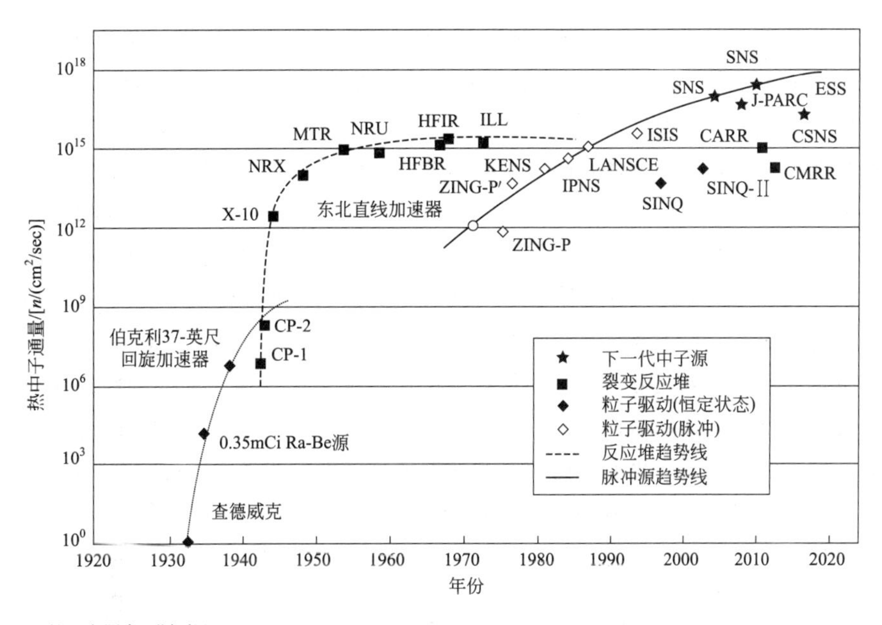

注：各国中子源项目

中国(CMRR)、中国(CSNS)、中国(CARR)、美国(SNS、LANSCE、KENS、HFIR、HFBR、X-10、CP-1\2)

英国(ISIS)、瑞士(SINQ/SINQ-Ⅱ)、日本(J-PARC)、法国(ILL、MTR)、加拿大(NRU、NRX)

图 6-4　中子源的发展趋势

掺杂 $Ba_{0.67}K_{0.33}Fe_2As_2$、电子型极度过掺杂 $BaFe_{1.7}Ni_{0.3}As_2$ 和空穴型极度过掺杂 KFe_2As_2 的整体磁激发谱，结果如图 6-5 所示。

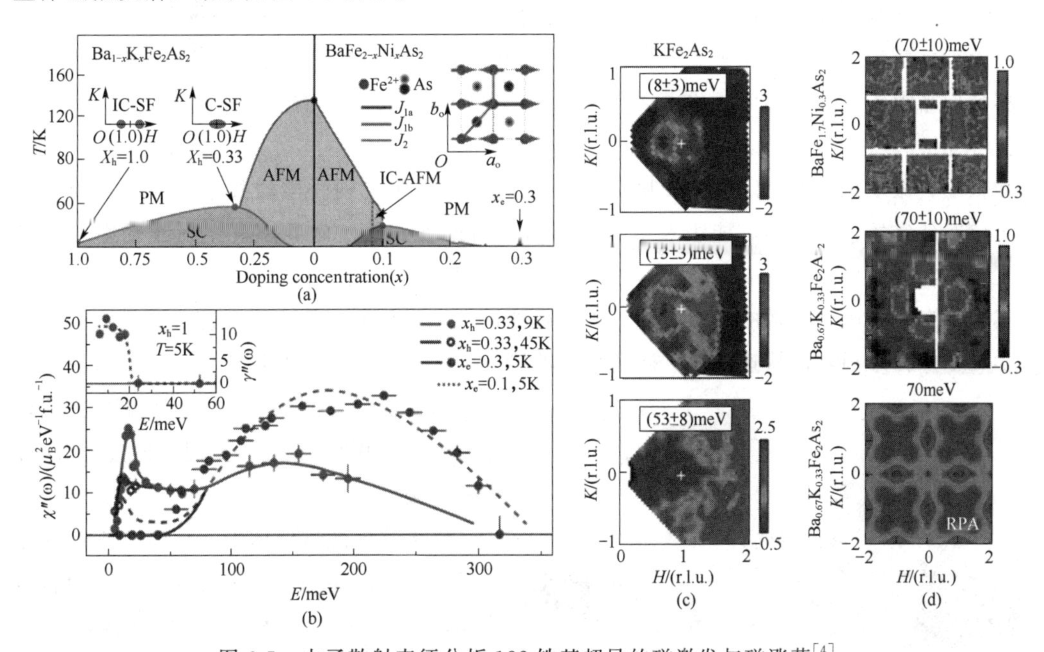

图 6-5　中子散射表征分析 122 铁基超导的磁激发与磁涨落[4]

(a) 电子掺杂和空穴掺杂的 $BaFe_2As_2$ 电子态相图（圆点表示测量样品掺杂点）；(b) 不同掺杂方式和掺杂浓度下的整体自旋激发谱比较；(c) KFe_2As_2 在 60meV 以下低能自旋激发；(d) $BaFe_{1.7}Ni_{0.3}As_2$ 和 $Ba_{0.67}K_{0.33}Fe_2As_2$ 在 70meV 高能自旋激发比较及相应的数值计算结果

一方面，随着电子掺杂浓度的增加，低能磁激发发生剧烈变化，在最佳掺杂（T_c=20K）附近形成与超导性密切相关的自旋共振峰，在过掺杂区迅速减弱，50meV以下的低能磁激发在极度过掺杂、不超导的$BaFe_{1.7}Ni_{0.3}As_2$（T_c=0K）中完全消失，100meV以上的高能磁激发则保持不变；另一方面，随着空穴掺杂浓度的增加，高能磁激发受到抑制，在空穴型最佳掺杂$Ba_{0.67}K_{0.33}Fe_2As_2$（$T_c$=39K）中，磁激发谱权重从高能向低能转移，在低温下形成强自旋共振峰，在空穴型极度过掺杂KFe_2As_2（T_c=3K）中，20meV以上的高能磁激发完全消失，仅在3K以下存在超导电性。进一步，他们根据$Ba_{0.67}K_{0.33}Fe_2As_2$中超导态与正常态下的总体磁激发谱差异计算了磁交换能的变化量，发现其远大于超导凝聚能，和铜氧化物及重费米子等非常规超导体非常相似，即反铁磁涨落足以提供超导凝聚所需要的能量。进一步结合理论计算，他们得出结论，磁激发驱动的铁基高温超导电性图像中必须既有来自局域磁矩的高能自旋涨落，也有自巡游电子的低能磁激发，两者之间的耦合可能是形成高温超导电性的关键。该结论为铁基高温超导机理的微观理论模型提供了明确的实验依据和研究方向，对理解高温超导电性有着重要意义[4]。

实际上，无论是对蛋白质三维结构的测定、飞机螺旋桨叶片裂痕的探测，还是对材料特性的检测、物质磁性的研究，中子散射科研手段在前沿基础科学、国防科研和核能开发等诸多方面正发挥着重大的作用。

6.1.2 纳米材料的分子结构解析

光谱广泛用于表征纳米材料，该技术通常可划分为吸收与发射谱、振动谱两大类。前者通过从基态到激发态（吸收）再退激到基态（发射）的激发电子，确定原子、离子、分子或晶体的电子结构，代表性的测试技术为核磁共振（nuclear magnetic resonance，NMR）。振动技术可概括为样品中的光子和物质的相互作用相关，并通过振动激发或退激过程使能量转移到样品中，或从样品中转移出来。振动频率提供测试样品中有关化学键和结构的信息，如拉曼光谱。

核磁共振现象由E. M. Purcell和F. Bloch等于1946年发现。核磁共振是磁矩不为零的原子核在外磁场作用下自旋能级发生塞曼分裂，共振吸收某一定频率发生射频辐射的物理过程。磁共振成像（magnetic resonance imaging，MRI）是现代医学中常见的高端影像检查方式，其在人体内部结构的成像能够更为精确地进行医学诊断，极大地促进了医学、神经生理学和认知神经科学的快速发展。磁场强度的增加，大大加快了磁共振成像的速度，使该技术得到了更为广泛的应用，图6-6给出了现阶段应用于医学临床的美国GE公司3.0T核磁共振仪。

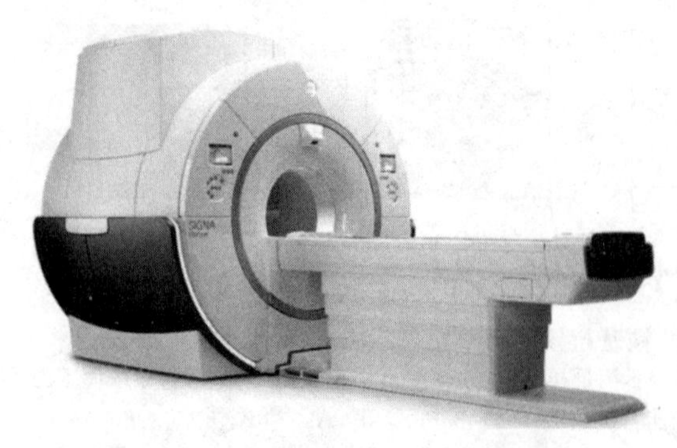

图6-6 美国GE公司3.0T核磁共振仪

核磁共振波谱仪作为一种高分辨率的分子探针，可以探测各种物质的分子结构和微结构，从而为物质的性质分析提供有力指导。近年来，高分辨率核磁共振、固态核磁共振谱、二维核磁共振谱、多种类原子核磁共振谱（^{15}N、^{19}F、^{29}Si、^{31}P）技术的发展，使得其对物质分子结构的解析变得更加强大。接下来，我们简单地介绍核磁共振谱图的特点，并给出该技术解析复杂物质结构的一些最新研究。

NMR 技术是基于核磁共振现象来实现的。对于具有自旋的原子核，磁矩与磁场产生相互作用，因为力矩，磁矩和外加磁场之间的角 θ 不变，从而核磁矩 μ 向施加磁场 H_0 方向的磁矩正好与磁矩的旋转精确平衡，从而导致原子核沿外加磁场方向进动。改变 H_0，原子核的进动同样发生改变。当高频磁场的角频率与磁矩进动的角频率（也称为拉莫尔频率）相等时，高频磁场的作用最强，磁矩进动角也最大，这一现象即为核磁共振。在 $H_0=2.34$ T 的条件下，^{1}H、^{13}C、^{15}N、^{19}F、^{29}Si、^{31}P 核的共振频率分别为 100MHz、19.9MHz、10.1MHz、94MHz、40.5MHz 和 25.1MHz。

在实地演示凝聚相的核磁共振之后，人们很快发现：原子核的特征共振频率取决于它的化学环境或结构环境。原子核周围的电子会对磁场产生屏蔽作用，为了实现共振，一个稍高的 H_0 值是必需的。原子核经历的局部场 H_{loc} 可以表示为 $H_{loc}=H_0(1-\sigma)$，其中 σ 为屏蔽常数，对化学结构高度敏感。核磁共振可以用作分子结构探针，其核心就是 σ 对分子结构的依赖关系，即化学位移。化学位移是核磁共振谱最为基础的一个参数。图 6-7 给出了聚丙烯中不同氢元素核磁共振谱所处的化学位移。又由于自旋-自旋耦合，共振线的线宽可能发生变化。如图 6-7 所示，全同立构和间同立构的图谱明显比无规立构的聚丙烯具有更好的分辨率和共振峰强。当核自旋通过价电子的轨道运动耦合，或通过化学键间相互作用时，将间接地发生自旋极化，这一作用将导致共振峰的分裂。两个自旋－1/2 的核如此耦合，将彼此共振分裂为双重态，如图 6-7 中位于 0.75～0.9 化学位移处甲基的共振劈裂峰；如果一个原子核与两个全同核的另一组发生进一步耦合，则自旋取向有＋＋、＋－（－＋）和－－，那么一个核的共振将出现 1∶2∶1 的三重态，全同核的共振为双重态。同样，单核与三个等价的相邻自旋核作用时，将出现 1∶3∶3∶1 的四重态。如图 6-7 所示，聚丙烯中次甲基、甲基、亚甲基以及亚甲基质子均表现出显著的邻位三键耦合（^3J）。也就是说，自旋为－1/2 的核与相邻 n 个等价核（自旋 1/2）耦合，将产生 $n+1$ 个共振峰。

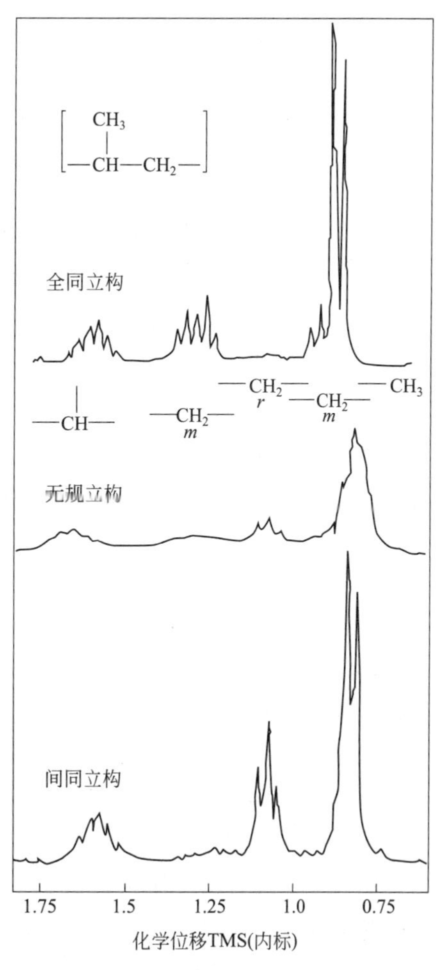

图 6-7　聚丙烯在 220MHz 下的 ^{1}H NMR 谱图[5]

两个原子核标量耦合的大小和符号取决于取代基和几何结构。耦合强度表示为 ^xJ，其中 x 代表耦合核之间的间隔化学键的数目。近邻质子之间耦合具有构象的敏感性，这对于分析研究聚合物的构象和分子结构是非常有帮助的。

由于 NMR 对局域环境和样品中分子的迁移具

有极端的敏感度，可以从NMR谱上观测到不同类型材料的详细分子结构和动力学信息。如图6-8所示，可通过不同化学位移判断碳的类型，从而推断出该分子的具体结构[6]。羰基和芳香碳具有很大的化学位移各向异性，在强磁场下，它们的强度分布在多个边带上，在9.4T和13kHz的魔角自旋（magic angle spining，MAS）上测量了松树孢粉素的^{13}C NMR谱，以获得这些碳的更多定量强度。光谱展示了两个在173ppm❶和168ppm的羧基峰、一个在103ppm的缩醛峰、一个强的74ppm的含氧碳峰以及三个在44ppm和30ppm之间的强脂肪峰。

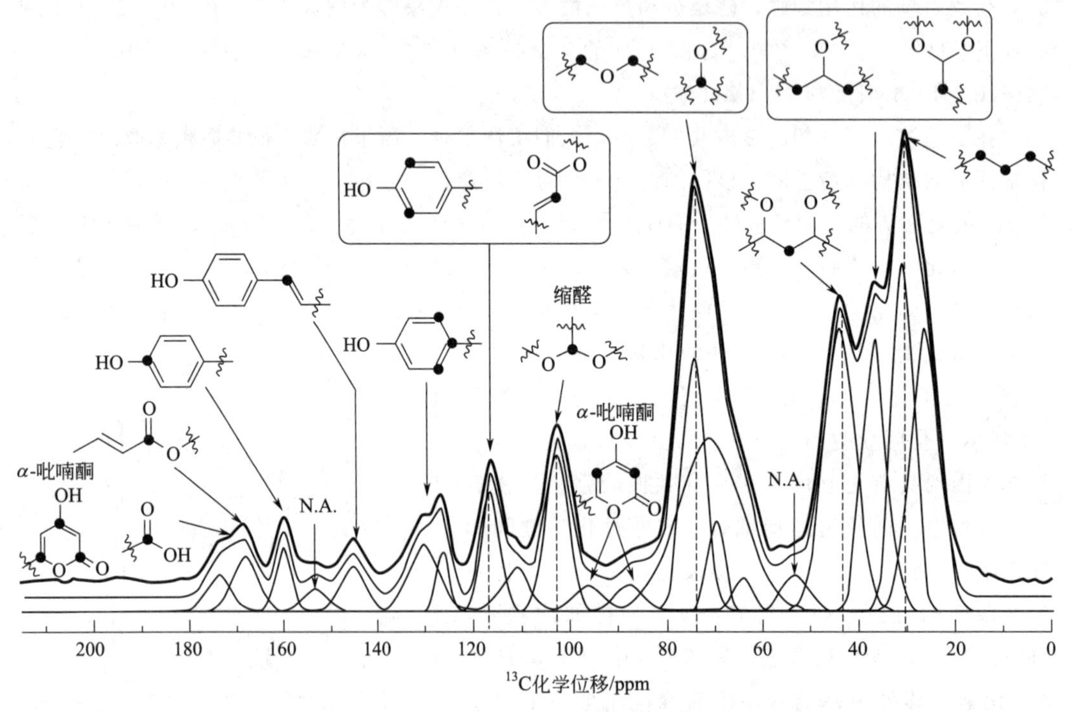

图6-8　孢粉素的^{13}C NMR谱[6]

核磁共振谱是一种非常有力的用于物质分子结构解析和成像的技术，随着核磁共振谱分辨率的不断提高，更高分辨率和更短检测时间的发展将不断促进该技术对复杂物质分子结构和成像的准确解析。

拉曼光谱是将高频辐照（如可见光）和化学键的振动进行间接耦合。拉曼光谱对于材料中化学键的键长、强度和排列非常敏感，但对于化学成分不敏感。当入射光子与化学键相互作用时，化学键激发到较高能态。大部分能量以与入射光相同的频率被再次辐射出去，这就是瑞利散射（Rayleigh scattering）。能量一小部分被转移并用于激发振动模式，这种拉曼过程称为斯托克斯散射（Stokes scattering）。之后发生的再次辐射频率（较小波数）略小于入射光。通过测得拉曼谱线和瑞利谱线的频率差异可以获得振动能。现有激发振动，如热激发，也可以与入射光束耦合并传递能量，称之为反斯托克斯散射（anti-Stokes scattering）。最终的拉曼谱线出现在高频或高波数。斯托克斯散射谱和反斯托克斯散射谱出现在瑞利谱线两侧并呈镜面对称。斯托克斯散射由于对温度不敏感，人们经常加以利用。拉曼效应非常

❶　1ppm$=10^{-6}$。

微弱，因此需要以强单色连续气体激光作为激发光源。在进行傅里叶变换光谱分析时，常出现曲线的非线性问题。同时，拉曼光谱还存在灵敏度低的缺点。而表面增强拉曼光谱可克服以上缺点，得到常规拉曼光谱所不易得到的结构信息，被广泛应用于表面研究、吸附界面表面状态研究、生物小分子的界面取向及构型和构象研究、纳米材料结构解析。

杨良保等[7] 通过表面增强拉曼散射方法来确定不同分子的结构，实现了对多种分子的高效检测，如图 6-9 所示。该方法可检测到包括邻苯二甲酸酯增塑剂（BBP28）、染料（CV29）、有机污染物（Pyr30 和 PCB-7731）、农药残留（PQ32）、抗生素（MG33）、毒物（溴敌隆 34）、抗肿瘤药物（5-FU35）、炸药（TNT37）、毒素（NOD38）和氨基酸（L-Cys39）等多种分子不同浓度的表面增强拉曼光谱。此外，在动态检测过程中，有效稳定的信号可保持 1～2min，提高了该方法的实用性和可操作性。无论分子的类型以及分子与底物之间亲和力是否相同，都可以实现高灵敏度的检测。像这样的动态检测过程对应于某些生物体中物质转化的过程，因此该方法可以用于监测转化过程，例如光热刺激导致的单个细胞死亡，为产生主动吸引靶分子的热点提供了一条新的途径，它可以实现对多种物质的普通超强检测，并可应用于生物系统中细胞行为的研究。同时，表面增强拉曼光谱可实现纳米材料结构信息和表面化的动态检测。

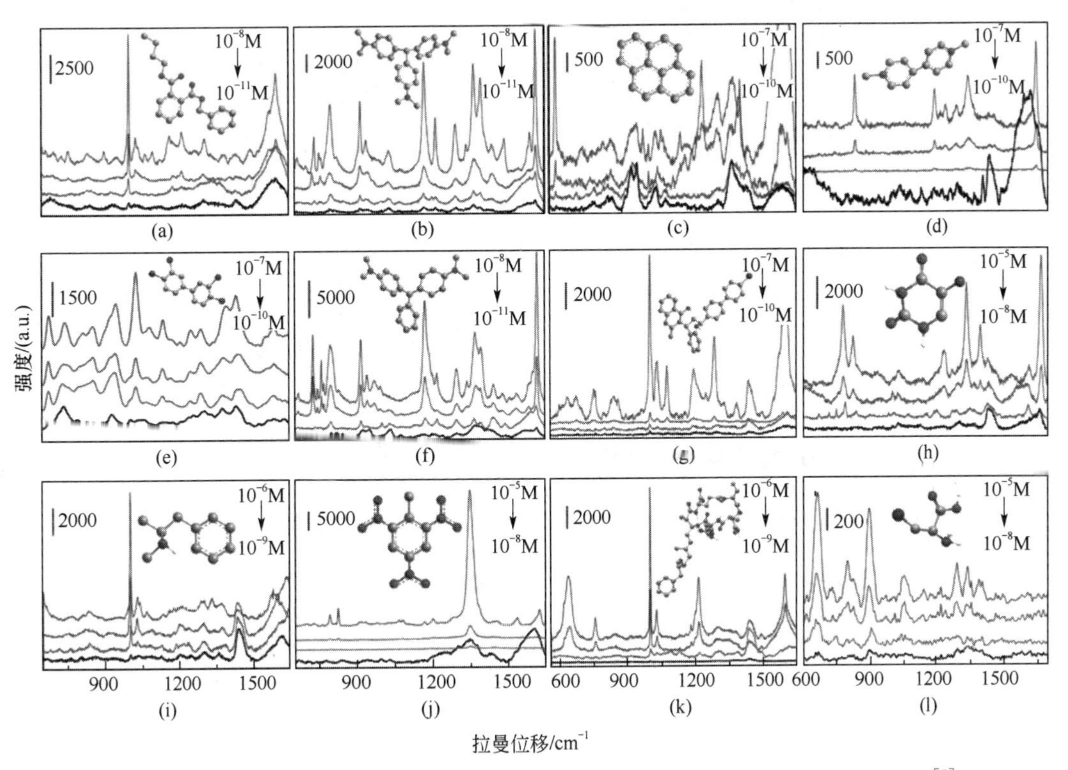

图 6-9 用于检测银纳米颗粒中不同分子活性捕获目标分子的表面增强拉曼光谱图[7]
（M 为浓度单位：mol/L）

除了光谱对纳米材料分子结构的表征外，冷冻电镜也可应用于结构分析。冷冻电镜是一种用于电镜的超低温冷冻制样及传输技术，可直接观察液体、半液体及对电子束敏感的样品，如生物、高分子材料等。样品经过超低温冷冻、断裂、镀膜制样（喷金/喷碳）等处理后，通过冷冻传输系统放入电镜内的冷台（温度可至－185℃）进行观察。冷冻电镜中的冷冻技术可以将样品瞬间冷冻，并在冷冻状态下保持和转移，最大限度保持样品原来性状，得出的数据更准确，实验成功率更高。

在对电池固体电解质界面（SEI）的成分及结构进行分析时，冷冻电镜得到了大量的应用。在广泛使用的碳酸盐基电解质（EC-DEC）中形成的 SEI 层如图 6-10（a）和图 6-10（b）所示。从 Li 金属和 SEI 的原子界面观察到，SEI 包含随机分布在碳酸盐电解质分解形成的有机聚合物非晶态基体上的小晶畴（直径约 3nm）。这些晶体颗粒是 SEI 的无机组成部分，通过匹配它们的晶格间隔，便可确定它们是 Li_2O 和 Li_2CO_3。继续利用冷冻电镜观察在添加氟代碳酸乙烯酯（FEC）的碳酸盐基电解质中形成的 SEI 成分，发现在 FEC 存在下形成的 SEI 更加有序，似乎具有多层结构，内层为非晶态聚合物基体，而外层为带有清晰晶格条纹的大颗粒（15nm）的 Li_2O，但未能检测到氟化锂［图 6-10（c）和图 6-10（d）］。崔屹[8] 等正是通过冷冻电镜确定分子结构，进而打破了 LiF 是提高性能主要原因的错误观点。

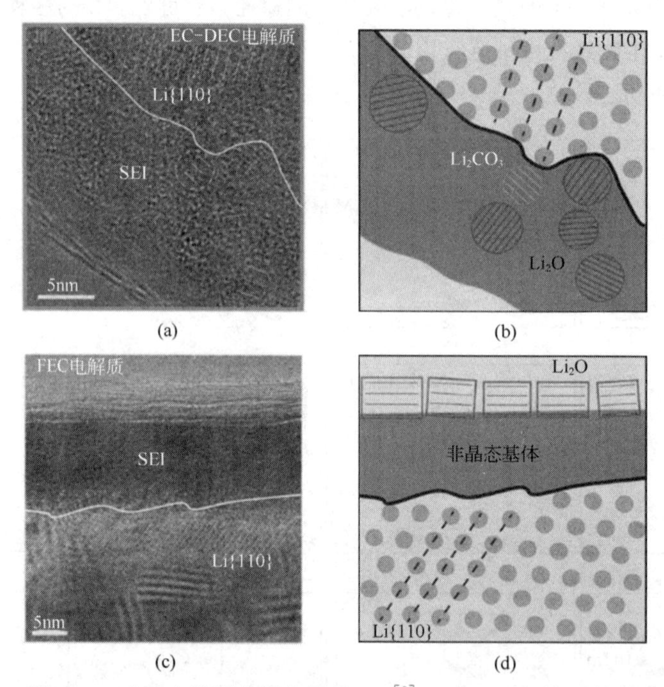

图 6-10　冷冻电镜研究锂金属的 SEI[8]（经 AAAS 许可转载）

（a）EC-DEC 电解液所形成的 SEI 冷冻电镜图；（b）EC-DEC 电解液所形成 SEI 镶嵌结构的示意图；（c）添加氟代碳酸乙烯酯电解液所形成的 SEI 冷冻电镜图；（d）FEC 电解液中所观察到的多层结构示意图

6.2 纳米材料的粒度分析

6.2.1 粒度分析的概念

材料中颗粒的大小和形状对其结构和性能影响很大，尤其是纳米材料，粒度是纳米材料的重要指标之一。由于固体材料中的颗粒很少呈现规则的球状，多呈片状、针状、多棱状等不规则的复杂形状，这类形状的粒度很难直接用一个尺度来衡量。因此，通常用等效粒径的概念来描述材料中颗粒的大小。等效粒径通常指当一个颗粒的物理特性（如体积、质量、沉降速度等）与同质球形颗粒相同或相似时，人们用该球形颗粒的直径来表示这个实际颗粒的直径，则该球形颗粒的粒径就等同于实际颗粒的粒径。

颗粒的等效粒径有四种：①等效体积粒径，即与被测量颗粒体积相同的同质球形颗粒的直径。②等效沉速粒径，即与被测量颗粒沉降速度相同的同质球形颗粒的直径。重力沉降法和离心沉降法所测的粒径为等效沉速粒径，也称斯托克斯（Stokes）径。③等效电阻粒径，即在一定条件下与被测颗粒电阻相同的同质球形颗粒的直径。库尔特法所测的粒径就是等效电阻粒径。④等效投影面积粒径，即与被测颗粒投影面积相同的球形颗粒的直径。等效粒径（D）和颗粒体积（V）的关系通常可以用表达式 $D=1.24V^{1/3}$ 表示，这为粒度测量的准确性提供了参考。

由于表面效应和小尺寸效应，纳米材料存在颗粒团聚，进而形成二次颗粒的问题。在分析表征其粒度时，会考虑材料中的一次颗粒和二次颗粒。一次颗粒指低气孔率的独立粒子；二次颗粒是一次颗粒由于表面力作用形成的较大颗粒。目前，纳米材料的粒度分析方法很多，但不同的方法采用的测试与分析原理不同，这导致对同一样品采用不同的测量方法得到的粒径物理意义和大小也不相同。而且，不同的粒度分析方法适用范围也不同。因此，只有对分析原理和仪器有准确的认识和把握，才能选择合适的分析方法和仪器，提高测量准确度和测量精度[9]。

6.2.2 粒度分析的意义

在现实生活中，能源、材料、医药、化工、冶金、电子、机械、轻工、建筑及环保等诸多领域都与材料的粒度分析息息相关。在高分子材料方面，例如聚乙烯树脂是一种具有多毛细孔的粉状物质，其性质和性能不仅受到分子特征（分子量及其分布、链结构）影响，还与分子形态学特征（颗粒表面形貌、平均粒度、粒度分布等）有密切的关系。在纳米添加剂改性塑料方面，在塑料中加入纳米材料作为塑料填充材料，不仅可以提高塑料的机械强度，还可以提高塑料对气体的密闭性以及增加阻燃性等。这些材料的性能与添加的纳米材料形状、颗粒大小以及分布等有着密切关系。因此，必须对这些纳米添加剂的粒度进行表征和分析。在现代陶瓷材料方面，由纳米颗粒构成的功能陶瓷是陶瓷材料研究的重要方向，通过纳米材料形成的功能陶瓷可以显著改变陶瓷材料的物理化学性能，如韧性。陶瓷粉体材料的许多重要性质也是由颗粒的平均粒度、粒度分布等参数决定。在涂料领域，其着色能力由颜料粒度决定，添加剂的粒径大小决定了成膜强度和耐磨性。在电子材料领域，荧光粉粒度决定了电视、显示器等屏幕的显示亮度和清晰度。在催化剂领域，催化剂的粒度、分布及形貌也部分的决定了其催化活性。因此，粒度分析技术逐渐发展成为测量学的一个重要分支。

6.2.3 粒度分析方法

一次粒度分析主要采用电镜直接观测，根据需求及样品的粒度范围，可通过扫描电镜、透射电镜、原子力显微镜、扫描隧道显微镜，直接观测到单个颗粒的原始粒径。由于电镜法是观测局部区域，所以，在进行粒度分布分析时需要观测多幅照片，通过软件分析得到统计粒度分布。电镜法得到的一次粒度分析结果一般难以代表实际样品颗粒的分布状态，对于微纳颗粒、制样困难的生物颗粒、微乳等一些在强电子束轰击下不稳定甚至分解的样品则很难得到准确的结果。因此，一次粒度检测的结果通常用作与其他分析方法结果的比较。

电镜法粒度分析的优点是可以提供有关颗粒大小、分布和形状的数据，此外，一般测量颗粒的大小可以从 1nm 到几微米。电镜分析法能给出颗粒图像的直观数据，易于理解。场发射扫描电镜分辨率可达 0.5nm。如图 6-11（a）～图 6-11（c）所示，通过高倍放大（×100000）SEM 图像分析由不同尺寸纳米 SiO_2 前驱体制备的纳米 Li_2FeSiO_4/C（LFS）复合物粒度分布情况，根据图中颗粒大小及分布情况，得出 LFS15、LFS30、LFS50 的平均颗粒尺寸分别是 18.6nm、28.0nm、45.7nm，这一结果也与纳米 SiO_2 前驱体粒度相匹配[10]。除了 SEM，利用 TEM 也可以对纳米材料粒度进行分析，图 6-11（d）～图 6-11（f）给出了 $CsPbCl_3$、$CsPbBr_3$、$CsPbI_3$ 三种钙钛矿量子点的 TEM 图，通过对图中材料尺寸分布的统计与分析，得出三种材料粒度分布的正态分布情况［图 6-11（g）～图 6-11（i）］[11]。

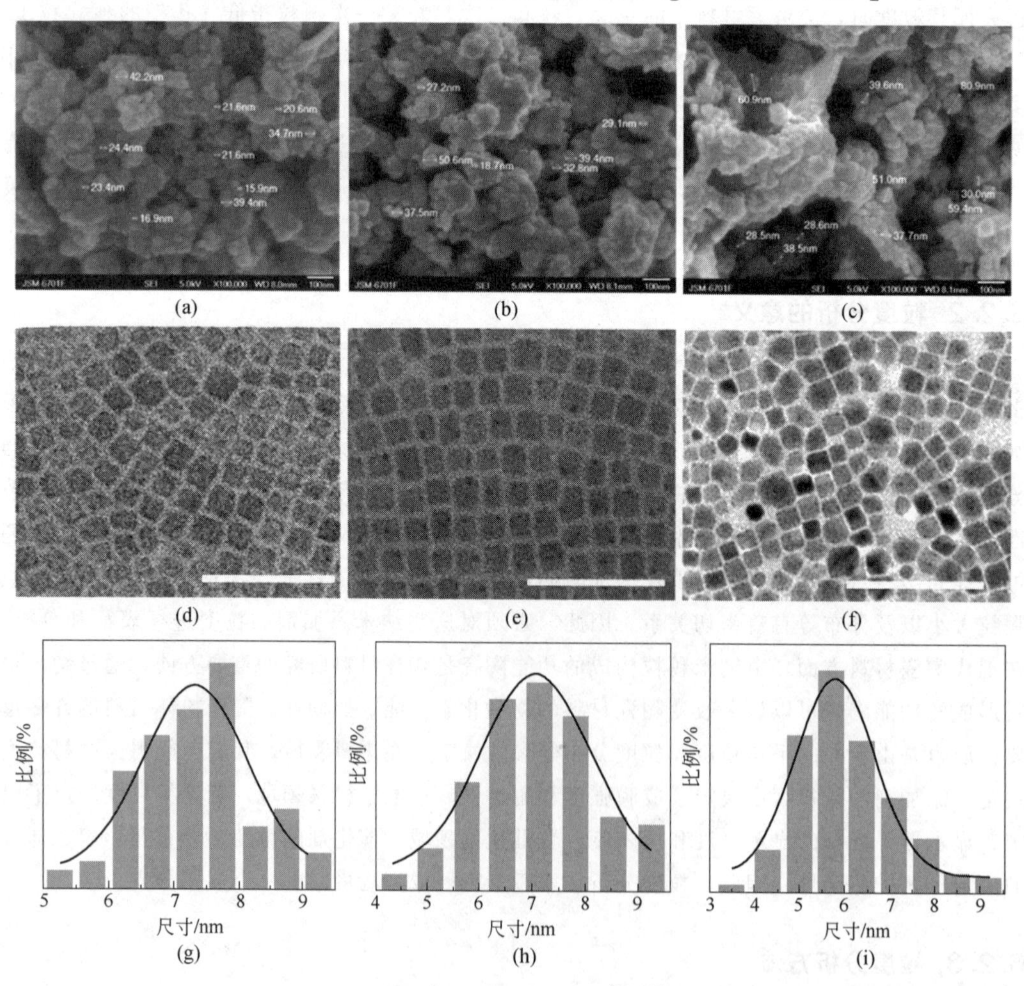

图 6-11　电镜法粒度分析[10,11]

（a）～（c）SEM 分析；（d）～（f）不同种类钙钛矿量子点的 TEM 法分析；（g）～（i）对应于（d）～（f）的钙钛矿量子点的粒度统计分布（经 Springer Nature 许可转载）

二次粒度统计分析通常有三种典型方法：高速离心沉降法、激光粒度分析法和电超声粒度分析法。其中激光粒度分析法根据其分析粒度范围不同，又可以划分为光衍射法和动态光散射法。光衍射法主要针对微米、亚微米级颗粒；动态光散射法则主要针对纳米、亚微米级颗粒。电超声粒度分析法是相对较新的粒度分析方法，主要针对高浓度体系的粒度分析。纳米材料粒度分析的特点是分析方法多，得到的是等效粒径，因此各方法之间不能横向比较。每种分析方法都有一定的适用范围和样品条件，应根据实际情况选择合适的分析方法。

激光衍射粒度分析法是基于激光与颗粒间的相互作用，该方法的测量范围为 0.001～0.2μm，主要理论依据是夫琅禾费（Fraunhofer）衍射理论。该理论指出衍射的光能分布与粒径分布有关，通过测量光能分布，就可以根据理论计算获得粒度分布。沉降法的原理是基于颗粒在悬浮体系中时，颗粒的重力（或所受离心力）、所受浮力和黏滞阻力三者平衡，并且黏滞阻力是服从斯托克斯原理来进行测定的，此时颗粒在悬浮体系中以恒定速度沉降，并且沉降速度与粒径的平方成正比。测定颗粒粒度的沉降法分为重力沉降法和离心沉降法两种，重力沉降法适于粒径为 2～100μm 的颗粒，而离心沉降法适于粒径为 10nm～20μm 的颗粒。由于离心式粒度分析仪采用斯托克斯原理，分析结果是一种等效球粒径，粒度分布为等效重均粒度分布。值得注意的是，只有满足以下条件才能采用沉降法测定颗粒粒度：①颗粒形状应接近球形并且完全被液体润湿；②颗粒在悬浮体系中的沉降速度缓慢且恒定，而且达到恒定速度所需的时间很短；③颗粒在悬浮体系中的布朗运动不会干扰其沉降速度；④颗粒间的相互作用不影响沉降过程。纳米材料的粒度分析一般采用高速离心沉降法，目前常用消光沉降法。由于在悬浮体系中不同粒径的颗粒沉降速度不同，相同时间颗粒沉降的深度也就不同，因此，在不同深度处悬浮液的密度将呈现不同的变化，根据测量光束通过悬浮体系的光密度变化便可计算出颗粒粒度分布。

6.3 纳米材料的形貌分析

6.3.1 形貌分析的重要性与种类

对于纳米材料，其性能不仅与材料粒度有关，还与材料的形貌有关。纳米材料的形貌分析是纳米材料表征分析的重要组成部分，材料的很多重要物理化学性质是由其形貌特征决定的。如颗粒状纳米材料与纳米线和纳米管的物理化学性质有很大的差异。形貌分析的主要内容是分析材料的几何形貌、颗粒度、颗粒度分布以及形貌微区的成分和物相结构等。

常用的纳米材料形貌分析主要采用扫描电子显微镜（SEM）、透射电子显微镜（TEM）、原子力显微镜（AFM）和扫描隧道显微镜（STM）。SEM 和 TEM 形貌分析不仅可以分析纳米粉体材料，还可以分析块体材料，其提供的信息主要包括材料的几何形貌、粉体的分散状态、纳米颗粒的尺寸及分布、特定形貌区域的元素组成和物相结构。AFM 和 STM 都是利用探针与样品的不同相互作用来检测纳米尺度上的表面或界面的物理和化学性质，各有不同的优势和适用范围。总之，这四种形貌分析方法各有特点，电镜分析具有更多优势，但 STM 和 AFM 具有进行原位形貌分析的特点。

6.3.2 扫描电子显微镜形貌分析

扫描电子显微镜是一种应用广泛的表面形貌分析仪器，其基本原理与光学成像原理相似，主要通过电子束代替可见光，电磁透镜代替光学透镜，从而达到成像的方式。当高速电子照射到固体样品表面并发生相互作用时，就会产生一次电子的弹性散射、次级电子等信息，这些信息与样品表面的几何形状以及化学成分密切相关，通过对这些信息的解析就可以获得材料表面形貌和化学成分。

相比于其他形貌表征技术，扫描电镜的优点在于：放大倍数高，在20～20万倍之间连续可调；景深大，视野大，成像富有立体感；可直接观察各种样品凹凸不平表面的细微结构；制样简单，可实现对粉末、薄膜和块体材料的表面和截面形貌的快速分析。这些优点为研究者开发新型结构和形貌的材料提供了很好的指导。图6-12[12-17] 给出了近年来研究者开发出的一系列代表性新型结构和形貌的纳米材料，包括中空纳米框架结构的硫化镍颗粒［图6-12（a）］、碳纳米管柱撑石墨烯形成的一维超结构碳材料［图6-12（b）］、一维纳米棒组装而成的超结构碳材料［图6-12（c）］、少层石墨烯卷曲而成的类树莓碳超颗粒［图6-12（d）］、金属有机框架化合物（ZIF-8）多面体颗粒组装而成超结构的截面形貌图［图6-12（e）］和表面形貌图［图6-12（f）］以及不同石墨烯片层有序形成的石墨烯纤维的形貌图［图6-12（h）和图6-12（i）］。通过SEM形貌分析，很好地验证了热处理后不同尺寸石墨烯片层的分布和有序结构［图6-12（g）］，为最初的实验设计提供了很好的佐证，也为后面力学性能提升机制的分析提供了良好的支撑。

图6-12　扫描电子显微镜表面与截面成像图[12～17]（经John Wiley and Sons、Elsevier、AAAS许可转载）

6.3.3 透射电子显微镜形貌分析

透射电子显微镜通过短波长电子束作为照明源，并使用电磁透镜聚焦成像，具有高空间分辨率和高放大倍数。高分辨 TEM（high-resolution TEM，HRTEM）不仅可以获得晶胞排列的信息，还可以确定晶胞中原子的位置。200kV 的 TEM 点分辨率为 0.2nm，1000kV 的 TEM 点分辨率为 0.1nm，因此可直接观察原子图像。

在样品测试时，要求待测样品厚度极薄（几十纳米），以便电子束可以透过样品。其特点是样品用量少，不仅可以获得样品的形貌、粒径、分布，还可以获得特定区域的元素组成和物相结构信息。TEM 比较适合纳米粉体样品的形貌分析，但粒径应小于 300nm，否则电子束无法穿透。对块体样品的分析，TEM 一般需要对样品进行剪薄处理[18]。

透射电子显微镜是基于阿贝光学显微镜衍射成像原理，不仅可以在物镜像平面获得放大像，还可以在物镜的后焦面获得晶体的电子衍射谱。透射电子显微镜中，物镜、中间镜、透镜以积木的方式成像，即前一透镜的像是下一透镜成像时的物，以保证经过连续放大的最终像是清晰的像。在这种成像方式中，如果电子显微镜是三级成像，那么总的放大倍数就是每个透镜倍率的乘积：

$$M=M_0 M_i M_p \tag{6-2}$$

式中，M_0 为物镜放大倍率，数值在 50～100 范围；M_i 为中间镜放大倍率，数值在 0～20 范围；M_p 为投影镜放大倍率，数值在 100～150 范围；总的放大倍率 M 在 1000～200000 倍内连续变化。

用物镜光阑选择透射波，观察到的像为明场像（bright field image）；用物镜光阑选择一个衍射波，观察到的是暗场像（dark field image）；在后焦平面上插入大的物镜光阑可以获得合成像，即高分辨电子显微像。高分辨电子显微像主要包括晶格条纹像、一维结构像、二维晶格像（单胞尺度像）、二维结构像（原子尺度像与晶体结构像）和特殊像等。

① 晶格条纹像：如果用物镜光阑选择后焦平面上的两个波来成像，由于两个波的干涉，得到一维方向强度呈周期变化的条纹花样，即为晶格条纹像。

② 一维结构像：如果倾斜晶体，使电子束平行于某一晶面入射，则可以获得一维衍射条件的花样。使用这种衍射花样，在最佳聚焦条件下拍摄的高分辨率电子显微像不同于晶格条纹像，含有晶体结构的信息。

③ 二维晶格像：如果电子束平行于某一晶带轴入射，则可以获得满足二维衍射条件的衍射花样。在透射波附近出现反映晶体单胞的衍射波，在衍射波和透射波干涉产生的二维像中，能观察到显示单胞的二维晶格像。

④ 二维结构像：在分辨率允许的范围内，尽可能多用衍射波成像，就可以使获得的像中含有单胞内原子排列的信息。

TEM 是常用的对纳米材料表征的方法之一，在形貌表征方面可以用来检测纳米材料的外观形貌、尺寸，内在的晶体结构、原子结构及缺陷，还可以用来观察纳米材料的生长过程，为材料合成的机理提供理论指导；同时，结合其他元素表征手段（如电子能量损失谱等）可以精准地观察元素的分布位置、价态和结构等信息。图 6-13[19-26] 归纳了 TEM 观察不同维度纳米材料的形貌。图 6-13（a）为零维 SiO_2 纳米颗粒，图 6-13（b）为二维 $Ti_3C_2T_x$ MXene，图 6-13（c）为三维中空碳纳米立方体，图 6-13（d）为特殊结构的截角四面体量子点，图 6-13（e）为球状三维超结构，图 6-13（f）为利用 HRTEM 探测的纳米材料中的晶体结构［氟元素掺杂的钛酸镧锂（110）晶面取向］，过度刻蚀的缺陷态氮元素掺杂 MXene 材料中的结构缺陷如图 6-13（g）所示。结合不同时间下二维纳米片的 HRTEM 探测，分析其形貌和晶体结构，为纳米片的生长过程和择优生长方向提供了理论指导。

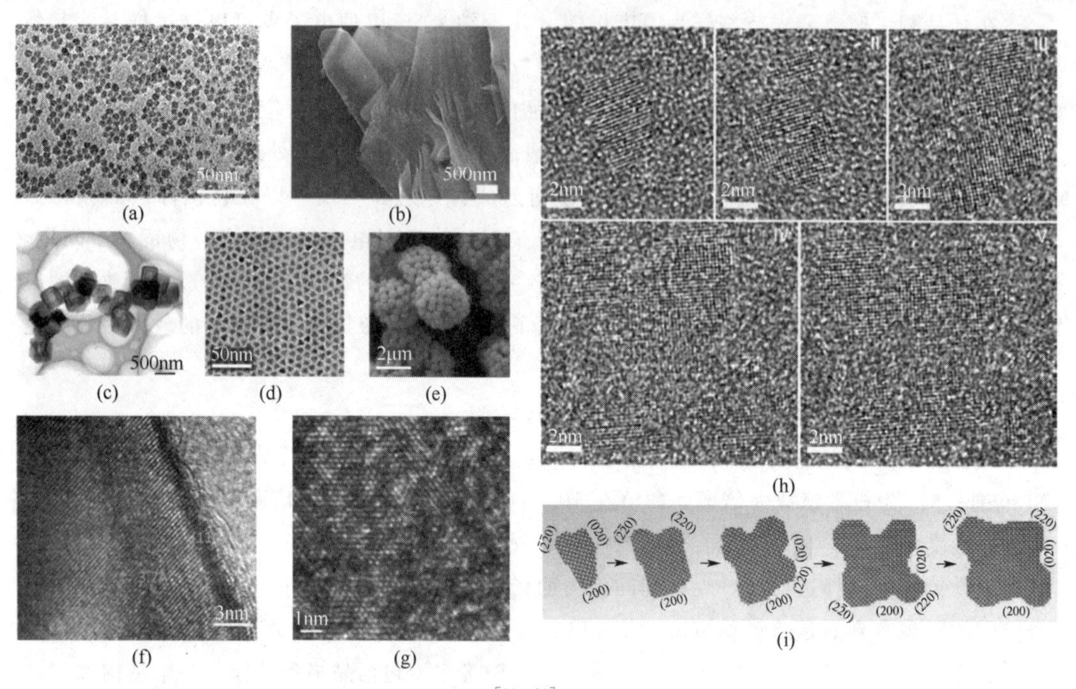

图 6-13 TEM 对纳米材料的形貌与结构表征[19~26]（经 John Wiley and Sons、Elsevier 许可转载）
（a）SiO_2 纳米颗粒；（b）$Ti_3C_2T_x$ MXene 二维材料；（c）中空碳纳米立方体；（d）截角四面体量子点；（e）SiO_2、三聚氰胺甲醛树脂和聚苯乙烯球状三维超结构；（f）F-LLTO 的 HRTEM 图；（g）氮掺杂 MXene 的缺陷结构的 HRTEM 图；（h）二维过渡金属氧化物纳米片时间分辨的 HRTEM 图；（i）二维过渡金属氧化物纳米片的生长机理示意图

球差校正透射电镜（spherical aberration corrected transmission electron microscope，ACTEM）因为具有直接观察原子相的亚埃级别超高分辨率，是近年来发展的一项高精尖技术。

球差校正技术包括聚光镜校正和物镜校正，前者被称为扫描透射电子显微镜（scanning transmission electron microscope，STEM），后者称为 ACTEM。当同时进行校正时，得到双球差校正 TEM。借助最新的五重球差校正器，人们成功地将球差影响分辨率的精度降至低于色差。通过校正色差才能提高分辨率，于是诞生了球差色差校正透射电镜。

球差校正 TEM 原子级别分辨率为纳米材料的深入研究提供了强有力支撑。图 6-14[27-30] 给出了几个代表性的研究成果。利用球差电镜直接观察到 $SrTiO_3$ 沿（001）取向的原子结构像。图 6-14（a）中环形亮场（ABF）像的衬度较暗的格点位置对应于原子序数较重的 Sr 和 Ti 原子，衬度不明显的格点对应于较轻的氧原子。采用环形暗场（ADF）像表征的话，重原子 Sr 和 Ti 呈现出明显的亮斑，如图 6-14（b）所示。实际上，Z-衬度像对于轻、重原子的成像具有很好的分辨效果，如图 6-14（c）所示，碳基底上支撑的 Pt 颗粒很好地分布于其上，且粒度均匀。采用 Z-衬度的高角 ADF（HAADF）像表征，可以清晰地勾勒出 Al_2O_3 陶瓷的中的大角度晶界和掺杂重原子 Y 所占的格点位置。如图 6-14（d）所示，较暗色区域对应于晶界区，在晶界区附近，由七个原子组成周期性结构，其中最亮的亮斑对应于掺杂的 Y 原子。为掺杂 Y 原子阻碍晶界运动进而缓解 Al_2O_3 的高温蠕变行为提供了有力的证明。结合 EELS 分析，STEM 技术分析得到 $SrTiO_3/Nb_{0.2}SrTi_{0.8}O_3/SrTiO_3$ 超晶格中掺杂 Nb 原子取代 Ti 原子的格点位置，导致了部分 Ti 原子在 +4 和 +3 化学价态的转变，结果如图 6-14 (f) 和图 6-14 (g) 和图 6-14 (h) 所示。

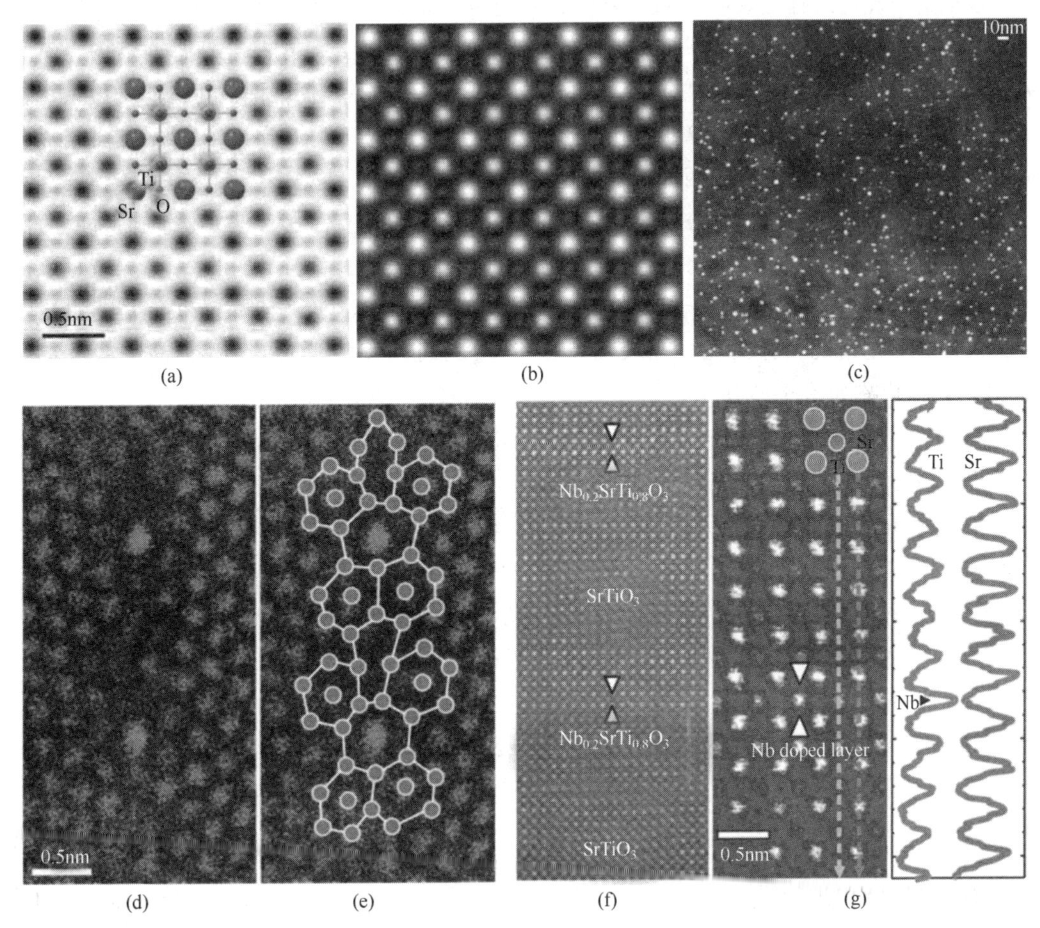

(a) (b) (c) (d) (e) (f) (g)

图 6-14 STEM 对纳米材料的形貌与结构表征[27~30]（经 AAAS、Springer Nature 许可转载）

(a) $SrTiO_3$ 沿 (001) 取向的 ABF 像；(b) $SrTiO_3$ 沿 (001) 取向的 ADF 像；(c) Pt/C 催化剂 Z 衬度像；(d)、(e) Y 掺杂 Al_2O_3 陶瓷的 HAADF 像；(f)、(g) $SrTiO_3/Nb_{0.2}SrTi_{0.8}O_3/SrTiO_3$ 超晶格的 HAADF 像；(h) $SrTiO_3/Nb_{0.2}SrTi_{0.8}O_3/SrTiO_3$ 超晶格的 EELS 谱图

6.3.4 扫描隧道显微镜形貌分析

扫描隧道显微镜（STM）是根据量子理论中的隧道效应发展而来的。通过 STM 图像不仅可以得到材料表面的形貌信息，还可以得到材料表面的电子态密度信息，其分辨率可以达到原子水平，但仅限于直接观测导体或半导体的表面结构。对于非导体材料，必须在材料表面覆盖一层导电膜，但导电膜的存在会掩盖材料表面的结构细节，这将使 STM 失去能在原子尺度上表征材料表面结构的优势。AFM 的表征原理是探测针尖和样品之间的短程原子相

互作用力，因此与STM相比，理论上原子力的等高图比态密度的等高图更能反映真实的表面形貌，AFM所观察的图像比STM像更易于解释。并且AFM分辨率高，不受样品导电性的影响，其研究对象几乎不受限制，因此应用范围更广。此外，它还可直接观察和记录溶液体系中液固界面的一些生物或化学反应过程。因此，最近几年，它在生命科学、材料科学等方面的应用不断增加，已成为普遍关注的热点。

基于量子理论的隧道效应，STM将极细探针和被测样品表面作为两个电极，当针尖与样品表面的距离非常近（通常<1nm）时，在外加电场的作用下，电子会透过两电极之间的势垒从一个电极流向另一电极。隧道电流的强度对针尖和样品表面之间的距离非常敏感，若距离减小0.1nm，隧道电流将增加一个数量级，利用这一现象，STM表征样品表面通常有恒定电流模式和恒定高度模式两种。恒定电流模式是通过电子线路来控制隧道电流恒定，并通过压电陶瓷材料来控制针尖在样品表面的扫描，探针在垂直于样品表面方向上高度的变化就反映了样品表面的起伏，将针尖在样品表面扫描时的运动轨迹记录在显示器，就可以得到样品表面的态密度分布或原子排列情况。当选择恒定高度模式，这时记录的是隧道电流随针尖位置的变化情况，针尖在样品表面以恒定高度扫描。STM的针尖和样品关系示意及STM的扫描模式如图6-15所示。

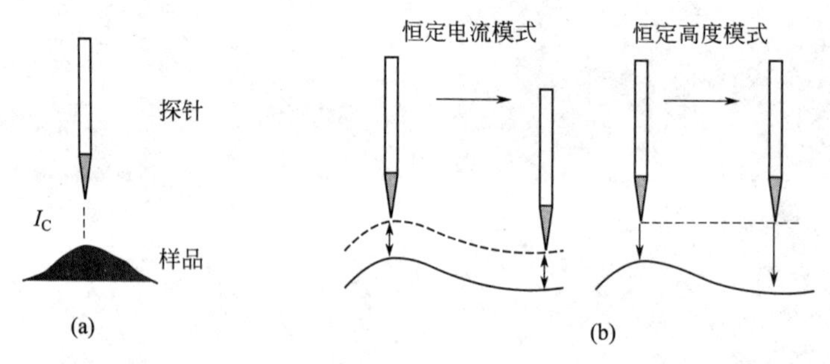

图6-15　STM的针尖和样品关系示意图及STM扫描模式
(a) STM的针尖和样品关系示意图；(b) STM的扫描模式

STM对材料分析可达到原子量级的分辨率，基于高分辨率成像技术，可以对不同类型的原子、分子结构进行有效的观察和识别。在六苯基苯（HPB）中加入六苯并苯（COR）来调节其骨架结构，通过高分辨STM能够观察到加入COR前后HPB结构由雪花状［图6-16（a）］变成蜂窝状［图6-16（c）］，随后雪花结构完全转变为适合容纳COR的腔体结构［图6-16（e）］，图6-16（b）、图6-16（d）、图6-16（f）为根据STM图像得出的不同结构的多层分子堆积模型[31]。STM图像还可以实时反应空间样品表面信息，这种特点使之可用于探究组装结构的动态过程以及表面反应的全过程。Kim等[32]通过STM实时观察石墨烯封装Kr后的表面变化过程，图6-16（g）中可以看出在没有嵌入Kr^+前，C（0001）表面是干净平整的，经过60eV Kr^+的辐照后，表面出现不同高度的突出物，见图6-16（h）。

扫描隧道显微镜仅适合具有导电性的纳米薄膜材料的形貌分析和表面原子结构分布分析，对于绝缘体无法直接观察，这是由仪器的设计原理所限制，对纳米粉体材料不能分析。并且，STM通过表面形貌和电子态密度的综合信息获得图像，这也增加了对所得信息的分析难度。

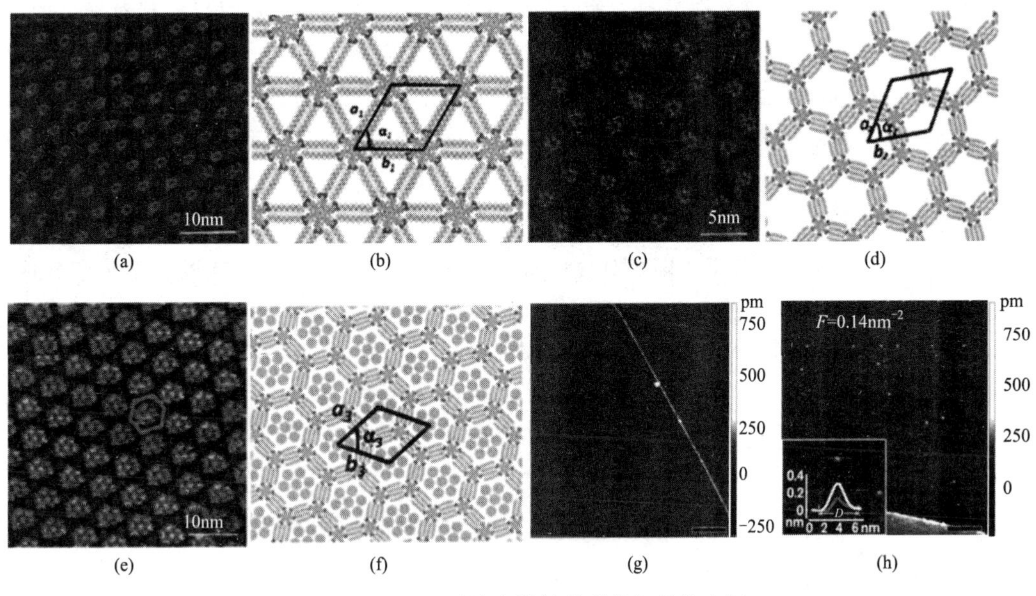

图 6-16　STM 对纳米材料的形貌与结构表征

6.4 纳米材料的成分分析

6.4.1 成分分析的重要性与种类

纳米材料的光、声、电、热、磁等物理特性与纳米材料的化学成分密切相关。测定纳米材料的元素组成及材料中杂质的种类和浓度，是纳米材料分析的重要内容之一。

按照分析手段不同，纳米材料的成分分析可分为光谱分析、能谱分析和质谱分析。光谱分析主要包括 X 射线荧光光谱、X 射线衍射光谱、电热和火焰原子吸收光谱、电感耦合等离子体原子发射光谱；能谱分析主要包括 X 射线光电子能谱和俄歇电子能谱；质谱分析主要包括电感耦合等离子体质谱和飞行时间次级离子质谱。这些分析方法可以实现对纳米材料表面、微区以及体相的痕量、微量以及主要组成的成分分析。

6.4.2 表面与微区成分分析

纳米材料的表面与微区成分分析方法目前最常用的有 X 射线光电子能谱（XPS）分析、俄歇电子能谱（AES）分析、电子探针分析和次级离子质谱（SIMS）分析等。这些方法可以测定纳米材料表面的化学成分、分布状态和价态、表面与界面的扩散和吸附反应等，并结合能谱或电子探针技术与扫描或透射电镜技术，还可以分析纳米材料的微区成分，因此被广泛应用于纳米材料的成分分析，尤其是纳米薄膜的微区成分分析。

XPS 主要利用 X 射线照射固体时产生光电效应，原子某一能级的电子被轰击出物体之外，此电子称为光电子。由于只有表面处的光电子才能从固体中逸出，因而测得的电子结合能必然反映了表面化学成分的情况。XPS 可以测定样品表面的元素含量与形态信息，测定深度为 3～5nm。如果以离子作为剥离手段，以 XPS 作为分析方法，则可以实现对样品的深度分析。固体样品中除氢、氦之外的所有元素都可以进行 XPS 分析，并且各元素所处的化学环境不同，其结合能会有细微的差别，这种由化学环境不同引起的结合能的微小差别称为化学位移，元素所处的状态可以由化学位移的大小确定。例如一种元素失去电子变成离子后，其结合能会增加，如果得到电子变成负离子，则结合能会降低。因此，利用化学位移值还可以分析元素的化合价和存在形式。综上，XPS 的分析方法主要有：①表面元素定性分析；②表面元素的半定量分析，即相对含量而不是绝对含量：③表面元素的化学价态分析，这是 XPS 最重要的一种分析功能，也是 XPS 图谱解析最难并比较容易发生错误的部分。

如图 6-17 所示，利用 XPS 对材料表面成分进行分析，由于二维过渡金属材料 MXene 表面具有丰富的官能团，但—F 官能团的存在不利于其在电化学领域的应用，通过界面化学调控的方法可以有效去除 $Ti_3C_2T_x$-MXene 表面—F 官能团[33]。

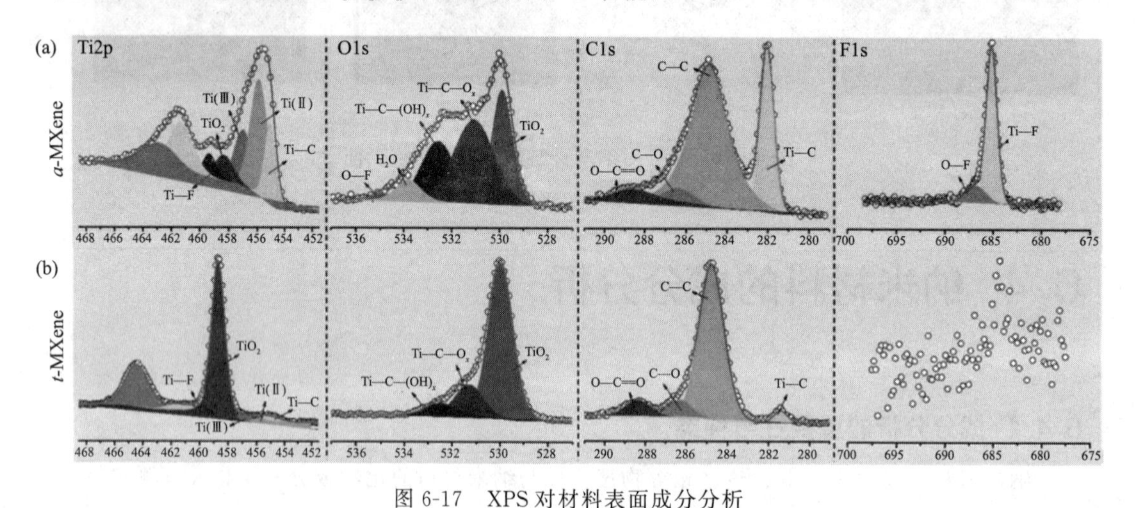

图 6-17　XPS 对材料表面成分分析

（a）界面化学调控前 MXene 的表面元素分布；（b）界面化学调控后 MXene 的表面元素分布

AES 则是将激发源由 X 射线改为电子枪发射的电子束。AES 通过入射电子束和样品作用，激发出原子的内层电子，外层电子向内层跃迁过程中所释放的能量以 X 射线的形式放出，即产生特征 X 射线；或使核外另一电子激发成为自由电子，这种自由电子即俄歇电子。对于一个原子，激发态原子在释放能量时只能进行一种发射：特征 X 射线或俄歇电子。原子序数大的元素，发射特征 X 射线的概率较大，原子序数小的元素，发射俄歇电子概率较大，当原子序数为 33 时，两种发射概率大致相等。因此，俄歇电子能谱适用于轻元素的分析。由于一次电子束能量远高于原子内层轨道的能量，可以激发出多个内层电子，会产生多种俄歇跃迁，因此，在俄歇电子能谱图上会有多组俄歇峰。虽然这使定性分析变得复杂，但依靠多个俄歇峰会使得定性分析具有很高的准确度，可以进行除氢、氦之外的多元素一次定性分析。同时，还可以利用俄歇电子的强度和样品中原子浓度的线性关系进行元素的半定量分析。俄歇电子能谱法是种灵敏度很高的表面分析方法，其信息深度为 1.0～3.0nm，绝对灵敏度可达到 10^{-3} 个单原子层，是一种很有效的分析方法。

电子探针分析法也是一种能谱分析方法，利用电子束与物质的相互作用产生特征 X 射线，根据 X 射线的波长和强度进行分析。当电子束作用于材料表面时，原子的内层电子被逐出，外层电子在跃迁到内层的过程中，也可能以X射线的形式释放能量。这种X射线的能量等于两个能级能量之差，所以具有元素特征。根据仪器的设计，电子探针分析可以分为波长色散型和能量色散型两种。波长色散型仪器是利用分光晶体将不同的X射线分开并进行检测，这种方式的优点是波长分辨率高；缺点是X射线利用率低，不适于在低束流和弱X射线的情况下使用，当将其与扫描电子显微镜联用时，不能在观察次级电子像的同时进行元素分析。能量色散型仪器是将样品激发出的X射线照射到Si（Li）检测器上，使Si原子电离产生大量的电子空穴对，电子空穴对的数量与特征X射线的能量成正比。收集电子空穴对，经放大器将其转换成电流脉冲，由于电流脉冲高度与X射线的能量相对应，因此能够区别不同能量的X射线。与波长色散法相比，能量色散法分析速度快、效率高，可以在观察电子显微镜的图像时同时进行成分分析。

次级离子质谱是一种通过质谱仪进行表面分析的方法，为获得材料表面成分和结构的信息，次级离子质谱法采用低密度的正离子（一次离子）轰击样品表面，使样品表面的分子以正负离子（次级离子）的形式从表面分离出来，在质谱仪的真空系统中样品离子被引入质谱仪进行分析，从而获得表面化学组成和分子结构的信息。目前多采用飞行时间次级离子质谱（TOF-SIMS）分析，TOF-SIMS与上述表面分析方法相比最显著的特点是，这一技术不仅能对组成材料的元素进行分析，还能对有机官能团进行分析，因此特别适合研究有机化合物薄膜的分子结构信息。

当利用TEM和SEM对纳米材料成像后，需要对所观察到的某一个微区的元素成分进行分析时，可结合电子显微镜和能谱两种方法共同对某一微区的情况进行分析。此外，微区分析还能够用于研究材料夹杂物、析出相、晶界偏析等微观现象，因此十分有用。结合电子显微镜和能谱两种方法共同对某一微区的情况进行分析时，可采用三种不同的分析方法，即点分析、线分析和面分析方法。点分析是将电子束照射在所要分析的点上，检测由此点所得到的X射线来进行分析的方法。线分析是将谱仪设置在某一确定的波长测量位置，使试样和电子束沿指定的直线做相对运动，记录X射线强度而得到的某一元素在某一指定直线上的浓度分布图。面分析是把能谱的波长设置在某一固定位置，利用仪器的扫描装置在试样的某一选定区域（一个面）进行扫描，同时，显像管的电子束受同一扫描电路的调制，做同步扫描时，显像管的亮度由试样给出的信息调制。因此图像的衬度与试样中相应部位该元素的含量成正相关，越亮表示该元素含量越高。

6.4.3 体相元素成分分析

纳米材料体相元素及其他杂质成分的分析主要包括原子吸收光谱、原子发射光谱、电感耦合等离子体质谱（ICP-MS）、X射线荧光光谱和衍射分析方法。原子吸收光谱、原子发射光谱、ICP-MS需对样品溶解后再表征，因此属于破坏性样品测试方法，而X射线荧光光谱和衍射分析方法能直接对样品进行表征，属于无损测试方法[34]。本节主要介绍原子吸收光谱、原子发射光谱、感应耦合等离子体质谱及X射线荧光光谱法。

原子吸收光谱是根据基态原子对特征波长光的吸收来测定试样中待测元素含量的分析方法。通过基态原子吸收共振辐射，外层电子由基态跃迁至激发态，产生原子吸收光谱，原子吸收光谱位于光谱的紫外区和可见区。原子吸收光谱分析过程如图6-18所示，主要包括以下三个步骤：①试液被喷射形成细雾，并与燃气、助燃气混合进入燃烧的火焰中，这一过程中火焰将被测元素转化为原子蒸气；②从光源发射出的与被测元素吸收波长相同的特征谱线被气态的基态原子吸收，该谱线强度因此减弱，随后经分光系统分光后，由检测器接收；③特征波长光变化产生的电信号，经放大器放大，最终由显示系统显示吸光度或光谱图。原子吸收光谱法具有灵敏度高、检出限低（约 10^{-14} g）、准确度好（<1%）、选择性好、操作简单和适用范围广（可以直接测定70多种金属元素，也可以用间接方法测定一些非金属元素和有机化合物）的优点。但同时也有很多缺点，如多元素同时测定目前比较困难；有些元素（钍、铪、钽）的检测灵敏度还比较低；复杂样品需要进行复杂的化学预处理，否则对检测结果有严重的干扰。

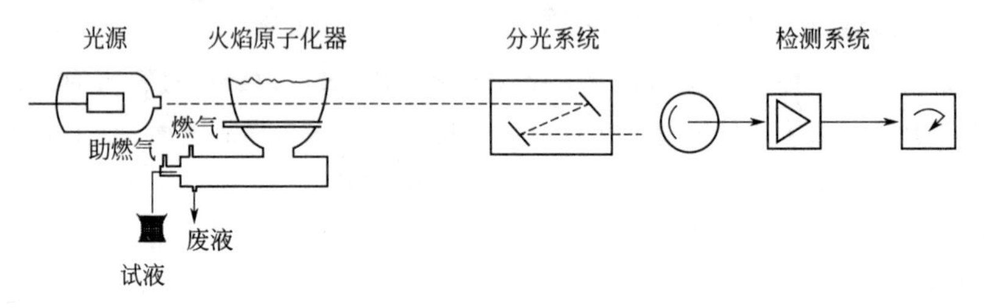

图 6-18　原子吸收光谱分析过程示意图

原子发射光谱分析是根据记录和测量元素的激发态原子发出的特征辐射的波长和强度，对其进行定性、半定量和定量分析的方法。定性分析的原理：不同元素的原子结构不同，因而原子各能级之间的能量差 ΔE 也不相同，各能级间的跃迁所对应的辐射也不同，由此根据所检测到的辐射频率 ν 或波长 λ 对样品进行定性分析。定量分析的原理：元素含量不同时，同一波长所对应的辐射强度也不相同，由此根据所检测到的辐射强度对各元素进行定量测定。原子发射光谱分析过程主要包括以下三个步骤：①通过外部能量使被测试样蒸发、解离，产生气态原子，并将气态原子的外层电子激发至高能态，处于高能态的原子自发地跃迁回低能态时，以辐射的形式释放出多余的能量；②经分光后形成一系列按波长顺序排列的谱线；③用光谱干板或检测器记录和检测各谱线的波长和强度，并据此解析出元素定性和定量的结论。原子发射光谱法具有灵敏度高、试样用量小、处理方法简单、选择性好的优点，是元素分析尤其是金属元素分析最强有力的手段之一，与原子吸收光谱法相比的主要特点是能够同时进行多元素分析，但是这种技术的灵敏度没有石墨炉原子吸收光谱法高，对多数元素测定的检出限在10 ng/mL左右。此外，由于固体进样比较困难，因此目前在纳米材料成分分析中，仍多采用将材料溶解后再进行测定的方式，使用不够方便。

电感耦合等离子体质谱（ICP-MS）是利用电感耦合等离子体作为离子源，使产生的样品离子经质量分析器和检测器后得到质谱的一种元素质谱分析方法。ICP-MS由离子源、分析器、检测器、真空系统和数据处理系统组成，在进行材料表征时，对质谱仪设置扫描范围，从而减少空气中分成的干扰，并且尽量避免采集 N_2、O_2、Ar等离子。ICP-MS可对样品进行定性和定量分析，由其得到的质谱图横坐标为离子的质荷比，纵坐标为计数。其中离子质荷比可以确定存在元素的种类，而某一质荷比对应的计数可以进行定量分析。由于ICP-MS具有高灵敏度、多元素定性定量同时进行等优点，已广泛应用在纳米材料的元素成分分析中。

X射线荧光光谱法（XFS）是通过测定产生的X射线荧光，从而对元素进行分析的方法。由于原子吸收光谱、原子发射光谱及ICP-MS分析方法需对样品进行溶解后测定，这个过程可能会造成纳米材料结构破坏，不利于对材料进一步表征。XFS可对样品直接进行测定，不会对样品造成破坏，适合纳米材料的分析。样品中元素受到X射线碰撞时，由于X射线能量高于原子内层电子结合能，从而驱逐一个内层电子出现一个空穴，使整个原子体系处于不稳定的激发态，随后较外层的电子跃迁到空穴，使原子回到能量较低的稳定状态，外层电子跃迁所释放的能量不在原子内被吸收，而是以辐射形式放出，便产生X射线荧光，其能量等于两能级之间的能量差。因此，X射线荧光的能量或波长是特征性的，与元素有一一对应的关系。只要得到荧光X射线的波长，就能确定元素的种类，并且根据荧光X射线的强度与对应元素的含量有一定关系，可以对元素进行定量分析。X射线光谱仪能够将X射线照射试样后激发出的各种波长的荧光X射线按波长（或能量）分开，并分别测量不同波长（或能量）的荧光X射线强度，从而进行定性和定量分析。

6.5 纳米材料表面电子结构的分析

固体表面是指最外层的1～10个原子层，其厚度大概是0.1～1nm。对于纳米固体中电子状态的认识，应当既包括Fermi能级E_F以下填满电子基态，也包括Fermi能级以上空的、未被电子占据的状态，即空态。在实验中，能够观测到电子从分立的内能级直接跃迁到空态，这种跃迁往往涉及体系内电子间复杂的相互作用，在XPS谱峰中出现“卫星峰”（satellite peak，也称为伴峰），通过实验测得这样的伴峰，将有助于人们对体系复杂的电子结构、相互作用及其对光电性质的影响有更加深入的理解，推动更完善的理论模型的建立。近二十年纳米科学与技术的发展，大大推动了人们对材料空态电子结构的研究，如X射线吸收精细结构（XAFS）、逆光电子发射谱（IPES）、电子能量损失谱（EELS）、双光子光发射（2PPE）、扫描隧道谱（STS）这些纳米科技的涌现，比较统一的占有态与空态的研究方式已经出现。本书中将讨论利用XPS和紫外光电子能谱（UPS）技术研究纳米材料表面电子占有态，XAFS技术研究空态。

6.5.1 X射线光电子能谱

X射线光电子能谱（XPS）能够精确测量纳米材料内壳层电子结合能的化学位移，提供化学键和价带结构方面的信息，同时能够分析纳米材料表面的原子价态与表面能态分布。因此，XPS是一种研究纳米材料电子结构的有力技术。图6-19左下侧表示的是固体样品表面的电子结构。当用能量为$h\nu$的光子激发时，由于样品内层轨道和最外层价带都填充电子，所以用XPS能复制出它们的电子结构，也就是右上侧所记录的对应的光电子能谱。由于光子的能量$h\nu$较高，对原子内壳层电子有较高的电力截面，在光电子能谱上能得到清晰的对应原子内壳层孤立能级谱。但是，这种高能量光子对价带的电力截面却很小，能量分辨率又较低，因此，XPS不大可能得到如图6-19右上侧图所示那么强的高分辨率的价带谱线。

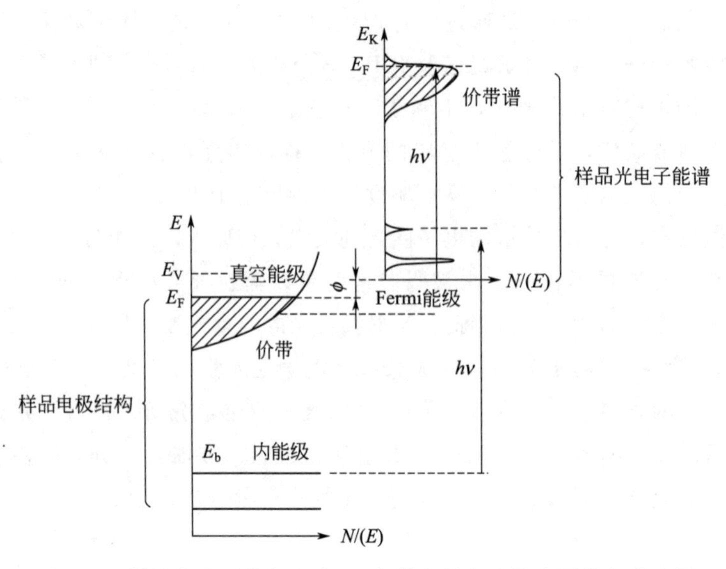

图 6-19　样品中电子能级和有 $h\nu$ 光激发所产生的电子能级分布图

下面我们介绍两个利用 XPS 技术研究纳米材料电子结构的实例，以帮助大家加深对此部分内容的理解。

图 6-20 给出了 XPS 测定的 PtSi/p-Si 异质薄膜的价带谱，其中 Pt 膜厚为 5mm。图 6-20（a）可观察到价电子谱在 7.5eV 和 3.0eV 各有一谱峰，随溅射时间的延长谱形发生变化，7.5eV 峰由相对弱峰变为强峰，并稍有移动。王金良等的研究表明 Si-L2，3 价带谱谱峰位于 10.0eV 和 7.5eV。10.0eV 的峰较弱，说明单晶硅在形成硅化物时，Si 四面体结合键 sp^3 的长程有序被打乱，硅化物中不能存在 Si-Si 正四面体键合的长程有序。由于溅射深度的增加，7.5eV 峰变为强峰，是因为硅的扩散浓度增加，这与芯能级的分析是一致的。3.0eV 的谱峰是形成硅化物时 3.0eV 价电子的未成键峰，此峰相对变弱，是由于内部 Pt 含量变少，内部 Pt 和 Si3p 结合成单一 PtSi 相。在价带谱 0.5eV 或处有一个肩形结构，由于 Pt5d 和 Si3d 在靠近 E_F 附近可以清楚地观察到态密度，所以此峰是 Pt5d 和 Si3d 在 E_F 附近的杂化造成的。图 6-20（b）是衬底温度加热到 300℃ 的样品，样品表面价电子谱在溅射 2min 和 7.5min 时形状没有明显变化，随溅射时间增加，谱峰变强。这表明样品从表面到界面基本生成单一的 PtSi 相。此结果清晰地证明了 XPS 能够根据材料结构与相变化分析其电子结构。

图 6-21 给出了钙钛矿太阳能电池界面 $TiO_2/CH_3NH_3PbI_3$ 的 XPS 谱图，通过这些谱图我们可以分析其电子结构。由图 6-21（a）可知，TiO_2/PbI_2 样品包含 TiO_2 基底中的 Ti、O 原子响应峰，以及 PbI_2 中 Pb 原子和少量 C 原子的响应峰。经过一步法和两步法制备的 $TiO_2/CH_3NH_3PbI_3$ 具有类似的 XPS 响应。图 6-21（b）给出了 Pd 4f 和 I 3d 芯能级 XPS 谱图。在 Pb 4f 光谱中，存在一对强度低很多的响应峰。与主线相比，其峰值双峰偏移约 1.7eV，趋向于更低的结合能，意味着金属铅之间的结合能降低。图 6-21（b）还显示了 I 3d 芯能级在 $TiO_2/CH_3NH_3PbI_3$ 样品的能量为 619.5eV，而在 TiO_2/PbI_2 样品中该值略微增加至 619.8eV，其中自旋轨道分裂为 11.5eV。拟合峰的半高宽得到 Pb 4f 为 0.75eV，I 3d 为 0.95eV。结合能 Pb 4f 和 I 3d 核心能级之间的距离在所有样品中数值相当，这表明铅在所有

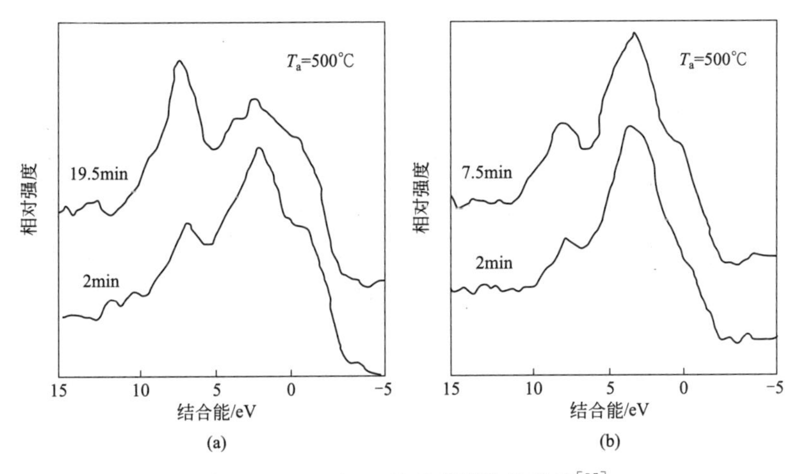

图 6-20 PtSi/p-Si 异质薄膜的价带谱[35]

(a) 衬底温度为室温；(b) 沉底温度为 300℃

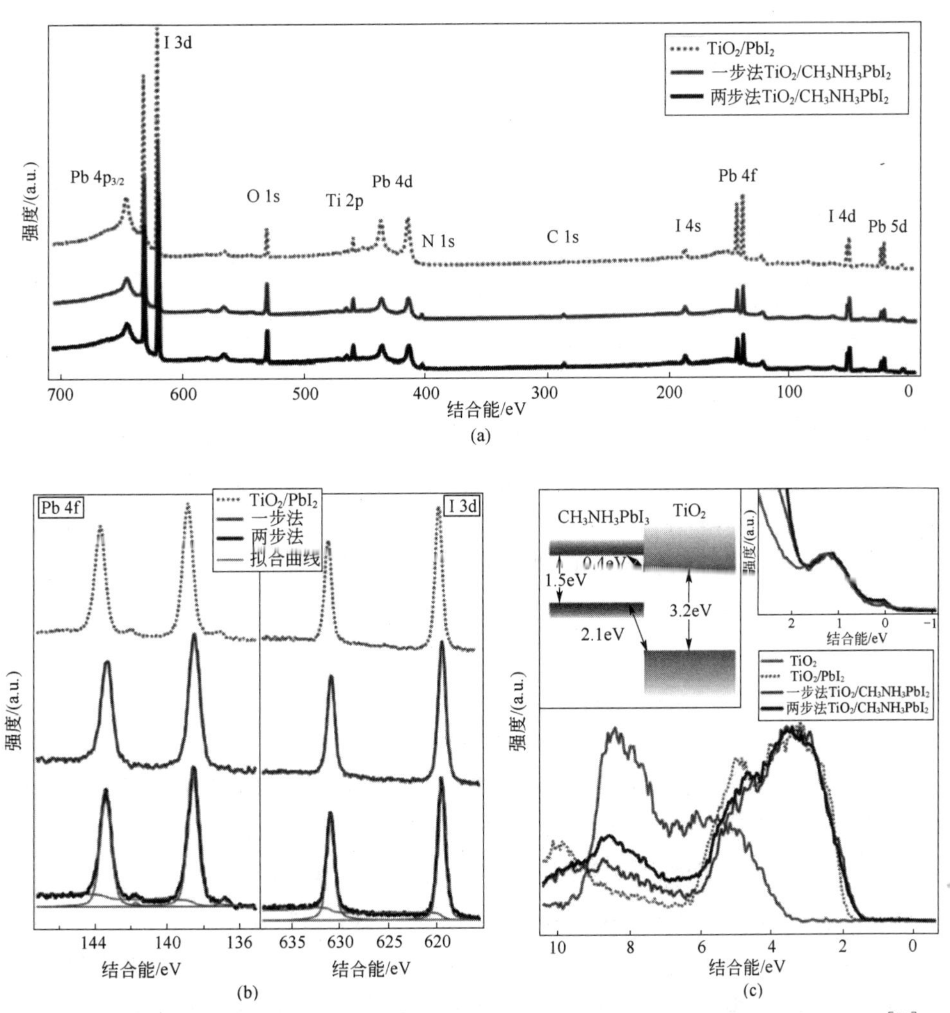

图 6-21 XPS 分析 $TiO_2/CH_3NH_3PbI_3$ 的电子结构（测试采用的光子能量为 4000eV）[36]

(a) XPS 全谱（以 Ti $2p_{3/2}$ 为基准进行归一化处理）；(b) Pb 4f 和 I 3d 芯能级谱；

(c) TiO_2 薄膜、采用一步法和两步法制备的 TiO_2/PbI_2 的价带谱

情况下具有相同的化学物质状态，即 Pb^{2+}。图 6-21（c）显示了 TiO_2 以及 $TiO_2/CH_3NH_3PbI_3$ 的带隙。TiO_2/PbI_2 的价带边缘位于 1.75eV，与 TiO_2 基材相比，结合能较低。而一步法、两步法制备的 $TiO_2/CH_3NH_3PbI_3$ 价带边缘位于与 TiO_2 的相似位置，相距 2.1eV。因此，TiO_2/PbI_2 的结合能向更高的结合能偏移了 0.35eV。通过确定化合价的结合能差，我们可以绘制 $TiO_2/CH_3NH_3PbI_3$ 中 TiO_2 和 $CH_3NH_3PbI_3$ 的带边，进而绘制实验能级图的间隙，获取氧化物-钙钛矿界面的能量匹配，结果如图 6-21（c）所示。图 6-21（c）中的重点在于价带下方的边缘区域，这里所有的光谱看起来都非常相似。之前的研究已经表明介孔 TiO_2 占据的状态一直延伸到费米能级。这些带隙状态主要来源于 TiO_2 表面的 Ti^{3+} 缺陷经常受到表面处理的影响，例如 $LiClO_4$ 或通过吸附的染料分子。图 6-21（c）测表面 TiO_2 有明显的带隙状态，这些状态在加入 $CH_3NH_3PbI_3$ 后仍然存在。

6.5.2 紫外光电子能谱

紫外光电子能谱（ultraviolet photoelectron spectroscopy，UPS）与 X 射线光电子能谱具有相同的原理，都是基于 Einstein 1905 年建立的光电效应定量关系直接测量原子、分子或固体的电子电离能，其遵循关系式为：

$$E_b = h\nu - E_k \tag{6-3}$$

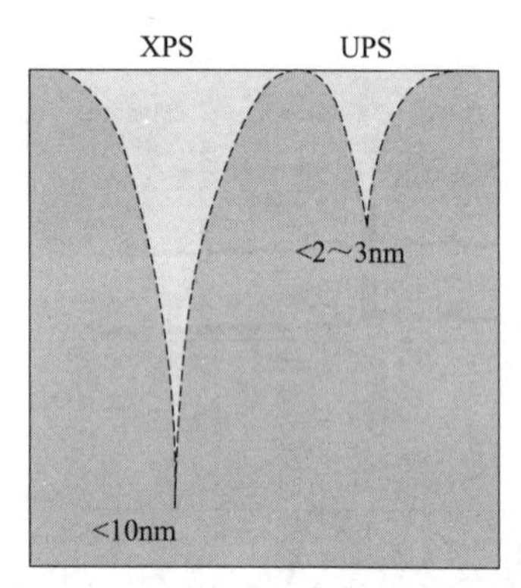

图 6-22　XPS 和 UPS 信息深度区别

式中，E_b 为电离能或结合能；$h\nu$ 为入射光子能量；E_k 为电子动能。UPS 谱仪与 XPS 谱仪设计原理基本相同，只是将激发源由 X 射线改为紫外光源，通过能量较低（5～100eV）的紫外光子激发原子、分子价电子或固体价带电子电离，从而获得材料表面电子结构 UPS 谱，样品信息深度＜2～3nm，而 XPS 测得样品信息深度＜10nm，如图 6-22 所示，但紫外线的单色性比 X 射线好得多，因此 UPS 分辨率比 XPS 要高。

在实际对分子、原子和对固体的光电发生过程中，UPS 存在如下不同的能量守恒关系。对原子、分子体系光电离，忽略平动激发：

$$h\nu = E_k + E_b + E_{vib} + E_{rot} \tag{6-4}$$

对固体光电离，忽略振动激发：

$$h\nu = E_k + E_b + \phi \tag{6-5}$$

式中，E_{vib} 为受激分子振动能；E_{rot} 为受激分子转动能；ϕ 为受激固体表面的逸出功。由于 UPS 入射光子能量小，因此样品所发射的电子仅来自于样品表面，能量都在费米能级之下（小于 100eV 能量范围），反映价层电子相互作用的信息，是研究材料价电子结构的有效方法。

下面介绍两个利用 UPS 技术表征纳米材料电子结构的实例。

图 6-23 是用 UPS 对 Co：$BaTiO_3$ 纳米复合薄膜分析的结果[37]。采用 KrF 准分子激光交替烧蚀 $BaTiO_3$ 和 Co 靶材制得 Co：$BaTiO_3$ 薄膜，打在 Co 靶上脉冲激光数不同（0、20、40、60、80），对 100nm 厚度的薄膜编号（4#、5#、6#、7#、8#），通过 UPS 能谱研究薄膜价带谱。图 6-23（a）观察到 12～20eV 间存在明显的谱峰，4#～6# 样品有两个谱峰，第

一个谱峰位分别为 14.6eV、14.8eV、15.0eV，与 BaO 中 Ba 的 $5p_{3/2}$ 峰值接近，由此可确定 14.8eV 附近的峰是 $BaTiO_3$ 中的 $5p_{3/2}$ 峰，由于自旋-轨道耦合作用，Ba 原子 5p 轨道分裂为 $5p_{3/2}$ 和 $5p_{1/2}$，推断第二个谱峰是 Ba 原子 $5p_{1/2}$ 峰，峰位分别是 17.9eV、17.9eV、18.1eV。并且当 Co 颗粒浓度逐渐增大到一定值时，7[#]、8[#] 样品 Ba 原子 $5p_{1/2}$ 峰消失，这可能与纳米 Co 颗粒 $BaTiO_3$ 瞬间变化局域强场诱导产生磁场有关。图 6-23（b）为 Co：$BaTiO_3$ 纳米复合薄膜价带谱，4[#] ～6[#] 样品价带顶到费米能级 $E_F=0$ 的值分别约为 1.7eV、1.4eV、1.2eV。随着 Co 颗粒的增大，价带顶位置发生明显偏移，7[#] 样品价带顶偏移至 1.05eV 处，对应能隙约 2.1eV；8[#] 样品价带顶偏移至 0.9eV 处，对应能隙约 1.8eV。8[#] 样品除了谱峰的移动，还出现了带尾态，这表明纳米 Co 颗粒表面电子对薄膜能带结构有较大影响。

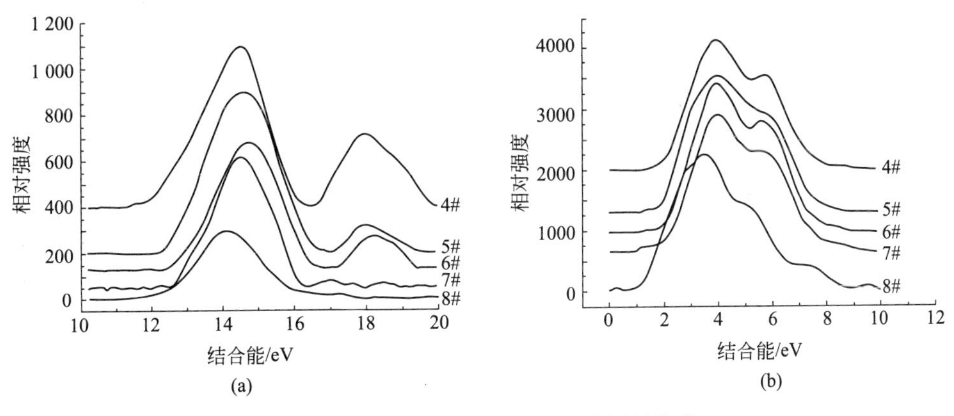

图 6-23　能谱范围在 10～20eV 之间的能谱

（a）UPS 能谱；（b）价带谱

图 6-24 给出了银纳米颗粒在不同基底上的 UPS 谱图。肉桂醇的 UPS 谱有四个特征谱峰，峰位分别为 4.4eV（a）、7.0eV（b）、8.5～10.5eV（c）、11.7eV（d），而 Ag 纳米颗粒在硅片上的特征谱峰仅在 7eV 处可以被观察到，这是由于 Ag 4d 电子被激发。通过在亚稳碰撞电子能谱分析发现 Ag 吸附产生俄歇中和，结合 UPS 谱得出 Ag 纳米颗粒吸附在肉桂醇表面而没有与肉桂醇形成化学键，Ar 等离子体处理对 Ag 的吸附也没有很大影响[38]。

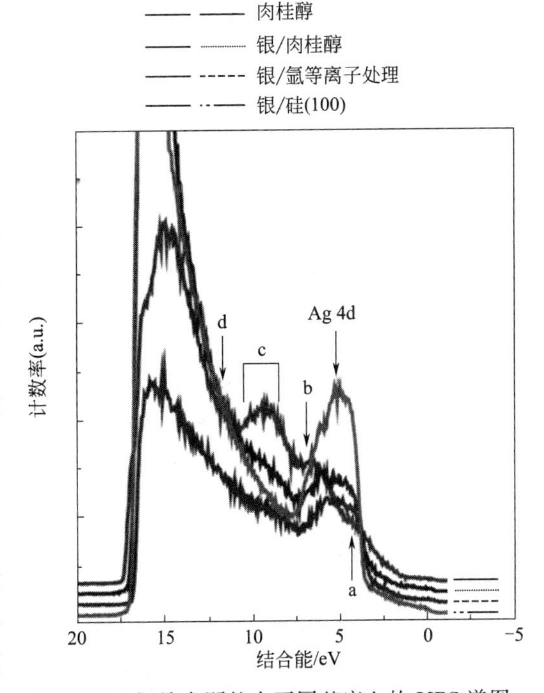

图 6-24　银纳米颗粒在不同基底上的 UPS 谱图

6.5.3 X 射线吸收精细结构

X 射线吸收精细结构（XAFS）用于测量随能量变化的 X 射线吸收系数的结构。近年来，得益于同步辐射技术的发展，XAFS 测试时长和分辨率得以指数式量级改进，因此，关于同步辐射XAFS大科学装置得以快速发展，其相关技术也在材料与器件的原子结构、价态和原位表征方面得以迅速发展。本章节中我们简单地介绍同步辐射 XAFS 的原理及其在纳米材料电子结构的研究。

XAFS是以X射线光子能量作为变量，测定材料的X射线吸收系数。当X射线穿过材料时，根据朗伯-比尔定律，吸收系数符合以下公式：

$$I_t = I_0 e^{-\mu(E)t} \tag{6-6}$$

式中，I_0 为入射X射线的强度；I_t 为透射X射线的强度；t 为材料的厚度；$\mu(E)$ 为吸收系数，它与光子能量相关。简单的X射线透射示意图见图 6-25（a）。

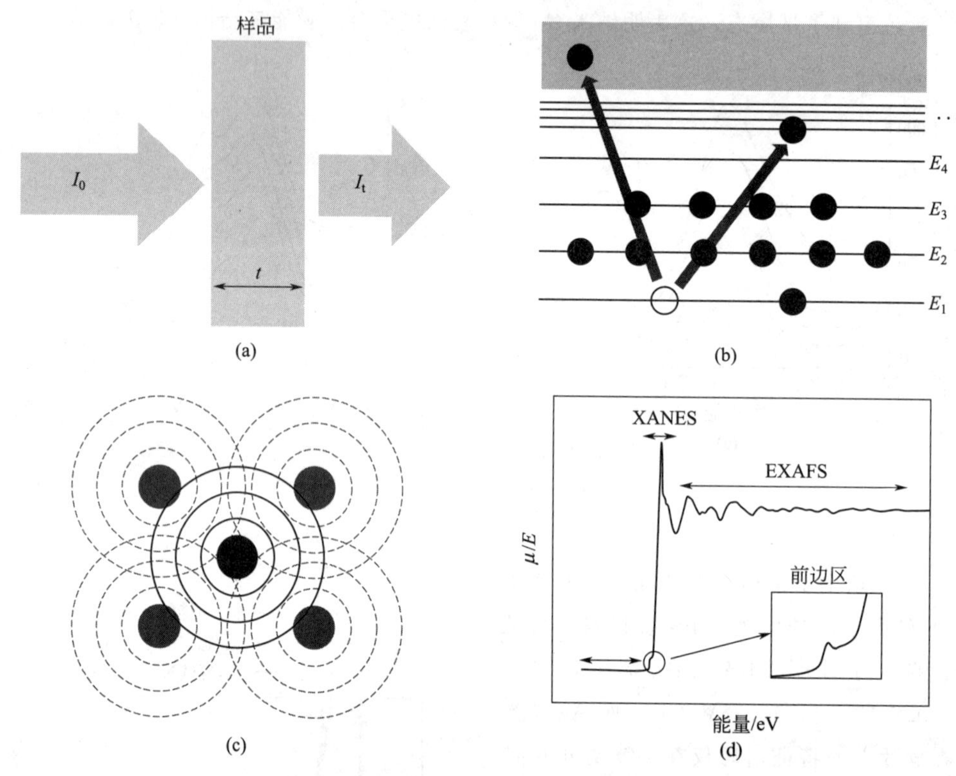

图 6-25 XAFS谱图形成的简单原理[39]（经 AIP 许可转载）

（a）X射线透射示意图；（b）X射线吸收和电子激发过程的示意图（图中黑点代表电子）；（c）中心原子（黑色圆圈）与相邻原子（灰色圆圈）形成波的干涉现象；（d）XAFS谱图中的三个区域（边前区、XANES和EXAFS）

XAFS就是利用X射线入射前后信号变化来分析材料元素组成、电子态及微观结构等信息的。每个吸收边与材料中存在的特定原子有关，更具体地说，与将特定原子核轨道电子激发到自由或未占据的连续谱水平的量子力学转变有关。如果入射X射线光电子动能较大，则光电子一般只会被近邻原子单次散射后逸出；当光电子动能较小时，则会被不止一个近邻原子多次散射，即发生多重散射，如图 6-25（b）和图 6-25（c）所示。选定材料中要测试某种元素，用特定的X射线光子能量扫描，将内壳电子激发到未占据的连续谱能级，从而导致某些能量（吸收边）急剧上升，并因为周边原子的能量散射形成一系列振荡结构。XAFS方法通常具有元素分辨性，几乎对所有原子都有相应性，可以对固体（晶体或非晶）、液体、气体等各类样品进行测试。

当X射线能量等于被照射样品某内层电子的电力能时，会发生共振吸收，X射线吸收系数发生突变，这种突变称之为吸收边。样品通过吸收X射线激发其核心电子跃迁到空轨道（XANES，X射线近边结构，位于吸收边缘 ±50eV）或者跃迁到连续态与周围原子形成波的干射（EXAFS，X射线广延结构，位于吸收边缘 40～1500eV 区域），如图 6-25（d）所示。其中，XANES 可以测量元素的化学价态、未占据电子态和电荷转移等化学信息；EXAFS 分析可获得定量结构信息，如键长、配位数、无序度等。通过分析原子的近邻原子配位数、化学价态和电子占据情况，得到纳米材料的电子结构信息。

下面我们列举几个 XAFS 研究纳米材料电子结构的实例，加深大家对这部分内容的认识和理解。

钙钛矿电催化材料中，金属-氧键的共价性是影响催化剂活性的重要因素。Suntivich 等通过 O K 边 EXAFS 数据得出 M—O 共价性随 3d 电子数目增多而增大的趋势，结果如图 6-26（a）所示。进一步将 O 2p 光谱边前峰面积的大小作为衡量 M—O 键共价性的指标，并通过计算峰面积得到 d 电子与 M—O 键共价性的线性关系，结果如图 6-26（b）所示。EXAFS 测试很好地分析了钙钛矿氧化物中金属与氧原子之间的成键情况。

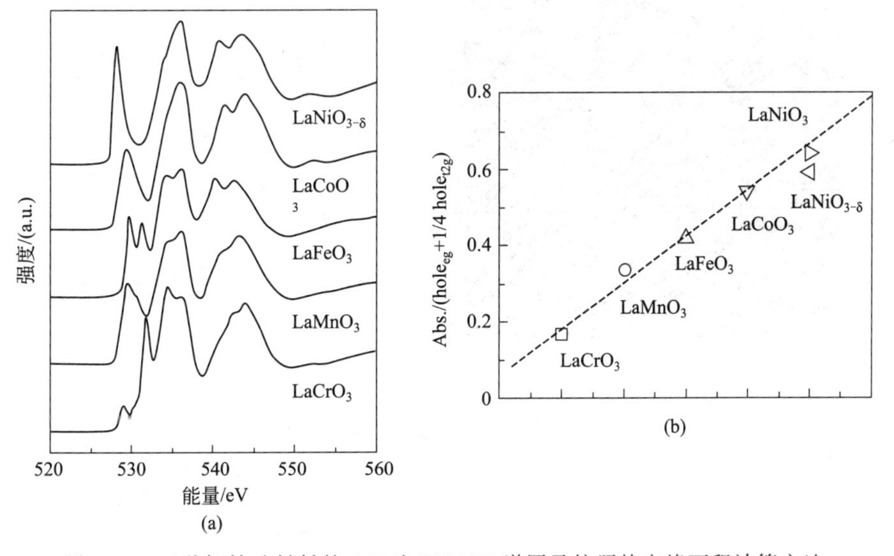

图 6-26　五种钙钛矿材料的 OK 边 EXAFS 谱图及按照特定峰面积计算方法所得峰面积与 d 电子数的线性关系[40]

Y. Uchimoto 等利用 XAFS 研究全固态锂电池硫化物固态电解质界面附近和界面处的电子和局域结构，讨论了界面处中间层 Li_3PO_4 加入对界面稳定性的影响。图 6-27（a）和图 6-27（b）给出了有无 Li_3PO_4 界面层的固态锂电池结构示意图，其中正极材料为 LiC_0O_2，固态电解质为 $80LiS_2 \cdot 20P_2S_5$。结果表明，Li_3PO_4 中间层的加入稳定了循环过程中 $LiCoO_2$-$80Li_2S \cdot 20P_2S_5$ 界面的电子和局域结构，结果如图 6-27（c）所示。此外，共振非弹性 X 射线散射将 XAFS 和 X 射线辐射分别作为 x 轴和 y 轴，以提供更高的能量分辨率和丰富的信息。

厦门大学研究人员采用乙二醇修饰的超薄二氧化钛纳米片作为载体，利用光化学辅助，成功地制备了钯负载量高达 1.5%（质量分数）的单原子分散钯催化剂。图 6-28（a）给出

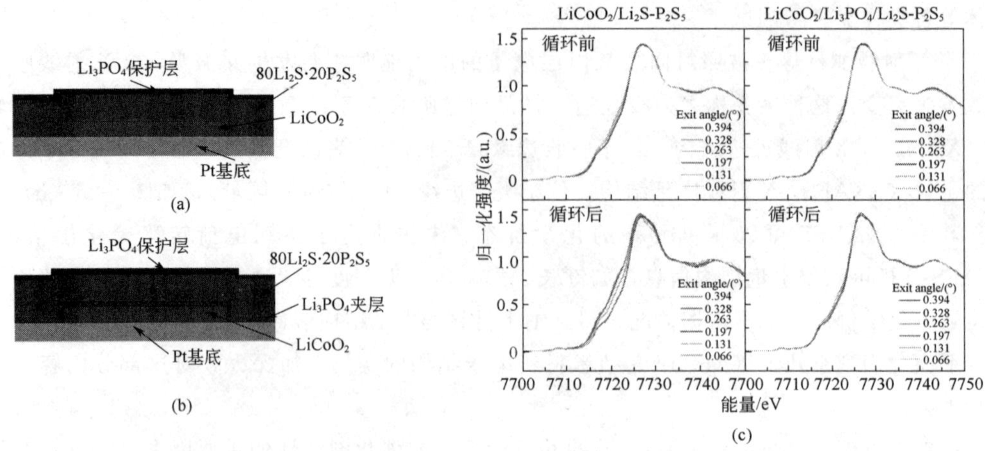

图 6-27　XAFS 研究固态电解质界面附近和界面处的电子和局域结构[41]（经 Elsevier 许可转载）

（a）固态薄膜电池有 Li_3PO_4 保护层的结构示意图；（b）固态薄膜电池无 Li_3PO_4 保护层的结构示意图；（c）$LiCoO_2/Li_2S\text{-}P_2S_5$ 和 $LiCoO_2/Li_3PO_4/Li_2S\text{-}P_2S_5$ 薄膜循环前后的 XAFS 近边结构

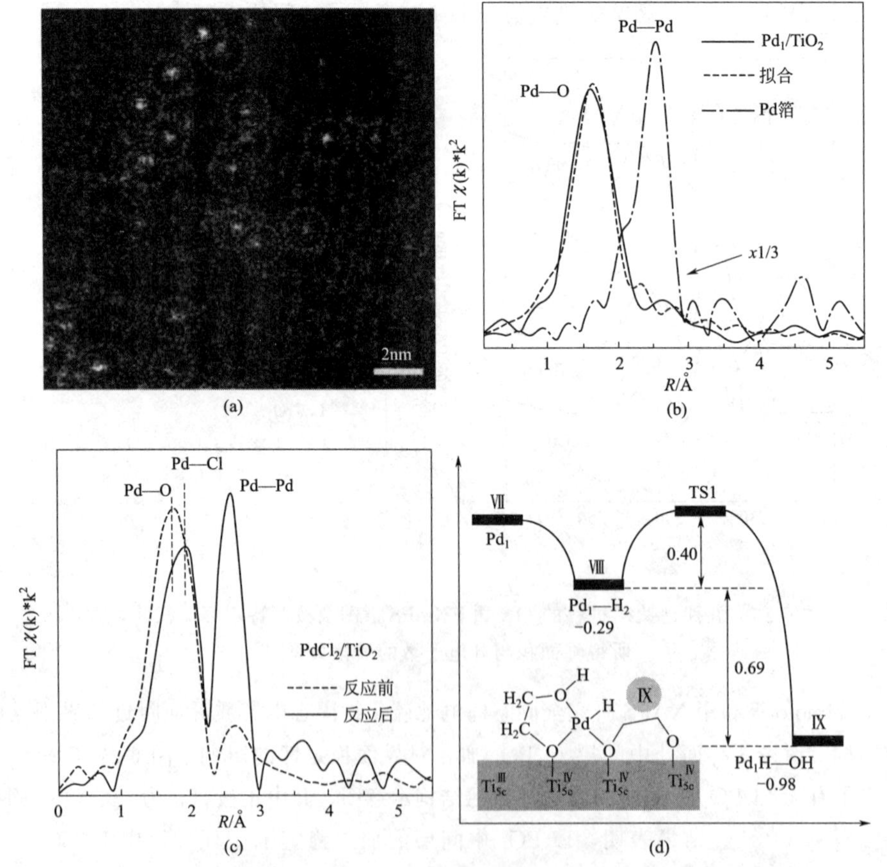

图 6-28　XAFS 研究钯催化剂的结构与催化活性[42]（经 AAAS 许可转载）

（a）TiO_2 超薄纳米片支撑单原子分散钯颗粒的高分辨 STEM 图；（b）Pd_1/TiO_2 和 Pd 箔片钯 K 边的傅里叶变换-EXAFS 谱图；（c）$PdCl_2/TiO_2$ 催化反应前后钯 K 边的傅里叶变换-EXAFS 谱图；（d）Pd_1/TiO_2 加氢反应的催化机理（图中给出了异裂 H_2 活化中间态和转化态的能量及其模型）

了原子级分辨率的球差电镜图，图中虚线圈出来的亮斑为分散的钯单原子。傅里叶变换-EXAFS谱图中仅仅在1～2Å的区域显示了一个特征吸收峰，对应于Pd—O原子之间的作用，2～3Å范围内Pd—Pd作用的缺失很好地证明了Pd的单原子特性，结果如图6-28（b）所示。这种高负载的单原子钯表现出很好的C=C双键加氢催化活性，20个循环后，仍是商业化Pd催化剂的9倍。利用XAFS表征分析证明了Pd_1/TiO_2高活性和优异稳定性的机理，Pd—O键的形成起到了关键作用，而$PdCl_2/TiO_2$的循环稳定性很差，主要在于Pd—Cl键的生成，结果如图6-28（c）所示。傅里叶变换的XAFS分析结合球差电镜测试分析和第一性原理密度泛函理论（DFT）计算，证实以Pd—O键的形式将钯原子锚定在载体上，形成了独特的“钯-乙二醇-二氧化钛”的界面，为高活性催化机理提供了理论支撑，结果如图6-28所示。该研究证明能源转换过程中材料的电子结构往往起着决定性的作用，XAFS结合DFT计算可以给出活性中心的特定价态，对理解能源转换机理有着重要的作用。

XAFS技术是当前材料科学领域尤其是表面化学和催化科学最先进的技术之一。XAFS的发展加深了人类对材料的认识，比如复杂化学环境中原子、电子的相互作用。相信随着XAFS技术的继续进步，会有更多重大科学成果出现。

习　题

1. 简述X射线衍射原理、中子散射原理、核磁共振原理。
2. 为什么NMR分析中固体试样一般先配成溶液？
3. 粒度分析有哪些常用的方法？
4. 扫描电子显微镜的工作原理是什么？
5. 透射电子显微镜的成像原理是什么？
6. 能谱仪的工作方式分别有哪些？
7. X射线光电子能谱与紫外光电子能谱有何不同？

参考文献

[1] Mobilio S，Boscherini F，Meneghini C. Synchrotron radiation [M]. Springer-Verlag Berlin An，2016.

[2] Fernandez-Alonso F，Price D L. Neutron Scattering [M]. Academic Press，2013.

[3] Petkov V，Bedford N，Knecht M R，et al. Periodicity and atomic ordering in nanosized particles of crystals [J]. Journal of Physical Chemistry C，2008，112 (24)：8907-8911.

[4] Wang M，Zhang C，Lu X，et al. Doping dependence of spin excitations and its correlations with high-temperature superconductivity in iron pnictides [J]. Nature communications，2013，4 (1)：1-10.

[5] Alan E. Tonelli. 核磁共振波谱学与聚合物微结构 [M]. 杜宗良，成煦，王海波，等译. 北京：化学工业出版社，2021.

[6] Li F S，Phyo P，Jacobowitz J，et al. The molecular structure of plant sporopollenin [J]. Nature Plants，2019，5 (1)：41-46.

[7] Ge M，Li P，Zhou G，et al. General surface-enhanced raman spectroscopy method for actively capturing target molecules in small gaps [J]. Journal of the American Chemical Society，2021，143：7769-7776.

[8] Li Y，Li Y，Pei A，et al. Atomic structure of sensitive battery materials and interfaces revealed by cryo-electron microscopy [J]. Science，2017，358 (6362)：506-510.

[9] 徐志军，初瑞清. 纳米材料与纳米技术 [M]. 北京：化学工业出版社，2010.

[10] Cui J，Qing C，Zhang Q，et al. Effect of the particle size on the electrochemical performance of nano Li_2FeSiO_4/C composites [J]. Ionics，2014，20 (1)：23-28.

[11] Wang Y，Li W，Xu Z，et al. Perovskite quantum dots for Lewis acid-base interactions and interface engineering in lithium-metal batteries [J]. ACS Applied Energy Materials，2021，4 (10)：11470-11479.

[12] Yu X Y，Yu L，Wu H B，et al. Formation of nickel sulfide nanoframes from metal-organic frameworks with enhanced pseudocapacitive and electrocatalytic properties [J]. Angewandte Chemie，2015，127 (18)：5421-5425.

[13] Wang Q，Zhou Y，Zhao X，et al. Tailoring carbon nanomaterials via a molecular scissor [J]. Nano Today，2021，36：101033.

[14] Zou L，Kitta M，Hong J，et al. Fabrication of a spherical superstructure of carbon nanorods [J]. Advanced Materials，2019，31 (24)：1900440.

[15] Gu B，Su H，Chu X，et al. Rationally assembled porous carbon superstructures for advanced supercapacitors [J]. Chemical Engineering Journal，2019，361：1296-1303.

[16] Avci C，Imaz I，Carné-Sánchez A，et al. Self-assembly of polyhedral metal-organic framework particles into three-dimensional ordered superstructures [J]. Nature Chemistry，2018，10 (1)：78-84.

[17] Xin G，Yao T，Sun H，et al. Highly thermally conductive and mechanically strong graphene fibers [J]. Science，2015，349 (6252)：1083-1087.

[18] 朱永法. 纳米材料的表征与测试技术 [M]. 北京：化学工业出版社，2006.

[19] Xu Z，Yang T，Chu X，et al. Strong Lewis acid-base and weak hydrogen bond synergistically enhancing ionic conductivity of poly (ethylene oxide) @SiO_2 electrolytes for a high rate capability Li-metal battery [J]. ACS applied materials & interfaces，2020，12 (9)：10341-10349.

[20] Huang H，Su H，Zhang H，et al. Extraordinary areal and volumetric performance of flexible solid-state micro-supercapacitors based on highly conductive freestanding $Ti_3C_2T_x$ Films [J]. Advanced Electronic Materials，2018，4 (8)：1800179.

[21] Zhang H，Zhang X，Sun X，et al. Shape-controlled synthesis of nanocarbons

through direct conversion of carbon dioxide [J]. Scientific reports，2013，3 (1)：1-8.

[22] Nagaoka Y，Tan R，Li R，et al. Superstructures generated from truncated tetrahedral quantum dots [J]. Nature，2018，561 (7723)：378-382.

[23] Guo J，Tardy B L，Christofferson A J，et al. Modular assembly of superstructures from polyphenol-functionalized building blocks [J]. Nature Nanotechnology，2016，11 (12)：1105-1111.

[24] Xu Z，Zhang H，Yang T，et al. Physicochemically dendrite-suppressed three-dimensional fluoridation solid-state electrolyte for high-rate lithium metal battery [J]. Cell Reports Physical Science，2021，2：100644.

[25] Chen N，Zhou Y，Zhang S，et al. Tailoring Ti_3CNTx MXene via an acid molecular scissor [J]. Nano Energy，2021，85：106007.

[26] Yang J，Zeng Z，Kang J，et al. Formation of two-dimensional transition metal oxide nanosheets with nanoparticles as intermediates [J]. Naturc Materials，2019，18 (9)：970-976.

[27] Kimoto K. Scanning transmission electron Microscopy [M] //Compendium of Surface and Interface Analysis. Singapore：Springer，2018：587-592.

[28] Crozier P A. Nanocharacterization of heterogeneous catalysts by ex situ and in situ STEM [M] //Scanning Transmission Electron Microscopy. New York：Springer，2011：537-582.

[29] Buban J P，Matsunaga K，Chen J，et al. Grain boundary strengthening in alumina by rare earth impurities [J]. Science，2006，311 (5758)：212-215.

[30] Ohta H，Kim S W，Mune Y，et al. Giant thermoelectric Seebeck coefficient of a two-dimensional electron gas in $SrTiO_3$ [J]. Nature Materials，2007，6 (2)：129-134.

[31] Peng X，Zhao F，Peng Y，et al. Dynamic surface-assisted assembly behaviours mediated by external stimuli [J]. Soft Matter，2020，16 (1)：54-63.

[32] Yoo S，Åhlgren E，Seo J，et al. Growth kinetics of Kr nano structures encapsulated by graphene [J]. Nanotechnology，2018，29 (38)：385601.

[33] Wang Z，Xu Z，Huang H，et al. Unraveling and regulating self-discharge behavior of $Ti_3C_2T_x$ MXene-based supercapacitors [J]. ACS Nano，2020，14 (4)：4916-4924.

[34] 黄一石. 仪器分析技术 [M]. 北京：化学工业出版社，2000.

[35] 李雪，殷景华. 利用 X 射线光电子谱对 PtSi/P-Si (111) 的电子结构研究 [J]. 哈尔滨理工大学学报，2001，5 (6)：108-111.

[36] Lindblad R，Bi D，Park B W，et al. Electronic structure of $TiO_2/CH_3NH_3Pbi_3$ perovskite solar cell interfaces [J]. The Tournal of Physical Chemistry Letters，2014，5 (4)：648-653.

[37] 吴卫东，何英杰，王锋，等. Co：$BaTiO_3$/Si (100) 纳米复合薄膜制备、微结构及其紫外光电子能谱研究 [J]. 物理学报，2008，57 (1)：600-606.

[38] Dahle S，Marschewski M，Wegewitz L，et al. Silver nano particle formation on Ar

plasma-treated cinnamyl alcohol [J]. Journal of Applied Physics, 2012, 111 (3): 034902.

[39] Wang M, Árnadóttir L, Xu Z J, et al. In situ X-ray absorption spectroscopy studies of nanoscale electrocatalysts [J]. Nano-Micro Letters, 2019, 11 (1): 1-18.

[40] Suntivich J, Hong W T, Lee Y L, et al. Estimating hybridization of transition metal and oxygen states in perovskites from O K-edge X-ray absorption spectroscopy [J]. The Tournal of Physical Chemistry C, 2014, 118 (4): 1856-1863.

[41] Chen K, Yamamoto K, Orikasa Y, et al. Effect of introducing interlayers into electrode/electrolyte interface in all-solid-state battery using sulfide electrolyte [J]. Solid State Ionics, 2018, 327: 150-156.

[42] Liu P, Zhao Y, Qin R, et al. Photochemical route for synthesizing atomically dispersed palladium catalysts [J]. Science, 2016, 352 (6287): 797-800.

第 7 章

先进纳米加工技术

纳米尺度下材料特性和器件性能对微观结构都表现出极强的敏感性，要探索在纳米尺度下物质的变化规律、材料的新特性、器件的新功能及可能的应用领域，对材料生长控制和器件加工制备的精确程度都提出了极为苛刻的要求。如目前我国面临的卡脖子技术——“芯片”的高精密集成加工制造就与微纳加工技术密不可分。忌惮于中国经济高速发展与综合实力之崛起，美欧等发达国家对我国在多个高技术领域进行技术与产品封锁。我们应当清醒地认识到：研发自主知识产权的高精尖微纳加工技术与设备势在必行。微纳加工技术作为推动当今科技发展的重要技术之一，是实现功能结构与器件微纳米化的基础。借助微纳加工技术人们可以按照需求来设计和制备具有优异性能的纳米材料或纳米结构及器件，发展探测和分析纳米尺度下的物理、化学和生物等现象的方法，表征纳米材料或纳米结构的物性，探索微观尺度下物质运动的新规律和新现象，发展新的纳米材料及功能器件。随着科学技术的快速发展，传统技术不断更新迭代，新的纳米技术层出不穷，甚至包括原子、分子层次的微纳加工技术，以探索材料与器件的新特性[1,2]。本章节将重点论述纳米加工技术及器件制备技术。

7.1 纳米减材制造技术

7.1.1 光学曝光技术

光学曝光也称为光刻，是指利用特定波长的光进行辐照，将掩模板上的微观图案转移到光刻胶上的过程。光学曝光是一个复杂的物理化学过程，具有大面积、重复性好、易操作以及低成本的特点，是半导体器件与大规模集成电路芯片制造的核心步骤，是纳米材料、器件和电路实验研究过程中的关键技术。光刻之所以是核心技术，是因为光刻就像枪炮的瞄准装置一样重要，可以为其他芯片加工技术划定加工范围。其他加工技术不论多么复杂、多么高难度，也只有在光刻存在的前提下才能发挥作用。因此，光刻也是芯片制造最为关键的技术。随着半导体技术的发展，光刻精度不断提高，我国台湾的台积电、韩国的三星已演化到最新一代 5nm 工艺制程，下一代 4nm、3nm 也在稳步推进之中。目前我国量产的仍然是 90nm 以下的中低端光刻机，而全球拥有制造高端芯片的 EUV 光刻机技术的只有荷兰 ASML 公司（见图 7-1）以及日本尼康和佳能，这些公司制造的核心设备用钱是买不来的。

如果光刻的核心设备、材料等被个别国家垄断和管控的话，光刻技术就成了“卡”其他国家芯片产业“脖子”的关键核心技术。

图 7-1　荷兰 ASML 公司的光刻机

7.1.1.1 光学曝光系统的基本组成

光学曝光系统包括光源系统、掩模板固定系统、样品台和控制系统。光源是曝光设备的最重要组成部分，通常采用不同波长的单色光，主要有高压汞灯与准分子激光两种。高压汞灯是目前实验室最常用的曝光光源，包含有三条特征谱线，分别为 G 线（436nm）、H 线（405nm）和 J 线（365nm），能达到的分辨率为 40nm 左右。目前先进的光学曝光系统中，一般采用激光器来获得不同波长的光源。高性能激光器具有输出光波波长短、强度高、曝光时间短（几个脉冲就可完成曝光）、谱线宽度窄、色差小、输出模式多、光路设计简单等特征。通常采用波长为 248nm、193nm 和 157nm 的准分子激光器作为光源，曝光精度可达 100nm 以下。表 7-1 对比了各种光源的特征参数。光学曝光对光源的要求非常高，其中最为关键的问题是如何在高重复频率下保持窄带宽和稳定性，并尽可能压缩带宽。

表 7-1　光学曝光光源种类与特征参数

种类	波长/nm		应用特征尺寸/pm
高压汞灯	G 线	436	0.50
	H 线	405	
	I 线	365	0.35～0.25
	XeF	351	
	XeCl	308	
准分子激光	KrF（DUV）	248	0.25～0.18
	ArF	193	0.18～0.13
F_2 激光	F_2	157	0.13～0.1
X 射线	传统靶极 X 射线（碰撞电子）		<0.1
	光诱发等离子（X 射线）		
	同步辐射（X 射线）		
EUV	13		<0.022

对于掩模对准式曝光设备，掩模板固定系统主要包括掩模板架及其固定框架。通常，掩模板通过真空吸附固定在掩模板架上，然后倒置固定在位于样品台上方的掩模板架固定框架上。样品台位于掩模板架下方，是一个位置可调的机械传动装置，通常可进行 x、y 方向以及旋转调整，从而实现样品与掩模板图形的对准。对大多数设备，样品台在 z 轴方向的调整可通过参数的设定或机器指令自动完成。控制系统是指曝光设备的参数设定与指令控制部分。曝光过程中每一个步骤，如掩模板的更换，样品的上载与下载，曝光模式、曝光时间、对准间距、曝光间距、观测用显微镜的设置与调整，均是通过控制系统来完成的。

7.1.1.2 光学曝光的基本模式与原理

光学曝光模式大体可分为掩模对准式曝光和投影式曝光两种。掩模对准式曝光又可分为接触式（硬接触、软接触、真空接触、低真空接触）曝光和接近式曝光；投影式曝光包括 1∶1 投影和缩小投影（步进投影曝光和扫描投影曝光）[3]。图 7-2 为几种常用的基本光学曝光模式示意图。

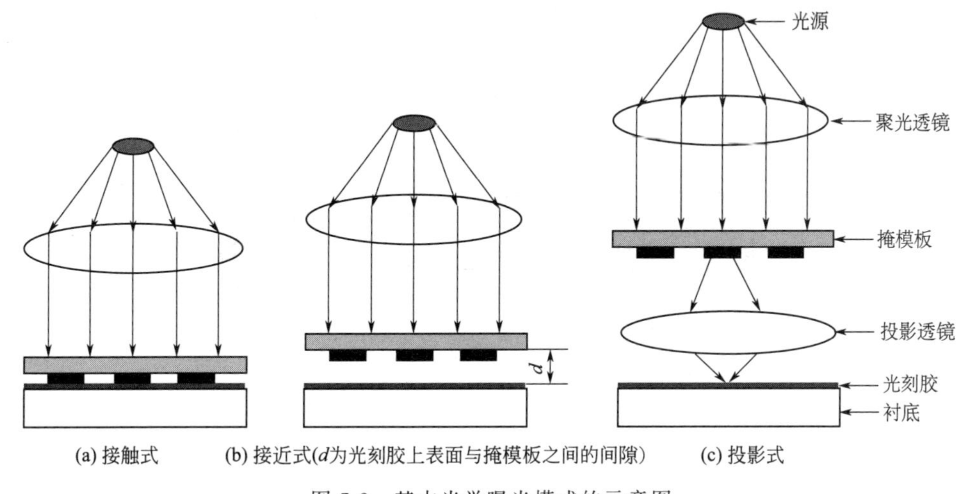

图 7-2 基本光学曝光模式的示意图

（1）接触式曝光

接触式曝光和接近式曝光是在掩模对准式曝光机上完成的，设备结构简单，易于操作。接触式曝光制备的图形具有较高的保真性与分辨率，通过先进的对准系统，可实现精度约 1μm 的层与层之间的精确套刻。但其不足在于衬底和掩模板需要直接接触，会加速掩模板失效，缩短其寿命。硬接触是指通过施加一定的压力，使掩模板的下表面与光刻胶层的上表面完全接触；软接触与硬接触相似，但施加的压力比硬接触要小，因此对掩模板的损伤也较小；真空接触是通过抽真空的方式使掩模板与胶表面紧密接触，达到提高分辨率的目的；低真空接触是通过调整真空度到比真空接触更低的条件下实现曝光的一种方式。目前紫外曝光系统在硬接触模式与真空接触模式下，能分别获得 1μm 与 0.5μm 的图形分辨率。接触式曝光一般只适于分立元件和中、小规模集成电路的生产，但其在科学研究中发挥着重要作用。

（2）接近式曝光

掩模对准式曝光的另一方式是接近式曝光。与接触式曝光模式不同，接近式曝光时在衬底和掩模板之间有几微米到百微米的间隙，如图 7-2（b）所示。接近式曝光模式中，光刻胶上表面与掩模板之间的间隙 d 满足式（7-1）：

$$\lambda < d < \frac{w^2}{\lambda} \tag{7-1}$$

式中，w 为掩模板的实际图形尺寸；λ 为所用光源波长（图 7-3），则掩模间隙与曝光图形保真度间的关系可由式（7-2）表示：

$$\delta = k(\lambda d)^{1/2} \tag{7-2}$$

式中，δ 为所获得的光刻胶图形的宽度与掩模板上实际图形尺寸的差异（模糊区宽度）；k 为与工艺条件相关的参数，通常接近于 1，因此，接近式曝光最小图形分辨尺寸为：

$$w_{\min} = \sqrt{\lambda d} \tag{7-3}$$

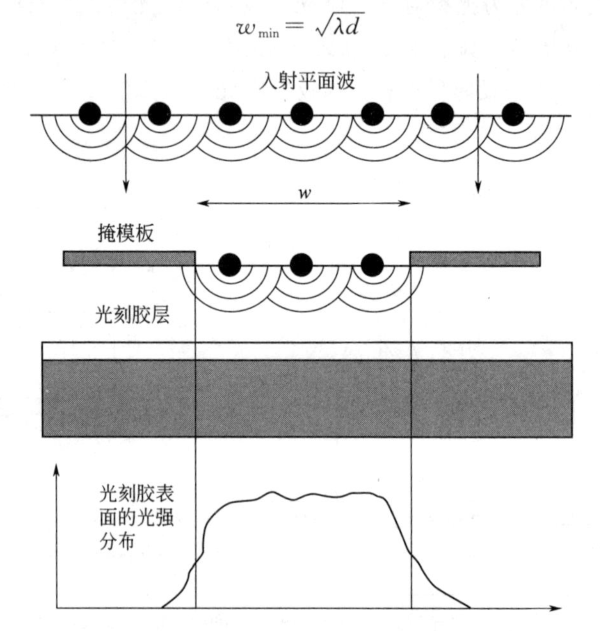

图 7-3　平面波经过掩模板及在光刻胶表面的光强分布示意图

接近式曝光可以克服硬接触曝光对掩模板的损伤，但曝光分辨率有所降低。另外，光强分布的不均匀性会随着间距的增加而增强，从而影响到实际获得图形的形貌，在衬底平整度起伏较大时，光强的不均匀分布更为显著。而接触式曝光中接触应力可一定程度上消除衬底表面的不平整度，降低光强的不均匀分布对衬底上不同区域分辨率不一致的影响。

在接近式曝光中，由于光衍射效应比较严重，从而影响了曝光图形的分辨率，但实际应用中，可以充分利用接近式曝光过程中的光衍射效应，如进行泊松亮斑曝光，制备纳米尺度图形。

（3）投影式曝光

在投影式曝光系统中，掩模图形经光学系统成像在光刻胶上，掩模板与衬底上的光刻胶不接触，从而不会引起掩模板的损伤和玷污，成品率和对准精度都比较高。但投影曝光设备复杂，技术难度高，因而还不适于实验室研究与低产量产品的加工。目前应用较广泛的是 1∶1 的全反射扫描曝光系统（利用透镜或反射镜将掩模板上的图形投影到衬底上）和 x∶1 的分步重复曝光系统。采用分步投影式曝光，可以将衬底图形缩小为掩模图形尺寸的 $1/x$，大大减小了对掩模板制备精度的要求。曝光时通过重复多个这样的图形场，从而在整个衬底上实现图形的制备。

7.1.1.3 光学曝光的过程

常规光学曝光技术采用波长为200～450nm的紫外光作为光源，以光刻胶为中间媒介实现图形的变换、转移和处理，最终把图像信息传递到衬底上。一般曝光工艺流程如图7-4所示，包括表面处理与预烘烤、光刻胶旋涂、前烘、对准与曝光、后烘、显影、坚膜、图形检测和去胶九个基本步骤[4]。

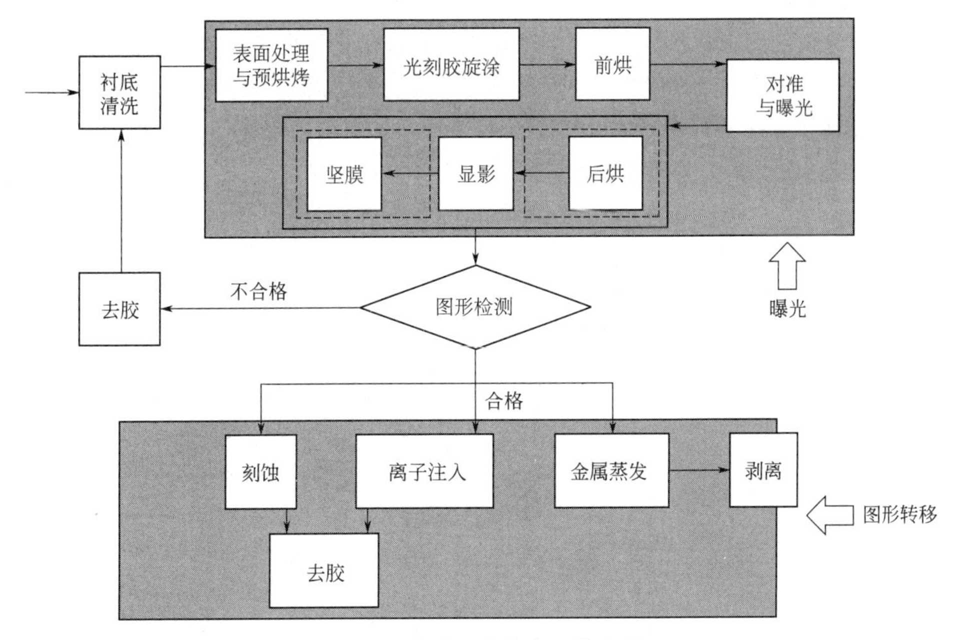

图7-4　光学曝光基本工艺流程

（1）表面处理与预烘烤

在衬底上涂敷光刻胶之前，首先需要对衬底表面进行处理，除去表面的污染物（颗粒、有机物、工艺残余、可动离子）以及水蒸气。根据实际要求，一般使用化学或物理的方法对衬底进行去污处理。增强光刻胶与衬底表面黏附性的表面除湿通常在100～200℃的热板上或烘箱里进行，预烘烤可以大大降低后续工艺中光刻胶图形从衬底上脱落的现象。对于表面易吸潮的衬底材料，如SiO_2与Si_3N_4等，预烘烤尤为必要。对于表面亲水性的衬底，为了增强衬底表面与光刻胶的黏附性，涂胶之前可先涂敷增黏剂（亦称底胶），常用的增黏剂有六甲基二硅氮烷。

（2）光刻胶旋涂

在实验室里，一般采用手动旋转涂胶和喷雾涂胶方法。旋转涂胶一般经过滴胶、低速旋转、高速旋转（甩胶、溶剂挥发）几个步骤。每种光刻胶都有不同的灵敏度和黏度，需要采用不同的旋转速率、斜坡速率与旋转时间，与之相对应，烘干的温度和时间、曝光的强度和时间、显影液和显影条件也不尽相同。光刻胶旋涂过程中的动态速率随时间变化关系如图7-5（a）所示。首先，衬底以低速度V_1缓慢旋转时间t_1，使光刻胶在衬底表面向外扩展，避免过快的加速度使光刻胶无法均匀地覆盖在衬底表面。然后加速达到速度 V_{II}，旋转时间为 t_{II}，从 V_{I} 加速到 V_{II} 的加速度称为斜坡速度，是影响光刻胶层均匀性的主要参数，加速度越快则胶层越均匀。决定光刻胶层厚度的关键参数有光刻胶的黏度与旋转速度。光刻胶层的厚度与光刻胶性质及转速间的关系如下：

$$T=(KC^{\beta}\eta^{\gamma})/W^{1/2} \tag{7-4}$$

式中，T 为所获得的胶层厚度；K、β、γ 为系统校正参数；C 为光刻胶浓度，g/100mL；η 为本征黏度系数；W 为转速，r/min。光刻胶的黏度越低，旋转速度越快，得到光刻胶层的厚度就越薄，如图 7-5（b）所示。对于固定的光刻胶，也可通过多次涂敷获得较厚的膜层，但涂敷新的光刻胶层之前需要对已涂好的胶层进行烘烤。多次涂敷虽然可以获得较厚的膜层，但与单次涂敷成膜相比，厚度均匀性会变差，因此不适合制备具有较小特征尺寸的图形与器件。另外，对于光刻胶层厚度的选择，还须考虑曝光所用光源的波长。如为 I-线、KrF 以及 ArF 光源，光刻胶层厚度的选择范围大致分别为 0.7～3μm、0.4～0.9μm 以及 0.2～0.5μm。

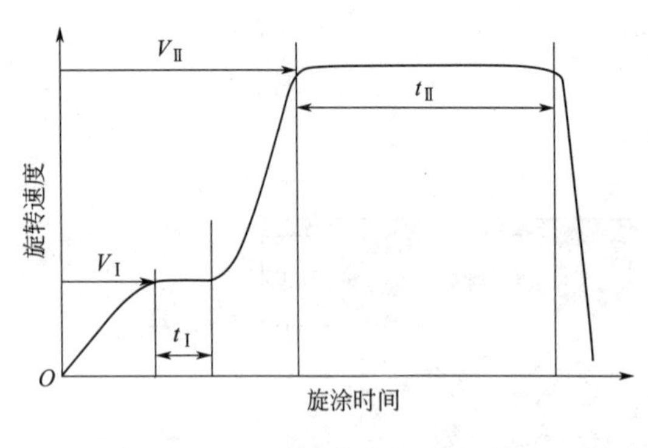

(a) 涂胶时旋转速度随时间变化的示意图

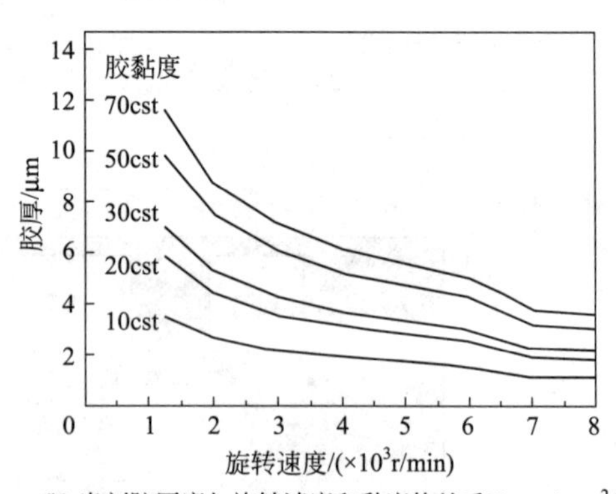

(b) 光刻胶厚度与旋转速度和黏度的关系(1cst=1mm²/s)

图 7-5　涂胶与光刻

（3）前烘

前烘的作用主要是除去光刻胶中的溶剂、增强黏附性、释放光刻胶膜内的应力及防止光刻胶玷污设备等。刚涂好的光刻胶层中含有较多的有机溶剂，通过烘烤可使衬底表面的胶层固化，这一过程可在热板上或烘箱里进行。热板上烘烤的时间相对可以短一些，但易受外界环境的影响，温度较易起伏。不同的光刻胶具有不同的前烘温度与时间，通常负胶与厚胶所需的前烘时间较长。如果前烘不足，光刻胶中的溶剂蒸发不充分，将阻碍光对胶的作用，并且影响其在显影液中的溶解度；而烘烤过度会减小光刻胶中感光成分的活性，同样影响图形质量。

（4）对准与曝光

经过前烘处理，自然冷却完全后的衬底可以进行曝光。一般而言，对准大致可分为预对准、单面层间对准以及正反面双面对准三种。对于研究用的衬底，尺寸通常为平方厘米级或更小，因此在衬底上进行第一次图形制备时，需通过样品台的移动，使需要加工的图形尽可能地分布在衬底中间或衬底上的有效面积内（称为预对准）。若需要套刻，则第一次曝光时需将掩模板上的对准标记完整地转移到衬底上。在进行第二次曝光时，将衬底放置在掩模板上所需加工图形的下方，通过样品台的移动，使衬底上的对准标记与掩模板上的对准标记对准。

双面套刻是随着三维结构与器件研究的需要而发展起来的。在具有高深宽比的微结构与微系统加工过程中，有时需要在衬底的表面与背面都进行图形的加工，且要求双面图形之间实现精确对准。目前能进行双面套刻的系统主要有通过正面红外线穿透对准与带有下显微镜的掩模对准系统两种方式。正面红外线穿透对准利用红外线能穿透硅片的特点，通过红外线成像从正面识别硅片反面的对准标记，因而这种技术适用于硅材料衬底。带有下显微镜的掩模对准式双面套刻曝光工作原理如图 7-6 所示。除了用于正面套刻的上显微镜外，该系统增加了一组下显微镜，用于衬底下表面图形的成像。套刻过程中，首先将掩模板上的对准标记通过下显微镜的光学成像显示并保存到显示屏上；然后把衬底移至掩模板之下，利用下显微镜找到衬底反面的对准标记；最后通过样品台的移动（包括水平与旋转）来调整衬底的位置，使衬底上标记的位置与保存在显示屏上掩模板的对准标记完全重合，达到精确对准。对准完毕即可进行曝光参数的设定并执行曝光操作，通常采用恒定光强模式，通过曝光时间对曝光剂量进行调整。

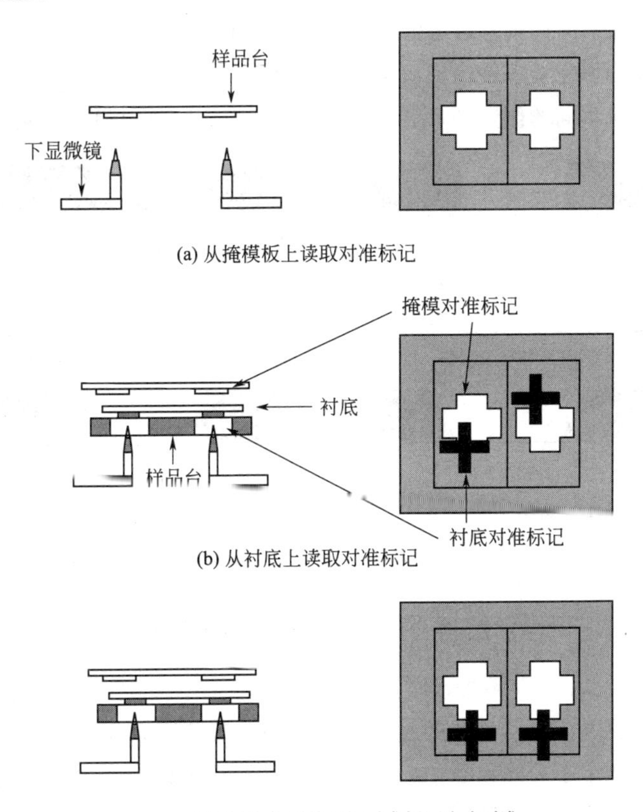

图 7-6　带有下显微镜的掩模对准式双面套刻曝光工作原理图

（5）后烘

后烘是在曝光完成后显影之前进行的。对于一般光刻胶，其作用在于消除驻波效应。然而，后烘会导致光刻胶中的光活性物质横向扩散，一定程度上影响图形质量。因此，后烘的进行需要根据具体情况确定，并非必要步骤。在化学放大胶曝光工艺中，后烘是曝光工艺中必不可少的一步。通过后烘，可诱发级联反应，产生更多的光酸，使光刻胶的曝光部分变成可溶或不可溶物质。

（6）显影

显影指光刻胶在曝光后，被浸入特定溶液中进行选择性腐蚀的过程。显影液通常为有机胺［如四甲基氢氧化铵（TMAH）］或无机盐（如氢氧化钾）配制而成的水溶液。显影过程中，正性光刻胶的曝光区域被溶解，负性光刻胶正好相反，是显影剂中未曝光的区域被溶解。显影的方法大致有浸没法、喷淋法和搅拌法三种。浸没法显影方法简单，不需要特殊设备，只需将衬底浸入装有显影液的容器里一定时间后取出，用蒸馏水或去离子水清洗后，再用干燥气体吹干（一般用氮气）即可。喷淋法是将显影液喷淋到高速旋转的衬底表面，对曝光后的光刻胶进行选择性溶解，清洗与烘干也可在衬底旋转过程中完成。搅拌法则结合了前两者的特点，显影过程中，先将衬底表面覆盖一层显影液，浸泡一定时间后，高速旋转衬底并同时喷淋显影液一定时间，然后喷淋蒸馏水或去离子水进行清洗，并在旋转过程中对样品进行烘干。

当曝光剂量与显影时间选择合适时，获得的光刻胶的图形侧壁比较陡直。而当曝光剂量不足时，会导致显影不完全，使图形底部留有残余光刻胶。当曝光剂量充分时，过短或过长的显影时间可以形成不同的侧壁图形。图 7-7 给出了与显影时间相关的光刻胶剖面示意图。

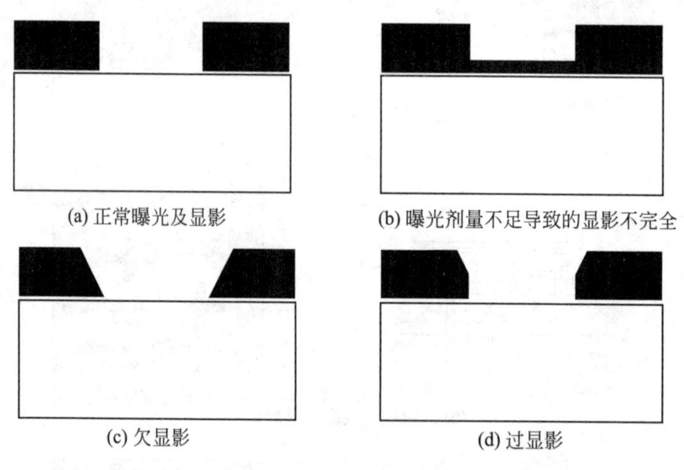

图 7-7　显影时间对光刻胶剖面形貌的影响

（7）坚膜

显影后对光刻胶进行加温处理的过程称为坚膜。坚膜可以使光刻胶里的溶剂进一步挥发，提高光刻胶在离子注入或刻蚀中对下表面的保护与抗刻蚀能力，并进一步减少驻波效应，增强光刻胶与硅片表面之间的黏附性，减少甚至消除光刻胶中存在的针孔。为此，当后续工艺为湿法或干法腐蚀时，常需进行坚膜处理。但其弊端在于坚膜可能导致光刻胶流动，使图形精度降低。因此，坚膜温度应低于光刻胶玻璃化温度。另外，坚膜处理会增加去胶难度，当后续工艺为金属蒸发时，一般不进行坚膜处理。

（8）图形检测

图形检测的目的是检测所加工图形中的缺陷、玷污、关键尺寸、对准精度以及侧面形貌等，不合格则需要去胶返工。所采用的检测工具包括光学显微镜、原子力显微镜、台阶仪以及扫描电子显微镜等。采用扫描电子显微镜检测时，需要在表面上喷镀薄层金属，增加导电性。

（9）去胶

图形转移完成后，需要去除光刻胶或对残胶进行处理。去胶手段包括湿法与干法两种。湿法是用各种酸碱类溶液或有机溶剂将胶层腐蚀掉，常用溶剂有硫酸与双氧水的混合液（H_2SO_4 ∶ H_2O_2＝3∶7），而最普通的腐蚀溶剂是丙酮，它可以溶解绝大多数光刻胶。通常还可以通过超声振动增强效果，或通过加热腐蚀液的方法加快去胶速度。

7.1.2 短波长曝光技术

光学曝光技术种类繁多，各具特点，在实验科学研究领域发挥着极为重要的作用。为了将光学曝光的加工能力进一步拓展，继续缩小线宽，提高加工能力，以适应微电子向纳电子发展的需要，多种先进的短波长曝光技术，如深紫外与真空紫外曝光技术、极紫外曝光技术与X射线曝光技术正在蓬勃发展。下面简单介绍这几种技术的特点。

7.1.2.1 深紫外与真空紫外曝光技术

紫外曝光所采用的光源波长通常为436nm或365nm。为了提高分辨率，光源的波长不断缩小，从紫外逐步进入到248nm、193nm的深紫外。然而，在深紫外光波段，当波长小于170nm时，用于制作掩模板透光部分的玻璃或石英材料存在明显的光吸收现象。即使结合移相掩模技术，利用深紫外光源曝光所能获得的最小线宽也只有100nm左右。继深紫外曝光技术之后，真空紫外曝光也得到快速发展，其光源采用氟准分子激光，能够激发出波长157nm的光。这一波长的光强烈地吸收空气中的氧分子，但可以在真空中传播，因此又称为真空紫外光，其应用目标是65nm技术节点的芯片加工。但当波长短到157nm时，大多数的光学镜片材质都处于高吸收状态，热效应使光学镜片产生热膨胀，造成球面像差[5]。

7.1.2.2 极紫外曝光技术

极紫外曝光（EUVL）又称为软X射线曝光。极紫外曝光系统由极紫外光源、聚光系统、掩模、掩模工作台、投影物镜、样品台、对准和对焦系统七大部分组成。EUVL曝光系统的原理如图7-8所示，利用激光激发等离子体，产生13.5nm的极紫外射线（EUV），然后由光学系统聚焦形成光束，光束经过掩模板反射后经过多个反射镜组成的投影系统，将掩模板上的图形缩小并对衬底上的光刻胶进行曝光。

目前可选择的EUV光源有三种：同步加速器辐射光源、电子碰撞X射线源和激光产生的等离子体光源。最被看好的是激光激发的等离子体光源，因为这种光源有丰富的软X射线。EUVL技术的关键是EUV反射聚光系统的多层涂敷技术。高质量EUV涂层必须具有高反射率、均匀性好、无缺陷、能长期经受EUV辐射及热效应影响等。通常采用叠片的方式获得共振反射，从而得到高反射率。EUVL光学系统的部件必须采用极低热膨胀系数的材料加工，其反射镜的形状与表面光洁度均应达到0.1nm的水平。同时，由于EUVL技术中存在像差，在能获得有效反射率的条件下应尽量采用较短的波长。为达到最佳成像质量和最大像场，应采用尽可能多的反射镜，但受到光传输效率的限制，所以必须在大像场的成像

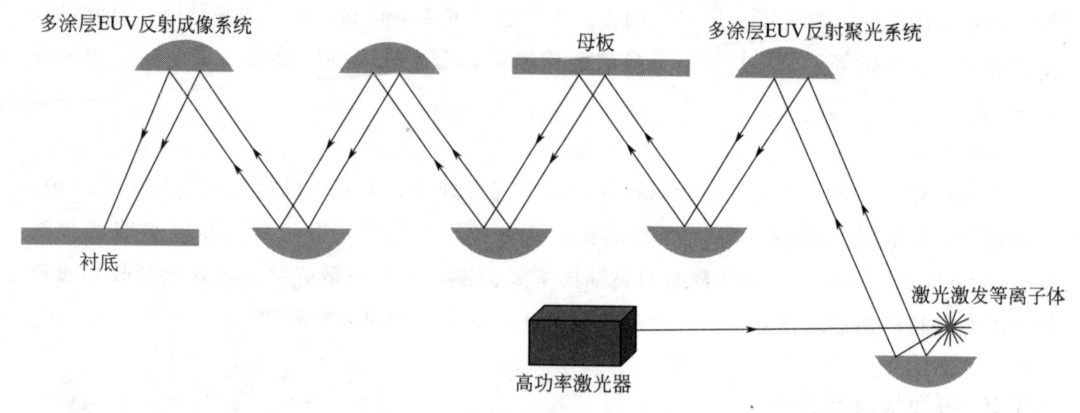

图 7-8　极紫外曝光系统原理图

质量和曝光效率之间作折中考虑。由于光刻胶对 EUV 的吸收深度很浅，只能在光刻胶的表面成像，因此通常采用表面层很薄的多层光刻胶技术，而且 EU-VL 光刻胶需要的灵敏度应优于 5 mJ/cm^2。EUVL 曝光机的对准操作是在多种不同的真空环境下进行的，母版、光源、光学系统与衬底之间都有膜片隔开，这些都增加了对准的难度。但 EUVL 技术的优势突出，如光源的波长短，因而不需要进行邻近效应修正[6,7]。

7.1.2.3　X射线曝光技术

X 射线的波长很短，是高分辨率光学曝光中理想的光源。X 射线曝光所用的波长范围在 0.2～4nm，所对应的光子能量为 1～10keV。限制 X 射线分辨率的主要因素是掩模板的分辨率以及半影畸变和几何畸变等。

由于 X 射线在所有材料中的折射率均接近于 1，不具有可聚焦性，因而只能用作 1∶1 的曝光。X 射线只被高原子序数材料吸收，能够穿透大部分物质，因而曝光掩模板与传统曝光掩模板有所不同。薄膜型 X 射线掩模板由低原子序数膜片（硅、碳化硅等）及其上沉积的高原子系数重金属（金、钨或重金属合金等）材料图案组成。由于采用低吸收膜作为掩模板的主体部分，X 射线掩模的机械强度差，只能采用接近式曝光。

X 射线曝光的优点包括：①具有较高的效率、纳米级的分辨率和极强的穿透能力，在制作具有陡直剖面的纳米级图形方面具有独特的优势；②X 射线曝光中衍射效应和驻波效应可以忽略，图形保真度高；③X 射线可以穿透尘埃，对环境的净化程度要求不高；等等。

X 射线曝光的缺点在于：①X 射线源的发射效率低，散热问题严重；②X 射线不能偏转与聚焦，本身无成图能力，只能采用接近式曝光方式；③存在半影畸变与几何畸变；④薄膜型掩模板的制造工艺复杂，使用不方便；⑤对硅片有损伤；等等。同时，X 射线曝光掩模板透光与不透光的材料之间存在较大的应力，使掩模板的精度受到影响。虽然具有较高杨氏模量的金刚石基板的开发已经开始，但价格昂贵，加工困难。另外，由于不能采用缩小曝光，掩模板制造困难，而且掩模板的清洗和维修问题也没有很好地解决。

7.1.2.4　LIGA加工技术

LIGA 是德文 lithographic、galanoformung 和 abformung 的缩写，是一种基于曝光、电铸制模和注模复制的高深宽比微结构的加工技术，可加工材质范围广泛包括金属、陶瓷、聚合物、玻璃等，图形结构灵活，精度高，具有可复制以及成本较低等特点。利用 LIGA 技术不仅可制造微尺度结构，而且还能加工尺度为毫米级的结构，可用于跨尺度多维度结构的加工。

最早的 LIGA 技术是采用 X 射线对光刻胶进行曝光。通过显影获得微图形结构，然后利用电铸工艺，将所获得的图形进行填充，之后通过光刻胶的溶脱，最终得到金属微结构。由于 X 射线平行度高、辐射极强，因此基于 X 射线曝光的 LIGA 技术能够制造出深宽比高达 500、厚度大于 1500μm、结构侧壁光滑且平行度偏差在亚微米范围内的三维立体结构，这是其他微制造技术所无法实现的。但基于 X 射线的 LIGA 技术需要昂贵的 X 射线光源和复杂的掩模板，工艺成本非常高，限制了其使用范围。近年来，出现了一些采用低成本光源和掩模板的准 LIGA 技术，加工能力与 LIGA 技术相当。例如，采用紫外光源的 UV-LIGA 技术、准分子激光光源的 Laser-LIGA 技术和用微细电火花加工技术制作掩模的 Micro EDM-LIGA 技术等。其中，以 SU-8 光刻胶为光敏材料，紫外光为光源的 UV-LIGA 技术因有诸多优点而被广泛采用。

目前，LIGA 技术主要应用于加工微传感器、微机电系统、微执行器、微机械零件和微光学元件、微型医疗器械和装置、微流体元件等。

7.1.2.5 电子束曝光技术

电子束曝光技术就是利用电子束的扫描将聚合物加工成精细掩模图形的工艺技术。电子束曝光与普通光学曝光相同，都是在聚合物（抗蚀剂或光刻胶）薄膜上制作掩模图形。只是电子束曝光技术中所采用的电子束抗蚀剂对电子束比较敏感，受电子束辐照后，其物理和化学性能发生变化，在一定的显影剂中表现出良溶（正性电子束抗蚀剂）或非良溶（负性电子束抗蚀剂）特性，从而形成所需图形。与光学曝光不同，电子束曝光技术不需要掩模板，而是直接利用聚焦电子束在抗蚀剂上进行图形的曝光，因此也被称为电子束直写技术。

电子本身是一种带电的粒子，根据波粒二象性，电子的波长 λ_e（单位 nm）可表示为：

$$\lambda_e=\frac{1.226}{\sqrt{V}} \tag{7-5}$$

式中，V 是电子的能量，eV。由该式可知，对于加速电压为 10～50keV 的电子束，其波长范围为 0.1～0.05Å（1Å=0.1nm），它比光波的波长短几个数量级。如此短的波长，曝光过程中的衍射效应可以忽略不计。电子束曝光的分辨率主要取决于电子像差、电子束的束斑尺寸和电子束在抗蚀剂及衬底的散射效应。因此，相对于光学曝光，电子束曝光具有非常高的分辨率，通常为 3～8nm。另外，电子束曝光技术灵活，可以在不同种材料上实现各种尺寸及数量的曝光。当然，同光学曝光相比，电子束曝光速度较慢，相对于普通的光学曝光设备，电子束曝光设备也比较昂贵，使用和维护的费用较高。但由于电子束曝光的超高分辨率，在下列三个主要应用方面其表现出明显的优势：①光学掩模板制备；②深亚微米器件和集成电路的制造；③纳米器件、量子效应及其他纳米尺度物理与化学现象的研究。

图 7-9 为一典型的电子束曝光系统，主要包括：①电子光学部分，用于形成和控制电子束，是电子束曝光系统的核心，由电子枪、透镜系统、束闸及偏转系统等组成。②工件台系统，用于样品进出样品室以及样品在样品室内的精确移动，一般采用激光干涉样品台使样品的移动精度达到纳米量级，从而保证大面积图形曝光的一致性。工件台系统的主要指标是定

位精度、移动速度及行程大小。一台高性能的工件台，必须具有高的定位精度及移动精度，从而保证图形的高精度曝光；其次要具有一定的移动速度来保证曝光效率；最后，工件台的行程应该适应微电子产业的发展，实现大行程，如能够实现12in（1in=0.0254m）样品的曝光。③真空系统，用于实现和保持样品室及电子枪的真空状态。真空系统是电子束曝光设备不可缺少的子系统。对于发射电子的电子枪，不管采用何种形式都需要高真空的保证。该系统的性能直接影响阴极寿命及发射电流的稳定性。④图形发生器及控制电路，图形发生器是电子束曝光的关键部件，一般的扫描电镜安装上图形发生器及束闸控制系统便可以实现电子束曝光的功能。该部件位于计算机和高精度数模转换器及扫描用高精度偏转放大器之间，其主要作用是将计算机送来的图形数据进行处理，由图形发生器中的硬件单元依次产生要曝光各点的 x 和 J 坐标值，再将这些值经过高速度、高精度的数模转换器变换成对应的模拟量，驱动高精度偏转放大器来控制电子束沿一定方向偏转，从而对工件台上的样品进行曝光。⑤计算机控制系统，电子束曝光系统的计算机控制系统主要用于数据的处理、数据的传送、运行控制、状态监测和故障诊断等。⑥电力供应系统。图7-10为一些典型的电子束曝光获得的微纳米结构。

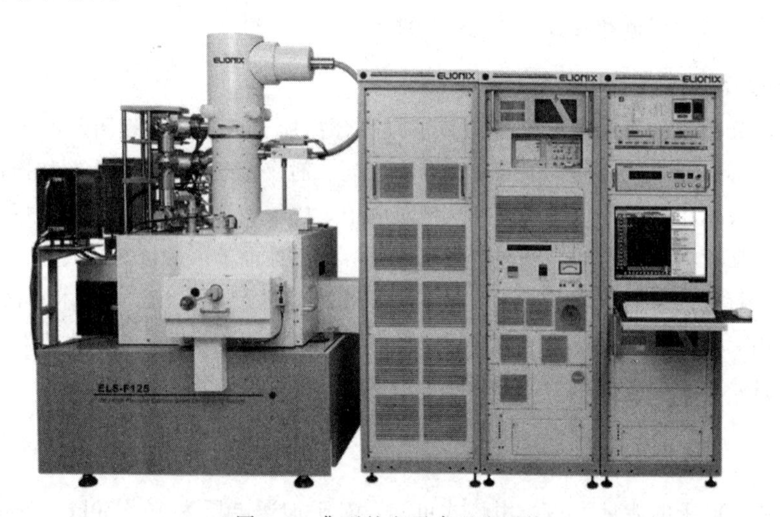

图7-9 典型的电子束曝光系统

7.1.3 激光加工技术

激光加工技术是涉及光学、机械、电子学、计算机、材料学及检测技术等多学科的一门综合技术。激光因具有高能量密度、高的方向性和高的材料吸收率等突出特点，特别适合于材料加工。其所具有的优异的空间及时间的控制性，使得对于加工材料的材质、尺寸、形状以及加工环境等因素的选择自由度都非常大，也特别适合于自动化加工。激光技术已成为制造业生产中的必备关键技术，为实现优质、高效的加工生产开辟了广阔的前景。激光加工是激光应用技术中发展最快、用途最广也最具发展潜力的领域。目前已开发出的具有代表性的激光加工技术就多达二十余种，它们多应用于工业材料的加工和微电子等行业的特种材料与器件的加工。其中已较为成熟的激光加工技术主要有激光切割技术、激光打标技术、激光打孔技术、激光雕刻技术、激光焊接技术、激光直写技术、激光快速成形技术、激光清洗技

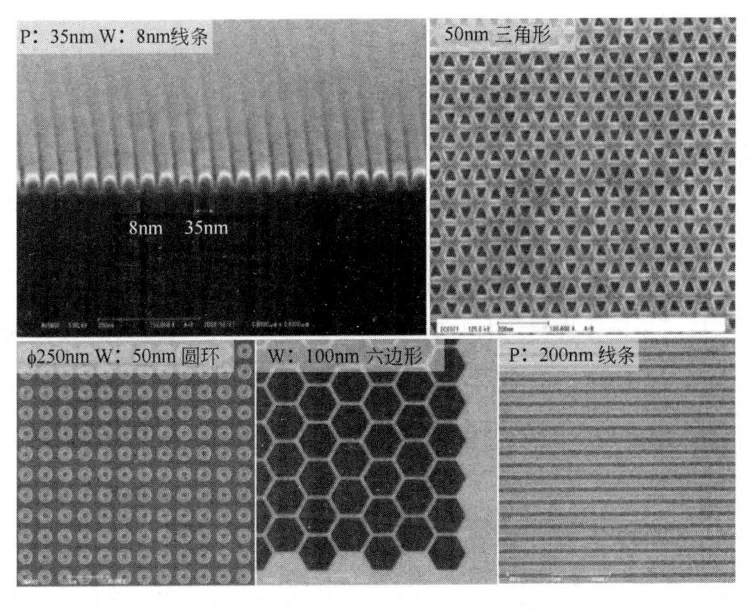

图 7-10　典型的电子束曝光获得的微纳米结构

术、激光微细加工技术以及激光修复技术等。近年来，这些技术已得到了广泛的应用，特别是激光切割和激光打标技术的应用市场份额较大，两者之和超过总量的 50%。下面对上述几种激光加工技术的特点做一简要介绍。

7.1.3.1 激光切割技术

激光切割技术适用于各种金属或非金属材料的加工，与传统的加工方法相比在提高加工效率和加工精度及降低加工成本等方面均具有明显优势。从原理上讲，大多数的激光加工是利用激光对材料产生的热效应，而激光切割则是应用激光聚焦后所产生的高功率密度能量实现的。与传统的材料加工方法相比，激光切割具有更高的切割质量、更快的切割速度、更好的柔性（可随意切割任意形状）和广泛的材料适应性等优点。激光切割是当前各国应用最多的激光加工技术，在国外许多领域，如汽车制造业和机床制造业都广泛采用激光切割进行各种钣金零部件的加工。随着大功率激光器光束质量的不断提高，激光切割的加工对象范围不断扩大，几乎包括了所有的金属和非金属材料。例如，可以利用激光对高硬度、高脆性、高熔点的金属材料进行形状复杂的三维立体零件切割，这也正是激光切割的优势所在。典型的激光切割机及切割样品如图 7-11 所示。

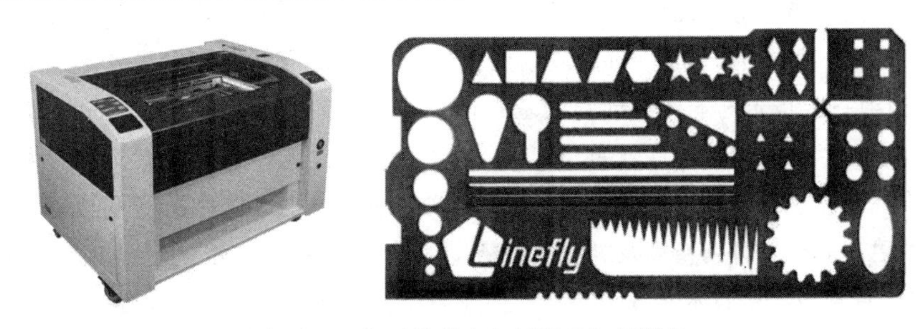

图 7-11　典型的激光切割机及切割样品

7.1.3.2 激光打标技术

激光打标技术是最成功的激光加工技术之一，也是截至目前涉及面最广的激光应用领域。激光打标是指利用高能量密度激光对工件进行局部照射，使材料表层发生气化或变色的化学反应，从而留下永久性标记的一种标记方法。激光打标可打出各种文字、符号和图案等，标记的大小可从毫米到微米量级，这对某些产品的防伪有特殊的意义。针对不同的材料可采用不同的激光器，目前最常用的是CO激光器和Nd：YAG激光器，光纤激光打标发展势头强劲，市场占有量逐年提升，而准分子激光打标则是近年来发展起来的一项新型打标技术，特别适用于金属材料的打标，由于其处于紫外的短波段，该技术可实现亚微米级尺度的打标，并已广泛用于微电子行业和生物工程。典型的激光打标机及打标样品如图7-12所示。

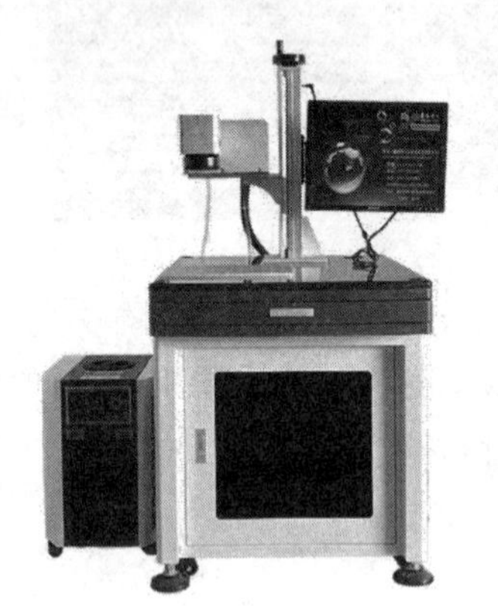

图7-12　典型的激光打标机及打标样品

7.1.3.3 激光直写技术

激光直写技术是随着大规模集成化电路的发展于二十世纪八十年代被提出来的。所谓激光直写，就是利用强度可变的激光束对涂在基片表面的抗蚀材料变剂量曝光，显影后在抗蚀层表面形成所要求的浮雕轮廓[8]。因其一次成形无离散化近似，器件的衍射效率和制作精度相对传统半导体工艺套刻制作的器件有较大提高。激光直写系统主要由激光器、声光调制器、投影光刻物镜、CCD摄像机、显示器、照明光源、工作台、调焦装置、激光干涉仪和控制计算机等部分构成。激光直写的基本工作流程为：用计算机生成设计的微光学元件或待制作的VLSI掩摸结构数据；将数据转换成直写系统控制数据，由计算机控制高精度激光束在光刻胶上直接扫描曝光，经显影和刻蚀将设计图形传递到基片上。在具有衬底翘曲、基片变形的光刻应用领域，直写光刻的自适应调整能力使之具有成品率高、一致性好的优点。3D光刻与微纳制造是光电子产品创新的基石性技术，具有众多的产业应用价值，如3D感知、增强现实显示、光传感器件（如TOF）、超薄成像、立体显示、新型光学膜等。微纳光子器件逐步在智能手机、增强现实AR、车载领域应用。与集成电路图形不同，微纳光子传感器件要求更高的位置排列精度及纵向面型精度，结构形貌具有密集连续曲面形貌的特点。因此，新型3D直写光刻技术实现曝光写入剂量与位置形貌精确匹配，是制备新型光电子传感器件级微纳结构形貌的创新技术路径。典型的激光直写设备及直写图案如图7-13所示。

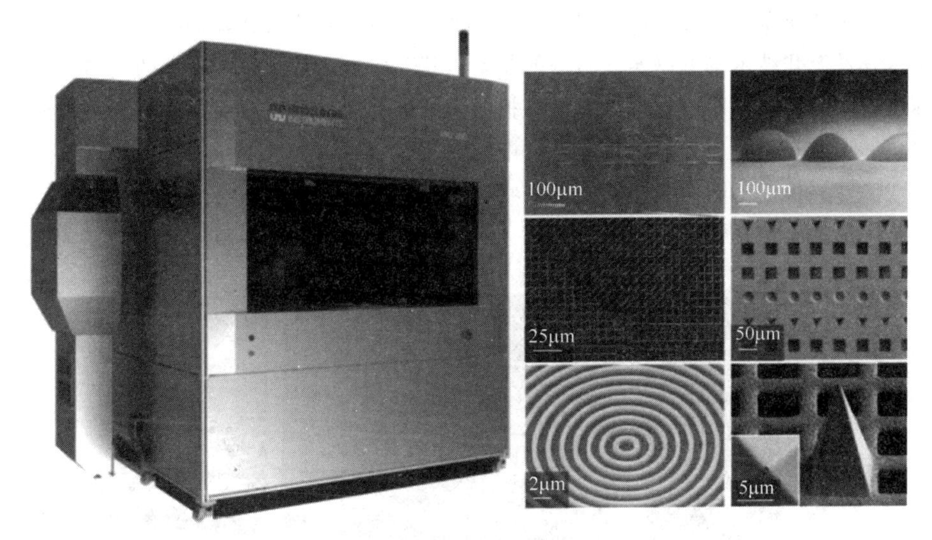

图 7-13 典型的激光直写设备及直写图案

7.1.4 纳米压印技术

作为微纳加工主流的图形制备技术，光学曝光的分辨率已经从亚微米发展到了纳米尺度，但是随着分辨率的提高，设备的复杂性、加工技术的难度、成品的造价都大幅度提高，严重束缚了其发展。另一方面，作为高精度加工方法的电子束、聚焦离子束和飞秒激光直写技术，由于其可以获得高分辨率而在科研和应用领域都有非常重要的地位。但是，这些逐点扫描的加工方式不能满足高效率制备的要求，一般只适于科研领域和模板加工方面。鉴于以上的两难困境，一种可以快速、大面积复制、分辨率优于百纳米的低成本图形制备技术——纳米压印技术应运而生。

纳米压印技术最早是 S. Chou 在 1995 年提出的，该技术是利用具有纳米图形的模板在机械力的作用下将图案等比例地复制在涂有某种有机高分子材料（通常被称为压印胶）的衬底上，其加工分辨率主要取决于模板本身的分辨率和压印胶的分辨率。早在 S. Chou 第一次提出纳米压印概念的时候，他们就可以实现 25nm 图形的制备，目前已经可以达到 5nm 甚至更小的分辨率。纳米压印技术作为一种微纳加工技术，其最主要的特点是分辨率高、效率高、成本低。这种低成本的大面积图形复制技术为纳米制造提供了新机遇，它可应用于集成电路、生物医学产品、超高密度存储、光学组件、分子电子学、传感器、生物芯片、纳米光学等几乎所有与微纳加工相关的领域，而且纳米压印技术已经从实验室走向了工业生产，比如用于数据存储和显示器件的制造。

7.1.4.1 纳米压印的基本原理

纳米压印的原理非常简单，只是通过外加机械力，使具有微纳米结构的模板与压印胶紧密贴合，处于黏流态或液态下的压印胶逐渐填充模板上的微纳米结构，然后将压印胶固化，分离模板与压印胶，就等比例地将模板结构图形复制到了压印胶上，最后可以通过刻蚀等图形转移技术将压印胶上的结构转移至衬底上。实质上纳米压印技术就是将传统的模具复型技术直接应用于微纳加工领域。由纳米压印基本原理和工艺过程可以看出，纳米压印技术不需要任何复杂的设备，非常容易实现。它不受光学衍射极限的限制，即便模板上的结构只有几十纳米，甚至几纳米也可以实现结构的复刻。其工作方式是平面对平面的复制，工作面积大，速度快，只需让压印胶充分填充进模板的微纳米结构中，然后固化就可以了。纳米压印设备简单，通常只包含压力控制系统、温度控制系统（含升温控制和降温控制）、样品及模板托架或腔室。根据不同的压印工艺，一些压印设备还有紫外辐照系统，更为复杂的设备还配置了掩模对准系统及特殊的脱模装置等。典型的纳米压印设备及图案如图 7-14 所示。

(a) 纳米压印设备　　(b) 典型的线条及柱子图案

图 7-14　典型的纳米压印设备及图案

7.1.4.2 纳米压印的基本工艺过程

（1）模板的制备和表面处理

模板的制备在纳米压印技术中是非常关键的一个部分，纳米压印就是将模板的结构复制到压印胶上的过程，所以模板的质量很大程度上决定了纳米压印的质量。模板的材料最早都是硬质材料，如石英、镍板、Si 衬底等，后来发展出了柔性材料，如 PDMS（聚二甲基硅氧烷）等。不同的模板材料应用在不同的压印方法中，要求各不相同，各有所长。通常纳米压印模板的制备成本比较高，尤其是大面积、高分辨率的模板。在纳米压印模板的材料选择上，要求耐用度高、性能稳定、有好的抗黏性。另外，纳米压印过程中通常需要加一定的温度和压力，还要求模板硬度高、热膨胀系数小，紫外压印模板需要透光性好，对不平整表面进行压印需要选择柔性模板材料。总之，纳米压印模板选择什么样的材料，需要综合考虑其制备方法、成本及后期工艺特点等内容，否则将提高模板制备成本，也不能实现高质量的结构复制。

纳米压印的模板与紫外光刻的模板类似，最主要的区别在于最小特征尺寸。紫外曝光由于光学衍射极限的限制，模板的最小特征尺寸一般大于 500nm，而纳米压印则没有这样的限制，可以将最小特征尺寸做到百纳米量级，甚至更小达到几个纳米。常用来制备纳米压印模板（尤其是母模板）的方法是电子束曝光技术。图 7-15 为电子束曝光技术制备纳米压印模板示意图，主要分为图形制备和图形转移两个过程。

首先，根据所需要的结构设计并生成作图文件，用电子束曝光设备在涂有电子束抗蚀剂的基片上曝光、显影，在抗蚀剂上获得所需的纳米结构图形。然后，进行图形转移，通常的图形转移有三种方法，分别为直接刻蚀、沉积后再刻蚀和直接电镀。直接刻蚀方法是根据所选择的光刻胶和衬底材料来选择合适的刻蚀工艺，刻蚀后去胶，就可以得到模板。这是最简单有效的图形转移工艺，如图 7-15（a）所示。沉积再刻蚀要求电子束抗蚀剂上获得的图形为底切结构，在其上沉积一层金属（如 Cr），然后去胶，留下沉积的金属材料作为抗刻蚀层，选择合适的刻蚀工艺，刻蚀后去除金属膜，如图 7-15（b）所示。电镀法是在电子束曝光显影后沉积金属，然后电镀 300～400μm 厚的金属材料（如镍），去除衬底和溅射的金属层，获得金属模板，如图 7-15（c）所示。

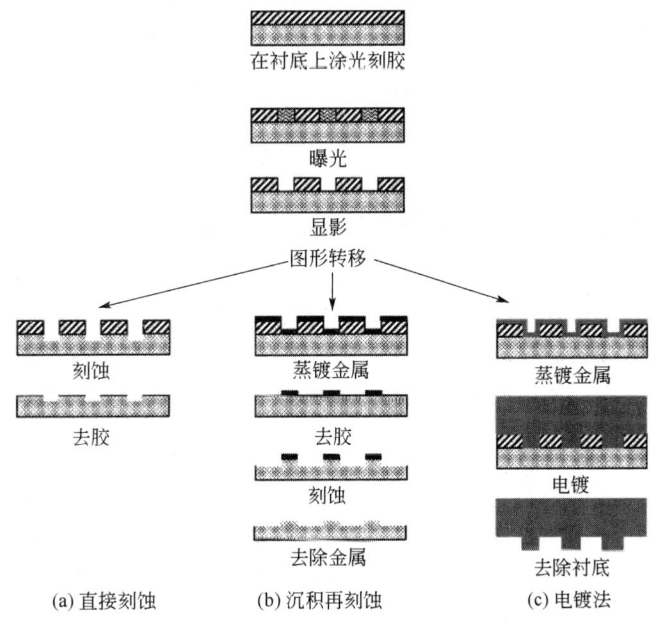

图 7-15　电子束曝光技术制备纳米压印模板示意图

需要注意的是，同样的电子束曝光图形，用不同的图形转移方法制备的模板结构是不同的。通过直接刻蚀获得的模板与沉积后再刻蚀或电镀方法获得的模板结构互为反版，所以在电子束曝光图形设计之初就需要将后期的图形转移工艺考虑好后进行设计。

对于制备好的纳米压印模板，在开始正式应用于压印工作之前，必须进行一些表面处理，以降低压印模板和压印胶之间的黏附性，这一点对于成功脱模并保护和延长模板寿命至关重要。为此，人们做了很多模板表面改性的工作，以降低模板表面能，也就是增加抗黏层。最早被使用在纳米压印工艺中的抗黏层是聚四氟乙烯。现在，自组装单分子层是较为普遍的制备抗黏层的方法。自组装单分子层方法得到的抗黏层很薄，目前已经能实现 1nm 厚抗黏层的制备，对于模板特征结构非常小的压印工作至关重要，但这种很薄的抗黏层使用寿命有限。

（2）压印胶的种类和涂胶方式

① 压印胶的种类

压印胶通常是高分子聚合物材料，与其他微纳加工技术中所使用的光刻胶（也叫抗蚀剂）类似，最主要的不同在于压印光刻胶在压印过程中受力并发生形变，然后通过某种固化方式使其结构固定。而其他微加工技术中所使用的光刻胶通常不需要受力，或仅受很小的力。压印胶是压印技术中除模板外的另一个关键因素。压印胶的选取通常要考虑以下几个方面：在温度和压力变化下尺寸伸缩足够小，这样才能保证压印后光刻胶上的图形结构与模板上的结构一致；在固化后有足够的机械强度，以便脱模时不会因损坏导致压印缺陷的出现；为了提高压印效率，要求其在压印温度下黏度低，可以迅速填充模板结构中的缝隙，另外固化速度也要求越快越好；考虑到压印完成后要把压印胶上的图形转移至衬底上，通常还要求压印胶有较好的抗刻蚀性能。

针对不同的压印技术，人们研发了不同性能的压印胶，对其不同的成膜特性、黏度、硬度、固化速度、抗刻蚀性能等方面都进行了广泛研究。根据压印胶成型方式不同，纳米压印胶通常分为热压印胶和紫外压印胶。热压印胶主要有热塑性压印胶和热固性压印胶。

热塑性压印胶随着温度的升高，分别显示为玻璃态、高弹态和黏流态。压印温度要求高于压印胶玻璃化转变温度，根据压印胶的黏度不同选择不同的压印压力和压印时间，使压印胶充分填充模板，然后降温至玻璃化转变温度以下脱模。该类压印胶的优点是可选材料种类很多，缺点是压印后不能置于高于玻璃化温度以上的环境，且其温度的升降要求导致压印效率较低。而热固性压印胶的压印过程在常温下进行，常温下其黏度低；升温后发生热聚合化学变化而固化，脱模不需要降温。紫外压印胶性能类似于热固性压印胶，但固化方式不同，顾名思义，紫外压印胶的固化方式为紫外光辐照聚合固化。还有一些其他的压印方式中所使用的压印胶，如微接触印刷中所使用的硫醇墨水等，这里不再一一介绍。

② 涂胶方式

涂胶的方式通常分为旋涂、滴胶、滚涂、喷雾、提拉等方法，其中以旋涂法最为常见。旋涂是将纳米压印胶均匀地滴在平坦洁净的衬底上，令衬底高速旋转，由于旋转所产生的离心力使压印胶均匀地涂在衬底表面。衬底通常需要进行预处理，以增强衬底和纳米压印胶的黏附性。例如，将待涂胶的衬底依次在丙酮、乙醇、去离子水中进行超声清洗，然后在热板上烘烤，以去除衬底上残余的水汽，使压印胶与基片更好地黏附在一起。或用等离子体对其表面进行氧离子轰击，以去除表面油污，并同时增强压印胶与衬底的黏附力。

根据所需压印模板图形结构的宽度和深度选择压印胶的厚度，厚度必须适中。压印的深度与模板上结构的深度和聚合物的厚度相关，通常旋涂压印胶的厚度要略高于模板厚度，以确保模板与衬底没有硬接触，保护模板在压印过程中避免损伤。如果太厚，会导致压印后留下很厚的残胶，对后期工艺的影响很大；如果太薄，将使模板与衬底之间毫无保护地直接接触，很容易导致模板损坏。

滴胶通常只在紫外固化纳米压印技术中使用。例如，在步进-闪光压印中，由于该技术是在不同的区域分步进行纳米压印，所以需要对每一个待压印的区域涂胶，所以滴胶是最方便可控的，但是要特别注意滴胶的量，不可过多，也不可过少。滴胶的量过多，会导致其他压印好的区域被破坏；过少则不能在待压印的区域完成相应的压印工作。

(3) 压印及脱模

纳米压印工艺原理非常简单，在制备好压印模板并将衬底涂好胶后，将两者相对放置，根据所使用压印胶的性质不同，调整外加机械压力大小、温度和时间等条件，使处于黏流态或液态下的压印胶逐渐填充模板上的微纳米结构，然后将压印胶固化。不同性质的压印胶固化方式也不相同，比如热压印胶可以通过降温的方法进行固化，紫外压印胶则需要通过紫外光辐照相应时间的方式固化。

分离模板与压印胶的过程就是脱模过程。该过程主要是通过外力破坏固化后的压印胶与模板之间的黏附力的过程。脱模过程对于纳米压印图形的质量和模具的寿命等方面都起到决定性的影响。该过程中极易破坏压印胶上压印结构的完整性，出现结构缺陷、压印胶与衬底剥离等现象。为使脱模成功，保证聚合物与模板分离并留在衬底上，而不使聚合物黏附在模板上与衬底分离，需要确保聚合物与衬底的附着力大于与模板的附着力。为此，人们进行了大量研究，对于脱模过程中的各种力进行理论和建模分析。

纳米压印过程中使用模板不同，脱模的方式也不同。主要方式有两种：一种是平行脱模（parallel demolding），该方法主要用于模板和衬底都是硬质材料的情况；另一种是揭开式脱模（peel-off demolding），主要用于模板和衬底有至少一个为软材料或薄膜的情况。

（4）图形转移

纳米压印的最后一步是图形转移工艺，该步骤通过刻蚀等技术将压印胶上的结构转移至衬底上。由于光刻胶涂覆的厚度、模板图形结构和深度、光刻胶的黏滞性及压印过程所使用的压力等参数的影响，压印后会有不同厚度的残胶，在进行图形转移之前，必须将残胶去除干净，否则将严重影响图形转移效果。

无论是胶的厚度变化、种类变化或是模板结构发生变化，对于纳米压印来说都要进行新工艺的压印残胶厚度检测。检测残胶的厚度可以通过 SEM 进行截面观察直接得到，然后将其去除干净。去除残胶的方法可以选择反应离子或等离子体刻蚀。

纳米压印图形的转移与光学曝光和电子束曝光后的图形转移相同，可以使用化学、物理或者两者相结合的方法，将掩模上的结构复制到衬底上。

湿法刻蚀技术是利用溶液与压印衬底材料之间的化学反应，来去除没有胶保护区域的方法。湿法刻蚀的底切现象比较严重，不易在刻蚀过程中保持与原有压印结构的一致性，尤其是具有较小特征尺寸的纳米级图形，容易造成比较严重的结构破坏。所以，湿法刻蚀技术在纳米压印图形转移过程中使用相对较少。

干法刻蚀进行图形转移是比较通行的方法，通常有两种方式：一种是将聚合物图形作为模板直接刻蚀；另一种是先沉积金属，然后通过溶脱技术将图形转移至衬底上再刻蚀，具体步骤可参见图 7-15（a）和图 7-15（b）。直接刻蚀得到的衬底图形结构与模板互为反版结构，沉积后刻蚀得到的衬底图形结构与模板一致。

7.1.5 刻蚀技术

刻蚀（etching）技术，是指通过化学或物理方法在目标功能材料的表面进行选择性的剥离或去除，从而在目标功能材料表面形成所需的特定结构。自 20 世纪 80 年代起，光电子技术与纳米技术进入了飞速发展阶段，传统的微电子加工技术手段已经难以满足光电集成器件以及微纳米机电器件的需求。在光电技术与纳米技术高速发展的驱动下，微纳加工技术也不断取得革命性的突破，包括刻蚀技术在内的各种微纳加工技术水平正以难以想象的速度不断提高，同时又进一步地刺激着相对应的微电子、光电子以及微纳米器件研究的飞速发展。在本节中，将对当前应用在微纳加工领域中主要刻蚀技术的基本原理和技术特点进行介绍，同时介绍一些利用相关刻蚀控制方法实现特定微纳米结构的新型刻蚀工艺。

7.1.5.1 刻蚀的基本概念

在微电子技术中，刻蚀工艺通常主要是作为微纳图形结构的转移方法，将光刻、压印或电子束曝光得到的微纳图形结构从光刻胶上转移到功能材料表面。需要明确的是，对于一些新的刻蚀技术，如聚焦离子束或激光直接刻蚀以及无掩模刻蚀等，可以直接在功能材料上实现特定的结构而无须采用转移图形。此外，根据实际应用的需要，刻蚀技术还可以用来实现打磨、抛光、粗化、清洗等不同的材料处理方式。

通常情况下，在微纳米器件制备过程中，刻蚀作为主要的图形转移方法是这样实现的：通过逐层去除光刻胶等掩模图形中裸露位置下方的衬底材料，将掩模上的图形转移到材料表面。因此，将掩模图形完整、精确地转移到衬底材料中并具有一定的深度和剖面形状是刻蚀工艺的基本要求。因此，刻蚀工艺主要通过以下参数进行评价。

① 刻蚀速率（etching rate），是目标材料单位时间内刻蚀的深度。刻蚀速率需要在工作效率和控制精度中达到平衡：速率越快，工作效率越高；速率越慢，则越容易通过调节刻蚀时间控制刻蚀精度。

② 选择比（selectivity），也叫抗刻蚀比，是刻蚀过程中掩模与刻蚀衬底材料的刻蚀速率之比。刻蚀选择比要求刻蚀掩模的速率越慢越好，对于特定深度的材料刻蚀，可以通过刻蚀选择比来选择对应厚度的掩模。高抗刻蚀比表明掩模消耗小，有利于进行深刻蚀。

③ 方向性（directionality）或各向异性度（anisotropy），是掩模图形中暴露位置下方的衬底材料在不同方向上刻蚀速率的比。若刻蚀在各个方向上的刻蚀速率相同，则为各向同性刻蚀，若在某一方向上刻蚀速率最大，则为各向异性刻蚀。通常的图形转移都希望刻蚀出图形轮廓陡直的结构，这就要求在垂直掩模方向上刻蚀速率最大，而在平行掩模的方向上不发生刻蚀（速率为0），即完全各向异性刻蚀。图7-16给出了不同方向性的刻蚀所形成的刻蚀剖面示意图。

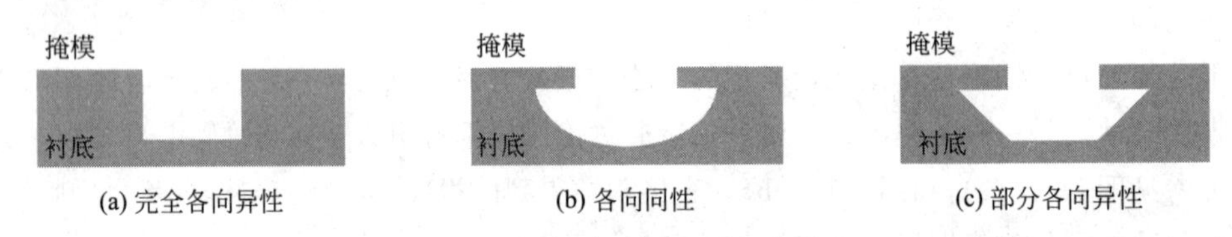

图7-16　不同方向性的刻蚀剖面示意图

④ 刻蚀深宽比（aspect ratio），是刻蚀特定图形时图形的特征尺寸与对应能够刻蚀的最大深度之比，反映出刻蚀保持各向异性刻蚀的能力。随着刻蚀深度的增加，由于化学反应物和生成物局域浓度的变化，或者轰击粒子能量的改变，刻蚀无法无休止地进行，因此每一种刻蚀方法或工艺对于特定尺寸的结构都存在极限的刻蚀深度。

⑤ 刻蚀粗糙度（roughness），包括边壁的粗糙度和刻蚀位置底面的粗糙度，能反映出刻蚀的均匀性和稳定性。

刻蚀技术的基本原理是在目标功能材料表面进行化学反应或物理轰击，从而从表面逐层去除特定区域的目标材料。常见的刻蚀方法包括化学湿法腐蚀、等离子体干法刻蚀等。无论哪一种刻蚀方法，都必然包含着对应的化学过程、物理过程或物理化学相结合的过程。由于化学方法通常使用溶液浸泡的方式进行腐蚀，而物理方法则通常是通过电离气体来进行轰击刻蚀，因此，传统上又将化学与物理刻蚀方法分别称为化学湿法腐蚀与物理干法刻蚀。随着新刻蚀技术不断发展，现有微纳米器件加工中的主流刻蚀技术，如广泛应用的反应离子刻蚀技术，大都将物理与化学过程结合起来，从而同时具有两者的优点。

7.1.5.2 化学湿法腐蚀技术

化学湿法腐蚀技术是最早应用于微纳结构制备的图形转移技术，其主要形式是将一个有掩模图形覆盖的功能材料衬底浸入到合适的化学液体中，使其侵蚀衬底的暴露部分并留下被保护的部分。湿法腐蚀目前在微纳加工中更多是应用于基片的清洗以及光刻胶或牺牲层材料的去除。湿法腐蚀的优点是选择性好、重复性好、效率高、设备简单、成本低廉，而缺点是对转移图形的控制性较差，难以应用于纳米结构的加工，还会产生化学废液等。由于可以灵活选择对目标材料容易反应而不与掩模反应的化学溶剂、溶液，化学腐蚀方法能够实现极高的刻蚀选择比，但由于在刻蚀材料上的化学反应通常都与方向无关，因此这种刻蚀往往是各向同性的，容易造成图 7-16（b）中在掩模下方的钻蚀，这就决定了腐蚀的图形不可能有较高的分辨率。因此，化学腐蚀方法在纳米尺度的加工中应用较少，通常只用于表面清洗或大面积的去除，但在微米以上尺度的器件和材料加工中，化学湿法腐蚀在精度要求不高时，如微机械和微流体器件制造等领域仍然有着广泛的应用。由于湿法腐蚀可以在材料上实现很深的刻蚀结构，因此也有人将湿法刻蚀技术称为体微加工技术（bulk micro-machining）。

此外，虽然绝大部分情形下的化学湿法腐蚀都是各向同性的，但也有例外，某些腐蚀液对特定的单晶材料的不同晶面会有不同的腐蚀速度，可以形成各向异性的腐蚀，从而形成具有特定角度的锥形或楔形剖面。

单晶硅的各向异性腐蚀加工是在微纳加工技术中最常见、应用最广泛的各向异性腐蚀技术。这是由于某些碱类的化学腐蚀液对硅材料进行腐蚀时，对于不同的晶面方向有着较大的腐蚀速率差异。例如，利用氢氧化钾（KOH）对于硅（110）、（100）、（111）晶向的腐蚀速率比达到 400∶200∶1，因此用 KOH 对［100］晶向的硅片进行腐蚀时，能够沿［111］晶向与［100］晶向的夹角形成斜锥状的剖面。但通常 KOH 腐蚀的侧壁表面都比较粗糙，不利于进行纳米尺寸的加工。虽然通过 KOH 与异丙醇（IPA）混合可以一定程度上降低腐蚀面上的粗糙度，但采用 TMAH 或 TMAH 与 KOH 的混合溶液能够获得更好的腐蚀效果，其表面光滑度能够比 KOH 腐蚀的表面好数倍，而且 TMAH 自身不含金属离子，可以避免腐蚀过程中的金属离子污染，有利于相关的集成电路制造工艺。同时，TMAH 腐蚀液也具有很好的各向异性腐蚀特性，可以制备具有不同剖面的侧壁光滑的纳米结构。

在湿法腐蚀工艺中，最重要的是针对刻蚀材料选取合适的掩模和腐蚀液。例如，HF 既能腐蚀氧化硅，也能缓慢地腐蚀氮化硅，如果使用氮化硅作为刻蚀氧化硅的掩模，使用 HF 作为刻蚀液，就必须密切注意氮化硅掩模厚度以及刻蚀时间的长短。表 7-2 中列出常用刻蚀材料及其常用的腐蚀溶液。

表 7-2　部分材料的常用湿法腐蚀溶液

被刻蚀材料	腐蚀溶液	被刻蚀材料	腐蚀溶液
硅	KOH，EDP，TMAH，HNA	铝	PAN
氧化硅	HF，BOE	铜	$FeCl_3$
氮化硅	热 H_3PO_3	金	NH_4I/I_2

注：EDP 乙二胺邻苯二酚；TMAH 三甲基氢氧化铵；HNA 氢氟酸、硝酸与醋酸的混合物；BOE 缓冲氧化物刻蚀液；PAN 磷酸、硝酸与醋酸的混合物。

湿法腐蚀的基本过程中，既包括温度决定的速率主控反应（reaction-rate controlled），还包括反应物或生成物输运分布决定的质量输运受限反应（mass transfer limited）。因此，除了掩模材料与刻蚀溶液的选择之外，湿法腐蚀的速率和被腐蚀图形的最终形状还取决于溶液的浓度、温度以及掩模图形的特征尺寸、腐蚀深度，甚至腐蚀过程中的搅拌程度等多个因素。通常状况下，随着腐蚀液的温度或浓度增加，反应的剧烈程度增强，腐蚀速率随之加快。但对于微纳米结构加工而言，由于实际结构限制而造成腐蚀过程中溶液局域浓度变化，这往往使得实际的腐蚀速率非常不稳定，除了腐蚀液的温度、浓度之外，腐蚀材料的致密程度、样品的放置方式、是否搅拌乃至搅拌的速度与方向都会对腐蚀过程造成很大的影响[9]。化学湿法腐蚀的典型结果如图 7-17 所示。

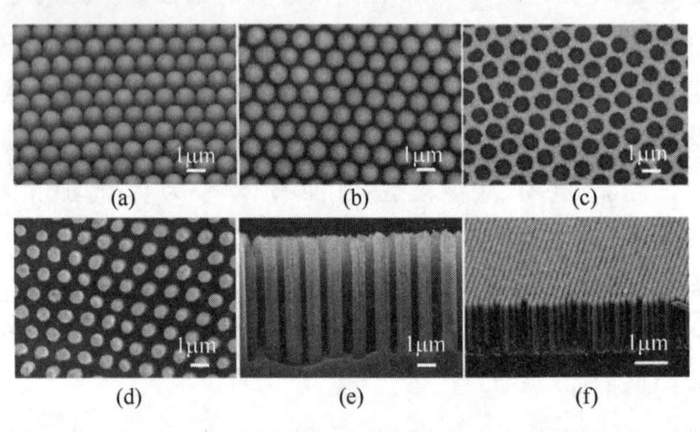

图 7-17　化学湿法腐蚀的典型结果

7.1.5.3　干法刻蚀技术

随着刻蚀技术的快速发展，干法刻蚀的概念不断丰富，从早期简单的物理粒子轰击刻蚀延伸到当前所有非湿法的刻蚀技术，如气浴刻蚀、激光刻蚀、反应蒸气刻蚀等。但通常所提到的干法刻蚀在绝大部分情况下都是特指应用最为广泛的等离子体刻蚀或反应离子刻蚀。

（1）反应离子刻蚀

反应离子刻蚀（reactive ion etching，RIE）是当前应用最广泛的刻蚀技术，它很好地结合了物理与化学刻蚀机制，具有其共同的优点，是当前半导体工艺与微纳加工技术中的主流刻蚀技术[10]。与湿法刻蚀和离子束刻蚀相比，反应离子刻蚀具有很多突出的优点：刻蚀速率高，各向异性好，选择比高，大面积均匀性好，可实现高质量的精细线条刻蚀，并能够获得较好的刻蚀剖面质量。反应离子刻蚀的基本原理是在很低的压强（0.1～10Pa）下，反应气体在射频电场作用下辉光放电产生等离子体，通过等离子体形成的直流自偏压作用，使离子轰击阴极上的目标材料，并实现离子的物理轰击溅射和活性粒子的化学反应，从而完成高精度的图形刻蚀[11,12]。

反应离子刻蚀系统的基本结构主要包括接地的金属外壳、射频源端的基板构成的阴极以及反应气体的气路。当 RIE 工作时，首先将待刻蚀的基片置于阴极基板上，然后待系统达到一定真空后开始向腔室内通入反应气体；然后开启射频源，令腔室内反应气体中的少量电子加速撞击气体分子，使部分气体分子电离，从而产生更多电子；新产生的电子继续被加速撞击气体分子产生离子和电子，从而形成雪崩效应，使更多气体分子电离；与此同时，随着腔室内离子数量的增加，自由电子也会与离子碰撞复合恢复为气体分子，并放出光子产生辉光；最后，电离与复合达到动态平衡，在腔室空间中形成稳定的等离子体，同时保持稳定的发光状态，这个过程即辉光放电过程。典型的仪器和刻蚀结果如图 7-18 所示[13]。

图 7-18　RIE 的典型设备及刻蚀结果

(2) 等离子体刻蚀

等离子体刻蚀（plasma etching）是近乎纯粹的化学刻蚀，是一种各向同性的刻蚀方法。等离子体刻蚀系统包括平板电极结构与筒形反应器刻蚀系统，其中平板电极结构与平行板电极反应离子刻蚀结构相似，与反应离子刻蚀不同的是：等离子体刻蚀的刻蚀样品放置在阳极表面，由于等离子体腔室中，阳极表面的电场很弱，离子轰击溅射效应几乎可以忽略不计，通过将样品浸没在等离子体中，使刻蚀样品与化学活性等离子体进行充分反应，从而实现刻蚀效果。常见的等离子体设备和典型的刻蚀结果如图 7-19 所示[14]。

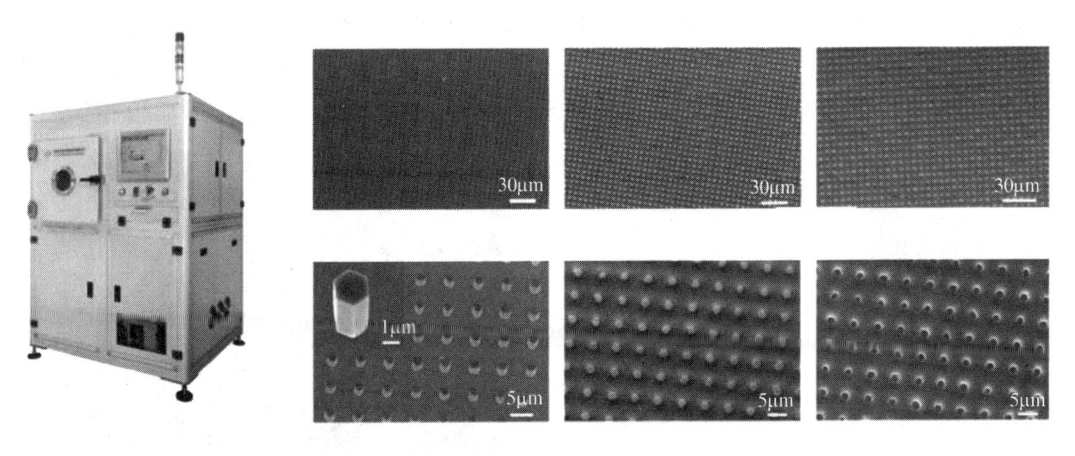

图 7-19　等离子体刻蚀的典型设备及刻蚀结果

在等离子体刻蚀技术中，其刻蚀速率主要取决于射频或微波功率、腐蚀气体流量以及样品温度等因素。其中，射频或微波功率越高，刻蚀速率越快，但过高的功率有可能会造成掩模抗刻蚀性的下降，或者对样品造成损伤；而增大腐蚀气体流量能够增加活性离子浓度，一定程度上能提高刻蚀速率，但过高的流量会导致腔室压力升高，电子自由程缩短，气体离化率降低，从而导致刻蚀速率下降；样品温度越高，化学反应越剧烈，刻蚀速率越快，但刻蚀的均匀性以及掩模抗刻蚀比都容易受到影响。此外，由于等离子体刻蚀常常一次性处理大批样品，随刻蚀样品数量增加会引起刻蚀速率显著下降（负载效应），需要稳定的工艺参数或放入弥补样品数量变化的陪片以避免负载效应[15]。

7.1.6 聚焦离子束技术

聚焦离子束（focused-ion-beam，FIB）技术的基本原理与扫描电子显微镜类似，是在电场和磁场的作用下将离子束聚焦到亚微米甚至纳米量级，通过偏转系统和加速系统控制离子束扫描运动，实现微纳米图形的监测分析和微纳米结构的无掩模加工。FIB采用离子源发射的离子束作为入射束，由于离子与固体相互作用可以激发二次电子与二次离子，因此FIB与SEM一样可以用于获取样品表面的形貌图像；由于离子的质量远大于电子，因此与SEM不同，FIB进行聚焦通常都是采用静电透镜而不是磁透镜。高能量的离子与固体表面原子相互碰撞的过程中可以将固体原子溅射剥离，因此FIB最主要的功能是被用作一种直接加工微纳米结构的工具。FIB技术主要应用于掩模板修复、电路修正、失效分析、透射电子显微镜（TEM）样品的制备、三维结构的直写等方面。另外，在微纳电子器件、光电子器件、能源器件及生物器件的制备中也发挥了很大的作用。FIB技术的主要优点是以纳米精度实现复杂图形的定点可设计直写加工，不足之处在于较低的加工速度与较小的加工面积以及在加工过程中还会不可避免地引入离子注入污染与非晶化。

聚焦离子束粒子入射到固体材料表面，与材料中的原子核和电子相互作用会产生一系列的物理过程，并形成具有各种不同特征的信号。一方面，利用FIB可以直接观测样品的微观信息；另一方面，FIB可以通过溅射对材料表面进行定点刻蚀、切割与修复；而且不同的离子源注入到材料中可对衬底形成掺杂，用于材料的改性、性能调制与特种器件的制作等；另外，在FIB系统中引入金属有机物气态分子源，可形成聚焦离子束诱导的纳米材料与三维结构的生长。图7-20给出了聚焦离子束刻蚀的典型设备和不同形状的刻蚀图案。这些功能与FIB的高分辨率、基于系统控制软件的离子束的精确扫描功能以及离子与物质相互作用产

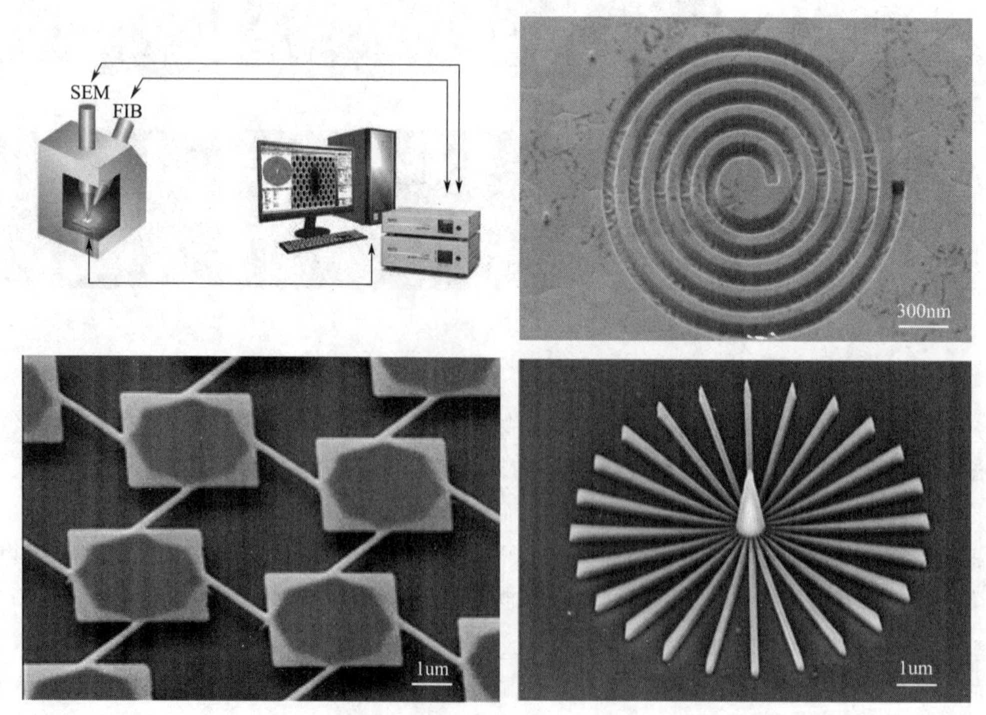

图7-20　聚焦离子束刻蚀的典型设备及刻蚀结果

生的可探测的丰富信号相结合，已使FIB成为微纳加工不可缺少的工具，在材料、物理、化学、生物、能源等领域有着广阔的应用前景[16]。

7.2 纳米增材制造技术

7.2.1 薄膜沉积技术

薄膜材料在力、热、电、光、磁和声学等领域都显示出特殊的功能，是当今纳米科技领域重要研究内容。目前，薄膜材料与薄膜沉积技术在微纳结构加工与器件制造中起到非常重要的作用。近年来，随着纳米科学与纳米技术的迅速发展，薄膜沉积技术已经成为微纳加工技术中不可缺少的技术手段，它不仅涉及物理、化学及材料等基础科学，在集成电路、电子元器件、LED器件、信息存储、MEMS、传感器、太阳能电池等方面发挥越来越大的作用[17]。薄膜沉积技术与薄膜材料之所以受到人们的关注，主要归因于薄膜材料的特性和制备方法上的优势，如形态优势（薄膜是二维形态，厚度可以从微米到纳米）、尺度优势（纳米薄膜作为纳米器件的基材）、成分优势（可以形成各种化合物薄膜）、结构优势（可控制晶态与层数）、方法优势（沉积方法多样简便）和检测表征优势（易于过程检测和样品表征）等。在微纳加工技术中，光学曝光、电子束曝光、纳米压印等方法只是完成了微纳加工过程的一半，另一半则是如何将制备出的微纳米图形结构转移到各种功能材料上，而薄膜沉积技术是完成图形转移的重要手段，是微纳加工技术的重要组成部分。因此，薄膜沉积已经成为微纳加工技术中最关键的技术之一。

薄膜的制备方法以气相沉积方法为主，包括本书第5章中已经介绍的物理气相沉积（PVD）和化学气相沉积（CVD）两大类。如前所述，物理气相沉积中主要发生物理过程，利用物质的蒸发或当受到粒子轰击时表面原子产生的溅射进行沉积，在分子、原子尺度上实现从源物质到沉积薄膜的可控物理过程。微纳加工技术中常用的PVD主要包括真空蒸发沉积（热蒸发、电子束蒸发）和溅射（磁控溅射、离子束溅射）等[18,19]。CVD中包含了化学反应过程，通常是在高温或活性化的环境中，利用衬底表面上的化学反应制备薄膜。化学气相沉积方法包含类型众多，如热CVD方法、等离子体增强CVD（PECVD）、金属有机化学气相沉积（MOCVD）、原子层沉积（ALD）以及喷涂热分解、溶胶-凝胶等，其中微纳加工技术中常用的化学气相沉积包括热CVD和PECVD制备硅基氧化物和氮化物，而ALD则是近几年才发展起来的制备高质量、高介电常数氧化物薄膜的化学沉积方法，在制备纳电子器件和生物器件中发挥着重要作用。

7.2.1.1 真空蒸发沉积方法

真空蒸发沉积方法是薄膜制备中最常见和广泛使用的方法，它的优点是原理简单、操作方便、成膜速度快、效率高、适用材料较多，缺点是薄膜与衬底结合相对较差，工艺重复性不甚理想，因而需要严格控制沉积工艺。真空蒸发沉积的基本原理是在真空环境下，给待蒸发物提供足够的热量以获得蒸发必须的蒸气压。在适当的温度下，蒸发粒子在衬底上凝结，形成固态薄膜，实现真空蒸发沉积。真空蒸发过程包括三个步骤：首先，蒸发源材料由凝聚相转变为气相；然后，蒸发粒子由蒸发源运输到衬底表面；最后，蒸发粒子到达衬底后凝结、形核、生长和成膜。真空蒸发系统一般由真空室、蒸发源（蒸发加热装置）、衬底（衬底加热装置）三部分组成。真空蒸发加热的方法较多，重要的蒸发方法有电阻热蒸发、电子束蒸发、激光熔融蒸发、射频热蒸发等，这里重点介绍微纳加工技术中常采用的电阻热蒸发和电子束蒸发方法。真空蒸发沉积设备及样品如图 7-21 所示，其中图 7-21（b）、（c）是利用真空蒸发沉积技术制备的功能层及表面镀金的叉指电极。

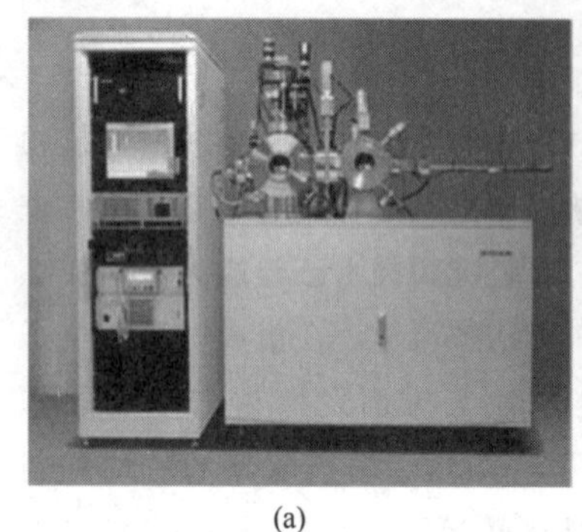

(a)

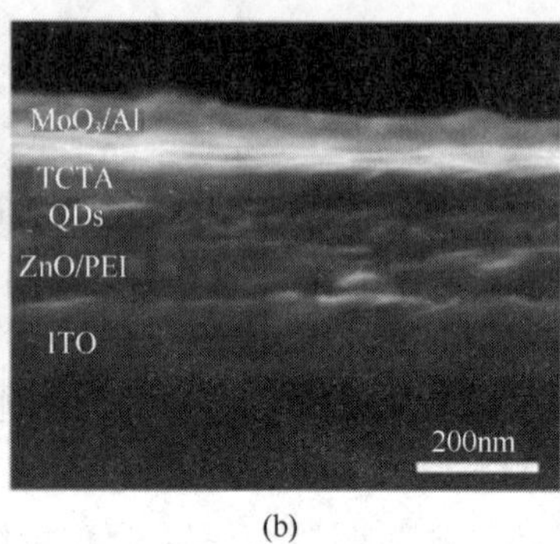

(b)

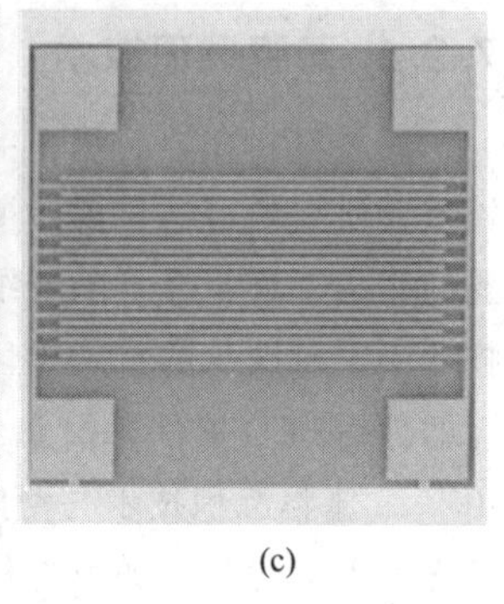

(c)

图 7-21 真空蒸发沉积设备及样品

TCTA—三(咔唑-9-基)三苯胺；QDs—量子点；ITO—氧化铟锡

① 电阻热蒸发。常用的电阻热蒸发方法是将待蒸发材料放置在电阻加热装置中，通过电阻给待沉积材料提供蒸发热源使其气化。这种方法要求起到加热作用的蒸发源材料在蒸发温度下不与蒸发物（膜料）发生化学反应或互溶，具有一定的强度；其次还要求蒸发源材料与膜料易湿润，以保证蒸发状态的稳定性。常用的蒸发源材料是具有高熔点和低蒸气压的金属材料钨、钼和铊，还可以用石墨和氮化硼等材料。蒸发源可以根据蒸发要求和特性制成不同形状，通常有螺旋形、U 形、薄板形、舟形和圆锥筐形等。蒸发源材料制成所需形状的蒸发舟后，在实际使用过程中由于长时间不断在真空中加热和降温，蒸发舟会变脆，处理不当会折断，因此蒸发舟是电阻热蒸发过程中的易损件，在使用前先对蒸发舟进行必要的退火处理以及在使用过程中控制升降温的梯度可以延长蒸发舟的使用寿命。虽然电阻热蒸发具有简单、实用、易操作等鲜明优点，但是它的缺点是非常明显的，如电阻加热方法中膜料与蒸发舟直接接触，在加热和蒸发过程蒸发舟材料与膜料容易互混和发生反应，影响制备薄膜材料的纯度；电阻加热还会导致合金或化合物分解。此外，由于不能达到足够的温度，在制备高熔点的介电材料时会受到限制，导致电阻加热的蒸发速率较低。但是，由于电阻蒸发方法具有简单易操作、灵活高效、制备成本低等特点，尤其是具有沉积方向性好和沉积环境温度低的优势，特别适合微加工技术中的溶脱剥离工艺。

② 电子束蒸发。电阻热蒸发存在的一些缺点与其电阻加热方式的局限性有关，通过更有效的方法加热蒸发源使其具有更高温度和更快的沉积速率，而且可避免膜料与蒸发源的直接接触导致的两者互混合反应，如电子束、激光、电弧等热源都被利用到蒸发沉积中而形成电子束蒸发、激光蒸发及电弧蒸发等沉积方法。这里主要介绍采用电子束作为蒸发源的沉积方法。电子束蒸发是用电子束轰击膜料来实现材料蒸发的一种方法，也是一种较为理想的蒸发途径。电子束蒸发源通常是由电子发射源（热钨丝阴极）、电子加速电源、坩埚（通常

为铜坩埚)、磁场线圈、水冷系统等部分组成（图7-22)。电子束蒸发沉积过程是膜料放入坩埚中，电子束自发射源发出，通过5～10keV电场的加速，用磁场线圈对电子束聚焦和偏转，对膜料表面进行轰击和加热。当电子束达到待蒸发材料表面时，电子会迅速损失掉自己的能量，将能量传递给膜料使其熔化并蒸发。这种电子束直接轰击膜料表面的加热方式与传统的电阻加热方法形成鲜明对照。在真空蒸发沉积方法中电子束蒸发技术的优势非常明显，首先由于电子束沉积过程中只是局域加热膜料表面的电子束束斑区域，而膜料的其他部分则保持固态不变，同时坩埚是有水冷保护的，这样会避免坩埚与膜料发生反应，保证了制备薄膜的高纯度。通过电子束加热，几乎任何材料都可以被蒸发，而且蒸发速率可控的范围很宽，因而电子束蒸发已经被广泛用于制备各种薄膜材料、金属、氧化物甚至高温超导薄膜。

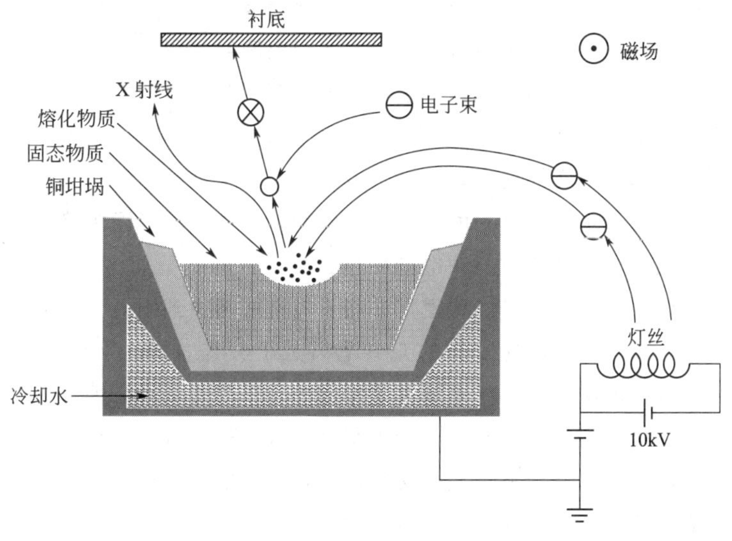

图7-22　电子束蒸发装置示意图

总之，电子束蒸发方法克服了电阻热蒸发的缺点和局限，在与衬底的结合力、材料纯度及普适性等方面有很大提高，并在沉积的方向性、精确可控性和薄膜沉积速率及薄膜质量方面具有明显优势，同时样品表面温度和系统腔温也容易保持在合理范围，不会影响衬底表面光刻胶图形结构，非常有利于后续的溶脱剥离工艺。

7.2.1.2 溅射沉积方法

溅射是指具有足够高能量的粒子轰击固体（靶材）表面使其原子发射出来的现象。溅射出来的原子沉积在衬底表面形成薄膜，称为溅射沉积镀膜。通常利用气体放电并使其电离，使正离子在电场的作用下高速轰击阴极靶材，产生的靶材原子飞向衬底表面沉积成薄膜。溅射沉积与真空蒸发沉积相比，其优点主要有：①薄膜与衬底的附着性好，薄膜纯度高且致密性好；②材料适用范围广，几乎所有的固体材料都可以适用，特别是对于熔点高、使用真空蒸发沉积法有困难的材料，可采用溅射沉积；③溅射工艺的可控性和重复性好；④降低溅射气体的气压，可以使溅射沉积形成的粒子尺寸小于真空蒸发沉积法，适用于某些特定要求的薄膜制备。溅射方法的缺点是相对于真空蒸发的沉积速率低，衬底会受到等离子体辐照作用而升温，沉积的方向性不如真空蒸发沉积。

溅射沉积方法按照不同溅射装置可分为二级、三级或四级溅射，直流或射频溅射，磁控溅射，反应溅射，离子束溅射等，其中直流溅射系统较为简单，通常只能用于靶材为良导体（金属和半导体）的溅射，射频溅射则适用于绝缘体、导体、半导体等任何一类靶材的溅射；磁控溅射是通过施加磁场改变电子的运动方向，并束缚和延长电子的运动轨迹，进而提高电子对工作气体的电离效率和溅射沉积率；反应溅射是通过某一种放电气体与溅射出来的靶原子发生化学反应而形成新物质，它的优点是可以制备高纯度的化合物薄膜，缺点是容易出现迟滞、弧光放电和阳极消失等现象造成溅射过程不稳定。离子束溅射沉积是通过离子束直接轰击靶材表面将原子溅射出来并沉积到衬底上的方法，其具有工作压强低、减小气体进入薄膜、溅射粒子输运过程较少受到散射等优点，此外还可以用离子束聚焦、扫描和改变离子束的入射角度，由于靶和衬底与加速极不相干，因此会极大减小由于溅射过程中离子碰撞引起的损伤效应，适合外延生长半导体薄膜材料。离子束溅射沉积缺点是在靶材表面的轰击面积太小，沉积速率较低，不适用于沉积厚度均匀的大面积薄膜。

这里主要介绍一下微纳加工经常使用的射频磁控溅射沉积薄膜技术，图 7-23 给出了该装置图，气体物料从真空室底部送入，通过机械泵辅助分子泵抽出腔外。在射频磁控溅射技术中，辉光放电是溅射技术的关键，电极每半个周期轮流作为阴极或阳极，气体物料进入辉光区后被分解并电离，放电是通过射频电场耦合到辉光区的电子而维持的。在放电过程中，因为电子被局限在围绕阴极的磁场“跑道”上而不能直接逃逸到阳极上，所以其离化效率大大提高，这对于引入辉光区的反应气体的充分电离是十分有益的。平面磁控溅射靶的“跑道”是平行于阴极表面的磁场把电子束缚起来形成的。采用磁场来束缚电子运动这一措施是来源于磁控管。从阴极表面发射出来的电子被阴极暗区加速穿过暗区后，它的运动方向被环形磁场偏转了，偏转的方向遵守洛伦兹力法则，即垂直于电场，也同时垂直于环形磁场的方向。电子被迫沿着“跑道”运动并返回阴极表面。但当电子到达阴极表面时，阴极电位使其减速并强迫它返回辉光区，如此重复直到电子有可能逃出磁场的束缚为止。

图 7-23　射频磁控溅射沉积装置

在微纳加工技术中，通常利用磁控溅射沉积金属薄膜，如图 7-24 所示，这是由于沉积薄膜的致密度、颗粒度、表面粗糙度及与衬底结合力均好于真空蒸发沉积的薄膜，因此，磁控溅射沉积是微纳加工工艺中制备高质量金属微纳米结构的较好选择[70]。但是磁控溅射沉积的方向性不如热蒸发沉积，这是因为溅射沉积速率并不能完全用余弦定律来描述，它还取决于离子能量和靶材的晶体结构，而离子能量的高低影响溅射原子的发射角，同时溅射靶的尺寸要远大于热蒸发系统的蒸发源尺寸，这些因素都使溅射沉积的方向性不如热蒸发沉积。

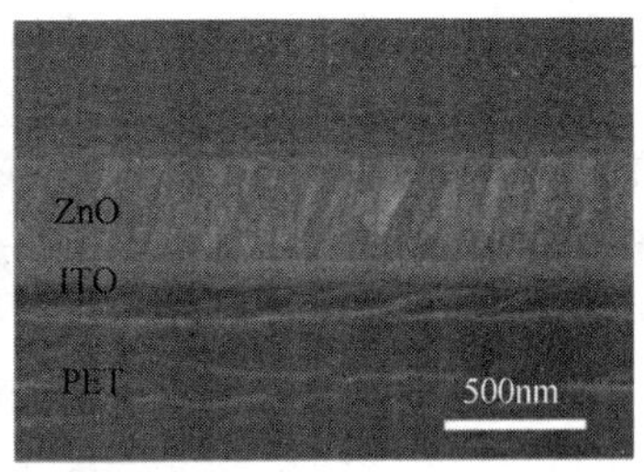

图 7-24　磁控溅射镀膜仪设备实物图及溅射膜层

7.2.1.3 化学气相沉积方法

在微纳加工技术中，化学气相沉积方法是利用气体在真空条件和适当的温度下发生化学反应，将反应物沉积在衬底表面从而形成薄膜的方法。与物理气相沉积方法相比，化学气相沉积方法在微纳加工过程中的应用具有一些局限性，因为化学气相沉积是通过反应气体的化学反应而实现的，所以对于反应物和生成物的选择具有一定的局限性，同时化学反应需要在较高的温度下进行，衬底所处的环境温度较高，因而限制了衬底材料的选取。另外，化学气相沉积过程所需的高温反应环境不适合光刻胶图形结构的薄膜沉积，过高环境温度会造成图形结构的变形，从而导致结构制备的失败。因此，物理气相沉积方法在微纳加工技术的溶脱图形转移工艺中扮演重要的角色，而化学气相沉积只能先在衬底上沉积薄膜，然后用微纳加工方法形成掩模图形，再用掩模刻蚀的方法实现微纳结构的制备，制备工艺上要复杂许多。化学气相沉积方法反应通常在管式炉中进行，其实物图如图 7-25 所示，图中还给出了由 CVD 管式炉生长得到的一些典型纳米薄膜的 SEM 形貌[21,22]。

图 7-25　管式炉及合成膜层

虽然化学气相沉积方法在微纳加工中具有一定的局限性，但是化学气相沉积的优点有：不需要昂贵的高真空设备、对衬底的材料和形状的要求不高、可制备大尺寸样品、制备的薄膜种类众多等。化学气相沉积可以控制的参量有气体流量、气体组分、沉积温度、气压、真空度及腔体形状等，其涵盖三个基本过程：反应物的运输过程、化学反应过程和反应副产品的抽出过程。化学气相沉积按主特征综合分类可分为热激发 CVD、低压 CVD、激光诱导 CVD、金属有机化合物 CVD 和等离子体增强 CVD。其中热激发 CVD 的典型方式是热灯丝 CVD（HFCVD），即利用灯丝加热反应物，使反应物受热分解而活化，通常沉积温度很高（灯丝温度可达 2000℃，衬底温度达 1000℃），常用来制备碳基薄膜材料。低压 CVD（LPCVD）是在较低气压下只用少量反应气体，它不同于传统的 CVD，通常使用低气压 0.5～1Torr（1Torr=133.3224Pa），低气压会增大气态反应物的质量通量和在层状气流与衬底之间边界层上形成的生成物。激光诱导 CVD 是一种在化学气相沉积过程中利用激光束的光子能量或紫外光的光子能量激发并促使化学反应发生的薄膜沉积方法，沉积温度较低，是一种较好的低温薄膜沉积方法。MOCVD 也被称为有机金属气相外延生长，与其他 CVD 沉积过程不同，它使用的气态前驱体反应物是有机金属化合物，是采用加热方式将化合物分解而进行外延生长半导体化合物的方法，这种外延沉积的优势是生长温度范围宽，化合物的组分能精确控制，沉积普适性、均匀性和重复性好以及容易控制掺杂浓度等。

微纳加工常用到等离子体增强 CVD（PECVD）方法，这种方法是在辉光放电引起的等离子体的作用下进行的化学气相沉积，而且在沉积过程中，等离子体与 CVD 反应同时发生，等离子体的引入大大提高了沉积速率，其优势在于可以在比传统 CVD 低得多的温度下获得上述单质或化合物薄膜材料，同时沉积速率快，成膜质量好。PECVD 中等离子体的产生方式有多种，如射频场产生、直流或微波场产生。为了产生等离子体，必须维持一定的气体压力，由于辉光放电等离子体中不仅有高密度的电子，而且电子气温度比普通气体温度高出 10～100 倍，于是反应气体虽然处于环境温度，但却能使进入反应器中的反应气体在辉光放电等离子体中受激、分解、离解和离化，从而大大提高了参与反应物的活性。因此，这些具有高反应活性的中性物质很容易被吸附到较低温度的衬底表面上，发生非平衡的化学反应沉积生成薄膜。此外，PECVD 的装置比传统的 CVD 系统多了一个能产生等离子体的高频源，依靠高频功率，可实现不同沉积速率的调控。高沉积速率常用来制备较厚的薄膜，而低沉积速率用来制备高致密度的薄膜。

7.2.1.4 原子层沉积方法

原子层沉积（atomic layer deposition，ALD）是一种可以将物质以单原子膜形式一层一层地镀在衬底表面的方法，因此，它是一种真正的纳米技术，以精确控制的方式实现几个纳米的超薄薄膜沉积。原子层沉积最初是由芬兰科学家提出的薄膜沉积方法，但是由于这种方法的复杂表面化学过程和极低的沉积速率，在较长的时间里没有得到广泛的重视。直到 20 世纪 90 年代中期，由于微电子和深亚微米芯片技术的发展，要求器件和材料的尺寸不断降低，而器件中的深宽比不断增加，这样所使用材料的厚度降低至几个纳米量级，这种对纳米级薄膜的需求使人们重新开始认识原子层沉积方法在纳米技术与器件制造中的重要性，如原子层逐次沉积可以实现沉积层极均匀的厚度和非常优异的一致性，原子层沉积方法的优势便体现出来，而其沉积速率慢的缺点就变得不再重要了。

原子层沉积与普通的 CVD 有相似之处。但在原子层沉积过程中，新一层原子膜的化学反应是直接与之前一层相关联的，这种方式使每次反应只沉积一层原子。原子层沉积是通过将气相前驱体脉冲交替地通入反应器，化学吸附在沉积衬底上并反应形成沉积膜的一种方法。在前驱体脉冲之间需要用惰性气体对原子层沉积反应器进行清洗。由此可知，沉积反应前驱体物质能否在被沉积材料表面化学吸附是实现原子层沉积的关键。任何气相物质在材料表面都可以进行物理吸附，但是要实现在材料表面的化学吸附必须具有一定的活化能。原子层沉积的表面反应具有自限制性，不断重复这种自限制反应就形成所需要的薄膜。图 7-26 展示了原子层沉积系统的实物图，并成功利用原子层沉积法制备铂/二氧化钛纳米管复合电极，将其应用于电催化技术领域[23]。

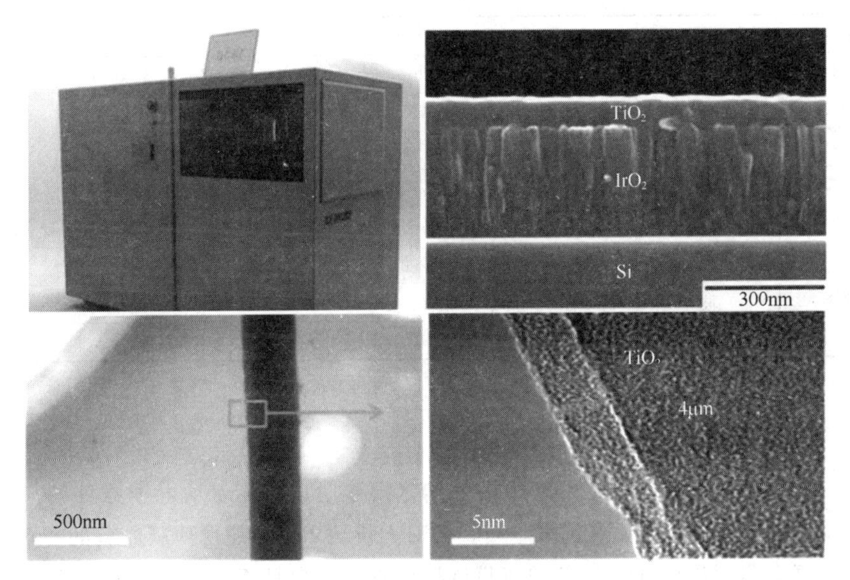

图 7-26　原子层沉积系统图及典型样品的表征结果

ALD 沉积方法有如下特点：①前驱体的饱和化学吸附特性。由于前驱体具有饱和化学吸附特性，不需要精确的剂量控制和操作人员的持续介入，不需要控制反应物流量的均一性，也能保证生成大面积均匀性的薄膜，特别适合于表面钝化、阻挡层和绝缘层的制备。②反应过程有序性和表面控制性。可以数字化控制有序的反应生长过程，减少设备的复杂性，提高设备的灵活性，表面反应确保了在任何条件下薄膜的高保型，不管衬底材料是致密的、多孔的、管状的、粉末状的或是其他具有复杂形状的物体。③沉积过程的精确性和可重复性。ALD 沉积一个循环周期的薄膜生长厚度是由工艺决定的，在饱和情况及同样的工艺条件下能够达到很高的重复性，同时可以通过控制反应周期数简单精确地控制薄膜的厚度。④超薄、致密、均匀性及极佳的附着力。由于薄膜每一个循环周期可以控制单个分子层的厚度，因此通过 ALD 沉积的薄膜材料是以最稳定的形式紧密排列，薄膜不仅可以超薄，而且非常致密和均匀。前驱体与衬底材料的化学吸附保证了极佳的附着力。同时，镀膜的完全保形的自然特性进一步提高了附着力。⑤薄膜生长可在低温（室温到 400℃）下进行，对尘埃相对不敏感，薄膜甚至可在尘埃颗粒下生长，同时可以沉积多组分纳米薄片和混合氧化物，容易进行掺杂和界面修正，可广泛适用于各种形状的衬底。

表 7-3 给出了 ALD 与其他薄膜沉积方法各种参数的详细对比，可以看出 ALD 沉积方法在多方面具有非常明显的优势，其显示出的劣势除了在表 7-3 中列出的沉积速率低外，还存在受反应物前驱体种类选择上的限制，可以沉积的薄膜种类有一定局限性，虽然目前商业上可以购买到的前驱体种类日益增多，但是有些薄膜材料仍然不能采用 ALD 方法沉积。此外，

尽管ALD沉积温度远低于通常的CVD方法，但是其最佳的沉积温度在200℃左右，仍略高于微纳加工中的光刻胶耐受温度，同时由于ALD沉积具有薄膜包覆性好的特点，因此与其他化学气相沉积方法一样，不适合溶脱工艺制备微纳结构，但是可以采用先沉积薄膜然后再掩模刻蚀的方法制备ALD薄膜的图案和结构[24,25]。

表 7-3 ALD方法与其他薄膜沉积方法的比较

方法	ALD	MBE	CVD	溅射	蒸发	PLD
厚度均匀性	好	较好	好	好	较好	较好
薄膜致密度	好	好	好	好	不好	好
台阶覆盖性	好	不好	多变	不好	不好	不好
界面质量	好	好	多变	不好	好	多变
原料的种类	不多	多	不多	多	较多	不多
低温沉积	好	好	多变	好	好	好
沉积速率	低	低	高	较高	高	高
工业适用性	好	较好	好	好	好	不好

7.2.2 薄膜剥离技术

薄膜材料的研究、制备与应用已经进入纳米薄膜阶段，随着纳电子器件的尺寸越来越小，对纳米薄膜制备质量的要求越来越高。面对大量纳米量级超薄薄膜制备的需求，传统沉积方法（如真空蒸发及CVD）制备的薄膜材料在质量上满足不了研究其物性和制作高性能器件的要求，因此促进了一些特殊的薄膜制备方法的产生，如直接通过体材料表面的剥离制备纳米薄膜，这种制备方法近年来引起人们极大的关注。表面剥离技术是一种利用不同技术手段从体材料表面直接剥离纳米薄膜并转移到目标衬底上的方法，完全不同于传统的自下而上沉积薄膜的方法，特别适合规定形状和特定区域的纳米薄膜制备。

表面剥离制备方法的最大特点是保持了体材料的本征特性和结构特征，同时可以根据需要进行尺度剪裁，以满足纳米材料、纳米结构与纳米器件的研究需要，其中比较典型的方法包括化学或机械剥离法（chemical/mechanical exfoliation）、各向异性刻蚀剥离法（anisotropic etching）、外延剥离法（epitaxial lift-off）、SOI释放法（release from SOI）等。这些方法在制备二维纳米薄膜片、保持体材料纯度和结构完整性（无结构缺陷）、形成光滑薄膜表面以及提高薄膜维度控制上具有很多优势。虽然它在产量和大面积制备上有一定的局限性，但它是对传统设备沉积薄膜方法非常有益的补充和拓展，非常适合纳米材料本征特性及其高性能纳米结构器件的基础应用研究。我们熟知的石墨烯、单晶硅以及一些重要半导体纳米薄膜都可以利用这种方法制备。下面将分别介绍这些纳米薄膜的表面剥离制备方法。

7.2.2.1 化学或机械剥离法

对于具有天然层状结构的固体材料来说，化学或机械剥离法比较适合用来从其体材料表面剥离制备单层或少层的二维薄膜材料，这些材料中包括众所熟知的石墨烯。表面剥离法制备高质量石墨烯以及纳米器件的研究已广泛报道，其中最简单的方式是利用胶带的强黏附力将石墨表面单层或少层石墨机械剥离，再转移到SiO_2衬底上面形成高质量石墨烯，如图7-27所示[26]。

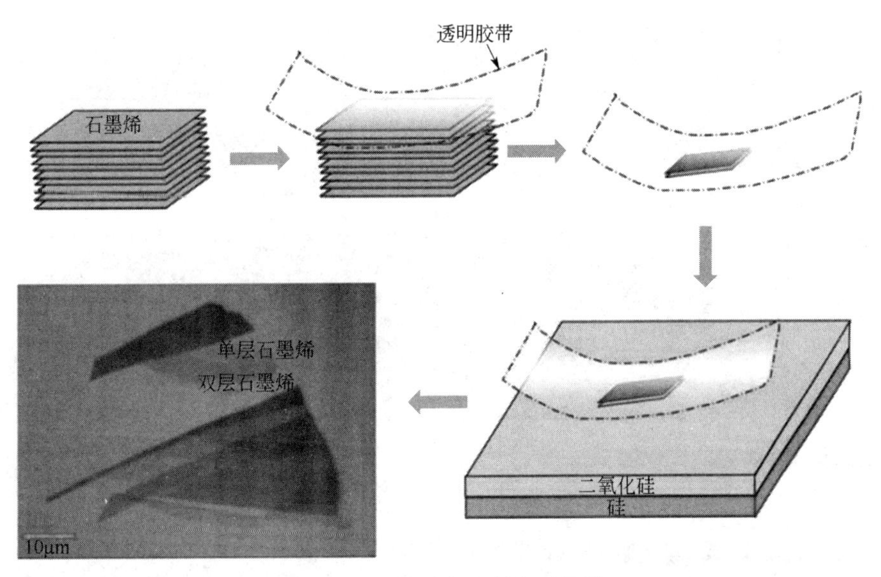

图 7-27 机械剥离法制备石墨烯

但是，这种机械剥离的制备方法在样品产量上会受到极大的限制，于是化学剥离的方法从一定程度上克服了这一缺点。化学剥离法主要是利用化学溶液对这些材料表面进行剥离，化学溶液选择的标准是可以改变材料表面的张力，同时使其表面剥离能达到最小，从而达到使表面层剥离的目的。已经报道的这类化学溶液种类较多，剥离效果各有特点，但大多耗费时间，而且对周围环境极其敏感，同时对常见溶剂不相容。通过化学或机械剥离制备的单层或少层纳米薄膜都不是大面积连续薄膜，而是纳米片，面积可能从几百平方纳米至几十个平方微米范围，但是薄膜的质量非常高，可以用来制作高性能且反映材料本征特性的纳米器件。

7.2.2.2 各向异性刻蚀剥离法

各向异性刻蚀剥离法则是利用各向异性刻蚀过程从体材料表面进行层状剥离的方法，可以控制剥离的纳米薄膜的形状和维度，根据需要转移并集成到器件系统中。在目标衬底上，可以根据需要通过光刻设计转移纳米薄膜的几何形状和阵列。这种方法的吸引人之处在于制备的硅纳米片不仅保持了单晶硅的特征，同时光刻过程定义其侧面的维度和空间位置，可以通过波浪结构和刻蚀时间控制形成薄膜的厚度，而且易于整体转移和器件制备与集成，如图 7-28 所示。

7.2.2.3 外延剥离法

外延剥离法是异质外延薄膜之间的刻蚀方法，即通过刻蚀除去外延纳米薄膜下面的牺牲层，从而剥离或释放纳米薄膜。具体过程包括：利用外延沉积方法制备多层薄膜，层与层之间需要沉积很薄的牺牲层，然后通过腐蚀除去中间的牺牲层而剥离出纳米片薄膜，如图 7-29 所示[27]。这种方法具有高产高效的特点，可以控制纳米片的厚度、形状、维度和一致性，通过外延生长精确控制纳米薄膜的厚度，避免了厚膜产生的结构错位和缺陷，这对于制备高性能的光电器件至关重要。

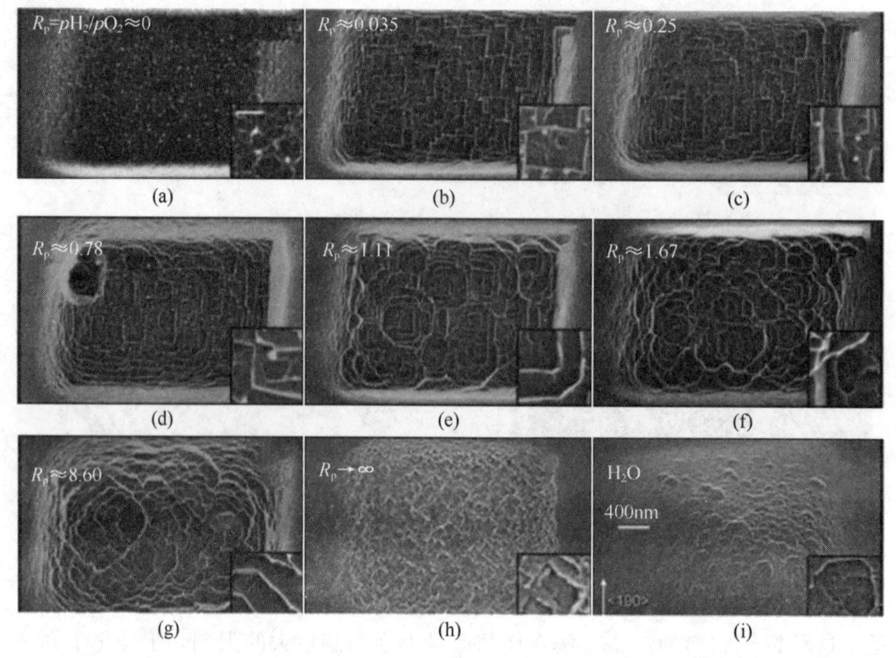

图 7-28　各向异性刻蚀剥离法在金刚石表面制备纳米结构

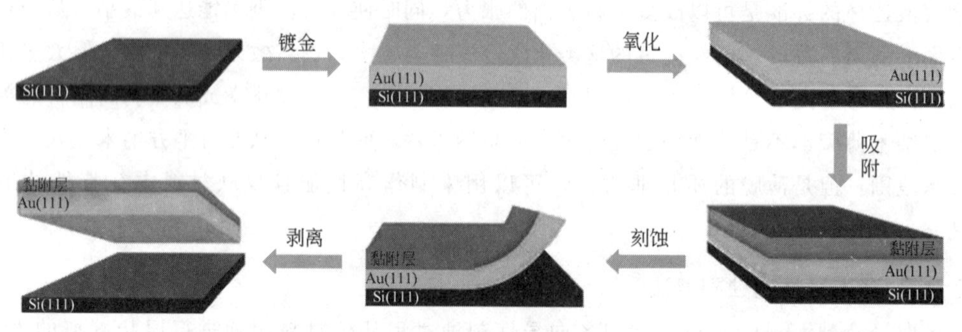

图 7-29　单晶金箔的外延剥离示意图

7.2.2.4　SOI 释放法

SOI 释放法制备薄膜片与外延剥离法类似。SOI（silicon on insulator）是绝缘体上薄层硅的英文缩写，其中绝缘体层通常是利用热氧化方法在 Si 片上形成的 SiO_2 层，SOI 通过键合方法制作在 Si 衬底上，然后再通过减薄和抛光工艺除去 Si 片上表面的 SiO_2 及多余的 Si 至需要的厚度，原来 Si 片下面的 SiO_2 则成为 SOI 层中绝缘层。通过利用 HF 酸刻蚀除去 Si 薄层下面的 SiO_2 层，从而释放顶层 Si 薄膜，最后剥离获得 Si 纳米薄膜。由于商业可以购买到的 SOI 中的 Si 层最薄已经可以做到 20nm 左右，而氧化层 SiO_2 可以减少至 2nm，同时具有非常高的表面均匀性（约 0.3nm）。因此，利用 SiO_2 剥离制备 Si 纳米片的厚度可以通过 SOI 上面 Si 膜的厚度进行控制，获得 Si 薄膜的厚度选择范围较大。同时，可以根据需要设计图形阵列，通过光刻实现图形制备，利用干法刻蚀露出结构侧壁，再采用 HF 酸腐蚀 SiO_2 释放顶层图形化 Si 薄膜。最后，用软模板粘连转移方法将图形化的 Si 纳米薄膜转移到目标衬底上，实现图形化阵列结构集成器件的应用，如图 7-30 所示。与前面介绍的各向异性刻蚀法制备 Si 单晶纳米薄膜相比，SOI 释放法工艺简单，可以制备薄膜厚度范围较大，最薄至 20nm 的硅薄膜；而各向异性刻蚀法需要掩模制作，工艺相对复杂，但可以同时制备形成多层垛积的硅纳米片，因此单次制备百纳米厚度硅单晶纳米薄膜的数量较多。

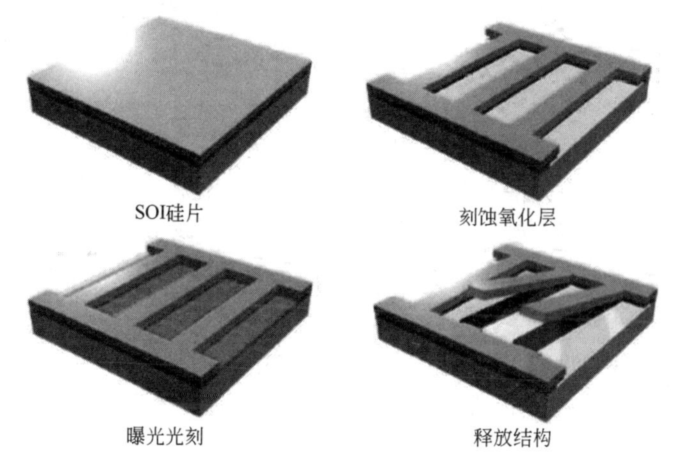

图 7-30　SOI 法制备微结构的典型过程

7.2.3 喷墨打印技术

喷墨打印技术是一种无接触、无压力、无印版的印刷复制技术。喷墨打印机按打印头的工作方式可以分为压电喷墨技术和热喷墨技术两大类型。按照喷墨的材料性质又可以分为水质料、固态油墨和液态油墨等类型的打印机。压电喷墨技术是将许多小的压电陶瓷放置到喷墨打印机的打印头喷嘴附近，利用它在电压作用下会发生形变的原理，适时地把电压加到它的上面。压电陶瓷随之产生伸缩使喷嘴中的墨汁喷出，在输出介质表面形成图案。喷墨打印机及打印样品如图 7-31 所示。用压电喷墨技术制作的喷墨打印头成本比较高，所以为了降低用户的使用成本，一般都将打印喷头和墨盒作成分离的结构，更换墨水时不必更换打印头。这种技术由爱普生独创，因为打印头的结构比较合理，可通过控制电压来有效调节墨滴的大小和使用方式，从而获得较高的打印精度和打印效果。它对墨滴的控制能力强，容易实现高精度的打印；缺点是假设使用过程中喷头堵塞了，无论是疏通或更换费用都比较高而且不易操作，易造成整台打印机损坏。

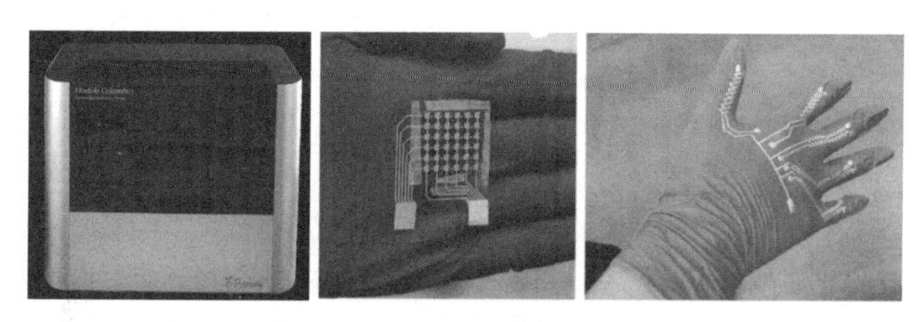

图 7-31　喷墨打印机及打印样品

热喷墨技术是让墨水通过细喷嘴，在强电场的作用下，将喷头管道中的一部分墨汁气化，形成一个气泡，并将喷嘴处的墨水顶出喷到输出介质表面，形成图案或字符。所以这种喷墨打印机有时又被称为气泡打印机。用这种技术制作的喷头工艺比较成熟，成本也很低廉，但由于喷头中的电极始终受电解和腐蚀的影响，对使用寿命会有不少影响。所以采用这种技术的打印喷头通常都与墨盒做在一起，更换墨盒时即同时更新打印头。这样一来用户就不必再对喷头堵塞的问题太担心了。同时为降低使用成本，常常能看见给墨盒打针的情形（加注墨水）。在打印头刚刚打完墨水后，立即加注专用的墨水，只要方法得当，可以节约不少的耗材费用。热喷墨技术的缺点是在使用过程中会加热墨水，而高温下墨水很容易发生化学变化，性质不稳定，所以打出的色彩真实性就会受到一定程度的影响；另一方面由于墨水是通过气泡喷出的，墨水微粒的方向性与体积大小很不好掌握，打印线条边缘容易参差不齐，一定程度上影响了打印质量，所以多数产品的打印效果还不如压电技术产品。固态喷墨打印机所使用的变相墨在室温下是固态的，工作时将蜡质的颜料块先加温熔化成液体，然后再按前面所述的喷墨方法工作。这类打印机的优点是颜料的耐水性能比较好，并且不存在打印头因墨水干涸而造成的堵塞问题。但采用固态油墨的打印机因生产成本比较高，产品比较少。

7.2.4 3D 打印技术

所谓3D打印就是快速成型技术（rapid prototyping，RP）或者增材制造（additive manufacturing，AM）的俗称。与传统的“减材制造”技术不同，3D打印技术是一种不再需要传统的刀具、夹具和机床就可以打造出任意形状物件的制造技术。它是根据零件或物体的三维模型数据，通过软件分层离散和数控成型系统，利用激光或紫外光或热熔喷嘴等方式将金属粉末、陶瓷粉末、塑料以及细胞组织等特殊材料进行逐层堆积黏结，最终叠加成型，制造出实物模型。3D打印技术可以自动、快速、直接和精确地将计算机中的设计模型转化为实物模型，甚至可以直接制造零件或模具，从而有效地缩短加工周期，提高产品质量并减少约50%的制造费用。

目前应用较多的3D打印技术主要包括SLA（stereo lithography appearance）、FDM（fused deposition modeling）、SLS（selective laser sintering）和三维喷印（three dimension printing，3DP）等。

SLA技术是以光敏树脂为打印材料，通过计算机控制紫外激光的运动，沿着零件各分层截面对液体光敏树脂逐点扫描，被扫描的光敏树脂薄层产生聚合而固化，而未被扫描到的光敏树脂仍保持液态。当一层固化完毕，工作台移动一个层片厚度的距离，然后在上一层已经固化的树脂表面再覆盖一层新的液态树脂，用以进行再一次的扫描固化。新固化的一层牢固地黏合在前一层上，如此循环往复，直到整个零件原型制造完毕，如图7-32所示。该方法的特点是精度高、成品表面质量好、材料利用率高，可以成型复杂的零件。

FDM技术是把丝状的热熔性材料（ABS树脂、尼龙、蜡等）加热熔化到半流体态，在计算机的控制下，根据截面轮廓信息，喷头将半流态的材料挤压出来，凝固后形成轮廓状的薄层。一层完毕后，工作台下降一个分层厚度的高度再成型下一层，进行固化。这样层层堆积黏结，自下而上形成一个零件的整个实体造型。FDM成型的零件强度好、易于装配。

SLS技术是通过预先在工作台上铺上一层塑料、蜡、陶瓷、金属或其复合物的粉末，激光束在计算机的控制下，通过扫描器以一定的速度和能量密度按分层面的二维数据扫描。固化后工作台下降一个分层厚度，再次铺粉，开始一个新的循环，然后不断循环，层层堆积获

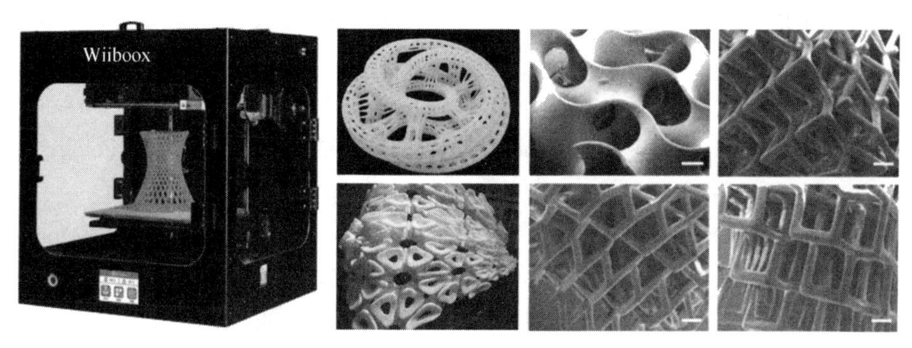

图 7-32　3D 打印机及成品实物图

得实体零件。该技术的优点是工艺简单、速度较快、打印材料选择范围广；缺点是精度差，材料强度一般。

3DP 技术是利用微滴喷射的打印技术，通过喷射黏结剂将成型材料黏结，周而复始地送粉、铺粉和喷射黏结剂，最终完成一个三维粉体的黏结，从而生产制品。3DP 与 SLS 工艺最大的不同在于 3DP 不是将材料熔融，而是通过喷头喷出黏结剂将材料黏合在一起。随着技术的发展，直接喷射出成型材料在外场下固化，成为这种工艺的新发展趋势[28]。

习　题

1. 什么是微纳加工技术？主要加工方法有哪些？各方法的技术特点是什么？
2. 光学曝光的基本工艺流程有哪些？
3. X 射线曝光是高分辨率光学曝光中理想的光源，其优越点如何？
4. 激光加工技术的基本原理和技术特点是什么？
5. 纳米压印的基本工艺流程有哪些？
6. 试对比湿法刻蚀和干法刻蚀技术的优缺点。
7. 常见的薄膜沉积技术方法有哪些？各个方法的技术特点是什么？
8. 试述薄膜剥离技术在纳米薄膜制备中的应用。
9. 试对比喷墨打印和 3D 打印的技术特点及应用范围。

参考文献

[1] 顾长志，等. 微纳加工及在纳米材料与器件研究中的应用 [M]. 北京：科学出版社，2013.

[2] 崔铮. 微纳米加工技术及其应用 [M]. 北京：高等教育出版社，2005.

[3] Herbert P，Kelly W M. Disc lithography and the appearance of poisson's spot in contact printing [J]. Microelectronic Engineering，1990，11：207-211.

[4] Tian S B, Xia X X, Sun W N, et al. Large-scale ordered silicon microtube arrays fabricated by Poisson spot lithography [J]. Nanotechnology, 2011, 22: 395301.

[5] Dumon P, Bogaert W, Wiaux V, et al. low-loss SOI photonic wires and ring resonators fabricated with deep UV lithography [J]. IEEE Photonics Technology Letters, 2004, 16: 1328-1330.

[6] Niisaka S, Saito T, Saito J, et al. Development of optical coatings for 157-nm lithography. I. Coating materials [J]. Applied Optics, 2002, 41: 3242-3247.

[7] Wagner C, Harned N. EUV lithography: Lithography gets extreme [J]. Nature Photonics, 2010, 4: 24-26.

[8] Balasubramanian S and Prabakar K. Fabrication and characterization of SiO_2 micro-cantilevers by direct lawer writing and wet chemical etching methods for relative humidity sensing [J]. Microelectronic Engineering, 2019, 212: 61-69.

[9] Jia G, Westphalen J, Drexler J, et al. Ordered silicon nanowire arrays prepared by an improved nanospheres self-assembly in combination with Ag-assisted wet chemical etching [J]. Photonic Nanostructure, 2016, 19: 64-70.

[10] Matsuo S, Aclachi Y. Reactive ion beam etching using a broad beam ECR ion source [J]. Jpn. Journal of Applied Physics, 1982, 21: L4.

[11] Cantagre M, Marchal M. Argon ion etching in a reactive gas [J]. Journal of Materials Science, 1973, 8: 1711-1716.

[12] Bondur J A. Dry process technology (reactive ion etching) [J]. Journal of Vacuum Science and Technology, 1976, 13: 1023-1029.

[13] Toros A, Kiss M, Graziosi T, et al. Reactive ion etching of single crystal diamond by inductively coupled plasma: State of the art and catalog of recipes [J]. Diamond and Related Materials, 2020, 108: 107839.

[14] Hwang G T, Park H, Lee J H, et al. Self-powered cardiac pacemaker enabled by flexible single crystalline PMN-PT piezoelectric energy harvester [J]. Advanced Materials. 2014, 26: 4880-4887.

[15] Rogers J A, Lagally M G, Nuzzo R G, Synthesis, assembly and applications of semiconductor nanomembranes [J]. Nature, 2011, 477: 45-53.

[16] Novoselov K S, Jiang D, Schedin F, et al. Two-Dimensional Atomic Crystals [J]. Proceedings of the National Academy of Science of the USA, 2005, 102: 10451-10453.

[17] Mahenderkar N K, Chen Q, Liu Y C, et al. Epitaxial lift-off of electrodeposited single-crystal gold foils for flexible electronics [J]. Science, 2017, 355: 1203-1206.

[18] Balasubramanian S, Prabakar K. Fabrication and characterization of SiO_2 micro-cantilevers by direct laser writing and wet chemical etching methods for relative humidity sensing [J]. Microelectronic Engineering, 2019, 212: 61-69.

[19] Jia G, Westphalen J, Drexler J, et al. Ordered silicon nanowire arrays prepared by an improved nanospheres self-assembly in combination with Ag-assisted wet chemical etching

[J]. Photonic Nanostructure, 2016, 19: 64-70.

[20] Toros A, Kiss M, Graziosi T, et al. Reactive ion etching of single crystal diamond by inductively coupled plasma: State of the art and catalog of recipes [J]. Diamond and Related Materials, 2020, 108: 107839.

[21] Peng Y, Que M, Lee H L, et al. Achieving high-resolution pressure mapping via flexible GaN/ZnO nanowire LEDs array by piezo-phototronic effect [J]. Nano Energy, 2019, 58: 633-640.

[22] Zeng Y, Zhang X, Lu X, et al. Dendrite-free zinc deposition induced by multi-functional CNT frameworks for stable flexible Zn-ion batteries [J]. Advanced Materials, 2019, 31: 1903675.

[23] Wang Q, Liu F, Jin Z, et al. Hierarchically divacancy defect building dual-activated porous carbon fibers for high-performance energy-storage devices [J]. Advanced Functional Materials, 2020: 2002580.

[24] Finke C E, Omelchenko S T, Jasper J T, et al. Enhancing the activity of oxygen-evolution and chlorine-evolution electrocatalysts by atomic layer deposition of TiO_2 [J]. Energy Environmental Science, 2019, 12: 358-365.

[25] Ma D, Li Y, Yang J, et al. New strategy for polysulfide protection based on atomic layer deposition of TiO_2 onto ferroelectric-encapsulated cathode: toward ultrastable free-standing room temperature sodium-sulfur batteries [J]. Advanced Functional Materials, 2018, 28: 1705537.

[26] Li X, Li H, Fan X, et al. 3D-printed stretchable micro-supercapacitor with remarkable areal performance [J]. Advanced Energy Materials, 2020: 1903794.

[27] Ma Z, Shi Z, Yang D, et al. Electrically-driven violet light-emitting devices based on highly stable lead-free perovskite $Cs_3Sb_2Br_9$ quantum dots [J]. ACS Energy Letters, 2020, 5: 385-394.

[28] Jiang Y, Qin C, Cui M, et al. Spectra stable blue perovskite light-emitting diodes [J]. Nature Communications, 2019, 10 (1): 1868.

第 8 章

纳米材料与纳米技术的应用

纳米材料和纳米技术促进了能源动力、智能传感、电子信息、生物医学、环境工程、化学化工等诸多领域的快速发展。本章中将介绍近些年来纳米材料和纳米技术在能源、传感、信息以及生物医学领域取得的较大进展和实际应用。

8.1 纳米材料与纳米技术在能量收集领域的应用

图 8-1 展示了我国 2000—2019 年能源消费结构和碳排放总量走势图[1]。从图中可以看出，从 1965 年到 2015 年，短短 50 年间，我国的能源结构发生了明显的变化：化石能源的消耗量逐渐下降；与之相对应，我国消耗核能和可再生能源的比例则在逐年增加。1965 年，煤炭资源的消耗量占总体能源消耗量的 80%以上，而到 2015 年煤炭资源的消耗明显下降。

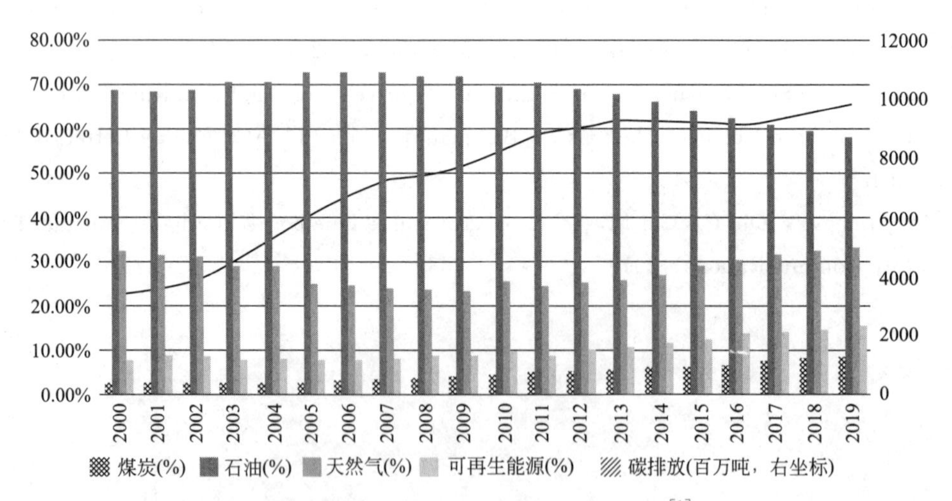

图 8-1 2000—2019 年我国的能源消费结构和碳排放总量走势图[1]（经 Elsevier 许可转载）

除化石能源外，自然界存在生物化学能、太阳能、热能、机械能等多种其他形式的能量。每一种能量都有其独特的优势和劣势，并且适用于不同潜在的应用场景。其中，机械能因为分布极其广泛而受到越来越多的关注，机械能的采集也顺理成章地成为当下最热门的研究领域之一。目前机械能的采集主要基于电磁感应、静电、压电和摩擦电这 4 种基本原理。上述每种原理所对应的能量采集方式都有其各自的优缺点。由于纳米材料在传统的电磁发电机和静电发电机中应用较少，本节主要介绍纳米材料在压电和摩擦纳米发电机中的应用。

8.1.1 纳米发电机概述

纳米发电机主要包括压电纳米发电机（piezoelectric nanogenerator，PENG）和摩擦纳米发电机（triboelectric nanogenerator，TENG）。压电效应自首次被发现以来，已经在各个领域得到了大量应用。当压电材料发生形变时，材料内部会发生极化现象，沿着极化方向产生等量的异性电荷。形变恢复后，材料内部恢复到初始状态，这种效应便是压电效应。但宏观的压电发电机在成本、转化效率等各方面均不占优势，因此并未普及应用起来。而纳米材料的引入，可以有效提高压电发电机的输出，从而开辟出全新的研究和应用领域。2006 年王中林院士课题组首次创新性地提出纳米发电机这一概念，利用竖直结构氧化锌半导体纳米线具有的独特性质，可以在纳米尺度上进行能量采集[2]，其工作原理如图 8-2 所示。得益于材料的纳米化结构，压电发电机的能量转化效率可以达到 17%至 30%，这意味着纳米化的压电发电机在微小的机械能（如呼吸、脉搏跳动、微小的振动）采集方面有着独特的优势。摩擦起电即接触起电现象，是自然界及生活中非常常见的一种现象，当两种性质不同的物体相互摩擦时，其中一种物体会失去电子带上正电荷，另一种物体则会得到电子带上负电荷。大多数情况下我们都将其视为不利因素而去避免，例如工业生产中粉尘爆炸、介电击穿等。

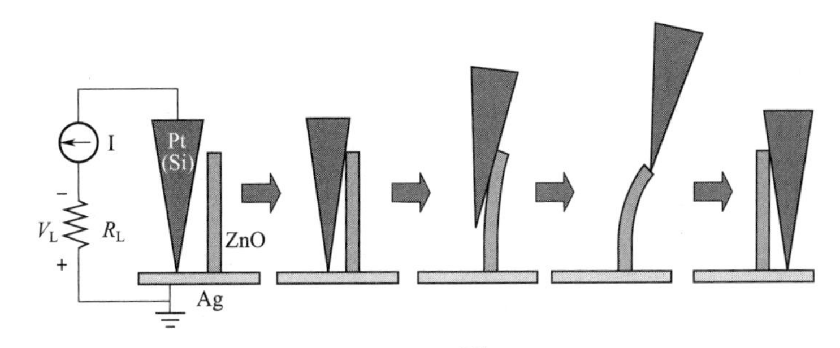

图 8-2　压电纳米发电机的基本原理[2]（经美国 AAAS 许可转载）

2012 年，根据压电纳米发电机的经验，王中林院士课题组将接触起电和静电感应两种机理进行耦合，首次提出了一种全新的摩擦纳米发电机，如图 8-3 所示，聚对苯二甲酸乙二醇酯（polyethylene terephthalate，PET）膜作为摩擦正极材料，背面镀有金属作为电极，聚酰亚胺（polyimide/Kapton）膜作为负极材料，背面同样镀有金属作为电极。当两种膜在外力作用下发生接触分离时，表面会带有电荷，进而在背面电极感应出相反的电荷。这时在两个电极之间产生的电势差会驱动电子在外电路中来回流动，从而产生交变电流[3]。这种发电方式将接触起电与静电感应两种效应耦合起来，不仅结构简单，质量轻，而且能量转化效率高，一经提出便受到国内外学者的广泛关注。

8.1.2 纳米发电机的理论基础

1861 年，英国物理学家麦克斯韦创造性地提出了经典的麦克斯韦方程组，统一了电场和磁场，并为现代无线通信奠定了理论基础。由于其简洁的逻辑性与对称的结构，麦克斯韦方程组被誉为物理学的第一大方程组，如下所示：

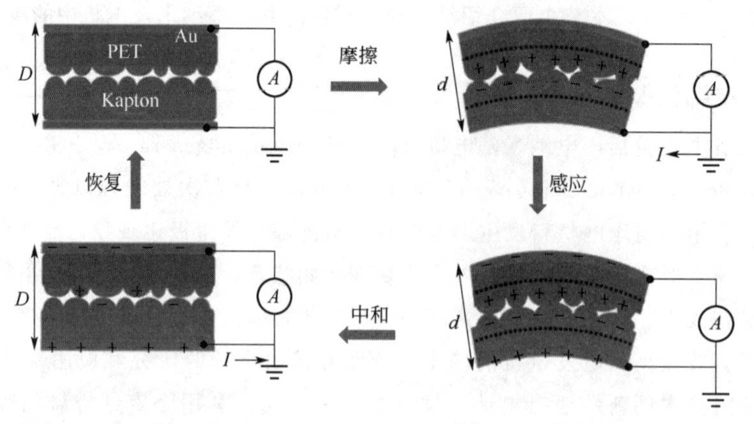

图 8-3 首个摩擦纳米发电机及其基本原理[3]（经 Elsevier 许可转载）

$$\nabla \cdot D=\rho_{\mathrm{f}} \tag{8-1}$$

$$\nabla \cdot B=0 \tag{8-2}$$

$$\nabla \times E=-\frac{\partial B}{\partial t} \tag{8-3}$$

$$\nabla \times H=J_{\mathrm{f}}+\frac{\partial D}{\partial t} \tag{8-4}$$

式中，E 为电场强度；B 为磁感应强度；H 为磁场强度；D 为位移场；t 为时间；ρ_{f} 为自由电荷密度；J_{f} 为传导电流密度。在安培环路定理中，位移电流是由两项组成的：

$$J_{D}=\frac{\partial D}{\partial t}=\varepsilon_{0}\frac{\partial E}{\partial t}+\frac{\partial P}{\partial t} \tag{8-5}$$

式中，第一项描述了随时间变化的电场；第二项则描述了随时间变化的原子束缚电荷微小运动以及介质电极化。通常来讲，在各向同性的介质中，第一项与第二项都会合并为第一项，但在压电纳米发电机和摩擦纳米发电机中，位移电流 J_{D} 的第二项才是其理论基础和来源[4]。

压电纳米发电机的理论模型如图 8-4（a）所示，在一个绝缘的压电材料的顶部和底部分别镀上一层薄膜电极，当材料受到外力作用，发生垂直方向的形变时，材料两端会产生压电极化电荷。极化电荷产生的静电势会进一步驱动电子从一个电极经由外电路流向另一个电极，从而产生电流来达到平衡，这样便将机械能有效地转化为电能。对于各向异性压电材料而言，其在均匀机械应变下的压电方程如下：

$$P_{i}=(e)_{ijk}(s)_{jk} \tag{8-6}$$

$$T=c_{\mathrm{E}}s-e^{\mathrm{T}}E \tag{8-7}$$

$$D=es+kE \tag{8-8}$$

式中，s 为机械应变；$(e)_{ijk}$ 为三阶压电张量；T 为应力张量；c_{E} 为弹性张量；k 为介电张量。介质极化产生的位移电流为：

$$J_{Di}=\frac{\partial P_{s}}{\partial t}=(e)_{ijk}\left(\frac{\partial s}{\partial t}\right)_{jk} \tag{8-9}$$

位移电流是在材料内部所产生的电流，对于没有施加外电场的情况下，极化沿着 z 轴，位移电流则为：

$$J_{Dz}=\frac{\partial P_z}{\partial t}=\frac{\partial \sigma_p(z)}{\partial t} \tag{8-10}$$

式中，$\sigma_p(z)$ 为表面极化电荷密度。位移电流理论是从材料内部的位移电流出发来导出纳米发电机的特性，是压电纳米发电机的核心。

摩擦纳米发电机的理论模型如图 8-4（b）所示，当两种不同材料发生接触时，根据得失电子能力不同，电子会从一种介质表面转移到另一种介质表面，使得其中一种介质表面会带有正电荷，另外一种介质则带有负电荷。随着接触次数的增加，两种材料表面电荷密度 $\sigma_c(z,t)$ 会逐渐增加，直到饱和，电极处产生电荷累计 $\sigma_1(z,t)$。因此介质 1 中的电场为 $E_1=\sigma_1(z,t)/\varepsilon_1$，介质 2 中的电场为 $E_2=\sigma_1(z,t)/\varepsilon_2$，间隙中的电场为 $E_z=[\sigma_1(z,t)-\sigma_c]/\varepsilon_0$。由此推导出两个电极间的相对电压差 V 为：

$$V=\sigma_1(z,t)(d_1/\varepsilon_1+d_2/\varepsilon_2)+z[\sigma_1(z,t)-\sigma_c]/\varepsilon_0 \tag{8-11}$$

式中，d_1 是介质 1 的厚度；d_2 是介质 2 的厚度；ε_1 是介质 1 的介电常数；ε_2 是介质 2 的介电常数。短路条件下，$V=0$：

$$\sigma_1(z,t)=\frac{z\sigma_c}{d_1\varepsilon_0/\varepsilon_1+d_2\varepsilon_0/\varepsilon_2+z} \tag{8-12}$$

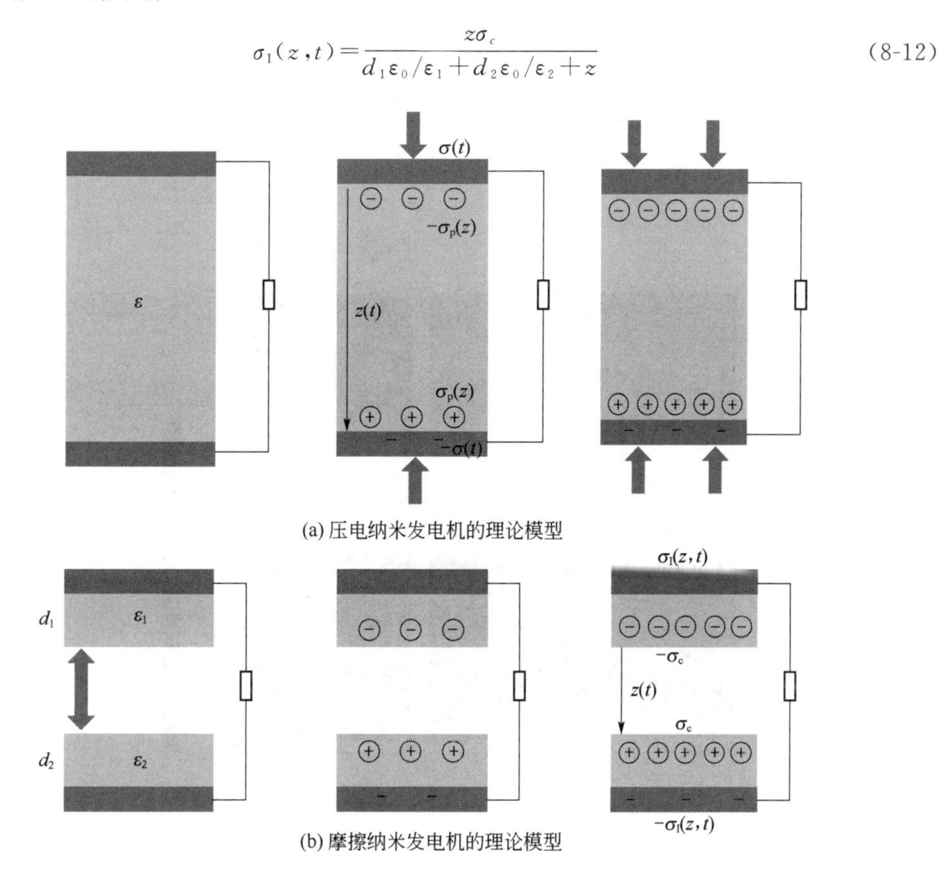

图 8-4　纳米发电机的理论模型（经 Elsevier 许可转载）

因此，材料内部的位移电流密度为：

$$J_D=\frac{\partial D_z}{\partial t}=\frac{\partial \sigma_1(z,t)}{\partial t}=\sigma_c\frac{\mathrm{d}z}{\mathrm{d}t}\times\frac{\mathrm{d}_1/\varepsilon_1+\mathrm{d}_2/\varepsilon_2}{[\mathrm{d}_1\varepsilon_0/\varepsilon_1+\mathrm{d}_2\varepsilon_0/\varepsilon_2+z]^2}+\frac{\mathrm{d}\sigma_c}{\mathrm{d}t}\times\frac{z}{\mathrm{d}_1\varepsilon_0/\varepsilon_1+\mathrm{d}_2\varepsilon_0/\varepsilon_2+z} \tag{8-13}$$

由式（8-13）的第一项可以看出，介质表面电荷密度以及接触分离的速度是关键因素；由第二项可以看出，表面电荷密度的变化速率也会产生影响，但当表面电荷密度达到饱和时，第二项则为0，意味着其不再做贡献。

8.1.3 纳米发电机的工作机理

自压电效应被发现以来，各种压电材料及其性能已被世界各国科学家进行了广泛而深入的研究。压电效应作为压电材料的基本属性，指的是在机械外力的作用下，某些各向异性的材料发生机械形变，其表面将成比例地产生电荷。这里以四面体结构的纤锌矿氧化锌为例来介绍，如图8-5所示。在没有外加应力作用时，Zn^{2+}阳离子和相邻的O^{2-}阴离子的电荷中心重合。当氧化锌四面体结构受到垂直作用力的时候，阴、阳离子的电荷中心会发生相对位移产生偶极矩。当晶体中的所有四面体结构单元产生的偶极矩叠加以后，就会在宏观上产生一个电势，而该电势会沿着应力的方向分布，即压电势。

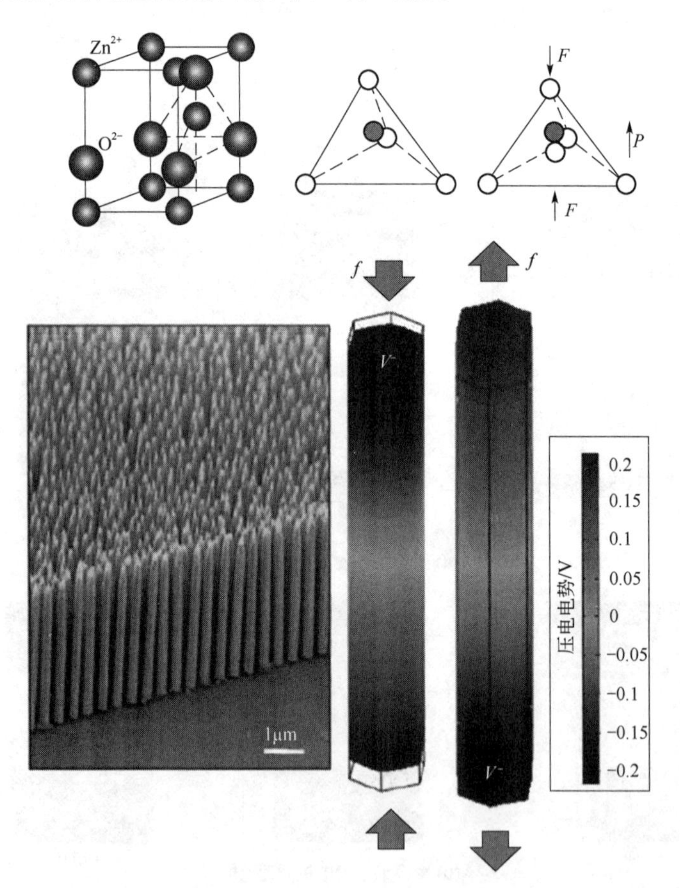

图8-5　纤锌矿氧化锌压电纳米发电机的电荷中心发生相对位移产生压电势[2]

8.1.4 纳米材料和纳米技术在纳米发电机中的应用

8.1.4.1 压电纳米发电机的输出性能增强

在最近的几年里，压电纳米发电机在能量采集和传感领域快速发展。在已有压电纳米发电机的性能研究中，主要研究内容为材料的选择、微观形貌、化学掺杂几方面。下面对这几方面进行介绍。

（1）材料的选择

最早的压电纳米发电机材料为氧化锌，利用垂直/水平氧化锌纳米线阵列，制备了一种基于多层/多排交流发电机的柔性纳米发电机。如图 8-6（a）所示，当纳米材料反复弯曲会产生电信号响应，直径约为 4μm、长度约为 200μm 的单根氧化锌纳米线分别产生 20～50mV 以及 400～750pA 的开路电压和短路电流[5]。而通过水热合成法制备的锆钛酸铅（lead zirconate titanate，PZT）单晶纳米线［图 8-6（b）］产生的开路电压和短路电流分别能够达到 0.12V 和 1.1nA[6]。钛酸钡基压电纳米发电机［图 8-6（c）］的能量转换效率可以达到氧化锌纳米线阵列的 16 倍，其输出电压和电流分别为 0.312V 和 0.9nA[7]。

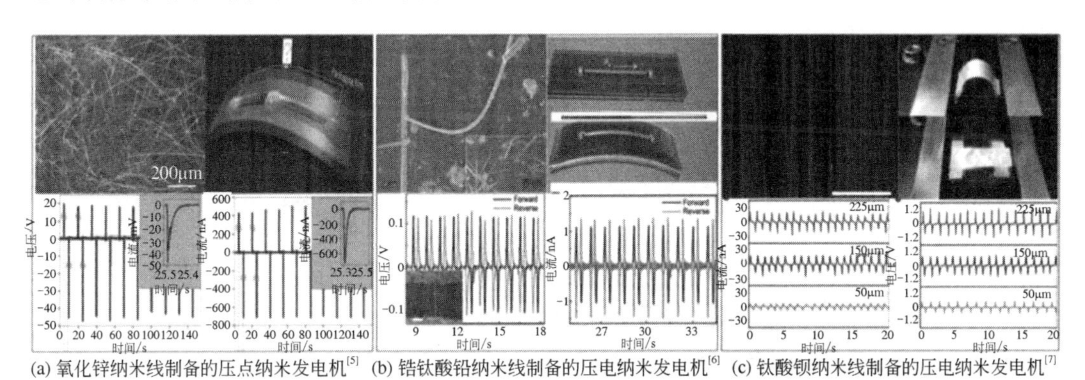

(a) 氧化锌纳米线制备的压点纳米发电机[5]　(b) 锆钛酸铅纳米线制备的压电纳米发电机[6]　(c) 钛酸钡纳米线制备的压电纳米发电机[7]

图 8-6　不同纳米材料的纳米压电发电机（经 Elsevier、英国 RSC 许可转载）

（2）材料微观形貌

不同微观形貌的压电材料的压电性能差异很大，会对压电纳米发电机的性能产生影响。如图 8-7（a）所示，用接触式原子力显微镜测量，结果氧化锌纳米棒产生的输出电压约为 9.5mV[8]。然而，3D 打印制备的横向生长氧化锌纳米线阵列却可以达到 2.03V 的输出电压

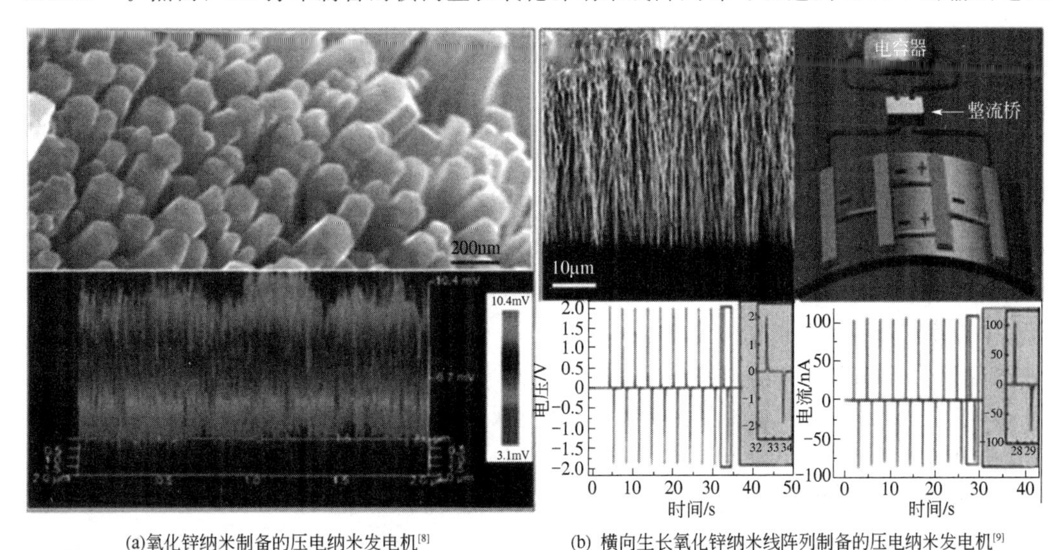

(a)氧化锌纳米制备的压电纳米发电机[8]　(b) 横向生长氧化锌纳米线阵列制备的压电纳米发电机[9]

图 8-7　氧化锌纳米压电发电机［经美国物理联合会（AIP）许可转载］

和 107nA 的输出电流[9]，由此可以看出，不同的制备工艺得到的纳米结构通常也对应着不同的输出性能。

（3）化学掺杂

为了进一步提高压电纳米发电机的输出性能，研究人员提出了化学掺杂的方法来提高材料的压电性能，进而增强压电纳米发电机的性能。如图 8-8 所示，通过掺杂不同的化学元素，可以改变压电材料的压电系数和介电常数，从而实现高效的能量收集过程。氧化锌是一种性能优良的半导体材料，对其进行 n 型掺杂，可以沿氧化锌晶体的极性 c 轴产生晶格应变，从而增强压电纳米发电机的输出性能。但掺杂剂的离子半径过大和（或）掺杂浓度过高，则可能产生更多的晶格缺陷，从而阻止电荷在外电路中流动，降低输出性能[10]。

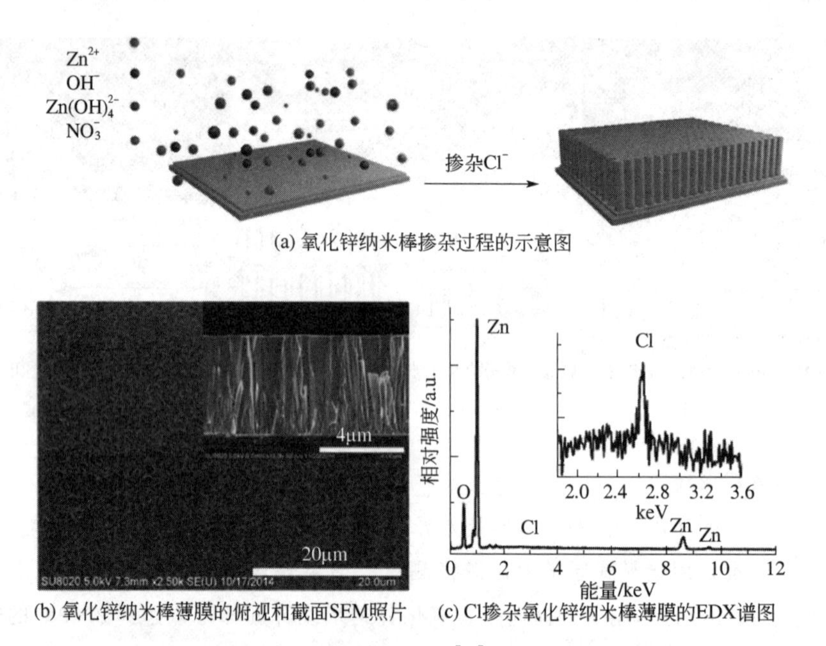

图 8-8 化学掺杂增强氧化锌基压电纳米发电机[10]［经美国化学会（ACS）许可转载］

8.1.4.2 摩擦纳米发电机的输出性能增强

自 2012 年摩擦纳米发电机首次被报道以来，增强其输出性能一直是研究的关键与热点。尽管摩擦纳米发电机的输出性能相对较高，但电压、电流、功率等输出性能仍是制约其实现应用的关键因素。针对该问题，可以将摩擦纳米发电机的输出性能增强方式归结为以下五种：材料的选择、表面物理修饰、表面化学修饰、电荷预注入以及结构设计增强。接下来将对这几种方式进行详细介绍。

（1）材料的选择

构成摩擦纳米发电机的材料多种多样，如金属、聚合物、无机陶瓷，几乎所有材料都可以进行摩擦发电，这也是摩擦纳米发电机的一大优势。但根据其发电机理可以看出，两种材料是因为对电子束缚能力的强弱不同而产生摩擦电荷，使得一种材料带有正电，另一种材料带有负电。因此，选择合适的材料会使得接触起电产生更多的电荷，从而达到更高的输出性能。2019 年，Zou 等对一些常见的材料进行了标准的量化测量，总结出量化的摩擦电序列[11]，如图 8-9 所示。随后在 2020 年，Zou 等又对几种常见的无机非金属材料进行了标准的量化测量，并总结整理成摩擦电序列，对之前的工作进行补充，如图 8-10 所示[12]。

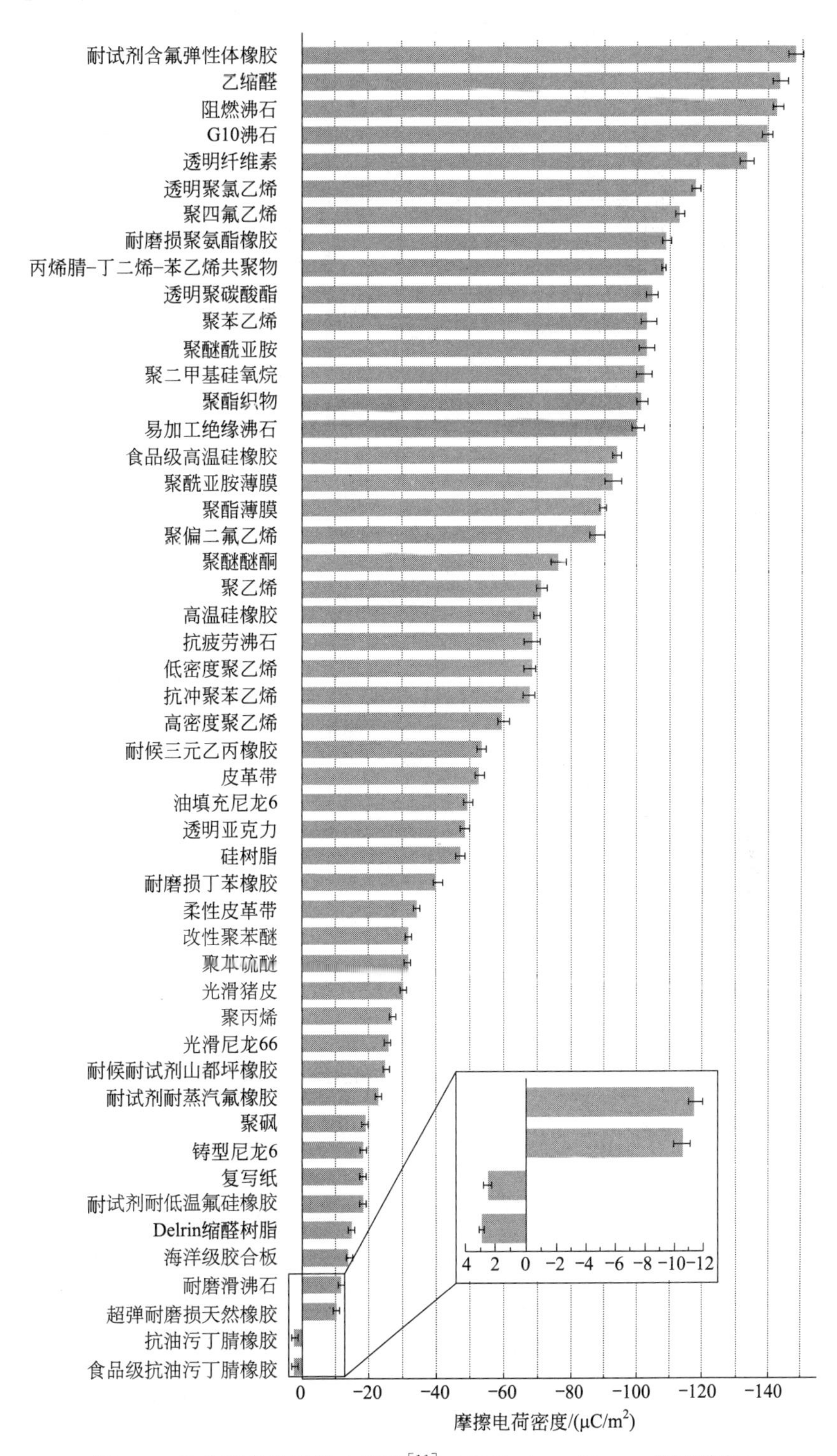

图 8-9　量化测量的摩擦电序列[11]（经 Springer-Nature 许可转载）

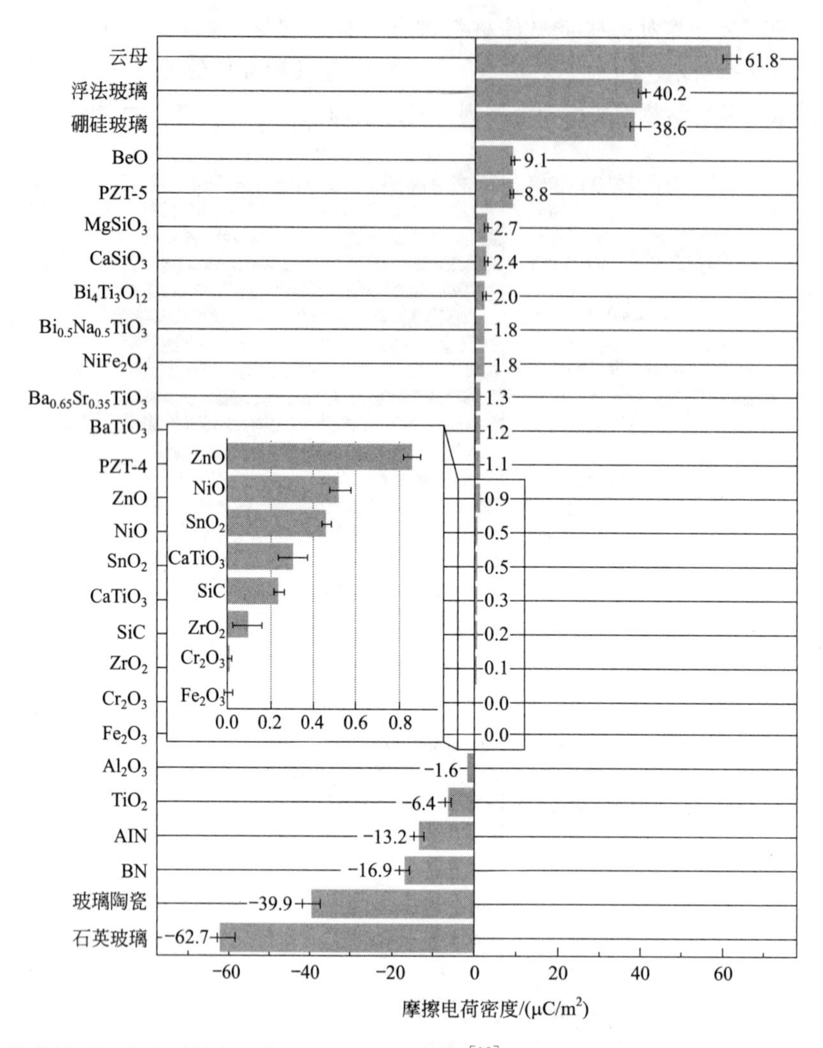

图 8-10 几种常见无机非金属材料量化测量的摩擦电序列[12]（经 Springer Nature 自然许可转载）

（2）表面物理修饰

接触起电所产生的电荷多少不仅与材料种类有关，同种材料不同的表面结构也会产生影响，其原因主要是与有效接触面积有关。而对材料表面进行物理修饰过后，可以引入大量的微纳结构，这些微纳结构极大地增加了有效接触面积，从而有效提高了摩擦纳米发电机的输出性能。

纳米线是提升有效接触面积的一种常见方法。2012 年 Zhu 等通过刻蚀的方法在 Kapton 表面进行竖直纳米线结构的修饰[13]，如图 8-11（a）所示，成功地将电压和电流提高了数倍，并探究了不同刻蚀时间对输出性能的影响。Fan 等利用模板法在聚二甲基硅氧烷（polydimethylsiloxane，PDMS）表面制造出线条形、立方体形和金字塔形的微纳结构[14]，如图 8-11（b）所示，并通过对比发现金字塔形的结构有着最高的输出性能。此外，还有很多诸如纳米孔[15,16]、纳米球[17,18]、褶皱[19] 等表面结构修饰，或者通过静电纺丝制造表面微纳结构[20,21]，其原理都是通过微纳结构提升有效接触面积。

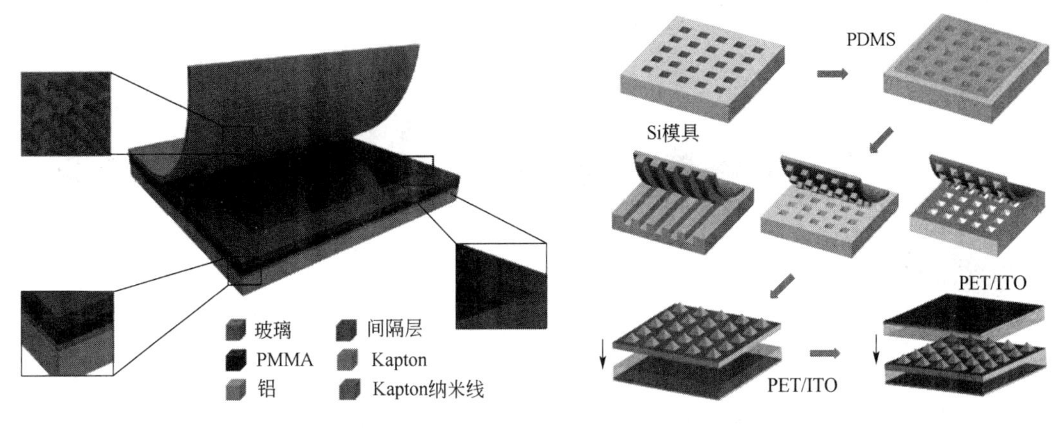

(a) 纳米线结构修饰的摩擦纳米发电机[13]　　(b) 聚二甲基硅氧烷(PDMS)表面微纳结构制备方法[14]

图 8-11　摩擦纳米发电机及其表面微结构设计（经美国化学会许可转载）

（3）表面化学修饰

从摩擦纳米发电机的工作机理可以知道，两种材料接触后会有电子转移，这是每种材料对电子束缚能力不同导致的，而影响电子束缚能力的一个关键因素便是接触表面基团[22,23]。Feng 等的研究证明含氟基团对于摩擦材料电负性有着重要的贡献，并通过化学改性的方法将含氟基团引入到聚丙烯（polypropylene，PP）纳米线上，制备出高性能摩擦纳米发电机，将输出性能提高了一个数量级[24]，如图 8-12（a）所示。Shin 等通过对 PET 进行刻蚀，引入了不同的基团，用实验的方法测量了不同表面基团修饰对于 PET 摩擦电性能的影响[25]，结果如图 8-12（b）所示。这种方法是从化学角度理解摩擦纳米发电机原理，从根本上提高了摩擦纳米发电机的输出。

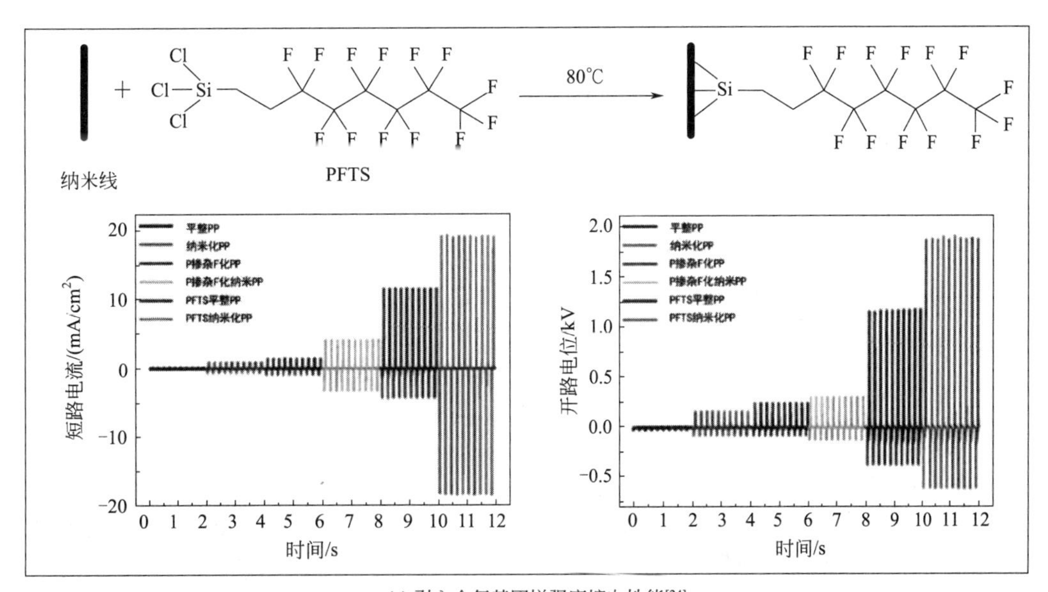

(a) 引入含氟基团增强摩擦电性能[24]

图 8-12

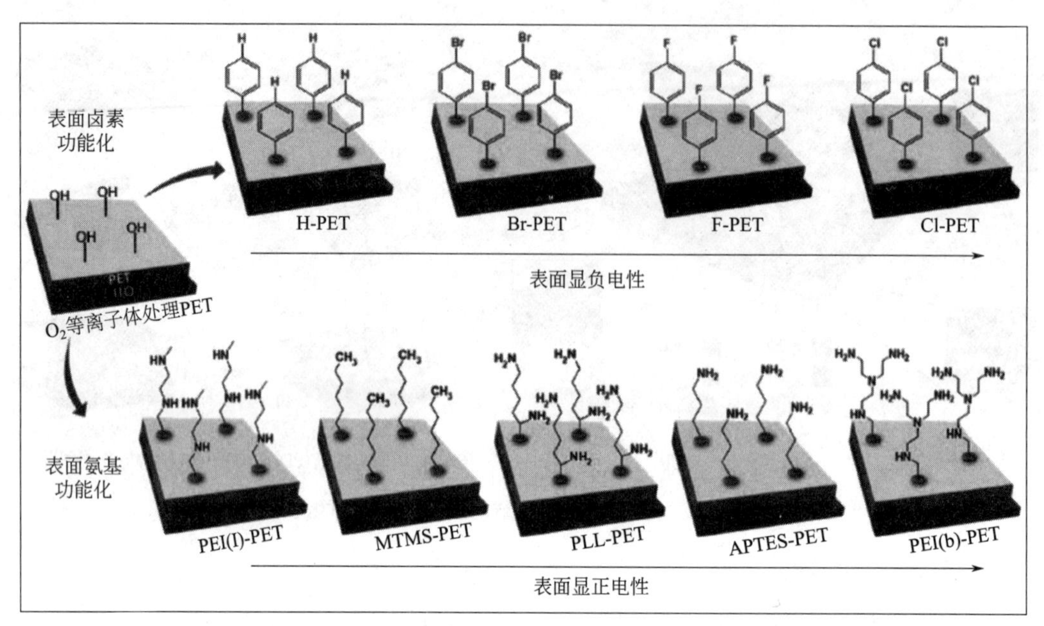

(b) 不同基团对摩擦电性能的影响

图 8-12 化学官能团修饰增强摩擦电性能（经 Elsevier 许可转载）

（4）电荷预注入

摩擦发电是接触起电和静电感应两种效应的耦合，而接触起电是电荷产生的关键。一般来讲，接触起电产生的电荷量是由两种材料决定的，而这种方式产生的电荷量往往不会达到材料本身所能够承受的最大值。因此，预先将电荷注入到材料中，以此来代替接触起电的过程是提高性能的一种非常直接的方法，并且预先注入的电荷量可以达到材料本身所能够承受的极限，使得表面电荷达到最大值，进而大幅度提升摩擦纳米发电机的输出性能[26,27]。Wang 等利用空气离子枪在氟化乙丙烯共聚物（fluorinated ethylene propylene，FEP）表面注入负离子[28]，如图 8-13 所示，使其表面带负电。通过实验测试发现，注入负离子后的电压输出是注入前的将近 5 倍，性能有大幅提升。该方法虽然摆脱了两种材料本身的性质对输出的束缚，但注入的电荷会随着时间耗散中和，尤其是当周围环境发生变化，这种耗散变化会更加剧烈。

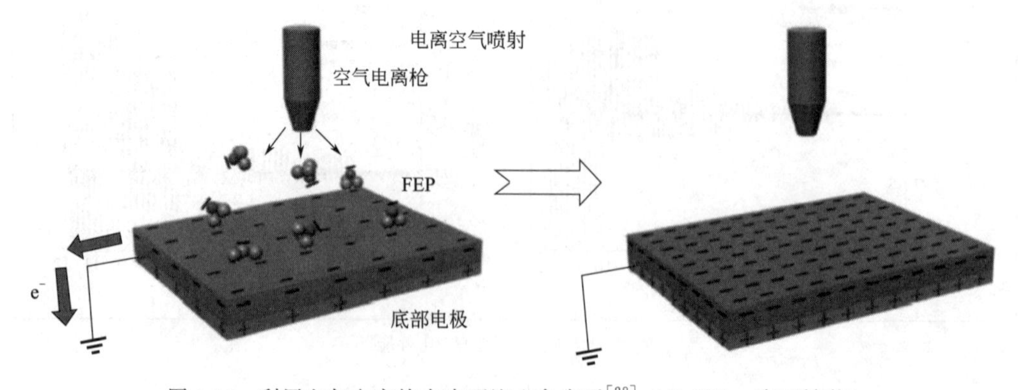

图 8-13 利用空气电离枪在表面注入负离子[28]（经 Wiley 许可转载）

(5) 结构设计增强

摩擦纳米发电机一大优势就是其灵活多变的结构。因此，除了对材料本身进行改性外，通过一定的机械结构设计来增强器件的输出功率密度也是比较常见的方法。Yang 等设计了一种多菱形网格集成的结构[29]，如图 8-14 (a) 所示，当施加一次外力时，多个并联的菱形摩擦纳米发电机会同时工作，产生高达 428V 的开路电压和 1.395mA 的短路电流，能量转化效率也提升至 10.62 (±1.19%)。

(a) 多菱形网格集成的摩擦纳米发电机[29]

(b) 多层堆叠结构的摩擦纳米发电机[30]

图 8-14 多叠层摩擦纳米发电机（经美国 ACS 许可转载）

8.2 纳米材料和纳米技术在电化学能源领域的应用

随着移动电子设备、电动汽车、能源互联网、人工智能等领域的发展，第四次工业革命悄然到来，以环境为代价、牺牲化石能源为动力的时代早已被新的人类文明所诟病，全球进入以新能源为主题的新时代。

20 世纪 60 年代发生的石油危机迫使人类将目光投向了新的可替代能源，太阳能、风能、潮汐能、地热能等清洁能源备受关注。但是，这些清洁能源由于自然条件的限制，具有时域分布和地域分布的特点，无法像化石能源一样具有稳定性和连续性。所以，清洁能源的利用需要发展高性能的可反复充放电的电能存储装置，即各类电化学能源储存设备。储能技术引起了科研界和产业界的广泛关注。包括铅酸电池、镍氢电池、液流电池、超级电容器、锂离子电池等在内的电化学储能技术得到广泛研究与开发。图 8-15 给出了各种电化学储能器件的 Ragone 图，从图中可以看出，燃料电池和二次电池具有相对较高的能量密度，而功率密度偏低；电容器具有相对较高的功率密度，但能量密度偏低；超级电容器作为一种新兴的能量存储装置，具有高的功率密度和适中的能量密度，可以有效填补物理电容器和二次电池之间的空白[31]。

无论在燃料电池、二次电池、还是超级电容器中，纳米材料都发挥着重要角色。一般来讲，电化学储能体系都拥有经典的电极-电解液界面。其中，电极对应于电子导电相，电解液对应于离子导电相，两相界面即电化学反应发生的场所。将纳米材料应用于电化学储能体系，通常能获得更高的电解液/电极接触面积，从而为电化学反应提供更为丰富的反应场所；

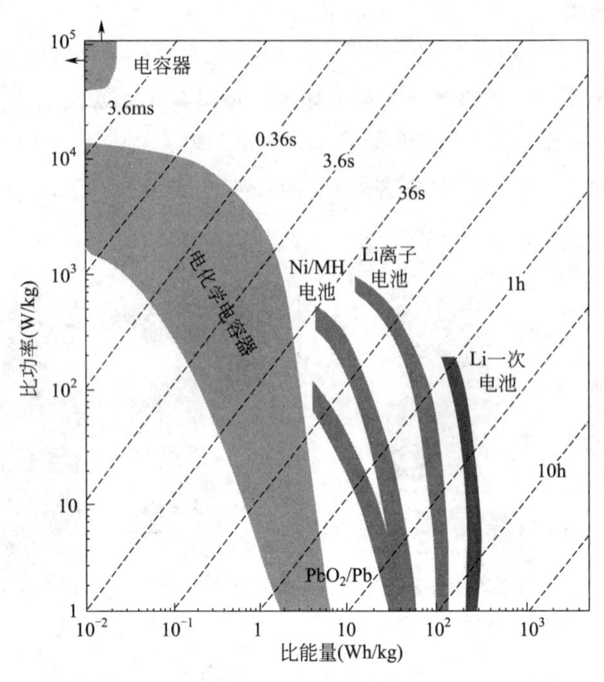

图 8-15 不同能量存储设备的罗根（Ragone）图[31]（经斯普林格自然许可转载）

另一方面，纳米材料通常具有较高的表面活性，这更加有利于电化学反应的进行。因此，本部分主要探讨纳米材料在二次电池、超级电容器以及燃料电池中的应用。

8.2.1 纳米材料和纳米技术在锂离子电池中的应用

8.2.1.1 锂离子电池的概述

电池的发展从1800年意大利物理学家伏特（Volt）发明第一套电源装置开始，人们认识到电池是可以把其他形式的能量通过电化学反应（氧化还原）转变为电能的装置，从此人类对电池开始了更加深入的研究[32,33]。

2000年以来，在世界范围内，基于日本索尼公司概念和技术的锂离子电池迅速发展，其因工作电压高、脱嵌锂容量高、造价低廉、无毒性、体积小、安全、易于携带等特点而被迅速且广泛地应用于电子产品中。然而，2010年以来人们渐渐意识到，基于索尼公司概念的锂离子电池能量密度还是较低，在大规模应用时，难以获得比较理想的续航能力。因此，在理论上具有更高能量密度、技术攻关难度比较大的以锂金属为负极的金属锂二次电池的研究再次复兴。另外，一些新的金属锂电池体系相继涌现，如金属固态锂电池、金属锂硫电池、金属锂空气电池等。

8.2.1.2 纳米材料在锂离子电池正极中的应用

锂离子电池的正极材料对器件的性能起至关重要的作用，正极材料的好坏直接决定最终二次电池产品的性能指标，正极材料在电池成本中的比例高达40%左右。根据正极材料结构不同可将其分为三类：层状结构化合物 $LiMO_2$（M=Co、Ni、Mn等）、尖晶石结构化合物 LiM_2O_4（M=Mn等）和橄榄石结构化合物 $LiMPO_4$（M=Fe、Mn、Ni、Co等）。目前，大多数研究集中在这些材料及其衍生物上。最近几年，一些新型结构的插入型材料（例如硅酸盐、硼酸盐和氟化物）也受到了研究人员的关注。下面以 $LiNiO_2$、$LiMn_2O_4$、$LiFePO_4$ 三种材料作为代表，来讲述纳米材料在锂离子电池正极中的应用。

（1）$LiNiO_2$ 材料

$LiNiO_2$ 正极材料的理论容量为 275mA·h/g，在实际应用中可以达到 190～210mA·h/g。理想的 $LiNiO_2$ 为 α-$NaFeO_2$ 型层状结构[34]，晶格常数为 $a=0.2885$nm，$b=0.2885$nm，$c=1.420$nm，空间群属于 R3m，为三方晶系。图 8-16 为 $LiNiO_2$ 的结构示意图。

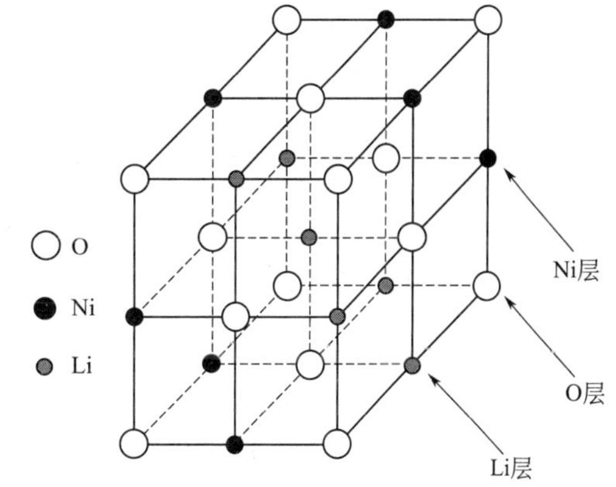

图 8-16　$LiNiO_2$ 晶格结构

但是合成化学计量比的 $LiNiO_2$ 十分困难，主要原因为：

① Ni^{2+} 与 Ni^{3+} 之间存在较大的势垒，很难氧化完全，由于 Ni^{2+} 与 Li^+ 具有十分相近的半径，溶出的 Ni^{2+} 会占据 Li^+ 的位置造成阳离子混排；

② 在高温下锂盐十分容易挥发而产生锂缺陷以至于形成非化学计量比的物质；

③在高温下 $LiNiO_2$ 容易发生相变和分解。

这严重影响了 $LiNiO_2$ 的电化学性能，当发生阳离子混排时，Ni 会严重影响锂离子传输，从而对其电化学性能造成很大的影响[35,36]；同时，在充电过程中，随着锂离子的脱出，$Li_{1-x}NiO_2$ 会伴随着一系列的相变，其中有一部分相变是不可逆的，从而对其电化学性能造成了很大影响。这也严重阻碍了 $LiNiO_2$ 作为锂离子电池正极材料在实际中的大范围应用。但是通过优化合成条件对 $LiNiO_2$ 进行阳离子掺杂等方法也可以在某种程度上对这些问题进行有效的改善。

掺杂离子主要为＋2～＋4 价正离子及阴离子。对于＋2 价正离子人们研究最多的是 $M92^+$，认为在 $LiNiO_2$ 中掺入一定量的 $M92^+$，可提高 $LiNiO_2$ 的循环性能及快速充放电能力。这是因为 $M92^+$ 半径（$r_{M92^+}=0.68$nm）与 Li^+ 半径（$r_{Li^+}=0.65$nm）相近，部分 $M92^+$ 进入 3a 位置，阻碍了在充放电过程中 NiO_2 层的塌陷。对于＋3 价掺杂正离子，早期的研究者一般都选用钴，Co^{3+} 的引入明显改善了 $LiNiO_2$ 层状结构的稳定性，并改善了 $LiNiO_2$ 的热稳定性。随着 Co 含量的增加，循环性能变好，但容量也线性下降。一般来说，Co 的掺入量在 20％左右为宜。后来人们又将铝掺杂到 $LiNiO_2$ 中，发现可逆容量及循环性能均有提高。这是因为 Al^{3+} 具有与 Ni^{3+} 相近的离子半径，价态稳定，引入约 25％的 Al^{3+} 可控制高压区脱嵌的容量，防止过充电对 $LiNiO_2$ 结构的破坏，从而提高耐过充电性能，降低电荷传递阻抗的同时提高 Li^+ 的扩散系数，使充电时放热反应明显得到抑制，增强电解质的稳定性。

（2）$LiMn_2O_4$ 材料

尖晶石结构是一种典型的离子晶体结构，并有正、反两种构型。尖晶石型 $LiMn_2O_4$ 是具有 Fd3m 对称性的立方晶系，锂离子处于四面体的 8a 位置，锰离子处于 16c 晶格，氧离子处于八面体的 32e 晶格。其中四面体晶格 8a、48f 和八面体晶格 16c 共面而构成互通的三维离子通道，其结构如图 8-17 所示[37]。

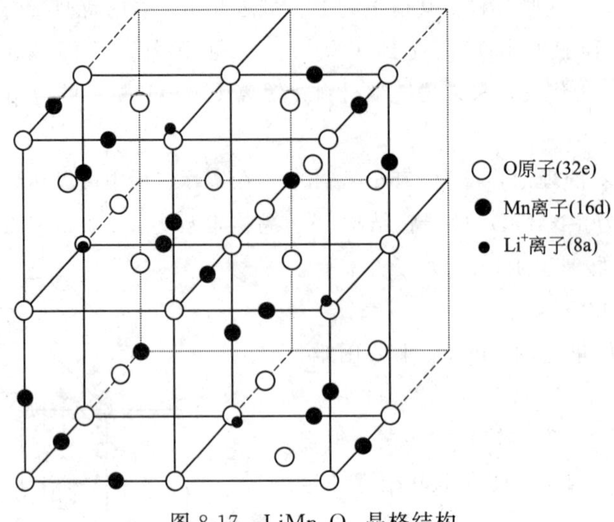

图 8-17　$LiMn_2O_4$ 晶格结构

$LiMn_2O_4$ 正极材料虽然在应用中受到了广泛的关注和研究，但是其热稳定性及循环性能还有待进一步提高，主要是由以下问题造成的。

① Jahn. Teller 效应。在充放电循环过程中，尖晶石 $LiMn_2O_4$ 正极材料会发生晶格畸变，由立方晶系转变为更为稳定的四方晶系，即为 Jahn. Teller 效应[38]。由于这种不可逆的结构变化导致了 $LiMn_2O_4$ 正极材料的循环稳定性较差，同时破坏了有利于锂离子脱嵌的三维网络结构，阻碍了锂离子的扩散，因而导致了材料的电化学性能较差。

② Mn 的溶解。电解液中有痕量水的存在，或有温度、电压等因素的影响，均会导致电解液发生分解而生成 H^+，H^+ 的存在极易导致 Mn 的溶解，造成其容量衰减[39]；另外，温度较高时[40]，$LiMn_2O_4$ 还会对电解液中 $LiPF_6$ 的分解起到催化作用，产生 HF，造成 Mn 的溶解，导致循环容量的大量衰减。同时，电解液的分解也会导致材料的溶解从而失去一部分氧，造成氧缺陷的形成[41]。

为了改善 $LiMn_2O_4$ 的容量衰减，提高循环性能，对尖晶石结构进行改性或表面修饰研究。主要方法有：掺杂阳离子或阴离子、采用溶胶-凝胶法制备、在表面包覆一层钴酸锂或者涂上一层导电层。对 $LiMn_2O_4$ 进行掺杂的目的是增强尖晶石结构的稳定性，提高锰的平均氧化数，抑制 Jahn Teller 效应。在掺杂中研究阳离子掺杂的比较多，主要有锂、镁、铝、铬、镍和钴等离子。Mg^{2+} 掺入可以提高锰的平均价态，抑制 Jahn Teller 效应。Al^{3+} 半径小于 Mn^{3+}，当它掺入尖晶石锰酸锂后，引起晶格收缩，并部分取代原来锂离子的位置，导致电极无序性增加，电化学性能下降。但是实际研究表明，少量的铝离子掺杂虽使可逆容量稍有下降，但是循环寿命明显提高。Ni 的掺入使尖晶石结构更加稳定，锂离子在其中的嵌入、迁出过程对结构的破坏就相对降低，从而改善了材料的循环性能，因而容量衰减较小。但 Ni 的加入会使材料的首次放电容量减小，且减小的程度随 Ni 的增加而增大。Lourdes 等[42] 对掺杂 Co 进行了研究，发现掺杂 Co 后，锰的氧化数随 Co 量的增加而增加。恒流充放电结果表明，随着掺钴量的增加，样品的循环性能提高，但初始容量下降。钴在掺杂尖晶石锰酸锂中以三价形式存在，同铬的掺杂一样，可以提高循环过程中的结构稳定性。由于掺钴的锰酸锂的导电性较掺杂前有明显提高，使得锂的扩散系数大大提高，而使电极活性大大增加。从容量和电化学性能看，掺钴锰酸锂具有较好的研究前景。

(3) $LiFePO_4$ 材料

$LiFePO_4$ 是一种聚阴离子型 $LiMPO_4$ 锂离子电池正极材料，具有橄榄石型晶体结构。其理论比容量大（170mA·h/g），充放电平台稳定（3.4V～3.5V），制备原料来源丰富、无毒、对环境友好、循环性能好等优点，这使其成为最有潜力的锂离子动力电池的正极材料之一。但因自身低的锂离子扩散速率和差的导电性导致其大倍率充放电性能差，限制了它的应用与发展。

通过对 $LiFePO_4$ 进行改性后，可在一定程度上优化 $LiFePO_4$ 的电化学性能。当前的改性手段一般分为三种：表面包覆改性、体相掺杂改性、控制形貌与粒径的改性。

由于在磷酸亚铁锂的结构中，锂离子所在的平面含有磷酸根离子，因此它的电导率很低，添加一些导电剂可以提高该材料的电化学性能。从目前的研究结果来看，复合型 $LiFePO_4$/C 的性能较好。Huang H 等[43] 利用高温固相合成 $LiFePO_4$/C 凝胶复合材料，其在 C/2 放电条件下，首次容量达到 162mA·h/g，以 C/5 倍率放电，循环 100 次后放电效率可达 99.9%。这一成果表明采用小的磷酸亚铁锂颗粒并与碳紧密接触是实现优良充放电性能的关键。对 $LiFePO_4$ 结构中的 Fe 进行掺杂或元素取代，可以得到它的衍生物或新的多阴离子正极材料，其中以 Ni、Co 或 Mn 取代的研究较多。

8.2.2 纳米材料和纳米技术在超级电容器中的应用

8.2.2.1 超级电容器的概述

超级电容器（supercapacitors，ultracapacitors），也被称作电化学电容器（electrochemical capacitors）。作为一种新型的储能设备，超级电容器具有功率密度高（10kW/kg）、循环稳定性好（可达 10^5 以上）、充放电速率快、效率高、环境友好以及可操作温度范围广等优点，一经出现便引起了人们的广泛研究兴趣。相比于传统电容器，超级电容器的比能量密度高出几个数量级。此外，超级电容器独特的电荷储存机理保证了它们能在短时间内储存和传递大量电荷，因此相对电池来说，它能够提供更高的功率。超级电容器具有多种潜在的应用价值，包括备用电源系统、电动车、混合动力电动车和工业能源管理系统等。

基于超级电容器的储能模型和构造，超级电容器可以大致划分为三种：①双电层超级电容器（EDLC）；②氧化还原型超级电容器（也称赝电容器）；③双电层电容器和赝电容器的混合体系。图 8-18 给出了陶瓷-薄膜电容器、电解电容器和超级电容器的示意图以及充放电曲线的对比[44]。

根据 Stern 的模型，在电极-电解液界面存在两个离子分布区域：一个内部区域的紧密层和一个扩散层。在紧密层中，离子（溶剂化质子）强烈吸附在电极上；在扩散层中，电解质离子（阴离子和阳离子）由于热运动在溶液中形成连续分布。因此，整个双电层电容器（C_{dl}）可以看作由紧密层电容（C_H）和扩散层电容（C_{diff}）串联而成，有如下关系：

$$\frac{1}{C_{dl}}=\frac{1}{C_H}+\frac{1}{C_{diff}} \tag{8-14}$$

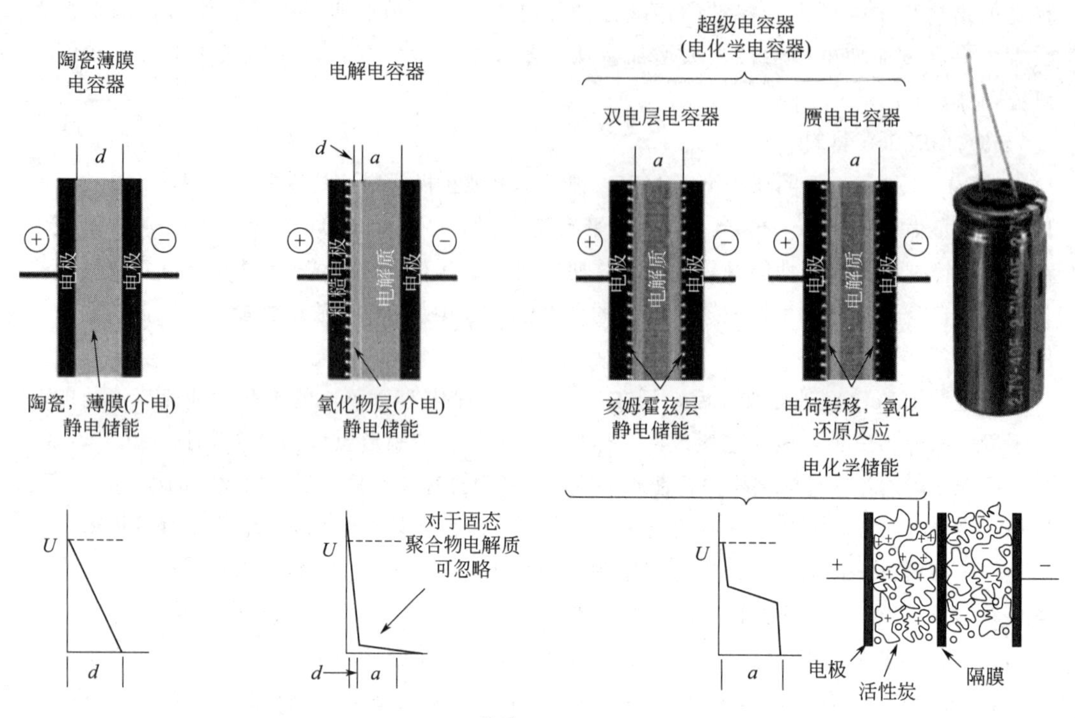

图 8-18　超级电容器和标准电容器的对比[44]［经斯普林格自然（Springer Nature）许可转载］

与传统的电容器中通常采用二维平板相比，双电层电容器通过利用高比表面积的纳米多孔材料（比如碳纳米管、石墨烯、层次孔碳材料等）而得到了更高的电容值。双电层电容器比传统的电容器储存更多的能量（高几个数量级），这是因为：

① 更多数量的电荷能够储存于高度扩展的电极表面上（因为高表面积纳米电极材料中具有大量的孔结构）；

② 所谓的电极和电解液界面之间的双电层的厚度较薄，为原子尺寸。

结合式（8-14）可以发现，随着 A 增大，D 减小，电容会相应增加。所以超级电容器比普通电容器的能量和电容要高 3～6 个数量级。因此，当传统电容器的电容停留在微法或者毫法范围内时，单个超级电容器却能够有高达数十、数百甚至上千法的额定电容。

法拉第定律是法拉第研究电解时总结出来的，法拉第电极反应可表示为：

$$\text{氧化态} + z\mathrm{e}^- \longrightarrow \text{还原态}$$

$$\text{还原态} \longrightarrow \text{氧化态} + z\mathrm{e}^-$$

赝电容超级电容器，即超级电容器领域中区别于双电层电容器的另一大模块。赝电容的产生是因为发生了一些电吸附反应或者一些赝电材料（诸如 RuO_2、IrO_2、Cr_3O_4 和 PANI、PPy 等）中元素发生了价态变化，引起了电荷转移，即称为“赝电容”现象。赝电容储存电荷的机制完全不同于双电层的电荷存储机理，并不起源于静电，从原理上讲，就是以上所提到的法拉第过程。

不管是双电层超级电容器还是赝电容超级电容器都能较快速地进行充放电过程，因而赋予了超级电容器较高的比功率。除了高的比功率之外，相对于化学电池而言，超级电容器还具有充放电速度快（数秒到数分钟）、循环寿命更长（百万次/电池）、长搁置寿命、高效率（进电荷≈出电荷）以及能够全充和全放，而不影响性能和寿命等一系列优势。表 8-1 给出了传统电容器、碳材料超级电容器以及电池相关参数的比较。

表 8-1　传统电容器、超级电容器和电池性能的比较

特征	传统电容器	碳材料超级电容器	电池
例子	铝、氧化钽电容器	活性炭在硫酸中	铅酸，镉镍，氢镍
作用机理	静电	静电	化学
$E/(W \cdot h/kg)$	<0.1	$1 \sim 10$	$20 \sim 150$
$P/(W/kg)$	$\gg 10000$	$500 \sim 10000$	<10000
放电时间 t_d	$10^{-6} \sim 10^{-3}$s	数秒到数分钟	0.3～3h
充电时间 t_c	$10^{-6} \sim 10^{-3}$s	数秒到数分钟	1～5h
效率 t_d/t_c	约 1.0	0.85～0.99	0.7～0.85
循环寿命/周	$\gg 10^6$，≥ 10 年	$>10^6$（>10 年）	3 年，对于高度消耗的应用更少
受限于	设计、材料	杂质、副反应	化学可逆性、机械稳定性
最大电压及影响	高	<3V	低
	电介质厚度	电极稳定性	相反应的热动力学
	充电极板间的力	电极/电解液界面	整个电极
		电极微结构	活性质量
电荷存储取决于	电极的几何面积电介质	活性表面积、电解液	热动力学
放电曲线	线性趋势	v/t：线性趋势	放电平台
自放电	低	中等（μA～mA）	低

8.2.2.2 纳米碳材料在超级电容器中的应用

（1）碳材料概述

碳材料的新兴和发展不断地给产业界和科研领域创造新的机遇，拓展新的方向。有专家指出，21 世纪是碳材料的世纪。特别是以碳纳米管和石墨烯为代表的新型碳纳米材料，由于具有优异的导电性、高比表面积和可构建三维网络结构的特点，在电化学储能领域表现出巨大的应用潜力，近年来得到了快速发展。

碳元素在自然界中广泛存在，具有构成物质多样性、特异性特点。新型碳材料基本都是以 sp^2 杂化为主。Sp^2 杂化的碳材料由石墨片层或石墨微晶构成。Sp^2 杂化碳原子形成以六元环为基本单元的单层碳原子片层，片层直接弯曲并拼合形成一维碳纳米管。单层或少层堆叠形成二维石墨烯，而多层堆叠则形成三维石墨晶体（图 8-19）[45]。

各种 sp^2 杂化的碳材料构筑的纳米级微观导电网络可作为电化学反应的活性位点，同时该网络又可高效传质并导电，是实现高效电化学储能的关键组分，所形成的宏观材料则具有较大的比表面积、极佳的电化学稳定性和力学性能，已成为重要的电化学储能材料。

碳材料在电化学体系中起到的作用主要可概括为以下 4 个方面：①碳材料可有效构建三维导电网络，并且形成稳定微观电子、离子输运界面，优化电极反应的动力学特性，同时网络中的孔道有利于离子的快速扩散，促进电极材料的离子扩散，提高电极材料的利用率；

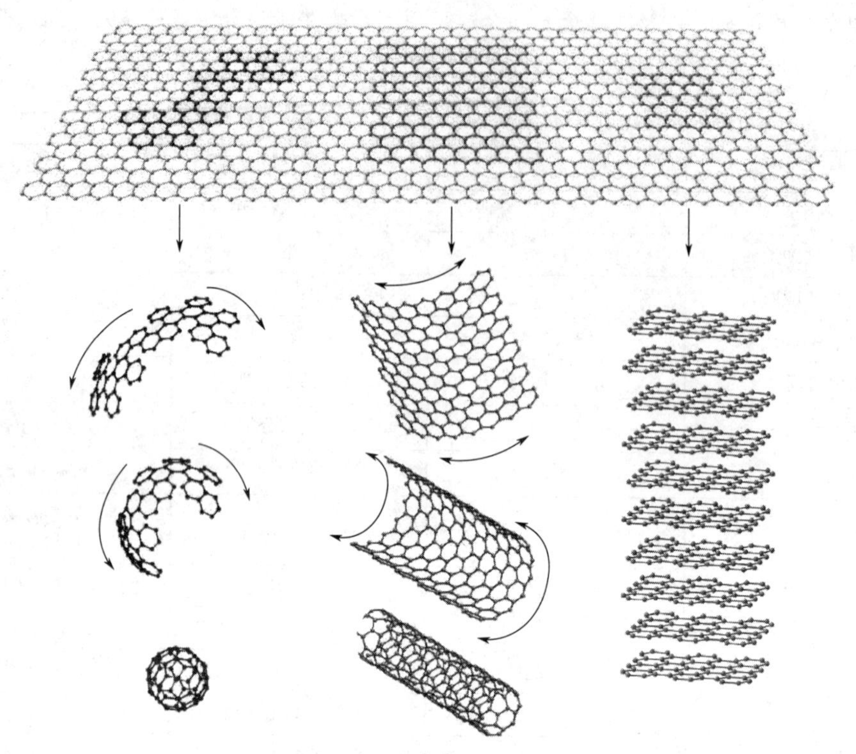

图 8-19 各种碳材料的结构示意图[45]（经 Springer Nature 许可转载）

②碳材料较大的比表面积可有效固定、分散和担载活性物质，防止电极材料发生团聚及流失，其大的孔体积及丰富的孔结构，可以形成双电层贡献容量，同样可有效缓冲电极材料在电化学反应中体积变化所产生的应力；③ 碳材料可以作为活性物质，如在锂离子电池作为负极、在超级电容器中作为电极材料。碳材料可形成表面丰富的官能团，除可以贡献容量外，也可以成为活性物质的形核位，将其固定在碳材料表面形成电催化反应活性中心；④碳材料，特别是纳米碳材料，具有良好的柔韧性，有利于构建用于柔性电化学储能器件的碳基柔性电极。通过对复合材料中碳材料的形貌、维度、尺寸、孔结构和表面化学进行合理的设计和调控可以提高电极材料的动力学特性和结构稳定性，最终使电化学储能器件的容量、倍率性能及循环稳定性得到显著改善。

(2) 活性炭

活性炭是最早用于超级电容器的电极材料，其原料来源丰富。活性炭一般通过富碳的有机前驱体在惰性气氛（N_2，Ar）下的热处理（碳化）和活化生成孔隙结构而获得。

活性炭的化学和物理性能很大程度上受前驱体的成分、活化温度和活化时间等因素影响。经过活化，碳材料能够得到高的孔隙率以及不同化学表面性能（如表面官能团含有氮元素、氧元素等）。

鉴于材料成本是超级电容器工业化的一项重要考虑因素，用生物质为活化前驱体的原材料研究层出不穷。例如，Hou 等[46] 以米糠为碳前驱体，在高温下，经过 KOH 活化，可以得到高比表面积（$2475m^2/g$）的三维结构的活性炭，该材料在 10A/g 的电流密度下展现出 265F/g 的质量比电容（电解液为 6mol/L 的 KOH）。以此活性炭为电极材料制备的超级电容器当能量密度为 1223 W/kg 时，功率密度可达 70W·h/kg。

(3) 碳纳米管

图 8-20 是不同类型的碳纳米管的示意图[47]。碳纳米管由于其独特的一维中空管状结构、优异的导电性、良好的机械柔韧性以及热稳定性，被广泛用作超级电容器的电极材料。根据碳纳米管的管壁层数的不同，可以将碳纳米管分为单壁碳纳米管和多壁碳纳米管两类。虽然碳纳米管具有较大的比表面积和高的电导率，但是有利于电荷传输的微孔较少，比电容仅有 20～80F/g。对于多壁碳纳米管而言，可以通过活化程序，增加微孔体积，但是改性后的电容性能依旧不如活性炭。另一方面，也有研究者利用强酸对碳纳米管进行表面处理，从而引入具有赝电特性的官能团，以此来增大碳管的电容特性。

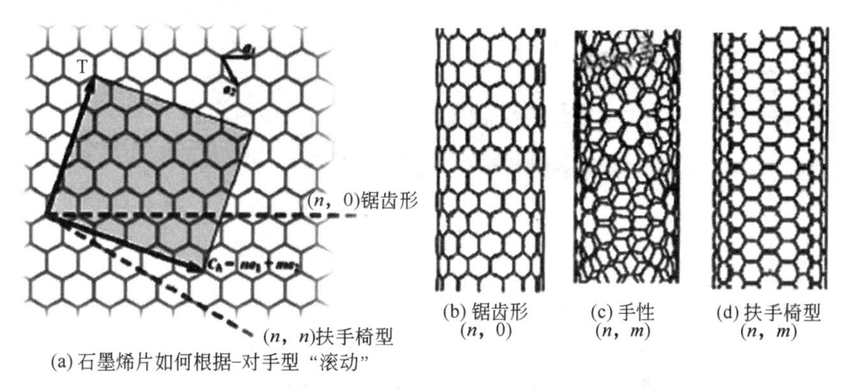

图 8-20　碳纳米管的原子结构[47]

为了解决纯碳纳米管内阻高的问题，同时利用其特殊的机械柔韧性，Lee[48] 等制备了在 CNTs 网络上电镀一层沿同一方向生长的镍金属，并且引入蛇纹式设计的电极进一步提高了导电性和可变形性，这种方法大大提高了可拉伸器件的导电性和柔韧性。碳纳米管由于其优异的机械性能、高的电导性，还常被用作支撑基底材料，然后再在上面长双电层或赝电容电极材料，可制备出性能优异的二维、三维柔性超级电容器。

为了充分利用双电层电容材料优异电传导性，Vibha 等[49] 在聚苯胺（PANI）电纺丝原料中加入 12%CNT 和聚环氧乙烷（PEO），提高 PANI 的电纺丝电极材料的导电性，制得 PANI-CNT 电极材料。与纯 PANI 电极材料的 308F/g（0.5A/g 时）相比，PANI-CNT 具有更高的电容性能（385F/g）。

(4) 石墨烯

继 2004 年英国科学家 K. S. Novoselov 和 A. K. Geim 利用机械剥离法成功从石墨中剥离出石墨烯后[50]，石墨烯由于其优异的电化学性能、热稳定性、机械性能、高的电子迁移率[理论值为 $1\times10^6 cm^2/(V\cdot s)$，是 Si 的 100 倍]，大的比表面积（$2630m^2/g$）受到各个领域科学家的广泛关注。石墨烯是由 sp^2 杂化的单层碳原子以蜂窝状排列组成的一种二维平面结构材料。用于制备石墨烯的方法有很多，有机械剥离法、化学气相沉积、液相剥离法、化学氧化还原法、电化学还原法、电弧放电法、外延生长法等。

由于 π-π 键的存在，石墨烯容易堆叠，从而降低比表面积，影响电子的传输。因此，科学工作者采用各种方法来调控石墨烯形貌结构、组成成分或者与赝电容电极材料复合，以此来提高基于石墨烯电极材料的电容性能。

为避免石墨烯片层的堆叠，有研究者采用单壁碳纳米管与石墨烯复合，以增加石墨烯片层之间的距离，如图 8-21 所示。改性后的复合材料在 $BMIMBF_4$ 电解液中的比电容可达 222F/g，比原始的单壁碳纳米管（66F/g）和还原氧化石墨烯（6F/g）要高得多[51]。同样是 CNT 与 rGO（还原氧化石墨烯）复合，Lee 等[52] 通过库仑相互作用将接枝了阳离子表面活性剂的 CNT 与呈负电荷的石墨烯片复合，并用 KOH 活化。得到的复合膜具有自支撑性和柔韧性，具有高的电子传导率（39400S/m）和可观的质量密度（$1.06g/cm^3$），测得的最大能量密度为 117.2W・h/L，最大功率为 110.6W・h/kg。

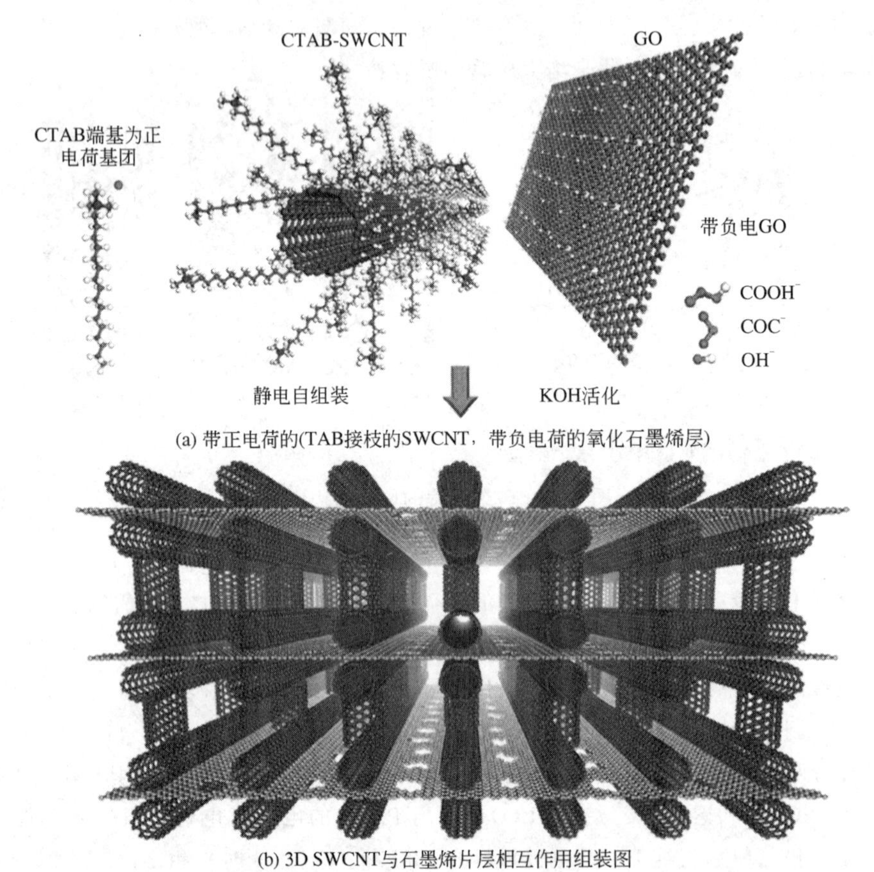

(a) 带正电荷的(TAB接枝的SWCNT，带负电荷的氧化石墨烯层)

(b) 3D SWCNT与石墨烯片层相互作用组装图

图 8-21　还原氧化石墨烯/单壁碳纳米管混合纳米结构示意图[52]［经美国化学会（ACS）许可转载］

石墨烯氧化物的水溶性和溶剂可分散性的特点扩展了石墨烯基超级电容器的应用。高超课题组利用氧化石墨烯的溶剂可分散性，深入研究了利用湿法纺丝法制备石墨烯纤维，并应用于超级电容器领域。也有人利用氧化石墨烯的溶剂可分散性，将石墨烯水溶液抽滤成膜，再还原去除氧化官能团制得自支撑柔性器件或多孔纳米结构材料。采用这种抽滤的方法制备的自支撑电极材料，无需添加黏结剂，且制备工艺简单，易实现工业化生产。

8.2.2.3 纳米导电聚合物超级电容器中的应用

导电高分子（conducting polymer，CP），如聚乙炔、聚吡咯、聚苯胺及聚噻吩等（图 8-22），自 20 世纪 70 年代中期被发现以来，其就成为许多科研机构的热门课题，目前仍活跃在众多研究领域。Alan G. MacDiarmid、Alan J. Heeger 和白川英树三位科学家因对导电高分子的发现做出巨大贡献而获得2000年诺贝尔化学奖。如今，广泛深入的研究为揭示导电高分子的化学、物理及材料学的基本属性打下了坚实的理论基础。同时已从初期单纯的理论及实验研究推广到应用阶段，推动了有机导电材料工业的发展。对于导电高分子的研究，主要集中在以下三个方面：①发现新型导电高分子或对原有导电高分子的修饰、改性、掺杂、复合等；②涉及导电机制的物理化学研究；③导电高分子的应用。在电化学储能、传感器、驱动器、膜材料、光电、发光二极管以及腐蚀防护等众多研究领域及商业应用中都可以看到导电高分子的身影。

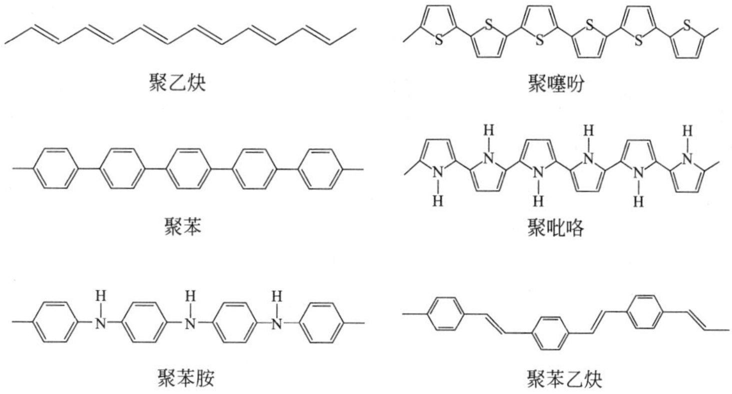

聚乙炔　聚噻吩

聚苯　聚吡咯

聚苯胺　聚苯乙炔

图 8-22　常见的导电聚合物的结构式

导电高分子材料可以分为两类：结构型和填充型。结构型导电高分子材料包括共轭高分子、电荷转移型高分子、有机金属高分子和高分子电解质。在结构型导电高分子中又可以分为电子导电型高分子材料和离子导电型高分子材料。大多数结构型导电高分子属于电子导电的高分子。高分子电解质属于离子导电的高分子。填充型导电高分子材料是在高分子材料中添加导电性的物质如金属、石墨后具有导电性。导电高分子材料在电池、传感器、吸波材料、电致变色材料、电磁屏蔽材料、抗静电材料和超导体等许多领域有广泛应用。

(1) 共轭高分子导电材料

电子导电型高分子材料导电过程的载流子是高分子中的自由电子或空穴，要求高分子链存在定向具有迁移能力的自由电子或空穴。高分子的基本链结构是由碳-碳键组成的，包括单键（—C—C—）、双键（ C═C ）和三键（ C≡C ）。高分子中的电子以四种形式存在：① 内层电子，这种电子处在紧靠原子核的原子内层，在正常电场作用没有迁移能力；② σ 电子，是形成碳-碳单键的电子，处在成键原子的中间，被称为定域电子；③ n 电子，这种电子和杂原子（O、N、S、P 等）结合在一起，当孤立时没有离域性；④ π 电子，由两个成键原子中 p 电子相互重叠后产生的，当 π 电子孤立存在时具有有限离域性，电子可在两个原子核周围运动，随着共轭 π 电子体系增大，离域性增加。大多数由 σ 键和独立 π 键组成的高分子材料是绝缘体。只有具有共轭 π 电子体系，高分子才可能具有导电性。

如图 8-23（a）所示，仅具有共轭 π 电子结构的高分子不是导体，而是有机半导体，共轭高分子存在带隙（E_g）。共轭高分子的能带起源于主链重复单元 π 轨道的相互作用。最高占据轨道称为价带（完全占据的 π 带），最低轨道称为导带（空 π^* 带），两个轨道的能极差（E_g）称为带隙［图 8-23（b）］。具有零带隙的材料是导体。带隙工程是通过控制共轭高分子的结构，减小带隙，把共轭高分子转变为导体。为了减小带隙，需要在共轭高分子主链导入电荷，有很多方法。常用的方法有掺杂、减小键长交替作用和电子给体-受体重复单元。所谓掺杂，就是在具有共轭π电子体系的高分子中发生电荷转移或氧化还原反应。根据与高分子的相对氧化能力，掺杂剂分为氧化型（p型）和还原型（n型）两类。典型的p型掺杂剂有碘、溴、三氯化铁和五氟化砷，它们在掺杂反应中为电子受体。典型的n型掺杂剂为碱金属，是电子给体。

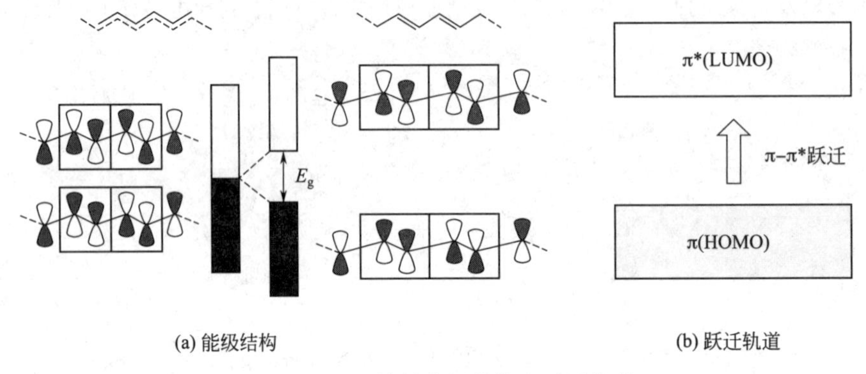

图 8-23　聚乙炔的能级结构和跃迁轨道

聚乙炔（polyacetylene）是线型共轭高分子，E_g 为 1.5eV。低温聚合（−78℃）生成顺式聚乙炔，高温聚合（150℃）生成反式聚乙炔。顺式聚乙炔可在 180℃热处理转变成反式聚乙炔。反式聚乙炔稳定，不能转变成顺式聚乙炔。顺式聚乙炔薄膜的电导率为 10^{-7}S/cm，反式聚乙炔为 10^{-3}S/cm。聚乙炔可经 p-掺杂和 n-掺杂。掺杂 AsF_5、I_2、Br_2 后，聚乙炔的电导率可高达 10^5S/cm。如果聚乙炔中所有的碳原子是等距离的，成键轨道和反键轨道的能隙为 0，电子可以自由运动，则聚乙炔是导体。若聚乙炔中 C—C 单键的长度大于 C═C 双键，则聚乙炔是半导体。

（2）导电高分子纳米材料

与导电高分子的常规块状材料相比，纳米结构的导电高分子表现出更多的优异性能，如高比表面积、良好的力学性能及柔性、缩短的电荷-离子-物质传输通道、降低的电极-电解液界面阻抗等。

目前，广泛应用于超级电容器的导电聚合物诸如聚苯胺、聚吡咯、聚噻吩及其衍生物都属于结构型导电聚合物。这类导电聚合物通常具有共轭结构的π键，具有共轭结构π电子的移动性将大大增强，在电场作用下π电子可以在局部做定向移动。随着π电子共轭体系的增大，电子的离域性将会显著增加。另一方面，通过适当的“掺杂”，可以改变能带中电子的占有状况，减小能级差，从而大大提高聚合物的导电性。导电聚合物电极材料通过氧化还原反应过程中发生的掺杂和脱掺杂的方式来存储大量的电荷，从而产生很大的法拉第电容。这个氧化还原过程是高度可逆的，在这个过程中聚合物的结构保持不变。相比于过渡金属氧化物赝电容材料，导电聚合物具有较高的导电性，制备所得的储能装置具有较高能量密度与功率密度。与碳基双电层电极材料相比，导电聚合物的氧化还原反应发生在整个聚合物的骨架中，它具有更高的比容量和能量密度。

在常见的几类导电聚合物材料中，聚苯胺材料由于其具有价格低廉、聚合方法简单（化学氧化聚合法和电化学聚合法）、空气稳定性好、简单的酸掺杂-脱掺杂机理以及极高理论比电容值（2000F/g）等众多优势备受科研工作者的青睐。目前。对聚苯胺材料研究的关注点主要集中在如何设计出便捷和高效的制备方法，制备出具有纳米形貌和结构的聚苯胺材料，如聚苯胺纳米纤维、纳米棒等，从而进一步应用于超级电容器中。例如，Wei 等[53] 利用微加工技术制造了叉指结构电极，并通过原位化学聚合在叉指结构上生长了聚苯胺纳米线（图 8-24），这种微型电容器展现出高达 $588F/cm^3$ 的体积比电容和 $73mW \cdot h/cm^3$ 的体积比能量（对应功率密度为 $1250W/cm^3$）。

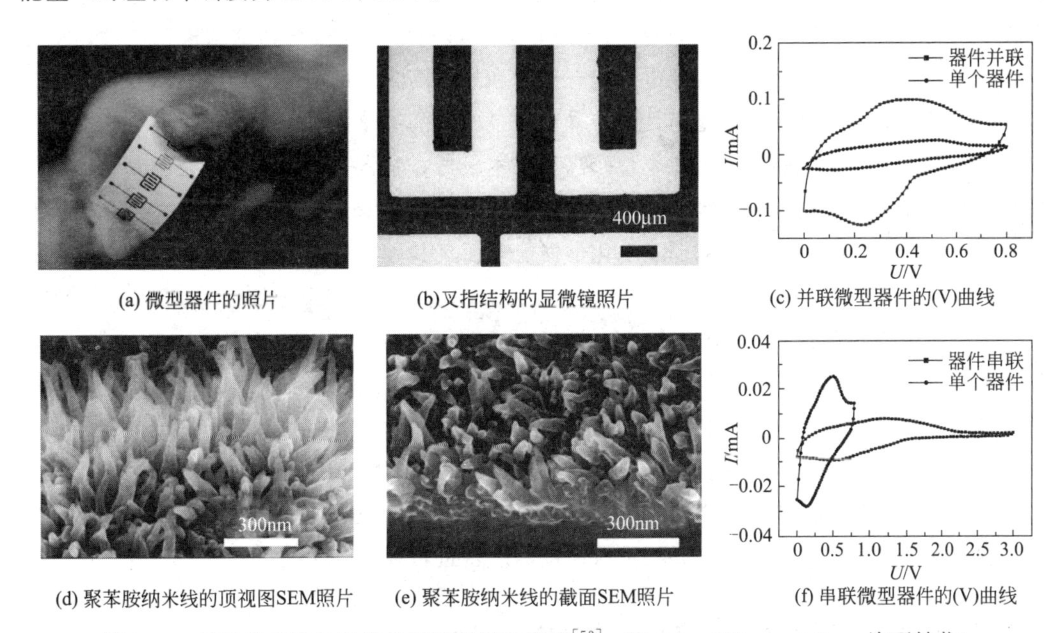

(a) 微型器件的照片 (b)叉指结构的显微镜照片 (c) 并联微型器件的(V)曲线

(d) 聚苯胺纳米线的顶视图SEM照片 (e) 聚苯胺纳米线的截面SEM照片 (f) 串联微型器件的(V)曲线

图 8-24 基于聚苯胺纳米线的微型超级电容器[53]（经 John Wiley and Sons 许可转载）

聚吡咯是导电聚合物家族里的明星材料，它具有良好的机械可加工性、无毒、环境友好以及优异的生物相容性。与聚苯胺相比，聚吡咯电极材料不仅可以在酸性介质下工作，在中性电解液中也具有电化学活性，且中性条件下的电化学活性高于酸性条件下的性能。聚吡咯的制备方法很多，可以通过使用不同的制备方法、不同的反应底物、不同的掺杂剂、不同的模板、不同的氧化剂种类等，来调控聚合反应生成的聚吡咯的微观结构，进而调控其电化学性能。例如，Yu 等[54] 利用植酸（一种广泛存在于植物中的多元酸）作为交联剂来交联聚吡咯分子链，采用界面聚合的方法，得到了聚吡咯/植酸导电聚合物水凝胶材料。在透射电镜下可以看到，这种聚吡咯/植酸水凝胶是由中空的纳米微球组成，微球的壁厚在 50～100nm 之间。这种聚吡咯/植酸水凝胶在硫酸电解液中展现出了高达 380F/g 的质量比电容，在负载量为 $20mg/cm^2$ 时，面电容高达 $6.4F/cm^2$。

聚噻吩是一种比较常见的导电聚合物，其具有很好的环境稳定性、机械柔韧性。但相较于聚苯胺和聚吡咯，其比电容值较低，所提供的能量密度和功率密度比较小，在超级电容器领域的应用并不广泛。聚噻吩导电聚合物的电导率偏低，目前研究比较多的是聚噻吩衍生物聚 3,4-乙烯二氧噻吩（PEDOT）。它拥有低的氧化电位、宽的电位窗口、好的生物相容性、高的电导率、好的热化学和电化学稳定性以及良好的成膜性等优势，应用比较广泛。例如，Sreekumar Kurungot 课题组采用界面聚合法制备了一种以纤维素纸为基底的 PEDOT 电极材料。这个材料的电导率为375S/cm，表面电阻为3Ω/cm。基于PEDOT柔性电极组装形成的超级电容器的质量比电容值达到115F/g，体积比电容值为145F/cm^3，最大的体积能量密度为1mW·h/cm^3，具有优异的电化学性能。

(3) 导电高分子纳米复合材料

通过以上讨论可以发现，由于具有导电性良好、比容量较高、充放电速率快、易于加工制备等优点，导电聚合物已经被广泛应用于超级电容器的设计和制造中。然而，充放电过程中离子反复地嵌入/脱出引起的体积膨胀效应，会严重破坏导电聚合物的结构稳定性，从而限制其循环稳定性。碳材料作为导电骨架有望缓和导电高分子的应变，与碳材料复合已被证实是赋予导电高分子良好循环稳定性的一种直接且有效的策略。

聚苯胺由于导电性能良好、比容量较高且成本较低，常常是制备导电聚合物复合纳米材料的理想选择。通过化学方法制备CNT/PANI复合物一般以粉末或颗粒状形式存在，具有机械脆性。此外，黏结剂引入减弱了电化学性能，而且其硬性结构也严重限制了柔性器件的应用。

尝试多种方法制备CNT/PANI复合材料，如涂覆PANI于CNT纸或膜的表面。Fan及其同事通过在真空抽滤CNT膜上聚合PANI的原位化学方法制备了纸状PANI涂覆的巴基纸，并基于此CNT/PANI纸制备了超薄全固态超级电容器，其超薄厚度类似于A4打印纸，并表现出高比电容和良好的循环稳定性。另外，CNT/PANI复合膜也可以通过带正电的PANI和带负电的羧基功能化CNT的层层自组装过程制备。这些复合膜展现出交联的网络，而且包含纳米孔洞，可以通过调整层数对厚度和形貌进行控制。

8.2.3 纳米材料和纳米技术在燃料电池中的应用

8.2.3.1 燃料电池的概述

目前，人类对能源的需求量不断增加，同时化石燃料储存量不断减少，化石燃料对环境污染日渐严重这些迫使全球各国都意识到“绿色能源”的重要性，重新对能源政策做出调整。我国也在节能减排的道路上展现出了大国的担当，2020年9月22日，中国政府在第七十五届联合国大会上提出：“中国将提高国家自主贡献力度，采取更加有力的政策和措施，二氧化碳排放力争于2030年前达到峰值，努力争取2060年前实现碳中和。”在众多替代传统能源的研究中，氢能燃料电池脱颖而出并被该领域的研究者和产业者所认可。

燃料电池根据其发生电化学反应性质的差异性可分为碱性燃料电池（alkaline fuel cell，AFC）、质子交换膜燃料电池（proton exchange membrane fuel cell，PEMFC）、磷酸燃料电池（phosphoric acid fuel cell，PAFC）、熔融碳酸盐燃料电池（molten carbonate fuel cell，MCFC）和固体氧化物燃料电池（soli oxide fuel cell，SOFC）5个大类，每种燃料电池的运行方式略有不同。由于燃料电池通过化学方式而不是燃烧方式产生电力，它们不受卡诺循环限制，同时还可以利用来自外电路电子设备的废热进一步提高系统效率，这使得燃料电池在从燃料中提取能量方面具有更高的理论效率。

8.2.3.2 纳米材料在质子交换膜燃料电池中的使用

质子交换膜燃料电池（PEMFC）是通过将氢气与空气中的氧气结合生成对环境无污染

的水同时释放出电能的一项新能源技术，在航天飞机和汽车等领域都有实际应用。

PEMFC通过利用外部供给的燃料（氢气与氧气）和氧化剂（氧气）的化学能产生电能。通常，一个燃料电池由阳极、阴极和质子交换膜组成。在阳极，氢气通过流道经气体扩散层到催化层，在阳极的催化层，氢气分解成质子（氢阳离子）和电子，质子再通过质子交换膜到阴极。但是，电子不能通过质子交换膜，电子须通过一个外部的电路到达阴极，进而产生电能。与此同时，在阴极侧，空气或氧气通过气体通道经过气体扩散层到催化层。在阴极的催化层，氧气和阳极侧的氢离子和电子反应，产生水和热。由于阳极和阴极水浓度和压力的差异，质子通过交换膜，水可以双向通过交换膜。单个燃料电池通常经串联形成燃料电池堆以达到所需的电压。在阳极侧，氢气分解成质子和电子，该反应叫作氢气氧化反应（HOR），反应式见（8-15）；在阴极侧，氧气、质子和电子生成水的反应叫作氧气还原反应（ORR），反应式见式（8-16）；氧化反应是弱吸热反应，还原反应是强放热反应，总的反应产生热，见反应式（8-17）。

阳极： $$2H_2 \longrightarrow 4H^+ + 4e^- \tag{8-15}$$

阴极： $$O_2 + 4H^+ + 4e^- \longrightarrow 2H_2O \tag{8-16}$$

总反应： $$2H_2 + O_2 \longrightarrow 2H_2O \tag{8-17}$$

在PEMFC中，膜电极是电化学反应发生的场所。膜电极的制备方法、组装工艺、物化特性、使用材料和运行条件都会对PEMFC的性能产生重要影响。纳米材料在膜电极的制备中也发挥着举足轻重的作用。研究表明，传统方法制备的均相催化层并不是燃料电池的理想结构。通过催化层的梯度设计（Pt和离子聚合物含量）可以优化质子交换膜到催化层和催化层到扩散层的电学性能。如图8-25所示，Xie等[55]通过对比具有30%（质量分数，下同）全氟磺酸膜（Nafion）的均相催化层和2种正反Nafion梯度（GDE）的催化层（20%-30%-40% Nafion，从扩散层向质子交换膜或反之亦然），测试结果发现Nafion负载较高的梯度催化层具有更高的功率，并且高Nafion负载的催化层表现出更高的质子电导率；孔隙率测量结果表明，低的Nafion负载量，接近GDL的孔体积分数较高，降低了传质阻力。值得一提的是，在中等和高电流密度下，与均匀样品以及具有倒Nafion梯度的样品相比，正Nafion梯度的样品质子传输能力提升更显著。

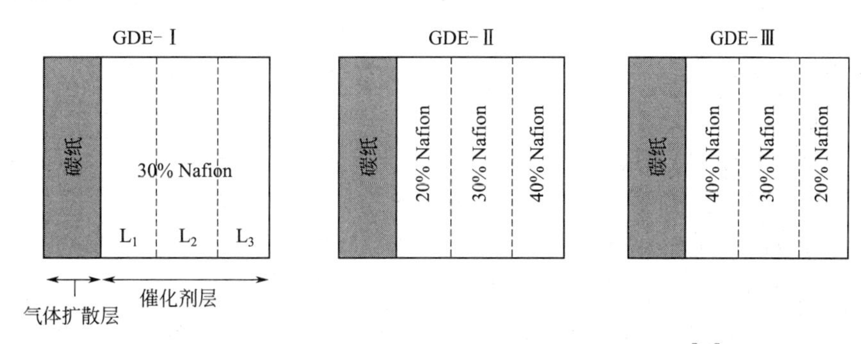

图8-25　Nafion含量均相及梯度含量的膜电极示意图[55]

包括梯度化膜电极在内，其催化层都是催化剂（电子导体）与电解质溶液（质子导体）按一定比例混合制备而成，质子、电子、气体和水等物质的多相传输通道均处于无序状态，存在着较强的电化学极化和浓差极化，制约膜电极的大电流放电性能。因此，对膜电极催化层进行有序化设计显得十分必要。基于此，Middelman 团队[56] 在 2002 年首次提出理想的膜电极结构，如图 8-26 所示。电极中，电子导体垂直于膜，同时电子导体表面上附着粒径约为 2nm 的铂颗粒。电子导体外又涂覆了一层质子导电聚合物层，该质子导体层也同时垂直于膜取向。理论计算表明，质子导体薄层的厚度小于 10nm，气体更易扩散至三相界面，同时有利于产物水的排除，Pt/C 催化剂负载量为 20%便可以满足电池的需求。所以，其有序微观结构可以实现传质通道（电子、质子及物料）分离且有序，进而提高催化剂的催化效率，降低贵金属 Pt 的使用量，增加反应的三相界面。

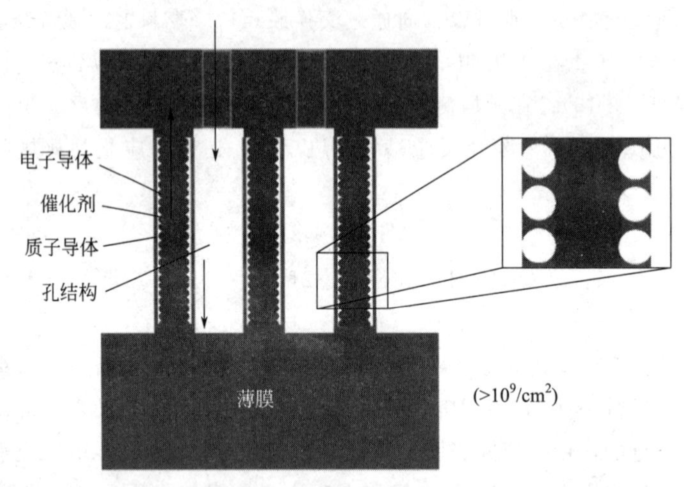

图 8-26 理想膜电极有序化结构示意图[56]（经 Elsevier 许可转载）

目前，商业化的有序膜电极只有 3M 公司的 NSTF 电极，其他大部分都还处于实验室的研发阶段。有序化膜电极不仅可以优化电子传输通道，同时还可以优化质子传输通道，因此可以分为质子导体有序化膜电极和电子导体有序化膜电极两大类，其中电子导体有序化膜主要是通过催化剂载体或催化剂本身形貌来达到有序效果。

8.2.3.3 纳米材料在固体氧化物燃料电池中的应用

相比于其他类型的燃料电池，固体氧化物燃料电池（SOFC）的最大优势在于其整个电池的构造是全固态的，避免了电解液的泄漏和电极的腐蚀；另外，SOFC 同时还表现出较高的单位体积能量密度，其具有 70%～80%的能量转换率，因此，受到了研究者和从业人员的广泛关注。

单个 SOFC 电池一般由多孔阳极（燃料极）、电解质以及多孔阴极（空气极）组成。其中，电解质可以隔绝电子而传导离子，同时还必须隔离燃料气体和空气。SOFC 根据电解质载流子的不同可以分为氧离子导体 SOFC（O-SOFC）和质子导体 SOFC（H-SOFC），SOFC 的整个运转过程是一个传质的过程，O-SOFC 运输的是 O^{2-}，其工作原理是：在阴极处，空气中的氧气发生还原反应，得到电子变成氧离子（O^{2-}），由于固态电解质两侧存在化学势差，氧离子（O^{2-}）会在化学势差的驱动下传输至阳极侧。以氢气为例，氢气在阳极被氧化成 H^+，与源自阴极侧的 O^{2-} 在三相界面处反应在阳极侧生成 H_2O，同时电子通过外电路形成一个完整的回路，其运行机制如图 8-27（a）所示。H-SOFC 具有不同的工作机制，载流子 H^+ 传输过程如图 8-27（b）所示，氢气首先在阳极发生氧化反应生成 H^+，随着反应的进行，阴阳两极 H^+ 浓度差的作用下，H^+ 经电解质由阳极扩散至阴极，最后在阴极与 O^{2-} 生成水[57]。

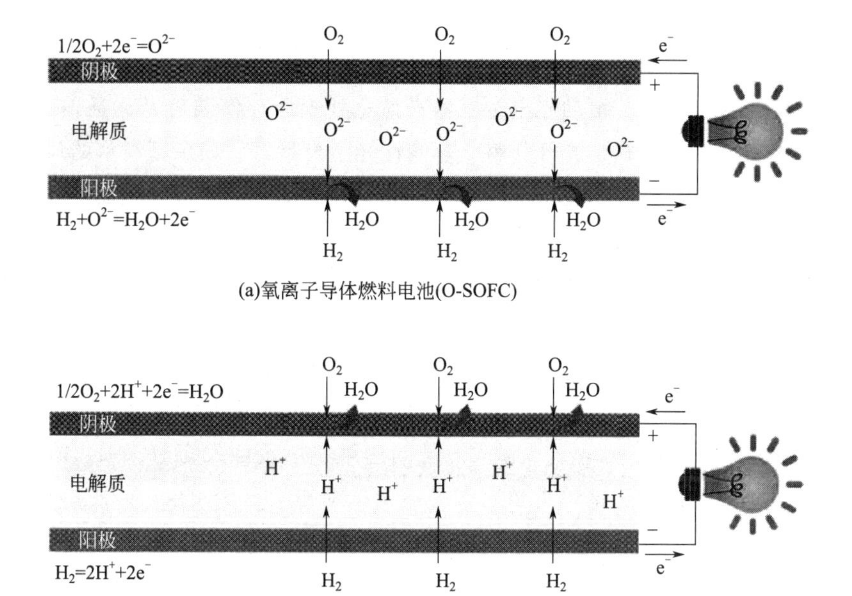

图 8-27　O-SOFC 与 H-SOFC 工作示意图[57]（经 John Wiley and Sons 出版集团许可转载）

尽管 SOFC 技术表现出较好的应用前景，但是 SOFC 离商用化普及还有很漫长的路要走。成本和稳定性是 SOFC 目前亟须攻克的两座大山，稳定性是 SOFC 电池所面临的另一技术难题。阴极腐蚀、阳极的积炭、界面反应、电池结构的损坏等都会影响 SOFC 的稳定性。因此，目前 SOFC 使用的燃料仅限于氢燃料。

8.3 纳米材料与纳米技术在信息领域的应用

电子信息材料属于功能材料，是为实现信息探测、传输、存储、显示和处理等功能使用的材料，也是制造信息处理器件如晶体管和集成电路的材料。按功能分，电子信息材料主要可以分为三类：①信息探测材料，其中的对电、磁、光、声、热辐射、压力变化或化学物质敏感的材料属于此类，可用来制成传感器，用于各种探测系统，如电磁敏感材料、光敏材料、压电材料等。这些材料有陶瓷、半导体和有机高分子化合物等。②信息传输材料，是指用于各种通信器件的一些能够用来传递信息的材料，如通信电缆材料、光纤通信材料、微波通信材料和 GSM 蜂窝移动通信材料等，现阶段利用这些材料构建的综合通信网络，已成为国家信息基础设施的支柱。光纤重量轻、占空间小、抗电磁干扰、通信保密性强，可以制成光缆以取代电缆，是一种很有发展前途的信息传输材料。③信息存储材料，主要是磁存储材料，主要包括金属磁粉和钡铁氧体磁粉，用于计算机存储。光存储材料，有磁光记录材料、相变光盘材料等，用于外存；铁电介质存储材料，用于动态随机存取存储器；半导体动态存储材料，以硅为主，用于内存。纳米材料与信息技术的高速发展息息相关，因此本章节将以各类应用于信息技术的纳米材料为研究对象，简要介绍其在信息领域的应用。

8.3.1 纳米信息探测材料

在信息探测材料内，应用较为广泛的主要是光电材料，光电材料一般是指用于制造各种光电设备（主要包括各种主、被动光电传感器光信息处理和存储装置及光通信等）的材料，主要包括红外材料、激光材料、光纤材料、非线性光学材料等。如果把材料的尺寸减小到纳米级别，引入纳米效应如表面效应、小尺寸效应和宏观量子隧道效应，则能进一步提升。纳米光电材料可进一步分为有机光电材料和无机光电材料。

在有机光电材料领域，目前比较新型的主要是含有碳原子和大量具有 π 共轭体系的结构单元。其可以通过溶解于溶剂的方式快捷、低成本地大规模制备，因此具有较大的竞争潜力。为了更好地了解其发光原理，先对有机光电材料的光物理过程进行简要介绍（图 8-28）：分子在未受激发时处于基态（S0），当吸收光能将从基态跃迁至（第一，第二，第三，……）单重激发态（S1，S2，S3，…），若受激发分子到达第二单重激发态（S2-2）的高振动激发态上，该分子会通过弛豫到达该单重激发态的最低振动态上（S2-0），再经过内转换和振动弛豫过程到达第一单重激发态的最低振动能级（S1-0），这个过程的转变正是因为高能级的单重激发态能级之间有重叠所致。处于第一单重激发态（S1-0）的分子可通过无辐射跃迁回到基态（S0）；也可以通过辐射出光子跃迁回到基态（S0）；还有一种方式是先转移到第一激发三重态（T1-0）后光辐射跃迁回到基态（S0）。

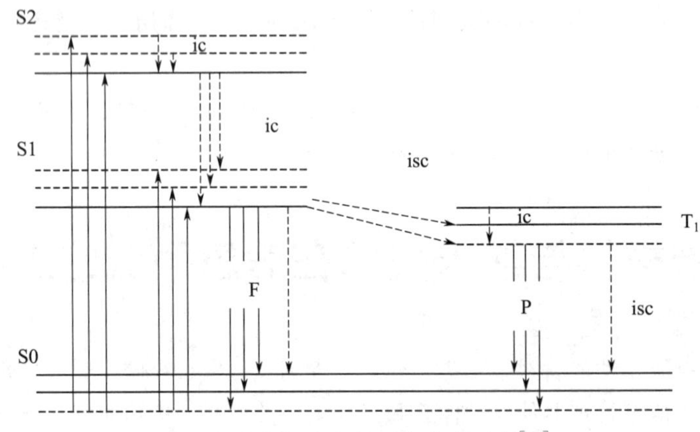

图 8-28　有机光电材料光物理过程[58]

（ic—内转换；isc—系间窜越；F—荧光发射；P—磷光发射）

有机光电材料具有的一般特性主要：有在可见光区域（即 400～750nm）有很好的荧光量子效率；具有良好的半导体特性，能较好地传递载流子；具有良好的成膜性，机械加工性；具有良好的化学稳定性和热稳定性。依照有机光电材料分子结构的不同可分为以下几类。

（1）小分子光电材料

有机小分子光电材料的优势是十分显著的，并且是被广泛应用的一种有机光电材料。由于其具有确定的分子量和分子式，制备也较为简单，且具有相对较好的成膜性。同时，其还具有荧光效率高、色彩饱和度好、材料结构易于调节等特点，这些都促使它成为广泛应用的光电材料。小分子光电材料的结构各异，其中主要包括共轭环和生色团等。在实际实验中使用频率较高的有机小分子光电材料有苝（Perylene）及其衍生物、蒽衍生物、芳胺衍生物、芴（包括螺芴和多芴）、香豆素染料、喹吖啶酮（quinacridone）、萘胺类（Naphthalimide）、红荧烯（Rubrene）、罗丹明类染料等。

（2）金属配合物光电材料

这是介于有机物和无机物之间的一种材料，并且分子结构中一般具有五元环或六元环，使得其不仅具有有机小分子光电材料的荧光效率高、光电饱和度好及载流子传输性能好等有机性质，同时具有无机物的稳定性强、熔点高等无机物的相关性质。金属配合物的制备方式为蒸镀法成膜，8-羟基喹啉铝是目前金属配合物中具有良好光电特性的材料。近些年，已合成一些金属有机配合物，如羟基苯并噻唑类配合物、希夫碱类配合物、8-羟基喹啉及其衍生物等。

（3）有机聚合物光电材料

聚合物光电材料具有独特的结构优势，可以通过调节分子结构来改变聚合物的光电性能，同时该光电材料还具有良好的成膜性且不易晶化性。聚合物光电材料的分类通常是根据聚合程度区分的，大致可以分为高聚物和低聚物（齐聚物）。这里我们主要研究的是低聚物（齐聚物）的特点，与高聚物相比低聚物（齐聚物）的分子长度有限，利于在制备和提纯中获得。同时，其化学结构和共轭链长度也容易测得，通过对结构和共轭链的调控能够有效地控制其光电性能。单分散型共轭低聚物是相对分子质量介于聚合物和有机小分子光电材料之间的一种共轭分子。它具有和低聚物类似的结构及特性。

另外一大类则是无机量子点光电材料。早期对量子点的研究集中于镉族（Cd）和铅族（Pb），Bawandi 研究合成了高质量的硒化镉（CdSe）量子点，并通过实验证明其量子产率高达 97%，具有明显的尺寸依赖性[58]，结果如图 8-29 所示。Yan 则在近红外和中红外波段对铅族（Pb）量子点的研究中取得了进展，制备合成高质量的硒化铅（PbSe），验证了其同样具备尺寸依赖特征，并据此研制了三波长光电器，用来研究不同波长的气体含量检测效果[59]。各领域专家也在不断地探索研究其他量子点的合成，特别是位于可见光波段的锌族、镓族和铟族量子点。

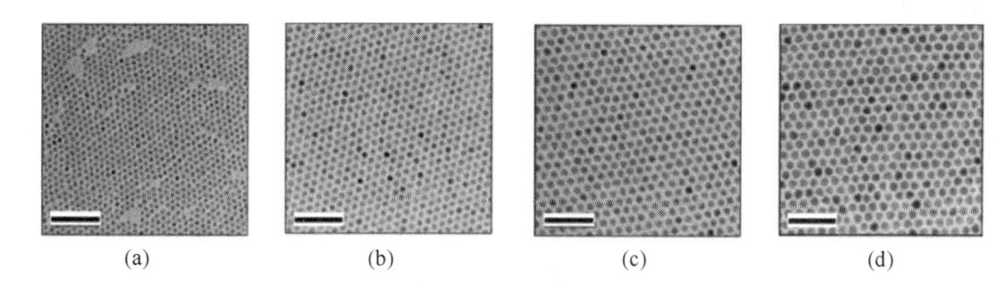

图 8-29 CdSe 和 CdSe-CdS 量子点的 TEM 图[59]（经 Springer-Nature 出版集团许可转载）

（a）4.4nm 颗粒尺寸的 CdSe；CdSe-CdS 核壳结构中 CdS 壳厚度分别为（b）0.8nm；（c）1.6nm；（d）2.4nm

由于镉族和铅族具有较大的毒性，一方面会对周围环境造成恶劣影响，另一方面也极大地限制了量子点光电性质的应用。因此，人们逐渐将视线移动至无毒绿色材料合成的量子点中，其中铜铟硫（$CuInS_2$）就是很重要的一类，Castro 等成功合成并观测到 $CuInS_2$ 由量子局限效应引起的光致发光光谱，而受到多方面因素的限制，其量子产率仅为 4.4%，处在极低水平[61]。$CuInS_2$ 量子点的形貌如图 8-30 所示。近些年更多的学者投身至该项研究，$CuInS_2$ 的量子产率已经高达 78%[62]。

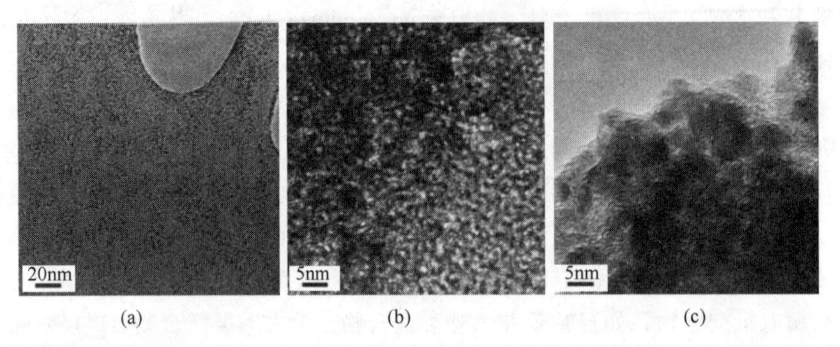

图 8-30　分别在 200℃、225℃和 250℃下生长的 $CuInS_2$ 纳米晶的透射电镜图（经美国 ACS 许可转载）

8.3.2 纳米信息传输材料

信息传输材料中最主要的是光纤（如图 8-31 所示），二氧化硅（SiO_2）为主要原料，其中按不同的掺杂量，可以控制纤芯和包层的折射率。随着通信领域的快速发展，人们开始探索生产直径在光学波长范围内的细光纤的可能性，即所谓的纳米光纤。纳米光纤具有许多优异的光学和机械性能：①与自由空间聚焦光束相比，可以在较长的光纤长度上实现电磁场的强束缚，为观察低功率条件下的非线性效应提供了可能；②强消逝场，引导光的很大一部分位于光纤外的消逝波内；③灵活性，某些制造方法可允许纳米光纤区域通过锥形区域过渡到标准光纤，与其他光纤或光纤化组件低损耗互连。在 2000 年，对此类光纤制造工艺的改进[63]，生产的纳米光纤直径只有几百纳米，光传输接近 100%。纳米光纤在加热拉制的过程中，玻璃的流动特性保证了光纤表面的低粗糙度，光滑的表面使其具有超高传输的特点，在真空装置中可以承受近乎 1W 的高功率强度而不会损坏光纤或降低传输性能。

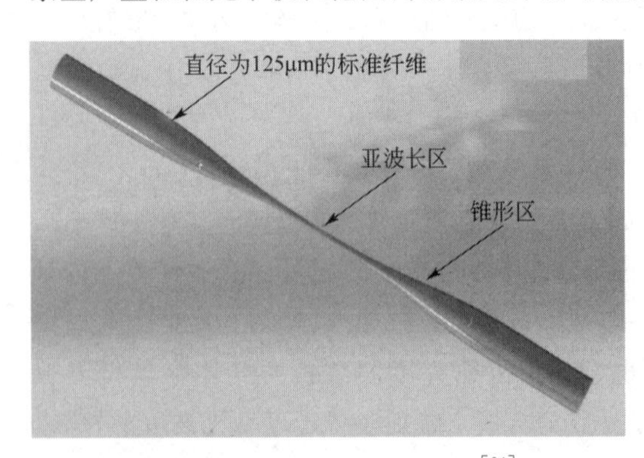

图 8-31　纳米光纤结构示意图[64]

从原子物理学的角度出发，纳米光纤允许其中引导的光与表面亚微米距离的原子相互作用，一个直接的结果是增加了光纤附近原子的自发辐射率，并有可能收集和引导自发辐射进入光纤；另一方面，纳米光纤引导的大部分能量可以被单个原子吸收。纳米光纤受到了越来越多的关注，许多具有挑战性的课题不断涌现，如单原子检测、光纤中单光子的产生或基于电磁诱导透明的参量四波混频等[65]，这些对于量子信息技术的研究是非常重要的。除此之外，纳米光纤还有可能进一步成为研究量子光学的有效工具，为研究高精度光与原子相互作用开辟了新方向。

当前，纳米尺度的光纤成为国际前沿研究热点。而聚合物纳米光纤由于具有良好的机械性能，尤其是其弹性和柔韧性很好，可以通过化学设计改变其材料的特性，是构筑超紧凑光子学器件和微型化集成光子回路的首选之一。但是其材质柔性、长径比巨大，必须放在衬底上，如常用的玻璃或硅片，才能真正实用化，发展新型纳米光波导传感器件等。但当纳米光纤半径很小，例如小于 125nm 时，放置玻璃上的纳米光纤将无法传输光信号。

针对这个问题，最近明海、王沛教授[66] 等对纳米光纤中信号传输进行了改良，提出了一种新型光学模式（如图 8-32 所示）：存在于多层介质薄膜与纳米光纤复合结构中的一维布洛赫表面波（BSW-1D）。利用该模式成功解决了极细聚合物纳米光纤在常规衬底上无法传输光信号的技术难题。其主要是利用结构参数精心设计的多层介质薄膜来支撑聚合物纳米光纤，借助多层薄膜的光子带隙来阻止纳米光纤中光信号的泄漏。实验结果表明，在该多层介质薄膜上，极细纳米光纤完全可以传输光信号，该传输模式即为新发现的一维布洛赫表面波，BSW-1D 模式。这种方法适用于各种聚合物纳米光纤，而这些光纤具有很好的生物兼容性，可掺杂各种荧光基团，由此可以产生各种新型的纳米光子学器件。

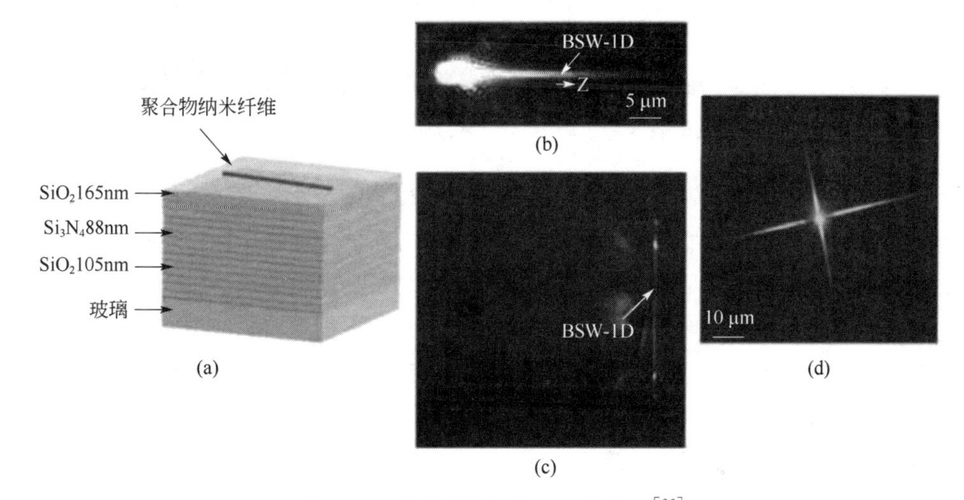

图 8-32　激光束沿着纳米纤维传播[66]

8.3.3 纳米信息存储材料

纳米磁性材料由于具有体相材料所不具备的新颖的物理化学性质，引起了人们广泛的研究和关注。纳米磁性材料的特性不同于常规的磁性材料，其原因是关联于与磁相关的特征物理长度恰好处于纳米量级，例如磁单畴尺寸、超顺磁性临界尺寸、交换作用长度以及电子平均自由路程等大致处于 1～100nm 量级。当磁性体的尺寸与这些特征物理长度相当时，就会呈现反常的磁学性质。纳米磁性材料主要可分为两类：永磁材料和软磁材料，主要依据矫顽力来划分。一般来说，如果材料的矫顽力大于或等于 40kA/m（500Oe），就认为此材料为永磁材料，而矫顽力不高于 1kA/m（12.5Oe）时，该材料则属于软磁材料，而当矫顽力值在 1kA/m（12.5Oe）$\leqslant H_{ci} \leqslant$40kA/m（500Oe）之间，此材料称为半硬磁材料。磁性材料按照矫顽力和成分分类如图 8-33 所示。

8.3.3.1 纳米软磁材料

软磁性材料是磁性材料中应用最广泛、种类最多的材料之一，对其性能的要求常因应用而异，但通常都希望材料的磁导率 μ 要高、矫顽力 H_{cj} 和损耗 P_c 要低。软磁性材料经历了

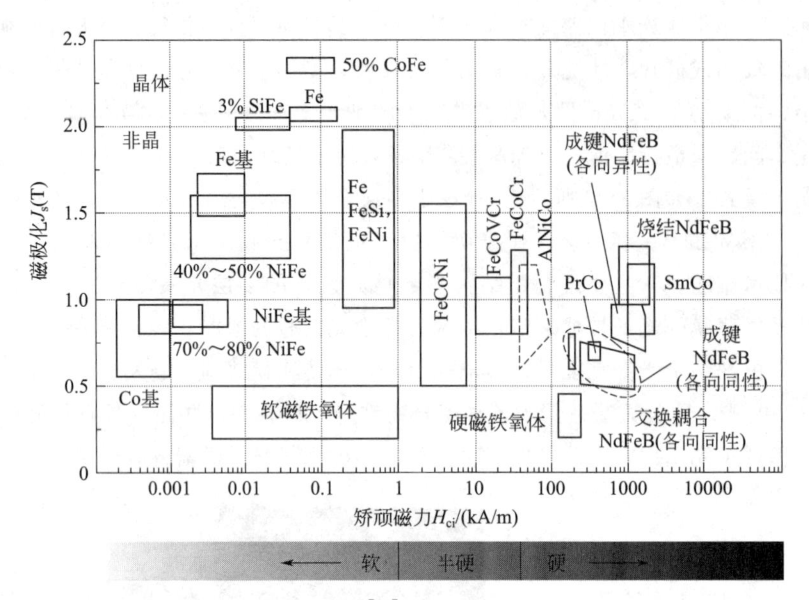

图 8-33　磁性材料的磁极化强度和矫顽力[67]（经 John Wiley and Sons 出版集团许可转载）

金属软磁性材料、铁氧体软磁性材料和非晶纳米晶软磁合金等几个发展阶段。软磁材料主要用于电动机定、转子、变电器、继电器铁芯等。通常容易被反复磁化，在外磁场去掉后，容易退磁的材料，要求其尺寸尽可能小，所以纳米软磁材料是理想的选择。纳米软磁材料主要是一些金属化合物颗粒，一般采用固相法、机械球磨法、有机液相法制备。

固相法是一种制备合金常用的方法，过程包括相界面上的化学反应和反应物通过产物扩散两个过程，反应温度较高，且反应发生在非均相系统，因而传热和传质过程都对反应速度有重要影响。一般金属的泰曼温度 $T_s=(0.3\sim0.4)T_m$（T_m 为熔点），混合粉末或样品在高温下物质相互扩散，使微观离散颗粒逐渐形成连续的固态结构，此过程样品整体自由能降低，强度提高。一般工艺流程为配料、混粉、烧结、粉碎等过程，有些工业生产中为实现合金均匀致密化，会进行二次烧结球磨或压型等处理。

机械球磨法则是在常温下进行的非平衡固态反应技术，Cu-Cr 等本不互溶的体系，经机械球磨后，固溶度都得到了很大的增长。其中球磨过程中球磨转速、球磨介质材料、球磨时间、磨球与投放物料比值以及投放磨球直径大小和不同直径磨球质量比都会影响最终产物的效果。这种方法因过程简单、所需设备造价成本低等因素，备受研究领域和工业生产的青睐。

有机液相法在高温条件下进行，所得产物具有较好的热稳定性以及结晶度。通过调控反应温度、升温速率、保温时间、表面活性剂等众多因素，可对纳米粒子的形貌尺寸进行调控，进而改变其磁学性能，同时在反应过程中可抽取反应液研究纳米粒子的成核和生长机制，该方法众多的优势使其逐步应用于合成其他化合物。

8.3.3.2 纳米永磁材料

永磁材料相对于软磁材料具有更高的矫顽力，经技术磁化到饱和后，即使去掉外场，并不会像软磁材料一样失去磁性，自然条件下它仍然可以长期保持很强的磁性。当单畴颗粒的粒径小于超顺磁性对应的临界尺寸 d_0 时，单畴颗粒的矫顽力会随着颗粒尺寸的减小而增大，在单畴尺寸获得最大矫顽力。当单畴颗粒的粒径小于超顺磁性对应的临界尺寸 d_0 时，因磁各向异性能不足以克服热效应的影响，体积较小的单畴粒子磁矩很容易发生改变使得矫顽力变为零。对于具有相当高磁化强度的强各向异性材料，其单畴颗粒尺寸一般在零点几个微米，因此，当这些材料的微观结构尺寸做到与其单畴尺寸接近时，矫顽力将会得到很大的提高。

目前研究较多的主要是 Nd-Fe-B 系、Fe-Cr-Co 系和 Fe-Co-V 系。这些合金加少量其他元素如 Ti、Cu、Co、W 等还可进一步改善其永磁性或加工性。随着快淬技术的发展，使一些化合物能以亚稳态形式存在。如添加某些元素使亚稳相稳定化，使对稀土永磁的探索不限于二元系，这开阔了人们的思路。2011 年内布拉斯加州大学的 Liu 等[68] 采用磁控溅射的方法将 Fe 原子比例大于 50%的 Fe-Pt 合金镀在 MgO 基体上，薄膜厚度仅为 10nm，快速热退火获得了具有 L10 结构的 FePt 硬磁相和富 Fe 元素的 Fe-Pt 软磁相，并获得了纳米复合永磁体较高的磁能积 54MGOe，高于单相 FePt 磁体理论磁能积的 50MGOe。纳米永磁材料具有较好的热稳定性、耐腐蚀性，适用于微电机等小型、异型、尺寸精度要求高的永磁器件。近年来研究工作的新方向是纳米复相稀土永磁材料的研制。

8.4 纳米材料和纳米技术在无线传感领域的应用

时至今日，无线传感已经经历了三代技术更迭。早在 20 世纪 70 年代，依赖于传统传感器点对点传输与连接传感控制器所构成的传感网络，形成了最初的无线传感雏形，称之为第一代传感器网络。发展至 20 世纪 90 年代，传感器网络同时融合了获取多种信息信号综合处理的能力，并通过与传感控制相联，形成了信息综合和处理能力的传感器网络，称之为第二代传感器网络。从 20 世纪末开始，得益于现场总线技术的开发应用、传感网络日益智能化以及大量多功能传感器的运用及其与无线技术的连接，第三代无线传感器网络得以形成。

无线传感器网络可以看成是由数据获取网络、数据颁布网络和控制管理中心三部分组成的。其主要组成部分是集成有传感器、处理单元和通信模块的节点，各节点通过协议自组成一个分布式网络，再将采集来的数据通过优化后经无线电波传输给信息处理中心。现阶段，无线传感器网络日益大规模化和多功能集成化，同时推动人工智能、大数据技术等高新技术的蓬勃发展，无线传感器网络的不断发展与应用，将会给人类的生活和生产的各个领域带来深远影响。本书将从纳米材料在无线传感领域的基础应用、纳米技术促进无线传感一体化技术以及无线传感前沿研究三个方面进行论述。

8.4.1 纳米材料与无线传感

智能化无线传感网络的发展要求其关键材料的超微化、智能化，组成元件如纳米传感器的高集成、高密度存储和超快传输等特性。利用纳米技术制作的传感器尺寸减小、精度提高、性能大大改善。纳米传感器站在原子尺度上，极大地丰富了传感器的理论，推动了传感器的制作水平，其在生物、化学、机械、航空、军事等领域得以广泛的发展。

纳米材料具有巨大的比表面积和界面，对外部环境的变化十分敏感。温度、光、湿度和气氛的变化均会引起表面或界面离子价态和电子输出的迅速改变，而且响应快、灵敏度高。

因此，利用纳米固体的界面效应、尺寸效应、量子效应，可制成传感器。与传统的传感器相比，纳米传感器由于可以在原子和分子尺度上进行操作，充分利用了纳米材料的反应活性、拉曼光谱效应、催化效率、导电性、强度、硬度、韧性、超强可塑性和超顺磁性等特有性质，因而具有灵敏度高、功耗小、成本低和易于多功能集成等显著特点。

纳米传感器的这些特点将使其在构建各类物联网的进程中拥有巨大的发展前景和应用潜力，纳米传感器技术也有望成为推动世界范围内新一轮科技革命、产业革命和军事革命的“颠覆性”技术。下面我们介绍几种纳米特性传感器。

8.4.1.1 气敏传感器

顾名思义，气敏传感器是对气体敏感的传感器。半导体气敏传感器是常见的一种。半导体纳米气体传感的基本工作原理为：利用半导体纳米陶瓷与气体接触时电阻的变化来检测低浓度气体。应用纳米半导体材料获得纳米传感器，由于纳米材料具有更高的比表面积和比表面能，提供了大量气体通道，从而大大提高了灵敏度，而且工作温度和传感器的尺寸都能得到有效降低。2020 年，复旦大学邓勇辉教授团队在半导体传感材料合成领域取得了突破性研究进展，通过在分子尺度操控有机大分子与无机小分子界面静电组装，首次获得呈 3D 紧密交叉排列的嵌段共聚物-杂多酸复合纳米线阵列形成的介孔结构，如图 8-34（a）所示。由于合成的亚稳态 ε-WO_3 纳米线阵列结构同时具有 3D 堆垛多孔结构、丰富的界面活性氧（O^-、O^{2-} 等）和良好的电子传递行为，该材料展示出优异的丙酮传感响应性能，同时兼备高的灵敏度和选择性，结果如图 8-34（b）、(c）所示[69]。

8.4.1.2 湿敏传感器

湿度传感器的工作原理是半导体纳米材料制成的陶瓷电阻随湿度的变化关系决定的。纳米材料具有明显的湿敏特性，对外界环境湿气十分敏感。环境湿度迅速引起其表面或界面离子价态和电子运输的变化。通常，对湿敏器件有下列要求：在各种气体环境下稳定性好、响应时间短、寿命长、有互换性、耐污染和受温度影响小等。微型化、集成化及廉价是湿敏器件的发展方向。

8.4.1.3 压敏传感器

压敏传感器通过将机械位移转变成电信号实现传感特性。过去二十年，利用新型的纳米碳材料如纳米碳管和石墨烯，研究者开发出了一系列高灵敏度的压力传感器。2020 年，华中科技大学徐鸣等[70] 开发出了一类新型自供电式纳米碳管压力传感器，器件的示意图如图 8-34（d）所示。该传感器利用海水作为电解质直接在海洋中工作，无须封装。该传感器可以将机械液压力能电化学地转化为电能，并产生响应于水压变化的电信号，其灵敏度可高达 10Pa，即可探测 1mm 的波浪变化，是当前最先进水下压力探测器件的 10 倍，结果如图 8-34（e)、(f）所示。

8.4.1.4 纳米电化学传感器

电化学纳米传感器基于检测由于散射的变化或电荷载流子的耗尽或积累而导致的分析物结合后纳米材料中的电阻变化，包括化学纳米传感器和物理化学纳米传感器这两种，两者各有不同的传感机制。化学纳米传感器通过测量纳米材料的电导率变化来起作用。许多纳米

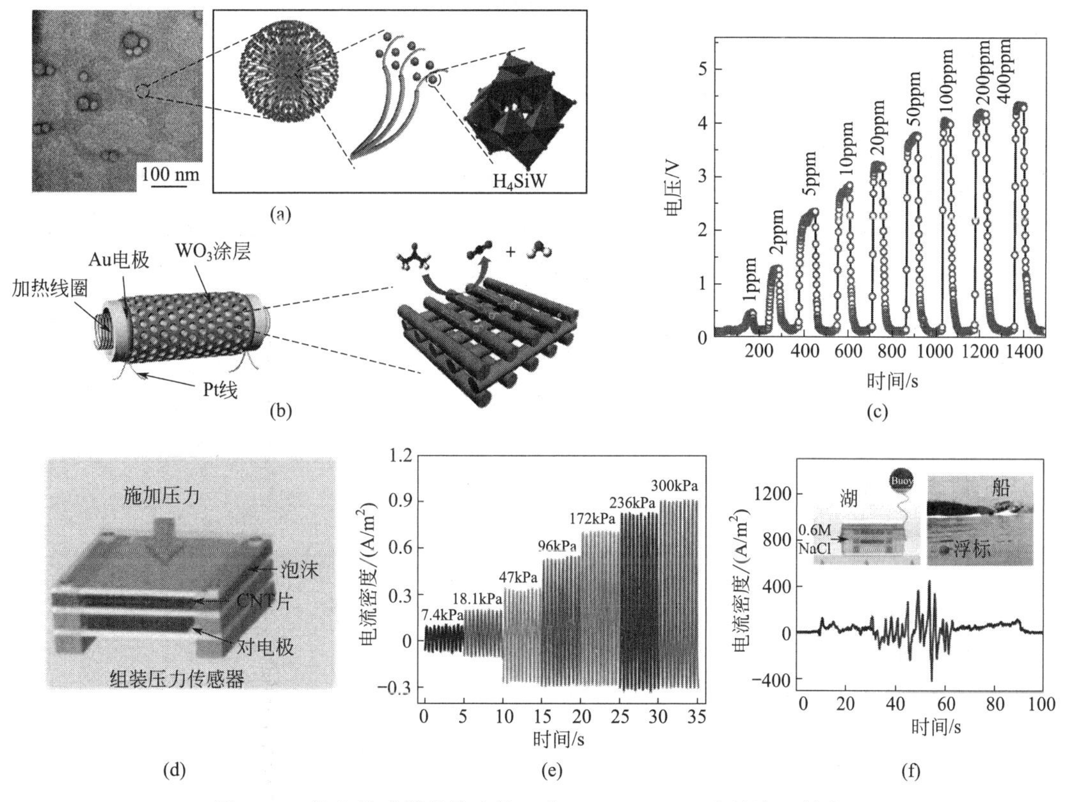

图 8-34 纳米传感器的代表性工作（经 Springer 自然许可转载）

（a）3D 紧密交叉排列半导体纳米材料的共组装合成；（b）气敏传感器的结构示意图；（c）对丙酮的响应度，测试温度为 300℃；（d）压敏传感器器件示意图；（e）不同压力下的短路电流随时间的变化曲线；（f）实测湖中波浪引起短路电流产生的信号及其随时间的变化关系曲线[58]

材料具有高电导率，当分子结合或吸附时，电导率会降低，正是测量这种可检测的变化。一维材料（例如纳米线和纳米管）是化学纳米传感器的出色示例，因为一旦检测到分析物，它们的电约束结构既可以充当换能器，也可以充当电子线。而物理化学纳米传感器虽然也是通过检测材料的电导率变化来工作的，但是，与化学纳米传感器的工作机制却大不相同。比如其中的机械纳米传感器，当对材料进行物理操作时，用作机械纳米传感器的纳米材料会改变其电导率，而这种物理变化会引起可检测的响应。也可以使用连接的电容器来测量此响应，其中的物理变化会导致电容的可测量变化。

8.4.1.5 纳米生物传感器

纳米材料引入生物传感器领域后，提高了生物传感器的灵敏度和其它性能，并促发了新型的生物传感器。因为具有了亚微米尺寸的换能器、探针或者纳米微系统，生物传感器的各种性能大幅提高。目前人们已研制出了尺寸在微米、纳米量级的生物传感器和生物图像传感器。IBM 公司和瑞典 Basel 大学的研究人员开发了一种新型的纳米微悬梁生物传感器。利用 DNA 分子的双螺旋机构，作为分子特异性识别能力的模型。器件的核心是硅悬梁天平阵列，长 500μm，宽 100μm，厚度为 1μm。生物分子的结合，引起悬梁臂的弯曲，通过激光反射技术，该器件能够检测到 10～20nm 的弯曲。在悬梁天平阵列表面固定具有不同识别性的分子，构成阵列式生物传感器，可以同时检测多项指标。

8.4.2 纳米技术与多功能传感集成系统

纳米技术研究的是10～100nm大小的物体，甚至对原子进行操作。如光刻加工技术的精度已经达到5nm水平，扫描探针显微镜可以进行原子级操作、装配和改性等加工。纳米传感器是非常小的纳米级设备。这些传感器测量原子的物理量，并将它们转换成可检测的信号，这样传感器就能完成工作并感知微小物体。纳米技术是在原子和纳米尺度上控制物质的科学技术的一部分。应用纳米技术研究开发纳米传感器，有两种情况：一是采用纳米结构的材料（包括粉粒状纳米材料和薄膜状的纳米材料）制作传感器；二是研究操作单个或多个纳米原子有序排列成所需结构而制作传感器。纳米技术现阶段的研究进展带动了新型传感器、执行器、多功能材料与系统的发展。

下面我们介绍纳米技术对多功能传感集成系统的促进作用。

微纳米加工技术如光刻、印刷、打印、激光加工等技术促进了纳米传感器的小尺寸和规模化集成。加州大学伯克利分校阿里·贾维教授与袁震等基于场效应管结构［图8-35(a)～(d)］，利用传统硅工艺技术制备了场效应管阵列。该制备方法与现代芯片制造工艺完全兼容，可实现晶圆级制备。该研究进一步针对食物变质检测这一应用场景，采用不同敏感材料对各单元分别进行修饰，制备了能够同时监测氨气、硫化氢与湿度的气湿敏场效应管阵列。该器件显示出良好的灵敏度与极低的检测极限，具有良好的选择性，各单元间交叉串扰响应与基线漂移较小，展示出优异的气敏检测性能。此外，基于器件性能参数，该研究设计了包括便携式信号读取输出电路与显示软件在内的多组分气湿敏检测系统，并应用于高蛋白食物的质量评估检测中[71]。

斯坦福大学鲍哲楠院士团队开发了单片光学微光刻技术，推进了高密度弹性电路的集成制造。如图8-35(e)、(f)所示，该单片光学微光刻工艺通过连续紫外光触发溶解度调制，直接对聚合物弹性电子材料进行图案化，获得了沟道长度为2μm的晶体管，密度高达42000个晶体管/cm^2。基于该方法还构建了包含异或门和半加法器的弹性电路。该工艺为实现复杂、高密度、多层弹性电路的晶圆级制造提供了思路，且性能可与刚性电路相媲美[72]。

3D打印技术用于传感系统的制造进一步影响到可穿戴电子产品、能量收集装置、智能假肢和人机界面等领域，大大加快了柔性可拉伸传感器等电子器件的发展。研究人员采用多材料、多尺度和多功能的3D打印方法，在自由表面上加工生成了3D触觉传感器，如图8-35(h)所示。

可拉伸大面积电子设备的制造对于未来在医疗保健、可穿戴设备和机器人技术中的应用是必需的。通过使用本质上可拉伸的材料可以获得抵抗应变的可靠电导。另一种方法是使用微结构制造导电通路，但是大面积利用受到其加工性困难的限制。近日，东京大学Takao Someya课题组在Nature Materials上发表了一篇题为“Printable elastic conductors by in situ formation of silver nanoparticles from silver flakes”的文章。该研究团队通过简单地印刷包含氟橡胶、氟表面活性剂，银薄片和甲基异丁基酮（MIBK）作为溶剂的油墨形成的Ag纳米粒子（AgNPs）的原位形成实现的高性能可拉伸和可印刷的弹性导体。初始电导率为6168S·cm^{-1}，导电率在400%应变下可保持高达935S·cm^{-1}，结果如图8-35(g)所示。此类材料

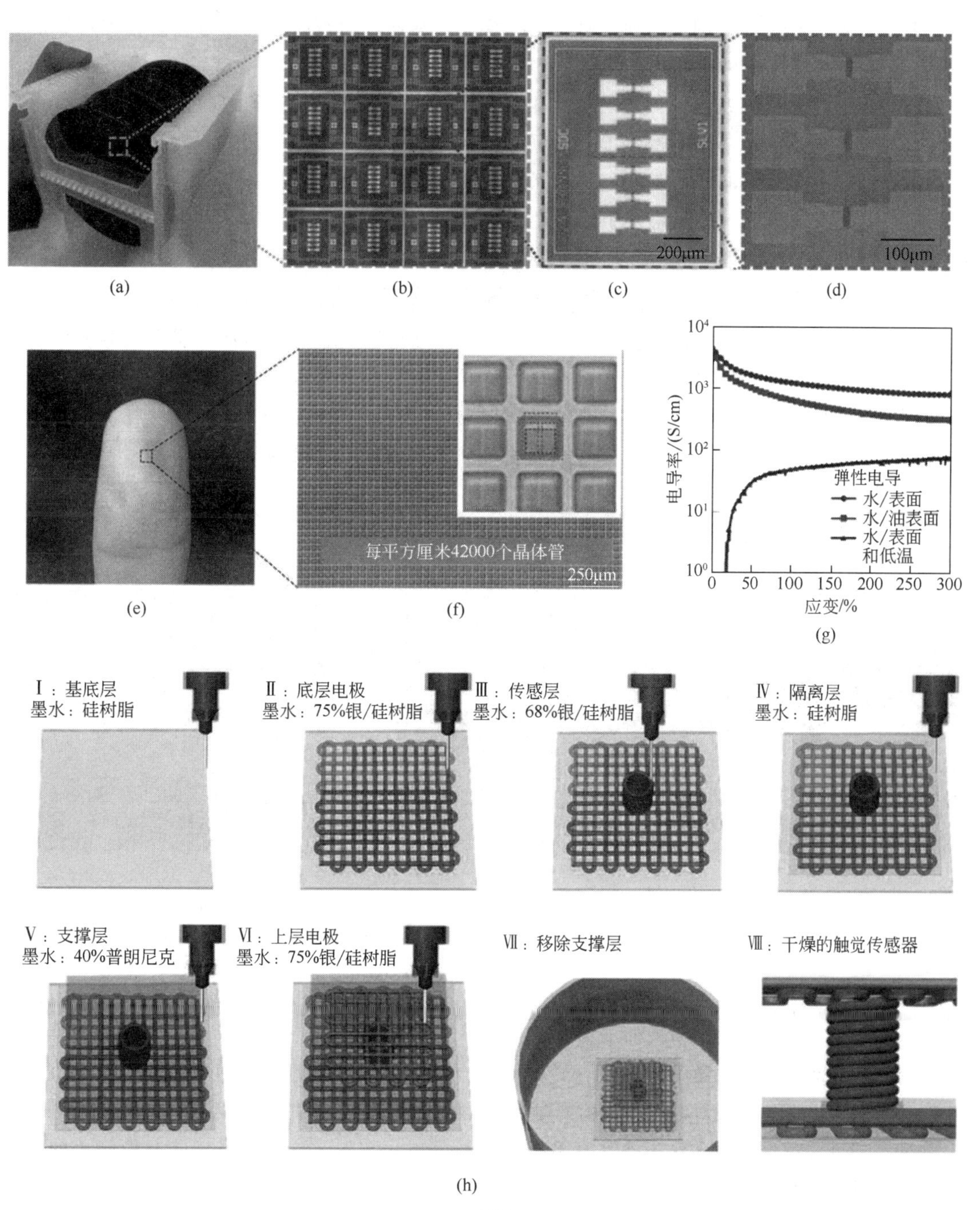

图 8-35 微、纳米技术制造纳米传感器[71]（经 Springer Nature 自然许可转载）

（a）～（d）传统半导体硅工艺技术制备的化学敏感场效应晶体管（CSFET）；（e）～（f）单片光学微光刻技术研制的高密度弹性集成电路；（g）丝网印刷弹性体的电导率随应变的变化情况；（h）3D 打印研制传感器的八个步骤

通过印刷协同地结合了高导电性、卓越的机械延展性和图案性，从而为下一代可穿戴和表皮电子学和生物电子学开创了许多新途径[71]。

这些新型或改进的制备方法极大地推动了纳米传感系统的规模化集成。

2017年，研究者发明了一种自驱动无线智能传感器，创新性地利用磁悬浮原理巧妙地结合了摩擦纳米发电机和电磁发电机，可以有效地减小运动过程中的能量损耗，利用微纳能量收集技术更大程度地将机械能转换为电能[73]。在电性能输出方面，仅用350s就可以将0.1F的超级电容从0V充到3V，同时也可以有效地为锂电池充电。通过阵列的复合发电机可以持续地为无线智能传感器供电，并实时地将数据传输到智能手机上，实现了物联网(IoT)技术在高速列车检测系统中的应用。这为列车的安全监测提供了一个新的思路，并实现了物联网与高速列车的一个有机结合，如图8-36(a)所示。

2020年，研究者针对摩擦纳米发电机提出一种新的增强方案，通过在聚偏氟乙烯(PVDF)中掺杂高比表面积的活性炭，从而控制其介电常数，进而增强摩擦纳米发电机的输出性能，对无线传感领域具有极高的应用潜力[74]。经过测试，掺杂后PVDF所制备的摩擦纳米发电机功率提高了9.8倍。并且其优异的性能无论是在能量收集方面还是作为传感器监测人体动作，都具有非常良好的实验效果，有望在人体可穿戴无线传感实现突破，如图8-36(b)所示。

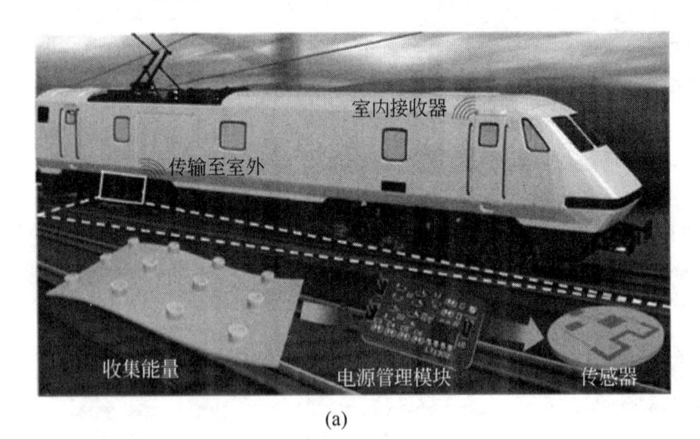

(a)

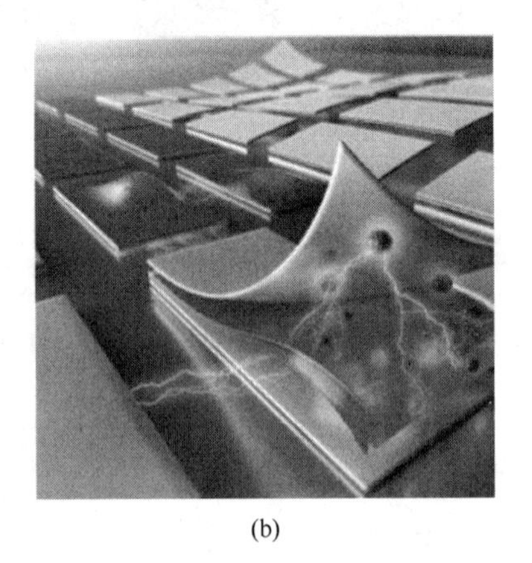
(b)

图8-36　自供电摩擦纳米发电机增强的无线传感系统(经Elsevier和美国ACS许可转载)
(a)用于列车转向架的一体化无线传感[73]；(b)摩擦纳米发电机增强无线传感及应用潜力[74]

柔性电子皮肤发展自今，已经可以实现如同人类皮肤一样感知应力和温度的变化。但是这一类电子皮肤需要通过微纳加工集成上不同的传感器，因此结构十分复杂。斯坦福大学鲍哲南团队和浦项科技大学Unyong Jeong利用离子弛豫动力学原理，以简单的双电极电容的结构，制作出可以实现对温度和应力同时响应的柔性传感器。将这种传感器做成10×10的阵列，即可实现像人类皮肤一样具有温感和触感的电子皮肤。这种电子皮肤以最简单的结构，实现了复杂的功能，在该领域具有里程碑的意义[75]。

实时监测汗液的流量、累积流失和温度，可以为诊断与热应激有关的体温调节性疾病提供有价值的生理数据。然而，获得具有高时间分辨率的数据，以实现准确、连续的监测仍然具有挑战性。近日，美国西北大学John A. Rogers教授研究团队报道了一种可以实时无线测量出汗率、出汗量和皮肤温度的电子器件。该方法结合了短而笔直的流体通道，以利用基于热制动器和精密热敏电阻的流量传感器捕获从皮肤中流出的汗液，该流量传感器与汗液物理隔离，但与汗液热耦合。该平台使用芯片上的蓝牙低功耗系统自主传输数据。这种方法还可以与先进的微流控系统和比色化学试剂相结合，以测量pH值以及汗液中氯、肌酐和葡萄糖的浓度[76]。

全织物摩擦纳米发电机压力传感用于健康监测智能服装及系统，同时保证了可穿戴电子的传感性能和舒适性。2020年，王中林院士团队[77] 报道了一种基于摩擦电纳米发电机的多功能压力全织物传感器，具有可工业化批量编织、耐机洗、重复使用、高灵敏度传感和穿戴舒适等性能。以制备的导电和尼龙纱线为传感织物材料，采用畦编的机器编织方法制备出全织物传感器，压力灵敏度为7.84mV/Pa，响应时间为20ms。该织物传感器可独立编织成颈带、护腕、袜子和手套，对脖子、手腕、脚踝和手指等不同身体部位处的脉搏进行探测，同时，也可以方便、轻松地和衣物编织在一起，形成具有传感功能的智能服装，用于呼吸和脉搏的多功能传感。这两类重要生理信号的监测可实现睡眠呼吸暂停综合征和心血管疾病的实时、长期监测，在个性医疗、治未病等方面有着广泛的应用前景。

8.5 纳米材料和纳米技术在生物医学领域的应用

纳米材料与生物体息息相关，生物体在存在大量精细的纳米结构如核酸、蛋白质、细胞器等，骨骼、牙齿、肌腱等器官与组织中也都发现有纳米结构存在。此外，据研究在自然界广泛存在的贝壳、甲虫壳、珊瑚等天然材料是由某种有机黏合剂连接的有序排列的纳米碳酸钙颗粒构成的。纳米生物材料是指应用于生物领域的纳米材料与纳米结构，包括纳米生物医用材料、纳米药物的纳米化技术。从狭义上讲纳米生物材料即为纳米生物医用材料，是指对生物体进行诊断、治疗和置换损坏的组织、器官或增进其功能的具有纳米尺度的材料。纳米材料所具有的独特性能，使其在药物载体控释、组织工程支架、介入性诊疗器械、人工器官材料、血液净化浑厚生物大分子分离等众多方面具有广阔的应用前景。因此，发展纳米生物材料意义重大。

8.5.1 纳米生物材料简介

8.5.1.1 无机纳米生物材料

无机纳米生物材料是研究最早并且在临床上应用最为广泛的纳米生物材料，包括纳米陶瓷材料、纳米磁性材料、纳米碳材料等。

(1) 纳米陶瓷材料

纳米陶瓷材料是指由处于纳米尺寸的晶粒所构成的陶瓷材料。纳米陶瓷材料在临床上已有广泛的应用，主要用于制造人工骨、骨螺钉、人工齿、牙种植体以及骨的髓内固定材料等。纳米羟基磷灰石是纳米生物陶瓷中最具代表性的生物活性陶瓷。羟基磷灰石与骨骼主要成分的性能一致，其密度指数和强度数值与骨骼相似，物理特性符合理想骨骼替代物的模数匹配，并且与正常骨骼的相容性好、不易产生骨折，因此，它在组织工程化人工器官、人工植入物等方面的应用前景越来越受到各国科学家的关注。1994年，英国科学家Bonfield[78] 将聚乙烯与压缩后的羟基磷灰石网混合后成功合成了模拟骨骼亚结构的纳米物质，该物质可取代目前骨科常用的合金材料。1996年，Li[79] 等采用浸渍的方法将羟基磷灰石纳米晶涂覆在Ti金属的表面，所得到的材料与组织的结合强度比单独的Ti金属与组织的结合强度高两倍。目前，采用各种方法在金属上涂上骨亲和性高的陶瓷，特别是能和骨发生化学结合的磷灰石，已经制造出更加先进的人工关节。

(2) 纳米磁性材料

纳米磁性材料主要是由纳米级的金属氧化物（如铁、钴、镍等的氧化物）组成的，具有超顺磁性、磁量子隧道效应等。磁性纳米生物材料多为核壳式的纳米级微球，主要有三种结构形式：①核壳-结构，即有磁性材料组成核部，高分子材料作为壳层；②壳-核结构，即将高分子材料作为核部，外面包裹磁性材料；③壳-核-壳结构，即最外层和核部为高分子材料，中间层为磁性材料。

(3) 纳米碳材料

由碳元素组成的碳纳米材料统称为纳米碳材料。1963 年 Gott 等在研究人工血管时发现碳元素具有良好的抗血栓性。此后，碳材料在人工血管、人工心脏瓣膜和人工齿根、骨骼、关节、韧带、肌腱等方面都获得了广泛的应用[80]。1985 年，Kroto、Smalley 和 Curl 等[81]在 Nature 上发表了一篇题为《Co：Buckminsterfullerene》的文章，引起了学术界强烈反响。他们根据质谱上的一个尖峰推算出 C_{60} 的结构，而当时的实验技术不能制备出足够的量用于其他光谱表征，所以受到了许多科学家的质疑。直到 1990 年，Huffman 和 Kratschmer 等合成大量富勒烯，确证这种碳元素单质的新种类是碳的同素异形体，为封闭的空心球形结构，具有芳香性。富勒烯、金属内嵌富勒烯及其衍生物由于独特的结构和物理化学性质，在生物医学领域有广泛的应用，如抗氧化活性和细胞保护作用、抗菌活性、抗病毒作用、药物载体和肿瘤治疗等。

复旦大学宋恩明、香港城市大学叶汝全和于欣格等[82] 报道了一种基于激光诱导石墨烯（LIG）/金纳米颗粒（Au NPs）复合电极的高性能、瞬时葡萄糖酶生物燃料电池（TEBFCs），如图 8-37 所示，这种 LIG 电极由聚酰亚胺（PI）和红外 CO_2 激光器制成，制备简单并且具有低阻抗的特性（16Ω）。其开路电位为 0.77V，最大功率密度为 483.1μW/cm^2。TEBFC 不仅响应快，能在 1min 内达到最大开路电位，而且在体外具有长达 28 天的寿命。体内外实验显示，TEBFC 具有良好的生物相容性与瞬时性能，能够长期植入大鼠体内以获取能量。这种具有先进处理方法的 TEBFC 为瞬态电能的发展提供了一种很有潜力的解决方案。

8.5.1.2 有机纳米生物材料

有机纳米生物材料包括有机小分子纳米生物材料和有机高分子（聚合）纳米生物材料。与无机化合物相比，有机分子具有结构多样、易于裁剪、组装成本低等优点，从而使有机纳米材料具备无机纳米材料所没有的许多功能[83]。有机纳米材料在生物医学方面的应用主要包括以下三个方面：①由于其具有较强的荧光量子产率、较长的荧光寿命、较低的光致漂白性和非特异吸收，因此广泛用作生物荧光探针；②由于其具有较高的光热转换率和较强的光敏化产生活性氧的能力，因此在肿瘤光热治疗和光动力治疗方面具有不可代替的地位；③有机纳米材料特别是有机高分子纳米材料作为药物载流体在生物医学上应用广泛。

如图 8-38 所示，上海交通大学刘尽尧教授[84] 报道了一种利用三重免疫纳米激活剂修饰细菌的方法，进而开发了一种新型的肿瘤免疫治疗策略。在细胞相容性条件下，实验通过多巴胺原位聚合形成聚多巴胺纳米颗粒的策略，将肿瘤特异性抗原和检查点阻断抗体同时偶

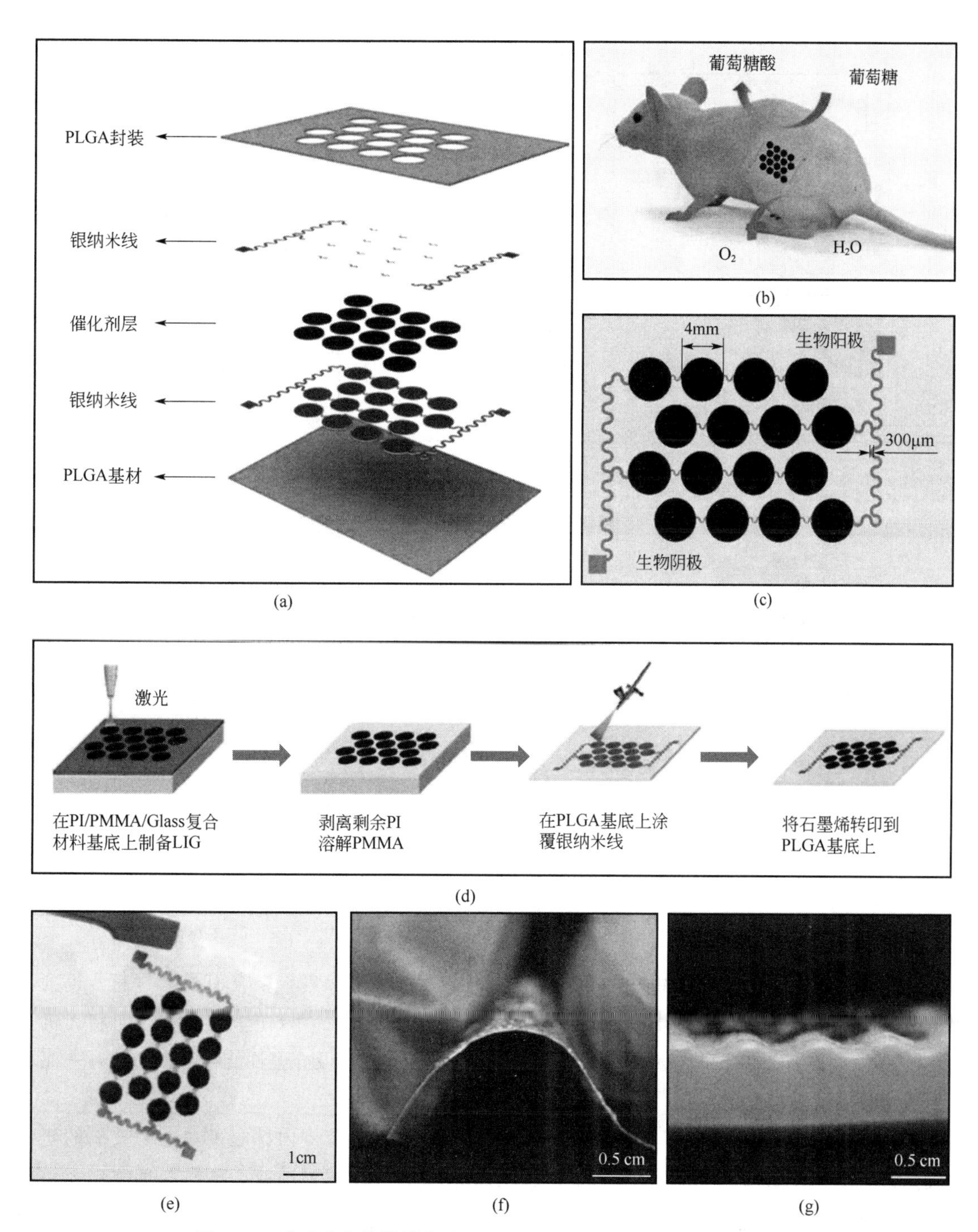

(a) (b) (c) (d) (e) (f) (g)

图 8-37 瞬时酶生物燃料电池（TEBFCs）（经美国 ACS 许可转载）

联到细菌表面。除了发挥连接作用以外，聚多巴胺的光热效应也可以使肿瘤相关巨噬细胞重新极化为促炎表型。

研究表明，连接的抗原可促进树突状细胞的成熟并产生肿瘤特异性免疫反应，而锚定的抗体能够阻断免疫检查点并激活细胞毒性 T 淋巴细胞。修饰后的细菌具有时空肿瘤保留和增殖依赖的药物释放等性能，可在两种抗原过表达的肿瘤模型中产生有效的抗肿瘤作用。

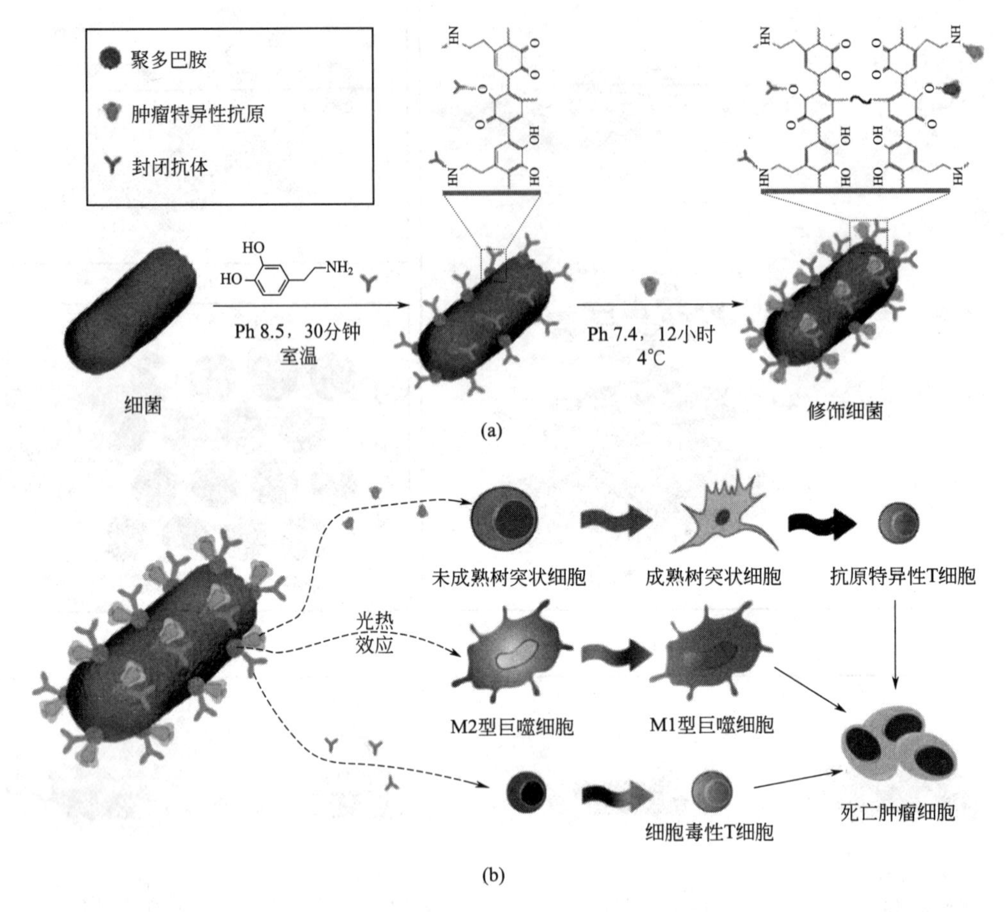

图 8-38 原位聚合形成聚多巴胺纳米颗粒修饰细菌[84]（经 John Wiley and Sons 出版集团许可转载）

8.5.1.3 复合纳米生物材料

复合纳米生物材料是指由两种或两种以上的物质在纳米尺度上杂合而成的材料。得到的复合材料不仅具有纳米材料的小尺寸效应、表面效应、量子尺寸效应等性质，而且将无机物的刚性、尺寸稳定性和热稳定性与聚合物的韧性、易加工性及介电性能糅合在一起，从而可以集许多特异性能于一身。

1991 年，Hench 报道了具有生物活性的玻璃后，在世界范围内掀起了对生物玻璃的研究热潮[85]。Yamanaka 等制备得到的生物凝胶以 SiO_2 为基质，葡萄糖-6-磷酸脱氢酶作为活性中心[86]。Pope 通过溶胶-凝胶技术将酒酵母包裹，固定在 SiO_2，网络中，制备了能循环使用多次并且具有生物活性的复合材料[87]。Rusu 等以壳聚糖和羟基磷灰石为原料，采用逐步沉淀法，制得了颗粒大小可调的羟基磷灰石/壳聚糖复合材料，其在骨骼修复方面有一定的应用价值[88]。

开发具有优异光声/光热特性的试剂能够有效改善对疾病的诊断和治疗效果。如图 8-39 所示，2022 年南开大学丁丹教授、申静教授和天津大学耿延候教授[89] 设计并合成了一种新型、基于融合异靛（DIID）的半导体共轭聚合物（PBDT-DIID），该半导体聚合物纳米粒子，可用于肿瘤光治疗和根管治疗。实验制备的 PBDT-DIID 水分散纳米粒子具有良好的生物相容性和较高的光热转换效率（70.6%），这是由于 DIID 中围绕中心双键的活跃激发态分子内扭会使得吸收的大部分激发能可通过内转换流向热失活通路。研究发现，在 NP 核中加入聚乳酸（PLA）可以将 PBDT-DIID 产生的热量限制在 NP 核内，从而进一步放大光声信号。在原位 4T1 乳腺肿瘤小鼠模型中，实验合成的掺杂型 NPs 能够表现出优异的光声成像指导的光热治疗性能。实验结果表明，在人体根管感染模型中，PBDT-DIID NPs 能够在 808nm 激光照射下通过加热根管内的 1% NaClO 溶液以显著提高根管治疗效果。

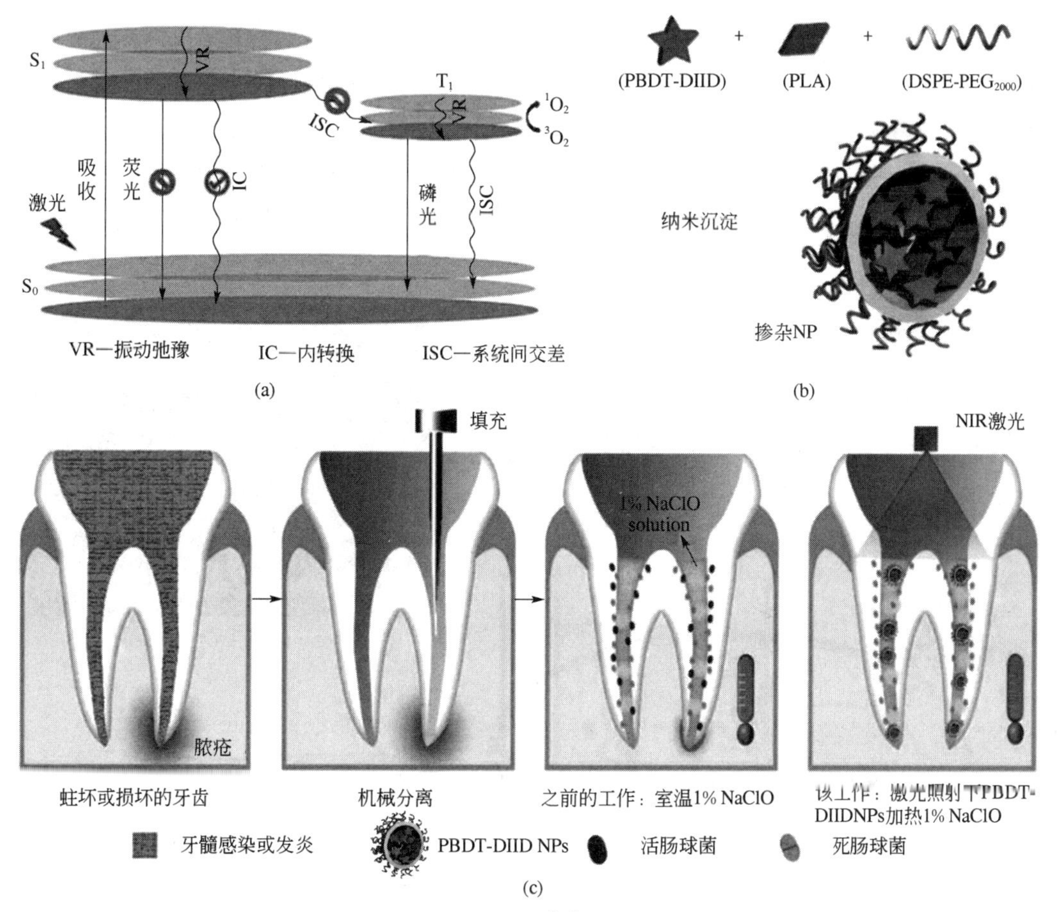

图 8-39 基于融合异靛（DIID）的半导体共轭聚合物[89]（经 John Wiley and Sons 出版集团许可转载）

8.5.2 纳米材料在生物医学领域的应用

利用共价和非共价的作用方式将生物分子（抗体、DNA、蛋白质等）修饰到纳米材料上可得到生物复合的多功能纳米粒子。纳米生物复合材料在纳米载体、纳米医药及纳米生物组织工程等方面得到了越来越多的研究和应用。

8.5.2.1 纳米载体

由于细胞膜对带负电荷物种的排斥以及血清内核酸酶对基因的快速降解，生物、化学以及医学研究者一直致力于开发稳定的基因载体。在这方面，纳米粒子作为基因或药物载体在

siRNA、质粒 RNA 以及药物传输中被广泛使用。2011 年，Moon 等[90] 利用氨基修饰的聚-1,4-亚苯基-1,2-亚乙烯基纳米粒子材料实现了向植物原生体中传输 siRNA，导致靶向基因沉默。该类材料在水溶液中处于疏松自由状态时可聚集，形成水合半径为 60～80nm 的纳米粒子。由于其带正电荷，通过静电作用容易与带负电荷的核酸结合并且在整个传输过程中对 siRNA 起到保护作用。

除了用于基因（siRNA 和 DNA）的传输之外，聚合物纳米粒子还可以作为靶向药物的传输载体和释放过程的检测试剂。与有机染料和无机量子点相比，聚合物纳米粒子在药物传输和释放过程检测上具有明显优势。首先，它们具有好的生物相容性且无免疫原性；其次，能够控制药物释放到靶向肿瘤细胞上；最后，利用它们的自发荧光，能够监测药物的释放过程。2010 年，Wang 等[91] 制备得到了能够用于药物传输和同时释放监测的多功能聚合物纳米粒子（见图 8-40）。这个体系由一种阳离子聚合物和抗癌药物阿霉素（DOX）修饰的聚（L-谷氨酸）(PG) 通过静电作用自组装形成粒径大约为 50nm 的聚合物纳米粒子。在这个体系中，共轭聚合物分子同时起到荧光成像试剂及药物传输和释放载体的作用，聚（L-谷氨酸）作为药物载体，能够被降解进而释放药物。

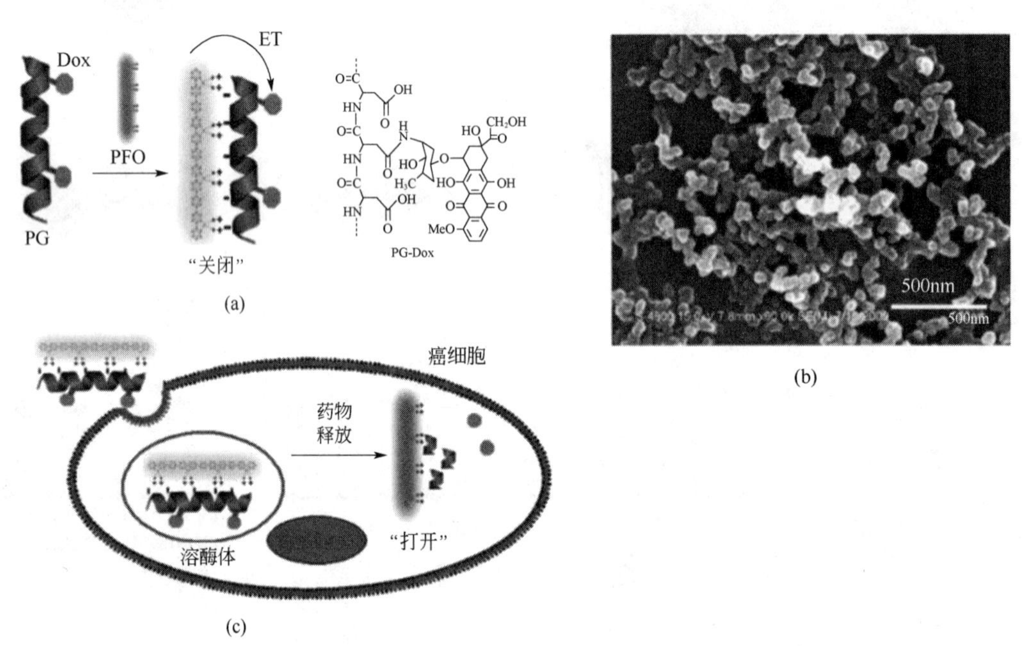

图 8-40　用于药物传输和同时释放监测的多功能聚合物纳米粒子（经美国 ACS 许可转载）
(a) 共轭聚合物/PG-DOX 体系示意图；(b) 静电复合物传输和释放药物示意图；(c) 聚合物纳米粒子与药物形成的静电复合物的 SEM 图

8.5.2.2　纳米医药

2005 年，Wittenburg 等发现在可见光照射下，阳离子共聚物 PPE 衍生物能够结合并杀死革兰氏阴性菌 E. coli 和革兰氏阳性炭疽芽孢杆菌 B. anthracis，这一研究开启了共轭聚合物类纳米粒子在光动力治疗方面的新应用。之后，Wittenburg 和他的合作者发展了多种用于光动力抗菌和抗肿瘤细胞的共轭聚合物，提出并证实了共轭聚合物光动力治疗的原理和机制。带正电荷的共轭聚合物通过静电作用能有效地捕获带负电荷的微生物病原体，并在光照下，敏化微生物病原体周围的氧气分子，产生单线态氧和活性氧（ROS）。产生的ROS损伤病原体的细胞膜，进而杀死病原体（细菌和细胞）。

8.5.2.3 纳米生物组织工程

由于聚合物纳米粒子的发光亮度高，细胞毒性低，细胞相容性好，因此在细胞成像、示踪方面得到了广泛的应用。目前聚合物纳米粒子作为荧光材料在体外（in vitro）和体内（in vivo），均可以荧光成像，但大部分研究集中在体外成像。从结合的特异性来看，聚合物纳米粒子的荧光成像包括非特异性成像和特异性靶向成像。

非特异性成像是指聚合物纳米粒子没有修饰靶向分子，只是通过聚合物纳米粒子本身的特性，通过细胞内吞的方式与细胞作用，进入细胞后主要定位于细胞质。相比于非特异成像，靶向成像更具有实际应用的意义，因为通过靶向成像能够精确地确定不同的细胞、组织及部位。靶向成像要求将具有靶向功能的生物分子（抗体、定位肽以及生物素等）修饰到聚合物纳米粒子上，得到具有靶向功能的聚合物纳米粒子。

Chiu等[92] 利用纳米沉淀的方法得到了羧基修饰的聚合物纳米粒子，所得聚合物纳米粒子的粒径大约为15nm，且具有高的发光亮度和低的细胞毒性。通过EDC催化酸胺缩合得到二抗、生物素或亲和素修饰的聚合物纳米粒子，实现对应一抗高表达的抗原或亲和素修饰的肿瘤细胞靶向成像。

纳米技术是21世纪三大技术之一，它必将对人们的生产和生活带来巨大的进步和飞跃。纳米材料已经在能源、电子、信息、传感、生物、医学等诸多领域得以应用；在纳米技术中，对社会生活和生产方式将产生最深刻而广泛影响的纳米器件的研究水平和应用程度标志着一个国家纳米科技的总体水平，本章所介绍的纳米能源采集器、能量存储器、纳米信息存储器、纳米传感器和基于纳米材料的生物医学应用恰恰是纳米材料与纳米技术研究中极其重要的领域。因此，新型纳米技术的研究将更上一层楼，纳米材料在诸多领域的应用也会层出不穷。

习　题

1.简述摩擦纳米发电机的工作机理及几种典型的工作模式。

2.增强压电纳米发电机的输出有哪几种方法？具体如何实现？

3.增强摩擦纳米发电机的输出有哪几种方法？具体如何实现？

4.锂离子电池有哪几种基本组分？每种组分常见的材料有哪些？

5.为什么超级电容器的容量比传统物理电容器高出3～6个数量级？请结合超级电容器的储能原理加以分析。

6.请根据电化学反应性质的差异，对燃料电池做简要分类。

7.简述电子信息材料的分类和各自的特点。

8.无线传感技术未来的发展趋势是什么？请浅谈自己的理解。

9.结合所学知识，分析纳米材料和纳米技术在治疗新冠（COVID-19）的潜在应用前景。

参考文献

[1] YANG C, HAO Y, IRFAN M. Energy consumption structural adjustment and carbon neutrality in the post-COVID-19 era [J]. Structural Change and Economic Dynamics, 2021, 59, 442-453.

[2] WANG Z L, SONG J H. Piezoelectric nanogenerators based on zinc oxide nanowire arrays [J]. Science, 2006, 312 (5771): 242-246.

[3] FAN F-R, TIAN Z-Q, LIN WANG Z. Flexible triboelectric generator [J]. Nano Energy, 2012, 1 (2): 328-334.

[4] WANG Z L. On Maxwell's displacement current for energy and sensors: the origin of nanogenerators [J]. Materials Today, 2017, 20 (2): 74-82.

[5] YANG R S, QIN Y, DAI L M, et al. Power generation with laterally packaged piezoelectric fine wires [J]. Nature Nanotechnology, 2009, 4 (1): 34-39.

[6] BAI S, XU Q, GU L, et al. Single crystalline lead zirconate titanate (PZT) nano/micro-wire based self-powered UV sensor [J]. Nano Energy, 2012, 1 (6): 789-795.

[7] KOKA A, ZHOU Z, SODANO H A. Vertically aligned $BaTiO_3$ nanowire arrays for energy harvesting [J]. Energy & Environmental Science, 2014, 7 (1): 288-296.

[8] KHAN A, ABBASI M A, HUSSAIN M, et al. Piezoelectric nanogenerator based on zinc oxide nanorods grown on textile cotton fabric [J]. Applied Physics Letters, 2012, 101 (19): 193506

[9] ZHU G A, YANG R S, WANG S H, et al. Flexible High-Output Nanogenerator Based on Lateral ZnO Nanowire Array [J]. Nano Letters, 2010, 10 (8): 3151-3155.

[10] LIU C H, YU A F, PENG M Z, et al. Improvement in the Piezoelectric Performance of a ZnO Nanogenerator by a Combination of Chemical Doping and Interfacial Modification [J]. Journal of Physical Chemistry C, 2016, 120 (13): 6971-6977.

[11] ZOU H Y, ZHANG Y, GUO L T, et al. Quantifying the triboelectric series [J]. Nature Communications, 2019, 10: 1427

[12] ZOU H Y, GUO L T, XUE H, et al. Quantifying and understanding the triboelectric series of inorganic non-metallic materials [J]. Nature communications, 2020, 11 (1): 2093

[13] ZHU G, PAN C F, GUO W X, et al. Triboelectric-Generator-Driven Pulse Electrodeposition for Micropatterning [J]. Nano Letters, 2012, 12 (9): 4960-4965.

[14] FAN F R, LIN L, ZHU G, et al. Transparent Triboelectric Nanogenerators and Self-Powered Pressure Sensors Based on Micropatterned Plastic Films [J]. Nano Letters, 2012, 12 (6): 3109-3114.

[15] WANG M, ZHANG N, TANG Y J, et al. Single-electrode triboelectric nanogene-

rators based on sponge-like porous PTFE thin films for mechanical energy harvesting and self-powered electronics [J]. Journal of Materials Chemistry A, 2017, 5 (24): 12252-12257.

[16] LUO Y, LI Y T, FENG X M, et al. Triboelectric nanogenerators with porous and hierarchically structured silk fibroin films via water electrospray-etching technology [J]. Nano Energy, 2020, 75: 104974

[17] FANG H J, LI Q, HE W H, et al. A high performance triboelectric nanogenerator for self-powered non-volatile ferroelectric transistor memory [J]. Nanoscale, 2015, 7 (41): 17306-17311.

[18] LIU Y P, ZHENG Y B, LI T H, et al. Water-solid triboelectrification with self-repairable surfaces for water-flow energy harvesting [J]. Nano Energy, 2019, 61: 454-461.

[19] CHENG X L, MENG B, CHEN X X, et al. Single-Step Fluorocarbon Plasma Treatment-Induced Wrinkle Structure for High-Performance Triboelectric Nanogenerator [J]. Small, 2016, 12 (2): 229-236.

[20] WANG N, WANG X X, YAN K, et al. Anisotropic Triboelectric Nanogenerator Based on Ordered Electrospinning [J]. ACS Applied Materials & Interfaces, 2020, 12 (41): 46205-46211.

[21] CHEON S, KANG H, KIM H, et al. High-Performance Triboelectric Nanogenerators Based on Electrospun Polyvinylidene Fluoride-Silver Nanowire Composite Nanofibers [J]. Advanced Functional Materials, 2018, 28 (2): 1703778.

[22] SEOL M, KIM S, CHO Y, et al. Triboelectric Series of 2D Layered Materials [J]. Advanced Materials, 2018, 30 (39): 1801210.

[23] ZHANG X, HUANG X, KWOK S W, et al. Designing Non-charging Surfaces from Non-conductive Polymers [J]. Advanced materials, 2016, 28 (15): 3024-3029.

[24] FENG Y G, ZHENG Y B, MA S H, et al. High output polypropylene nanowire array triboelectric nanogenerator through surface structural control and chemical modification [J]. Nano Energy, 2016, 19: 48-57.

[25] SHIN S H, BAE Y E, MOON H K, et al. Formation of Triboelectric Series via Atomic-Level Surface Functionalization for Triboelectric Energy Harvesting [J]. ACS Nano, 2017, 11 (6): 6131-6138.

[26] ZHANG H, WAN T, CHENG B W, et al. Polyvinylidene fluoride injection electrets: preparation, characterization, and application in triboelectric nanogenerators [J]. Journal of Materials Research and Technologies, 2020, 9 (6): 12643-12653.

[27] WANG Z, CHENG L, ZHENG Y B, et al. Enhancing the performance of triboelectric nanogenerator through prior-charge injection and its application on self-powered anticorrosion [J]. Nano Energy, 2014, 10: 37-43.

[28] WANG S H, XIE Y N, NIU S M, et al. Maximum Surface Charge Density for Triboelectric Nanogenerators Achieved by Ionized-Air Injection: Methodology and Theoretical Understanding [J]. Advanced materials, 2014, 26 (39): 6720-6728.

［29］ YANG W Q，CHEN J，ZHU G，et al. Harvesting Energy from the Natural Vibration of Human Walking［J］. ACS Nano，2013，7（12）：11317-11324.

［30］ BAI P，ZHU G，LIN Z H，et al. Integrated Multi layered Triboelectric Nanogenerator for Harvesting Biomechanical Energy from Human Motions［J］. ACS Nano，2013，7（4）：3713-3719.

［31］ SIMON P，GOGOTSI Y. Materials for electrochemical capacitors［J］. Nature Materials，2008，7（11）：845-854.

［32］ YU Y，GU L，WANG C，et al. Encapsulation of Sn@carbon nanoparticles in bamboo-like hollow carbon nanofibers as an anode material in lithium-based batteries［J］. Angewandte Chemie International Edition，2009，48（35）：6485-6489.

［33］ CHEN Z，CAO Y，QIAN J，et al. Facile synthesis and stable lithium storage performances of Sn-sandwiched nanoparticles as a high capacity anode material for rechargeable Li batteries［J］. Journal of Materials Chemistry，2010，20（34）：7266.

［34］ RITCHIE，AG，GIWA，et al. Future cathode materials for lithium rechargeable batteries［J］. Journal of Power Sources，1999，80（1）：98-102.

［35］ PERES J，DELMAS C，ROUGIER A，et al. The relationship between the composition of lithium nickel oxide and the loss of reversibility during the first cycle［J］. Journal of Physics and Chemistry of Solids，1996，57（6）：1057-1060.

［36］ A ROUGIER，P GRAVEREAU，C DELMAS. Optimization of the Composition of the $Li_{1-z}Ni_{1+z}O_2$ Electrode Materials：Structural，Magnetic，and Electrochemical Studies. Journal of The Electrochemical Society，1996，143（4）：168-175.

［37］ 李景虹. 先进电池材料［M］. 北京：化学工业出版社，2004. 255-299.

［38］ KOPEC M，LISOVYTSKIY D，MARZANTOWICZ M，et al. X-ray diffraction and impedance spectroscopy studies of lithium manganese oxide spinel［J］. Journal of Power Sources，2006，159（1）：412-419.

［39］ HAN C H，HONG Y S，HONG H S，et al. Electrochemical properties of iodine-containing lithium manganese oxide spinel［J］. Journal of Power Sources，2002，111（1）：176-180.

［40］ 胡晓宏，杨汉西，艾新平，等. $LiMn_2O_4$ 正极在高温下性能衰退现象的研究［J］. 电化学，1999，5（2）：224-230.

［41］ 卢世刚，李明勋，黄松涛，等. 尖晶石 $LiMn_2O_4$ 的改性与性能［J］. 电池，2002，32：34-35.

［42］ Hernan L，Morales J，Sanchez，et al. Use of Li-M-Mn-O［M＝Co，Cr，Ti］spinels prepared by a sol-gel method as cathodes in high-voltage lithium batteries［J］. Solid State Ionics，1999，118（3）：179-185.

［43］ Huang H，Yin S C，Nazar LE. Approaching theoretical capacity of $LiFePO_4$ at room temperature at high rates［J］. Electrochem. Solid State Lett，2001，4（10）：170-172.

［44］ TONG C. Advanced Materials for Printed Flexible Electronics［M］. Springer.

[45] GEIM A K, NOVOSELOV K S. The rise of graphene [J]. Nature Materials, 2007, 6 (3): 183-191.

[46] HOU J, CAO C, MA X, et al. From rice bran to high energy density supercapacitors: a new route to control porous structure of 3D carbon [J]. Scientific Reports, 2014, 4 (1): 1-6.

[47] ZHANG L L, ZHAO X S. Carbon-based materials as supercapacitor electrodes [J]. Chemical Society Reviews, 2009, 38 (9): 2520-2531.

[48] HONG S, LEE J, DO K, et al. Stretchable electrode based on laterally combed carbon nanotubes for wearable energy harvesting and storage devices [J]. Advanced Functional Materials, 2017, 27 (48): 1704353.

[49] SIMOTWO S K, DELRE C, KALRA V. Supercapacitor electrodes based on high-purity electrospun polyaniline and polyaniline-carbon nanotube nanofibers [J]. ACS Applied Materials & Interfaces, 2016, 8 (33): 21261-21269.

[50] NOVOSELOV K S, GEIM A K, MOROZOV S V, et al. Electric field effect in atomically thin carbon films [J]. Science, 2004, 306 (5696): 666-669.

[51] JHA N, RAMESH P, BEKYAROVA E, et al. High energy density supercapacitor based on a hybrid carbon nanotube-reduced graphite oxide architecture [J]. Advanced Energy Materials, 2012, 2 (4): 438-444.

[52] PHAM D T, LEE T H, LUONG D H, et al. Carbon Nanotube-Bridged Graphene 3D Building Blocks for Ultrafast Compact Supercapacitors [J]. ACS Nano, 2015, 9 (2): 2018-2027.

[53] WANG K, ZOU W, QUAN B, et al. An All-Solid-State Flexible Micro-supercapacitor on a Chip [J]. Advanced Energy Materials, 2011, 1 (6): 1068-1072.

[54] SHI Y, PAN L, LIU B, et al. Nanostructured conductive polypyrrole hydrogels as high-performance, flexible supercapacitor electrodes [J]. Journal of Materials Chemistry A, 2014, 2 (17): 6086-6091.

[55] XIE Z, NAVESSIN T, SHI K, et al. Functionally graded cathode catalyst layers for polymer electrolyte fuel cells: II. Experimental study of the effect of nafion distribution [J]. Journal of the Electrochemical Society, 2005, 152 (6): A1171.

[56] MIDDELMAN E. Improved PEM fuel cell electrodes by controlled self-assembly [J]. Fuel Cells Bulletin, 2002, 2002 (11): 9-12.

[57] ZHANG Y, KNIBBE R, SUNARSO J, et al. Recent progress on advanced materials for solid-oxide fuel cells operating below 500 C [J]. Advanced Materials, 2017, 29 (48): 1700132.

[58] 钟秋霖. 几种光信息材料光物理特性的动力学研究 [D]. 长春，吉林大学，2017，6.

[59] CHEN O, ZHAO J, CHAU AN V P, et al. Compact high-quality CdSe-CdS core-shell nanocrystals with narrow emission linewidths and suppressed blinking [J]. Nature Materials, 2013, 12 (5): 445-451.

[60] YAN L, ZHANG Y, ZHANG T, et al. Tunable near-infrared luminescence of PbSe quantum dots for multi gas analysis [J]. Analytical Chemistry, 2014, 86 (22): 11312-11318.

[61] CASTRO S L, BAILEY S G, RAFFAELLE R P, et al. Synthesis and characterization of colloidal $CuInS_2$ nanoparticles from a molecular single-source precursor [J]. The Journal of Physical Chemistry B, 2004, 108 (33): 12429-12435.

[62] SONG W S, YANG H. Efficient white-light-emitting diodes fabricated from highly fluorescent copper indium sulfide core/shell quantum dots [J]. Chemistry of Materials, 2012, 24 (10): 1961-1967.

[63] TONG L, GATTASS R R, ASHCOM J B, et al. Subwavelength-diameter silica wires for low-loss optical wave guiding, Nature, 2003, 426, 816.

[64] 刘瑞娟.纳米光纤表面原子的阶梯型电磁诱导透明 [D].太原，山西大学，2020，6.

[65] BLACK A T, THOMPSON J K, VULETIć V, On-Demand Superradiant Conversion of Atomic Spin Gratings into Single Photons with High Efficiency [J]. Physical Review Letters, 2005, 95, 133601.

[66] WANG R. Bloch surface waves confined in one dimension with a single polymeric nanofiber [J]. Nature Communications, 2017, 8, 14330.

[67] GUTFLEISC O, WILLARD M A, BRUCK E, et al. Magnetic Materials and Devices for the 21st Century: Stronger, Lighter, and More Energy Efficient [J]. Advanced Materials 2011, 23: 821.

[68] LIU Y, GEORGE T A, SKOMSKI R, et al. Aligned and exchange-coupled FePt-based films [J]. Applied Physics Letters, 2011, 99: 172504.

[69] REN Y, ZOU Y, LIU Y, et al. Synthesis of orthogonally assembled 3D cross-stacked metal oxide semiconducting nanowires [J]. Nature Materials, 2020, 19 (2): 203-211.

[70] ZHANG M, FANG S, NIE J, et al. Self-Powered, Electrochemical Carbon Nanotube Pressure Sensors for Wave Monitoring [J]. Advanced Functional Materials, 2020, 30 (42): 2004564.

[71] ZHENG Y-Q, LIU Y, ZHONG D, et al. Monolithic optical microlithography of high-density elastic circuits [J]. Science, 2021, 373 (6550): 88-94.

[72] GUO S Z, QIU K, MENG F, et al. 3D printed stretchable tactile sensors [J]. Advanced Materials, 2017, 29 (27): 1701218.

[73] JIN L, DENG W L, SU Y C, et al. Self-powered wireless smart sensor based on maglev porous nanogenerator for train monitoring system [J]. Nano Energy, 2017, 38: 185-192.

[74] JIN L, XIAO X, DENG W, et al. Manipulating Relative Permittivity for High-Performance Wearable Triboelectric Nanogenerators [J]. Nano Letters, 2020, 20 (9): 6404-6411.

[75] YOU I, MACKANIC D G, MATSUHISA N, et al. Artificial multimodal receptors based on ion relaxation dynamics [J]. Science, 2020, 370 (6519): aba5132.

[76] KWON K, KIM J U, DENG Y J, et al. An on-skin platform for wireless monitoring of flow rate, cumulative loss and temperature of sweat in real time [J]. Nature Electronics, 2021, 4 (4): 302-312.

[77] FAN W J, HE Q, MENG K Y, et al. Machine-knitted washable sensor array textile for precise epidermal physiological signal monitoring [J]. Science Advances, 2020, 6 (11): eaay2840

[78] WANG M, PORTER D, BONFIELD W. Processing, characterization, and evaluation of hydroxyapatite reinforced polyethylene composites [J]. Brit Ceram T, 1994, 93: 91-95.

[79] LI T T, LEE J H, KOBAYSHI T, et al. Hydroxyapatite coating by dipping method, and bone bonding strength [J]. J Mater Sci Mater, 1996, 7: 355-357.

[80] GOTT V L, WHIFFEN J D, DUTTON R C. Heparin bonding on colloidal graphite surfaces [J]. Science, 1963, 142: 1297-1298.

[81] KROTO H W, HEATH J R, O'BRIEN S C, et al. C_{60}: Buckminsterfullerene [J]. Nature, 1985, 318: 162-163.

[82] HUANG X, LI H, LI J, et al. Transient, Implantable, Ultrathin Biofuel Cells Enabled by Laser-Induced Graphene and Gold Nanoparticles Composite [J]. Nano Letters, 2022.

[83] 刘云欣，等.有机纳米与分子器件.2版.北京：科学出版社，2014.

[84] LI J J, XIA Q, GUO H Y, et al. Decorating Bacteria with Triple Immune Nanoactivators Generates Tumor-Resident Living Immunotherapeutics [J]. Angewandte Chemie International Edition, 2022, DOI: 10.1002/anie.202202409.

[85] HENCH L L. Bioceramics-from concept to clinic [J]. Am Ceram Soc, 1991, 74: 1487-1510.

[86] YAMANAKA S A, DUNN B, VALENTINE J S, et al. Nicotinamide adenine-dinucleotide phosphate fluorescence and absorption monitoring of enzymatic-activity in silicate sol-gels for chemical sensing applications [J]. Am Chem Soc, 1995, 117: 9095-9096.

[87] POPE E J A. Gel encapsulated microorganisms: saccharomyces cerevisiae-silica gel biocomposites [J]. Sol-Gel Sci Techn, 1995, 4: 225-229.

[88] RUSU V M, NG CH, WILKE M, et al. Size-controlled hydroxyapatite nanoparticles as self-organized organic in organic composite materials [J]. Biomaterials, 2005, 26: 5414-5426.

[89] DUAN X C, ZHANG Q Y, JIANG Y, et al. Semiconducting Polymer Nanoparticles with Intramolecular Motion-Induced Photothermy for Tumor Phototheranostics and Tooth Root Canal Therapy [J]. Advanced Materials. 2022, DOI: https://doi.org/10.1002/adma.202200179.

[90] MOON J H, MENDEZ E, KIM Y, et al. Conjugated polymer nanoparticles for small interfering RNA delivery [J]. Chemical Communications, 2011, 47 (29): 8370-8372.

[91] FENG X L, LV F T, LIU L B, et al. Conjugated polymer nanoparticles for drug delivery and imaging [J]. ACS Applied Materials & Interfaces, 2010, 2 (8): 2429-2435.

[92] WU C F, SCHNEIDER T, ZEIGLER M, et al. Bioconjugation of ultrabright semiconducting polymer dots for specific cellular targeting [J]. Journal of American Chemical Society, 2010, 132 (43): 15410-15417.